屋敷地林と在地の知

京都大学
東南アジア研究所
地域研究叢書
26

バングラデシュ
農村の暮らしと女性

吉野馨子 著

京都大学
学術出版会

口　絵

　耕地の間に，こんもりとした緑の島が点々と散らばっている。これが巨大なデルタに位置するバングラデシュの氾濫原農村の屋敷地林である。雨季の氾濫にも浸水しないように土盛りされた屋敷地をベースとして村の人々の暮らしは営まれている。森林被覆が1割に満たない同国では，屋敷地林は，村人たちによって作られた貴重な"森"であり，生活に必要なさまざまなものを用立てるために多様な植物が植えられ，生育している。

　雨季には，屋敷地を残し周りの土地は氾濫した水の下に沈む。氾濫水は強い流れをもつため，波当たりによる屋敷地の崩壊を防ぐためにも植物を植え込まねばならない。また，雨季のスコールなどで表土が洗われることによっても屋敷地内部からの崩壊の危険性が高まる。女性たちが日常的にひび割れを手入れするとともに，屋敷地の土床に砂やひび割れが目立つようになると乾季に屋敷地周りのくぼみから粘土質の土が補充される。

　屋敷地にはさまざまな植物が植え込まれているが，果樹や伝統野菜などの，日常の食材として重要な植物の栽培管理は，女性の役割である。次の年のために種子を採り，保管するのも女性の仕事である。乾季の主要な野菜であるユウガオの種採りの作業をしている女性。種子の採り方や保管の仕方は，植物ごとに異なる。ユウガオは，実に牛糞を詰め，中が腐ったところで種を取り出す。

　婚出，婚入した女性たちがつむぎ出す親戚のネットワークや，隣近所との植物の譲り合いなどを通し，女性たちは新しい植物の資源の入手にも重要な役割を果たしてきた。

　屋敷地は作業の場でもある。収穫した稲など作物の調製作業，燃料集め，燃料の乾燥，調理，植物の手入れ，家畜の世話等々。これらの作業には女性が大きく関わっている。とくに調理に関する作業は，かまど作りから始まり，燃料や食材確保の算段に頭を悩ます，一日の中で多くの時間を費やす作業である。かまどは土と牛糞，米ぬかで作る。煮炊きに用いる燃料としては，ワラ，ジュート芯，牛糞などの農業副産物，屋敷地内の木の枝や落ち葉，タケの根っこなどのほか，水草のホテイアオイやぬれた干し草まで，たんねんに乾かした後に用いられている。まさしく，燃えるものならば何でも集めて使う。

　この日の写真の家の食材は，ボロコラ（大きいバナナ）と呼ばれる在来のタネありバナナの花。妻と義母と，二人で調理している。バナナの花は，炒めたり，魚のカレーに入れるとおいしい。バナナは，熟した実はもちろんのこと，未熟果，花，偽茎の髄も食べられるが，花や偽茎の髄は，在来のタネありバナナでないとおいしくないという。このように在来のタネありバナナは，利用の幅が広い。またボロコラの実を使わないとおいしく作れない伝統の菓子もあるが，生育に場所を取るということで，ずいぶんと減ってきている。

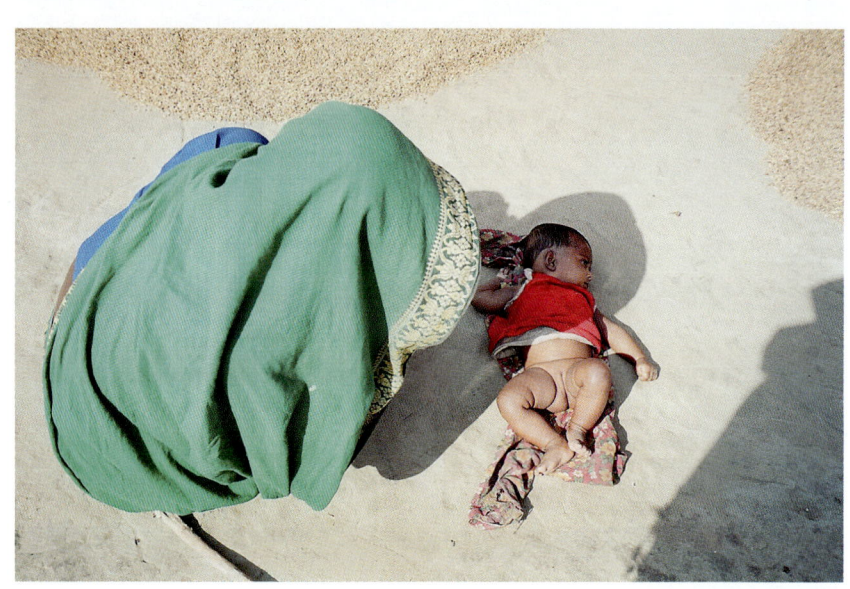

乾季は晴天が続く。生まれてまだ何カ月も経たない赤ちゃんが，屋敷地の中庭の日だまりで寝かされている。両親は，何か他の作業で忙しいのだろうか。年老いたおばあさんが，中庭に広げたパーボイル（モミをいったん煮てから乾燥させる精米工程の一つ。第3章参照）したモミを干しながら，孫娘の守りをしている。モミは，均等に乾くように時折足で混ぜ合わせ，その合間にはモミをついばみにきたニワトリたちを追い払わないといけない。モミのそばについている時間を割ける年老いた女性の存在はありがたい。屋敷地は人が生まれ，暮らし，年老いていく場所である。

目　次

口絵 —— i

第1部　"人が作った森"から持続社会を考える

第1章　農村，屋敷地と「在地の知」 —— 3

1　人々の暮らしが育んだ"森"の多様性 —— 研究の視角 —— 5
2　屋敷地林研究の視角 —— 10
3　小農という概念をめぐって —— 14
4　在地の知への注目 —— 18
5　バングラデシュの屋敷地と屋敷地林 —— 20
6　見えない価値を可視化する —— 本書の課題・目的 —— 30
7　女性の活動と植物への注目 —— 本書の方法 —— 31
8　本書の構成 —— 40

第2章　バングラデシュの社会・経済と調査村の概況 —— 41

1　変わりゆくバングラデシュの経済と農村社会 —— 43
2　調査村の水文環境 —— 53
3　カジシムラ村 —— 56
4　ドッキンチャムリア村 —— 66
5　事例村の位置づけ —— 77

第2部　屋敷地の利用にみる生活知，在地の知の態様

第3章　屋敷地の構造とその利用：カジシムラ村の事例から —— 85

1　屋敷地の構造 —— 87
2　屋敷地の植物 —— 100
3　家畜の飼養 —— 107
4　屋敷地生産物の利用 —— 115
5　小括 —— 117
【コラム1　屋敷地林のスケッチから】 —— 118

第4章　屋敷地をもつということ：ドッキンチャムリア村を事例に ── 121
　1　D村の屋敷地の構造 ── 123
　2　屋敷地をもつということ ── 127
　3　小括 ── 140

第5章　屋敷地林の植物利用からみえる村人の生活知：
　　　　ドッキンチャムリア村を事例に ── 141
　1　屋敷地でみられた植物とその利用 ── 143
　2　生活の論理に根差した資源と利用の多様性 ── 154
　3　小括 ── 158
　【コラム2　村の子どもの遊びと屋敷地の植物】 ── 160

第6章　"女性が育む森" ── 屋敷地をめぐる資源の利用と管理：
　　　　ドッキンチャムリア村の事例から ── 163
　1　屋敷地を軸とした村の女性の世間 ── 165
　2　生産現場としての屋敷地 ── 173
　3　JSRDEのアクションプログラムから ── 196
　4　小括 ── 206
　【コラム3　村の料理と女性 ── 100％スローフードの世界】 ── 208
　【コラム4　ヘビが映し出す村の暮らし ── 畏れと憧れと】 ── 212

第3部　屋敷地林と暮らしの変容

第7章　都市近郊化と屋敷地林の変化：カジシムラ村における
　　　　屋敷地林の植生と生産物の利用の変化 ── 219
　1　屋敷地の植生の変化 ── 221
　2　新しい屋敷地を造る動き ── 227
　3　生産物の利用の変化 ── 果物に注目して ── 229
　4　食の変化と屋敷地の生産物 ── 231
　5　暮らしの変化と女性 ── 240
　6　屋敷地林の伐採と補充 ── 242
　7　小括 ── 244
　【コラム5　家族，家計，屋敷地林：村の女性の語りから】
　（2006〜07年） ── 246

第8章　屋敷地林の植生の変化が映し出す村の暮らしの変容：
　　　　ドッキンチャムリア村の事例から ——— 251

　1　営農体系の変化 ——— 253
　2　植生の変化 ——— 254
　3　変化の要因 —— 意図した変化と意図せぬ変化 ——— 265
　4　小括 ——— 267

第9章　屋敷地の社会経済的役割の変容：
　　　　ドッキンチャムリア村の事例から ——— 271

　1　屋敷地の「共」的な利用の変化 ——— 273
　2　屋敷地林の植物と人々の関わり方の変容 ——— 279
　3　屋敷地林からの生産物の利用 ——— 288
　4　世帯の社会経済的状況による屋敷地利用の態度の相違 ——— 293
　5　小括 ——— 297
　【コラム6　村の女の居場所】 ——— 300

第10章　21世紀における屋敷地林の意味を考える ——— 303

　1　屋敷地の成り立ち —— 水文環境への適応 ——— 306
　2　植生の多様性 ——— 310
　3　暮らしのニーズに基づいた生産体系 ——— 314
　4　屋敷地の変容 —— 変わったものと変わらぬもの ——— 316
　5　屋敷地と女性 ——— 321
　6　バングラデシュ農村の"経済"と屋敷地 ——— 324
　7　近代技術と屋敷地林 ——— 327
　8　バングラデシュの農村開発と屋敷地林 ——— 331
　9　おわりに —— バングラデシュの屋敷地林が私たちに問いかけること ——— 335

図表集 ——— 339

Appendix ——— 365

　Appendix 1　調査の方法 ——— 367
　Appendix 2　2つの調査村で観察された全植物リスト ——— 372

引用文献リスト ——— 379

あとがき ——— 391

索引 ——— 397

第1部
"人が作った森"から持続社会を考える

第 1 章

農村，屋敷地と「在地の知」

1　人々の暮らしが育んだ"森"の多様性 ── 研究の視角

　バングラデシュの農村には，小さな，こんもりとした"森"が点々と広がっている。雨季には，この"森"を残して，耕地は水に沈む。一面に広がる水田とその中に散らばる"森"は，一幅の風景画のように美しい。しかしこの"森"は自然の森ではない。そこに住む人々が，水に沈まぬよう土地を土盛りし，その上に，暮らしに必要な植物を少しずつ植え込み育てていった人工の"森"，屋敷地林である。本書は，バングラデシュ農村の屋敷地及びそこに作り上げられる屋敷地林に注目し，暮らしに必要なものを作り出し維持しようとする営み，日々の暮らしの中から培われてきた生活知，在地の知のありよう，そしてその変容について論じることを目的としている。

　Raffles（1817）は，インドネシアのジャワの農民について，"居住地を決めると，彼らは，彼らの家族の日常的な必要を供給するために，まず小屋の周りに園地を作る"と記述している。屋敷地に植え込まれるさまざまな植物は，村の人々の暮らしにとって，基本であり，また必要不可欠なものであった。アグロフォレストリー[1]の多様な生産様式の中で，屋敷地林は焼畑に次いで古い歴史

---

1)　アグロフォレストリーは，1970年代，熱帯雨林の減少に対する有効な生産手段として注目されるようになり，1978年には，国際アグロフォレストリーセンター（2002年より通称 World Agroforestry Center，正式名称は International Center for Research in Agroforestry：ICRAF と略称される）が設立された。
　　1993年の ICRAF の定義では，アグロフォレストリーは，"木本植物が，意図的に作物や家畜と統合的に同じ土地で管理されている土地利用システムやその実践の総称。その統合の形は，空間的な場合と，時間的な場合があり，通常，木本植物とその他の要素は生態的に，あるいは経済的に相互作用をもつ"と定義していた。Huxley ら（1997 online）は，この定義に社会的な側面を加え，"アグロフォレストリーシステムは，すべてのレベルの土地利用者にとって，社会的，経済的，そして環境面でのよりよい便益を提供するために，生産を多様かつ持続的にするものである"としている。一方，ICRAF は，1993年の定義にみられる，客観的な構造や機能についての説明に代え，現在では，アグロフォレストリーは，"農業景観に，広い意味で樹木を組み入れることにより，食料生産を安定化させ，収入を安定化させ，生産景観における環境サービスを確立し安定化することにより，地域の貧困問題を地域に固有な方法で解決することに貢献できるものである"としている（ICRAF 2009, online）。
　　アグロフォレストリーの中には，作物，樹木，牧草地，家畜などの要素の組み合わせ（Sinclair et al. 1999）により，焼畑，タウンヤシステム，樹木園，アレイクロッピング（木を並べて植え，その列の隙間で作物を育てる農法），多目的樹，防風林，生け垣，耕地への多目的樹の栽植，庇陰樹，

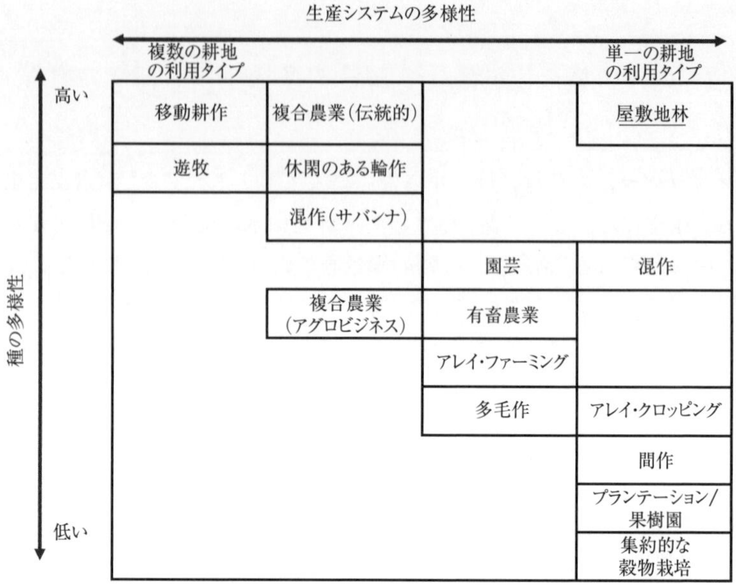

生産システムの多様性

	複数の耕地の利用タイプ			単一の耕地の利用タイプ
高い	移動耕作	複合農業(伝統的)		屋敷地林
	遊牧	休閑のある輪作		
		混作(サバンナ)		
			園芸	混作
		複合農業 (アグロビジネス)	有畜農業	
			アレイ・ファーミング	
			多毛作	アレイ・クロッピング
				間作
				プランテーション/ 果樹園
低い				集約的な 穀物栽培

(縦軸: 種の多様性)

図 1-1　生物多様性と生産システムの複合性からみた農業システムの分類
(出典:Swift and Anderson 1993)

をもつと考えられており (Puri and Nair 2004),人との暮らしに寄り添うように存在してきた。そして,図 1-1 に示したように,世界各地のさまざまな農業生態系の中で,最も高い多様性をもつといわれている (Swift and Anderson 1993)。写真 2, 3 は,筆者が訪れたフィリピン,マリンドゥケ島とネパール西部開発区域の丘陵部にある屋敷地と屋敷地林である。日本でも,農家における自給性を基調とする屋敷林が主に東日本で発達し,仙台平野周辺の農村での「居久根」や,武蔵野台地の屋敷林などはよく知られている (福田 1997; 石村 1997)。また,屋敷地の中には前栽畑が作られてきた (安室 2008) (写真 4, 5)。

　屋敷地林,屋敷林,樹木菜園,前栽畑,家庭菜園,homegarden, kitchen garden, homestead plantation, back yard garden など,多様な名称で呼ばれる[2)]場は,屋敷のすぐ近傍に隣接する園地,林地,または園地と林地の複合し

シルボパストラル(混牧林)システム,屋敷地林など多様な形態がある。
2) 英語では,homegarden と表示されることが多い。一方,バングラデシュでは,屋敷地林は英語にすると,homestead garden, homestead plantation などと,homestead を用いて表示されることが多い。それは,デルタという水文環境下において,"homestead＝屋敷地"のもつ重要性が

写真1　朝もやの屋敷地林（ドッキンチャムリア村，2004年12月）

左：写真2　フィリピン，マリンドゥケ島（マリンドゥケ州）マイボ村の屋敷地。高床式の家の周囲にココヤシ，カカオ，パンダナスなどが植えられている（1994年11月）

右：写真3　ネパール西部ダウラギリ県丘陵部のトリベニ村の屋敷地。山の中腹を切り開いて屋敷地が作られている。小さな屋敷地内に，マンゴー，パラミツやトマト，トウガラシなどが植えられている（1996年2月）

た空間である。そこは，生活の場であると同時に，人々の日常生活に最も近い生産の場でもある。屋敷地林は世界各地に普遍的に存在しており，とくに熱帯アジアにおいては，気候条件及び人口圧のために，その利用が高度に発達してきた (Ninez 1984)。その集約性の高さについては，たとえばAsahira and Yazawa (1981) は，スリランカのある農民の屋敷地林で，わずか1000 m^2 の空間に約200種の植物を見出したと報告し，Mendez (2001) は，ニカラグアの屋敷地林で，324種にのぼる植物を確認している。

　バングラデシュの屋敷地及び屋敷地林がもつ大きな特徴は，巨大なデルタという水文環境下で作り上げられる点にある。バングラデシュは，ヒマラヤを源とするガンジス川（バングラデシュではポッダ川），チベット高地を源流とするブラマプトラ川（同ジャムナ川）及び，メグナ川の三つの大河川が形作る巨大なデルタの河口部に位置する。日本の川とは規模が違い，向こう岸が見えない幅広さである。近年の堤防や道路の整備が進んだことにより，湛水のパターンは大きく変化してしまったが，かつては，雨季には上流からの水が土手を越えて氾濫し「国土の3分の1は毎年冠水」してしまう（ジョンソン1986）ものであった（写真6）。毎年起こる，通常規模の湛水である「ボルシャ *barsha*」と，数年に一度程度の割合で起き，対応不可能な大きな湛水と被害をもたらす「ボンナ *banna*」[3] は別物として認識され，前者は，肥沃な土壌と水をもたらし，伝統的な農業を営むにあたって必要不可欠なものであった。

　バングラデシュの中でも，とくに雨季に湛水をみる氾濫原では，人々が数メートルの高い土盛りをして屋敷地という生活の場を確保する。バングラデシュでは，屋敷地は，バリル・ビティ（*barir-bithi*）と呼ばれている。屋敷地に対応する用語は，バリ（bari）と一言で表されることもある[4]。バリは「人々が居住する空間」，ビティは「高く土盛りした場所」という意味をもち，バリのために土盛りした場所がバリル・ビティである。さらに，屋敷地内の建物の床も土盛りされ，その場所は，ゴレル・ビティ（*ghorer bithi*，ゴル=*ghor*は小屋を意味する）と呼ばれる。屋敷地には多種多様な植物を植え込み，家畜を飼う。多大な労力と

　際だって高いことによると考えられる。なお，本書では屋敷地林と記述することにする。
3）　近年では，1987年，88年，98年，2004年，07年の洪水は被害が甚大であった。
4）　ベンガル語のバリという言葉は多面的な意味をもち，一言では日本語に訳しにくい。強いて説明を加えるならば，バリがそれを構成する住人及び居住空間を意識しているのに対し，バリル・ビティは屋敷地として用いられている土地への視点が強調されているといえよう。バリについては第4章を参照。

上：写真4　仙台平野の居久根。景観がバングラデシュの屋敷地林と似ている印象があるが，こちらの場合，土盛りは必要ない（2012年7月）
中：写真5　岐阜県の山間の屋敷畑。住居の裏手の斜面に，並行に畝が作られている。手前の女性が管理している（1998年7月）。
下：写真6　湛水し始めたデルタ（ダカ周辺，1994年7月，飛行機より）

費用を費やして生活の場を作り上げていくのである。このようにして作られるバングラデシュの屋敷地は，村人にとってどのような意味をもっているのだろうか。

　本書では，世界有数のデルタに位置するバングラデシュの水文環境への人々の認識と働きかけに注目し，異なる水文環境下にある二つの村を取り上げ，屋敷地のありかたを検討する。一つは旧ブラマプトラ川の自然堤防上に位置し雨季にも湛水をみない村，もう一つはブラマプトラ＝ジャムナ水系の活発な氾濫原に位置し，雨季には湛水する村である。それぞれの水文環境下において，人々が屋敷地をどのように位置づけ，屋敷地及び屋敷地林をどのようにして作り上げ維持してきたか，その際にどのような社会ネットワークが生かされてきたかを，できるだけ詳細にみていきたい。なかでも，そこに住む人々が年月をかけて築き上げる"人工の森"である屋敷地林に注目し，その造成，利用，管理においてどのような，「生活知」に基づく「在地の知」が培われてきたかを分析する。

　さらに，本書では，1990年前後に実施した調査結果及び2005年前後におけるフォローアップ調査の結果から，時系列的な変化にも注目する。屋敷地における生産システムの変化については，近年いくつかの報告がみられる。その大半は，市場経済の浸透により商品作物が導入されるようになり，屋敷地林の植物の多様性が減少したことを報告している。屋敷地のもつ意味，果たしている役割がどのように変化したかをみるとともに，変わらぬものをみることを通し，屋敷地のもつ特質についても検討したい。

2　屋敷地林研究の視角

　1940年代にインドネシアで行われた屋敷地林（pekarangan プカランガン）の研究が，屋敷地林研究の先駆けである。屋敷地林は，アグロフォレストリー研究が盛んであった1980年代，集約的かつ持続的な土地利用を可能とする"オルタナティブな"生産システムとしての期待を集めていた（King 1989）。

　研究当初は，調査地域で観察された植物や，その利用法に関する記述的な紹

介が中心であった。しかし現在では，その構造や機能（生産システム，種組成とその多様性，構造，木材と非木材樹種，雇用と収入創出，栄養摂取等）など，生態的側面及び社会経済的側面の双方からの研究が進んでいる。

　屋敷地林に関する既存研究については，Kumar and Nair (2004) による広範なレビューがある。その中で彼らは，地域固有の記述的な情報の重要性を認めながらも，各地の屋敷地林に通底する共通の原理を見出すことの重要性を強調している。屋敷地林について，その地域固有性と，全体的な共通性，一般性の双方からの分析が求められているといえよう。さらに，屋敷地林は食料の安全保障やその他の必要物資の確保，交換や分配を通した社会的・文化的ニーズの充足，在来知識 (Indigenous knowledge) の保全にも役立っているが，これらの評価はまだ十分でない，としている。

(1)　屋敷地林の生態に関する議論

　屋敷地林は，一般的に持続的な生産システムであるといわれてきたが，しかしそれは，十分に科学的に証明されてはいないという批判がある (Toquebiau 1992)[5]。上述の Kumar and Nair (2004) も屋敷地林の持続可能性を評価するための客観的な指標がないことを指摘している。また，地域住民による在来知識の合理性の検証については，栽培種の選定や植物の管理などに関する Gajaseni and Gajaseni (1999) や Sunwar et al. (2006) の報告がみられる程度で，十分とは言い難い。

(2)　屋敷地林の経済的，栄養的貢献に関する議論：貧困層にとっての意味

　屋敷地生産物の経済的な貢献，栄養学的な貢献については，とくに地域における貧困層や，屋敷地以外の生産地をほとんどもたない零細農・土地なし農民にとっての意味の重要性が報告されている。

　たとえば，インドネシアでの先駆的な事例調査からは，屋敷地生産物は世帯収入の22％から27％を占めており，摂取カロリーの40％ほどを提供している，

---

[5]　この批判に対して，Gajaseni and Gajaseni (1999) は，タイ，チャオプラヤ河川域の屋敷地林では大気や土壌の温度が低く抑えられる一方湿度が高いなど，植物の生育に適した環境が維持されていること，また落ち葉のバイオマスは熱帯雨林よりも多いことを報告している。

というジャワでの報告 (Stoler 1978) や，ビタミンAとCの摂取源として屋敷地林の役割が大きく，とくに貧困層にとって重要であったという西ジャワでの報告 (Abdoellah and Marten 1986) がある。

近年では，バングラデシュの4村32世帯の小農への調査から，屋敷地生産物からの収入は世帯の農業収入の平均52%を占め，また所有土地面積が0.2ha未満の零細農においては，83%に上っていたという報告がある (Ali 2005)。

その一方で，"利潤を上げるためにのみ人は資本を投資し，財や貨幣価値を最大限の価値で交換するために行動する"と考える新古典派の経済学者たちにとっては，"ランクが低い"基本的ニーズを満たすことを大きな目的とする屋敷地林が現在も存続していることが謎である，という (Nair 2001)。

(3) 屋敷地林の社会，文化的な役割について

Kimber (1973) は，プエルトリコでの事例から，屋敷地林は社会的空間の単位であり，またそこに住む人の生活様式 (gerne de vie) の表現でもあると述べた。屋敷地は農村での暮らしの基本的なユニットであるが，一つ一つの屋敷地は完全には独立しておらず，さまざまなネットワークや相互扶助が存在していよう。屋敷地の利用形態は，その世帯が形成している社会関係と結びつけて考えられるべきであるが，そのような視点からの分析は少なく，調査世帯を経済階層で分類し，階層間を比較検討している程度である。

数少ない先行研究としては，太平洋諸島において，自家調達に加えて友人や親戚も屋敷地林の新しい植物資源の入手に役立ち，また生産物の一部を分配しあっている[6]ことや，ネパールにおいて，親戚や隣近所からの分配に加え，近隣の森林も新しい植物入手源として役立っていることが報告されている[7]。一方，屋敷地空間のもつ社会性についても，インドネシアの屋敷地において，井戸やトイレが共用されている報告 (Christanty 1990) をみる程度である。

屋敷地林は，生活空間であると同時に生産空間であり，とくに住民の日々の

---

[6] Thaman (1990) によると，太平洋諸島において屋敷地林の植物資源の入手源として調査世帯のほとんどが自家資源や友人，親戚に依存しており，パプアニューギニアのポートモレスビーでは調査世帯の64%が友人や親戚に生産物の一部を分け与えていた。

[7] Sunwar et al. (2006) によると，ネパール西部の平原部と丘陵に位置する農村での調査において屋敷地林の植物の5%が親戚や隣近所からの分配によって入手され，1.4%が近隣の森林から入手されていた。

ニーズを満たすための生産にとって重要な場である。そのような性格から，女性の深い関与が屋敷地での生産活動のもう一つの特徴である。女性の貢献については，バングラデシュにおいても数々の報告があり，屋敷地は女性に雇用の場を提供する大きなポテンシャルをもっている，という指摘もある (Kumar and Nair 2004) が，これらは，生産（及び販売）に関する局面に限定されがちである。

屋敷地は，農民にとって私的土地所有の原点であり（永原 1996），宗教観念とも強い結びつきをもってきたといわれている（長谷川 1996）。日本や古代オリエントでは，屋敷地の境界木に神聖性を与え，第三者が境界を超えて入ってくることを押しとどめる呪術的な意味をもたせていたという。

ベンガルの民話には，鬱蒼とした木々に宿るとされる精霊 (*jin* ジン) や悪魔 (*shoitan* ショイタン) がしばしば登場する。バングラデシュはイスラム教徒が大半を占めるが，同国の信仰には土着のものが息づいているといわれている（臼田 1993）。また，ヒンドゥー教，イスラム教に関わりなく，女性たちは，結婚式やその他祝祭のおりに，祈りや願いを込めながら屋敷地の中庭にアルポナ (*Alpona*) と呼ばれる文様を白い粉（もともとは米粉）で描く（小西 1986；外川 2003；Mahamud 2007）。また，ヒンドゥー教徒らは屋敷の中にトゥルシー（ホーリーバジル。シソ科の植物）などの神聖なる木々を植え込むなど，祈りが屋敷地という空間とも結びついている。屋敷地林の植物の選択とその利用のあり方には，このような人々の心象世界も大きく影響しているだろう。

(4) 屋敷地林の変容を捉える視点

屋敷地林が伝統的に地域社会により共有されていたインドネシアジャワ島スンダ低地では，共有から個人所有へ変化する過程で，屋敷地林の活用に成功する者が出てきた一方，貧困層が資源から排除される状況が報告されている (Michon and Mary 1994)。その上で，土地を必要としない家畜の飼養で成功する事例等の新たな動きも紹介されている。また，バングラデシュの屋敷地林では，市場圧力により，村人たちが伝統的で市場価値の低い植物から市場価値の高い植物を選択し栽培するようになっているとの報告もある (Ali 2005)。インド・ケララでも，同様に，換金作物のゴムの導入により屋敷地林の多様性が減少したという報告がある (Jose and Shanumgaratram 1993)。

しかし，その一方で，同じくケララの屋敷地林の調査から，モノカルチャー化はたしかに大きな流れとしてみられるが，多様性を維持しながら利潤も挙げようとする人々も存在していることが報告されている（Peyre et al. 2006）。また，タイ東北部とラオス中西部及びビエンチャン周辺における屋敷地林の調査からは，植物種の変化（薬用植物の減少と観賞用植物の増加）や生産物の商品化などの動きはみられたが，その変容は比較的緩やかであり，「住居を中心とした住民の居住空間は，今のところ大きな影響を受けていないのかもしれない」（縄田ら 2008）としている。

以上のように，たしかに屋敷地林においても，多様性の減少，商品作物化，モノカルチャー化等の市場経済の浸透による変化が認められている。しかし，その中にあって，多様性に積極的な価値を見出す動きがみられている。また，生活空間としての特質が，その変化を緩慢にしている可能性も指摘されている。

屋敷地利用の変化については，全体的に市場経済の圧力に対する積極的な反応に注目し，それが屋敷地をどのように変容させているかについて述べているものが多い。屋敷地林の変化は，屋敷地林への直接的な変容圧力だけではなく，営農体系における他の要素やその他の幅広い資源利用の変化からも影響を受けるはずであるが，そのような視点からの論文は少ない。重要な植物資源の入手源である森林の減少のために屋敷地林の種の多様性も低下したというネパールでの報告（Sunwar et al. 2006）や，タイ東北部のカレン族の村において，森林減少のために手に入れにくくなってきた種を屋敷地林に移植しているという報告（Johnson and Grivetti 2002）をみる程度である。

3　小農という概念をめぐって

バングラデシュの農村では，家族経営による零細な農業経営あるいは，屋敷地のみをもついわゆる"土地なし農民"がその大半を占めており，そのような小農的営農体系の中で，屋敷地での生産活動は，重要な位置を占めている。

いわゆる"発展途上国"の小農研究においては，「しばしば西欧人と非西欧人では人間類型が異なっており，『途上国の農民は非合理的であるがゆえに貧しい』と主張されてきた」（絵所 1997）。イノベーション論で著名な Rogers（1969）

は，小農における特徴的な10の下位文化として，「1. 相互不信と非協調性，2. 革新性の欠如，3. 運命主義，4. 向上心の不足，5. 近視眼的な満足の優先，6. 時間の正確さの欠如，7. 家族主義，8. 政府権力への依存性，9. 地域主義，10. 共感の欠如」を挙げている。高い評価とはいいがたい。小農の非合理性についての根強い批判に対しては，シュルツは，途上国にみられる伝統的農業は「貧しいが効率的」であり，途上国の農民は，「怠惰」なわけではなく人的投資（教育投資）と技術革新があればホモ・エコノミクスとしての市場反応を示すのだと主張し，これは「緑の革命」戦略を理論的に支えるものとなった（絵所1997）。

1980年代ごろまでは，資本主義経済の浸透における"発展"論との関わりの中で，小農経営については，いかにその効率性と利潤を上げるかが重視され，また小農経済は資本的な農業経営の妨げとなるか否かに関する議論が中心であった（Brass 2005）。しかし，1990年代のサバルタン研究[8]を契機に，一元的な"開発"の捉え方への疑問が生じ，小農は，エコフェミニズム，新社会運動[9]などの文化的な価値観から論じられるように変化していった（Brass 2005）。

「緑の革命」を契機とした近代農法の浸透，市場経済化の進展の中で，発展途上国でもモノカルチャー化が進んできたが，そのような現状に対しStocking (2003) は，小規模な自作農地の安全が保障されれば，農民は土壌を保全し，持続可能な食料生産を実現するだろうと指摘している。そしてそれは，大規模単作化した欧米の近代農法に比べれば生産性ははるかに低く，遅れた農法といわれるかもしれないが，食料と生計の安全をよりたしかに保障するものである，という。

---

[8] サバルタン研究は，1980年代初頭に，ラナジット・グハを中心となって進められたインド史の研究プロジェクト「サバルタン・スタディーズ」を契機とする。近代インド史において無視されてきたサバルタン（「下層民」）集団に注目することによって，声を奪われてきた人びとを歴史的主体として復権させようとした。ガヤトリ・C.スピヴァク（1998）による『サバルタンは語ることができるか』により，国際的に注目されるようになった。

[9] 1994年に起きたメキシコでのサパティスタの反乱を契機に，WTOに象徴されるグローバル経済の浸透に対抗し，「もう一つの（オルタナティブな）世界」を目指す社会運動。

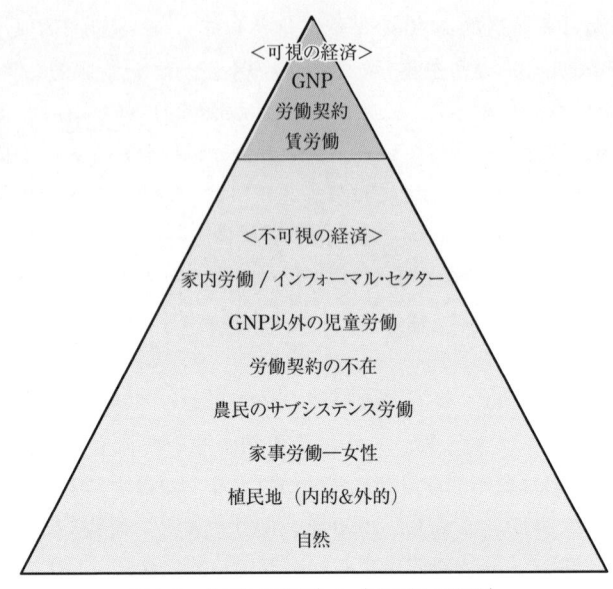

図 1-2 〈可視の経済〉と〈不可視の経済〉
(出典:ミース 2003)

(1) サブシステンス・パースペクティブ

　小農は，英語では，peasant，あるいは subsistence farmer と表記される。サブシステンスという語は一般的には「生存ぎりぎりの」というような意味合いをもつ。Subsistence farm というと，自給自足的な農業経営により，家族が何とか生存できているような農家の苦しい生活ぶりがイメージされようか。
　このような，負のイメージを与えがちな"サブシステンス"という語に対し，ミースら (1995) は，異なった意味を付与している。
　ミースら (1995) は，資本主義の本質である本源的蓄積における搾取─被搾取関係に注目し，女性が自然と同じ位置づけにされ，近代化，資本主義化の中で搾取され続けてきたとする。搾取されるのは女性だけではない。図 1-2 に示された"経済活動"のピラミッドの中で，"可視の経済"が取り上げるのは，資本，賃労働 (労働者) と両者を取り結ぶ労働契約という，GDP に算出可能な，経済システムにおけるほんの一握りの部分にすぎない。その下には，労働契約で結ばれていない多様な労働 (家族農業，家内労働，小商いなどのインフォーマル

セクター，さらには家事労働）の"不可視の経済"があり，その一番の基盤には自然がある。イリイチ（1990）も，シャドウワークとして，人々の諸活動の片隅に追いやられ続けてきたそのような「社会的再生産」[10]は，本来は生活の自立・自存の諸活動である，としている。

ミースら（1995）は，これらの活動が，資本主義の中で"可視の経済"に搾取されてきたと指摘する。そして，現在も，世界の各地で，"可視の経済"の部分をさらに縮小し，多様な労働を"主婦化（＝無償労働化）"させていこうとする資本の動きを指摘している（ミース 1997）。

資本主義経済に対置するものとして，ミースらはサブシステンス・パースペクティブを提示している。「サブシステンス生産」は，自然のエネルギーを人間の生命へと転化させる，生きた労働能力の生産と意義づけ，サブシステンス・パースペクティブは，「自分たちの生命維持に関わることに決定権，支配権を持つことである」と説明している（ミース 2003）。

また，発展途上国での開発に対し，シヴァ（1994）は持続可能なモデルの基本である農業，林業，畜産の必須の連結を壊してしまう還元主義の近代科学および，生活に必需なものと生命を生産する女性たちの仕事を軽視する現代の経済モデルを批判し，生存を生む女性たちの知恵や生産の体系こそが尊重されるべきものである，としている。

(2) マイナー・サブシステンス論

マイナー・サブシステンスは，主要な生業（メジャー・サブシステンス）ではあり得ないし，なり得もしないような，ごく小規模の，あるいは単発的だが地域の自然環境と深く結びついた採集ないし生産活動を指す。たとえば深山幽谷でのヤマメ釣りなどのように，経済的には副次的なサブシステンス（subordinate subsistence）にもなり得ないような営みではあるが，松井は，マイナー・サブシステンスがもつ自然と人間の相互作用によって引き出される喜びに注目し，形を替えこそすれ，そう簡単には終息することはないだろう，としている（松

---

[10] 市場経済化の流れの中で，市場において労働の対価として報酬が支払われる狭義の経済活動を支えるための（経済活動の担い手を再生産するための）様々な労働は再生産活動と呼ばれる。自給農業における生存維持活動，自営業の家族労働，家事・育児・介護などの家庭内労働，地域のボランティア労働などがこれに含まれる（竹内 2004）。

井 1998, 2004)。

4　在地の知への注目

　在来知識，在来技術については，いろいろな定義がある。田中 (2000) は，「適応，利用，消費など，人間の自然への働きかけ（中略）が自然とのある種の均衡のもとに持続している農業」を在来農業とし，そこで用いられる技術を在来技術としている。国際連合環境計画 (UNEP) (2008, online) は，indigenous knowledge は，「在地の／地域のコミュニティが，特定の自然環境下で何世代にもわたって蓄積してきた知識」であり，「地域での経験や歴史的な現実に深く組み込まれており，それゆえに文化的な固有性を持ち，またそのコミュニティのアイデンティティを定義する重要な役割を持つ」としている。

　いちはやく「在地」をキーワードに捉え，地域の人々の培ってきた知恵や技術の意味を考えてきた安藤 (1995) は，農村開発において，「人々のまとまりを支えてきた『ここに生活してきた者が作ってきた在地の社会の習慣や様式』」を尊重することの必要性を訴えている。「在地」とは，「土地とそこに暮らしている人々の関係」であり「『私たちの暮らしは，この土地に存在し，持続していく』のだという現在進行形の関係で」あり（安藤 2012a, online），生きることそのものである「在地」に直結した知，「在地の知」は個別的にならざるを得ないとしている（安藤 2012b, online）。

　一方，守田 (1994) は，工業と農業のもつ本質的な違いに注目し，「工業は，……人の欲望のおもむくところすべてを満たしうると自負し，どのようにしてでも求める物の製造をしようとする。そこに技術という概念が成立する。工業技術にとって意味のある一番大切なことは，工業自らの限りにおいては超えてはならない則などというものを自らの法則としては持たない」一方，「農法は，土とのとりくみの暮らしにおける人のあり方の理念でもある。人の欲望を土に向けて放ち，そこに超ええない則を体験的にさとることによって人の存在の永劫を得ようとするであろう。」と考えた。

　各地域の小農たちが，自分たちの地域で，自然との相互的な働きかけの中で培ってきた「在地の知」，「在来知識」あるいは「在来技術」は，民俗学や文化人

類学の分野では，もともとの研究対象であり，収集，記録・分析がされていた。それが社会的に活用されるようになったのは，発展途上国，第三世界の国々における経済問題，技術問題，社会問題に焦点を当てようとする試みからであった[11]。チェンバース（1995）は，「第三世界のほとんどの国において，『農村の人々の知識』は膨大に存在するにもかかわらず，それらは十分に利用されていない」と指摘した。その後，1992年にリオデジャネイロで開かれた世界環境会議が表明したアジェンダ21において，在来知識の記録の必要性が訴えられた。これに引き続き，同年フィリピンにおいて，世界で初の在来知識と持続可能な開発についての会議が開かれた[12]。このほかにも，さまざまな会議が1990年代には開催され，こんにちでは，世界銀行やUNEPが，とくにアフリカの地域開発においてその重要性を認め，プログラムを開始している。また，生産技術だけでなく，地域資源の共同的な利用管理の形態であるコモンズも，「在地の知」に基づく持続可能な資源管理のシステムとして注目されるようになっている[13]。

「在地の知」，「在来技術」の見直しの背景には，農作物の収穫が増加し，農家の生活が安定するはずであった近代農法の普及が思わぬ弊害をもたらしたこともあろう。バングラデシュでは，近年飲料水への砒素の混入が深刻な健康問題を引き起こしているが，これは，「緑の革命」以降の地下水の大量くみ上げと化学肥料の施肥過多が大きな原因の一つと考えられている（高橋2004）。

しかし，現実の農村開発の場面においては，農民の在来知識は，どちらかというと，いまだシンデレラツリー[14]などの，有用な単独技術のインベントリーとしての注目が先行しがちである。在来知識が内包し，かつ前提とする，その地での人々の暮らしの総合的な成り立ちやその意味については扱いかねてい

[11) 「適正」，「中間」あるいは「オルタナティブ」といった技術の概念は，1960年代半ばに提案された（ウィナー2000）。シューマッハー（1986）の「スモールイズビューティフル」はその代表的な著作の一つである。

12) International Conference on Indigenous Knowledge and Sustainable Development。

13) 日本では，コモンズは"入会"と呼ばれ，日々の生活を存立させるため，コミュニティ成員すべての平等なアクセスを認めるとともに，持続的な利用のための管理システムがつくり上げられてきた（多辺田1990）。入会は，自給にとっても重要な生産の場であり，参加（利用）及び管理を，所有よりも重要視している点で，サブシステンス生産と共通の特徴を持っているといえよう。

14) シンデレラツリーとは，「緑の革命」のような近代科学技術からは見過ごされてきたが，地域の人々に多様に利用され，地域の環境保全や生物多様性の保持に寄与するなど，有用性の高さが期待される在来の野生の樹木を指す（Leaky and Brown 1993）。

る印象がある[15]。World Agroforestry Center (2009) が2009年に開催したアグロフォレストリーについての第2回目の世界大会[16]では，アグロフォレストリーが"あいまいな漠然としたもの"から，土地利用に関する"堅固なサイエンス"へと変化したことを確認するとともに，技術の知識の蓄積を適切に更新し，技術を現場に普及していくことの必要性が述べられている。アグロフォレストリーは，「退屈だ」と言われており，政策決定者だけではなく，アグロビジネス業界に対し，アグロフォレストリーの有効性を説いていかなければならない，という指摘も挙げられていた。"堅固なサイエンス"に仲間入りすることも重要ではあろうが，その"あいまいさ"や"退屈さ"のもつ真意は慎重に検討される必要があるのではないだろうか。

　近年では，むしろ，社会的に「在地の知」が認知されるにつれ，その商業的な価値を見出した企業による，地域の在来の資源の特許の取得の動きが活発となり，地域住民との係争が生じている。たとえば南アジアの代表的な薬用植物として名高い"ニーム"の商標登録など，個々の資源の特許権をめぐって争われることが多い。

5　バングラデシュの屋敷地と屋敷地林

(1)　ベンガル・デルタの特徴

　バングラデシュは，前述のようにブラマプトラ川（バングラデシュではジャムナ川），ガンジス川（同ポッダ川），メグナ川という三つの国際河川が流れ込む巨大なベンガル・デルタに位置している（図1-3）。これらの三大河川の特性について，野間（1994）の記述を引きながらみておこう。ブラマプトラ＝ジャム

---

[15] たとえば，UNESCOは，1998年より"優良な"IK (Indigenous knowledge) のデータベース化 Best Practices Using Indigenous Knowledge) を行っているが，それらは，（その技術の所有者に相当の代償を支払わないのでなければ）模倣が可能であるもの，としている (Bovin and Morohashi 2002)。

[16] 第1回は2004年に開催された。

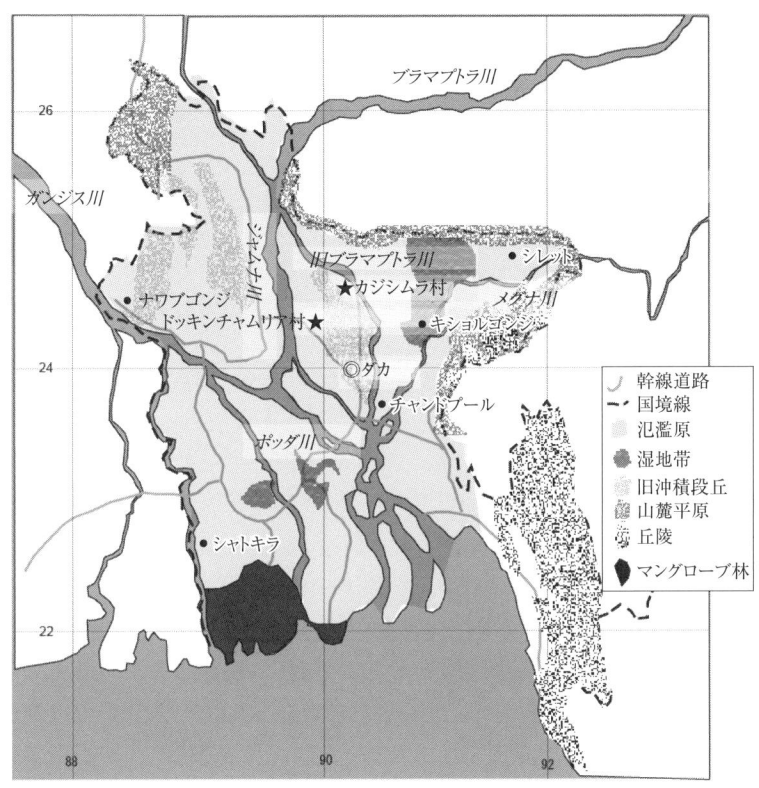

図 1-3 バングラデシュの地形の概要と調査村の位置
(出典：地形についてはジョンソン 1986)

ナ川 (2898 km) はヒマラヤ山脈の北側に源流を持ち，アッサム河谷で西に展開し，さらに流下してベンガル低地に至る。今も顕著な隆起を続けるヒマラヤ山脈から風水や気温較差によって削剥される土砂が，世界最多雨地域であるアッサムの河谷を通過し，下流には膨大な量の肥沃な沖積土を堆積する。メグナ川は多雨地域のメガラヤ台地を源頭とし長さは 1000 km に満たないが，チャンドプールから河口までの 160 km はガンジスの下流ポッダをあわせて広大なエスチュアリー（河口部）をなし，コンゴ川，アマゾン川に次ぐ排水量を示す。ヒマラヤの南の半乾燥地帯に発するガンジス川 (2506 km) は，中流域に人口稠密な沖積平野を形成しながらベンガルに入る。ガンジス川下流部の歴史時代における河道は，西から東へ傾動する地殻変動の影響を受け，次第に東遷を続けて現在に至ったとされる。一方デルタの地形環境に対して決定的な影響を与え

第 1 章　農村，屋敷地と「在地の知」　21

表 1-1 代表的なデルタの面積

川名	km²
アマゾン川	467,078
ガンジス-ブラマプトラ川	105,641
メコン川	93,781
揚子江	66,669
レナ川	43,563
黄河	36,272
インダス川	29,524
ミシシッピ川	28,568
ボルガ川	27,224
オリノコ川	20,642
イラワジ川	20,571
ニジェール川	19,135
ティグリス・ユーフラテス川	18,497
グリハルバ川	17,028
ポー川	13,398
ナイル川	12,512
紅河	11,908
チャオプラヤ川	11,329

(出典：堀・斉藤 2003)

たのが，18世紀後半のブラマプトラ川の本流の河道変遷（旧ブラマプトラ川からジャムナ川への西遷）であった。

　高谷（1982）はチャオプラヤ・デルタを例に取り，熱帯デルタでの一般的な水文環境について次のように述べている。「デルタにはほとんど傾斜がない」ため，「雨季になるとデルタの雨はもちろん，上流に降った雨もデルタに流入」し一面の洪水になる一方，乾季には「あらゆる水が消えてしまい」，「見渡すかぎりが沙漠のようになってしまう」。そのため「人間の生活はきわめて困難」であり，「つい最近までは人間の居住空間とは考えられて」おらず，デルタが開けるのには巨大資本による運河掘削を待たなければならなかった。

　しかし，ベンガル・デルタは凹凸に飛んだ微地形をもち，乾季でも豊富な水源となる川や沼が点在する氾濫原の占める割合が大きいという特徴を持つ。くぼみには粘土質の土壌が堆積し，高みには畑作に適した砂，シルト，ロームの耕地土壌が分布する氾濫原の存在が際だっているという（安藤・内田 1993）。とくにブラマプトラ＝ジャムナ川氾濫原には，その本流が18世紀後半に流路を変える以前に小規模な河川によって形成された，小規模な自然堤防が斑状に分

布している（海津 1996）。このようなベンガル・デルタの特徴は，表 1-1 に示すような巨大なデルタでありながらも，運河のような大規模な工学的な対応を待たずに，デルタに入植する人々が自分たちの手で居住できる空間を整えることを可能とさせた。そのためベンガル・デルタでは，17 世紀にガンジス川が流路を東ベンガルに変えて以降，人々の活発な入植が始まり，開拓のピークは 1870 年代であるという（河合・安藤 1990）。一方，東南アジアでは，ベトナムの紅河デルタを例外として，デルタの大部分が近代以降の比較的新しい時代まで利用されないままであった。

Sultana（1993）は，バングラデシュの村の成り立ちは基本的にその地域の自然条件によってコントロールされており，人為の影響は少ないとしている。そして，家屋が高みを選んで建てられるのは，雨季の湛水を免れることのほかに，土地の生産性への考慮から（生産性の低い高みの土地を屋敷地として利用する）であるとしている。氾濫による冠水を常に免れる安定した自然堤防上から集落が作られていき，19 世紀後半における開拓のフロンティアであった条件の悪い低湿地は，そうした古い親村から分村した家族が土を掘り，それを盛り上げて屋敷地を作り居住する場としていった（河合・安藤 1990）。

Ali（2005）の論文では，四つの生態的に異なる事例地において，それぞれに異なる屋敷地林の配置がみいだされている。ハオール（*haor* 北東部に広がる氾濫湖）に位置するキショルゴンジ（Kishorganj）県の村では，屋敷地に適する限られた空間に住居が密集し，住居エリアから 200 メートルほど離れたところに点々と屋敷地林が点在していた[17]。シュンドルボン（*Sundarban* 南部沿岸地帯のマングローブ林地帯）の沿岸に位置し，塩水が遡上するシャトキラ（Satkhira）県の村では，中庭―建物―屋敷地林へと広がる空間利用があった。バリンド台地（*Barind* 北西部に広がる台地）に位置するナワブゴンジ（Nawabganj）県の村では，中庭の四隅に建物があり，その周囲に屋敷地林が配置されていた。またダカ近郊の村では住居が密集し屋敷地林も小さく密集していることを見出した。このように，同じバングラデシュ国内でも自然条件や社会条件の違いによって屋敷地の構成は異なってくる。

---

17) これは写真 8（25 頁）に示したように，筆者もキショルゴンジ県のハオールにて確認している。

(2) アジアのデルタにおけるバングラデシュの屋敷地の特徴

アジアのデルタにおける屋敷地及び住居の構え方は，水上型住居と地上型住居に分けられる（布野 2005）。水上型住居は，高床式（杭上）住居あるいは浮き家の形態をとる。家の土台は地平面の高さのままに上に建て上げる，あるいは単に水面に浮かばせる形で水面を超える高さの住居を確保する形態である。水上型住居としては，メコン・デルタの巨大な氾濫原であるカンボジア，トンレサップ湖の水上集落群が有名である[18]。

一方，地上型住居では，地床式か高床式のいずれかの形態となる。東南アジアでは高床式住居が一般的であるが，中国の影響を受けたベトナムと，ヒンドゥー文化圏のインドネシアのバリ島では地床の住居が優占している（関根 1984）。インドでは，北東部の先住民族の集落で高床式住居がみられる以外は，伝統的にすべて地床の住居である（米倉 1969）。

バングラデシュの伝統的な住居をみてみよう。Ahmed（1994）によると，周縁部に広がる丘陵地域では，傾斜のために均平な土地を見出すことが困難なため，高床式の住居がみられ[19]，また湿地帯にもまれに高床式住居がみられるという[20]（写真 7，8）。しかし全国的には，土地を盛り土し，さらにその上の住居の土台も盛り土して地床の住居を建てる形態がほぼ共通している，としている。

高床式住居を選ぶのは，通常年を超える水位の上昇に備える意味合いは当然あるが，主には通風を良くし虫や蛇などの侵入を防ぐなど，居住性を高めるためであるという（布野 2005）。主に地床住居であるバングラデシュでは，先に述べたように，住居の床をさらに50センチ〜1メートルほど盛り土しているが，これにより上記の機能が発揮できるようにしている（Ahmed 1994）。住居の床

---

18) 水産養殖のJICA専門家としてミャンマーに長期派遣されている高橋信吾氏によると，ミャンマーのイラワジ・デルタでも，水上型の高床式住居（屋敷地を土盛りしない）が主であるということであった。そのため，樹木はほとんど生育せず，乾季に草が生える程度であるという（高橋氏との私信による）。一方，チャオプラヤ・デルタの住居は，高谷（1982）によると，盛り土をする地上型の高床式である。

19) 丘陵地域は，バングラデシュにおいて，チャクマ，モニプリなどの先住民族が多く居住する地域でもあり，文化的な系譜が異なることの影響が考えられる。

20) 湿地帯の高床式住居については，長年同国内で農村のフィールドワークを行ってきたバングラデシュ農業大学のアルタフ・ホセイン教授，ムハマッド・セリム教授ともに，その存在をみたことがないと言う。かなり数が少ないものと思われる。

上：写真7　丘陵地域（シレット県）の少数民族モニプリ族の高床式住居（1993年3月）
下：写真8　ハオール（氾濫湖）の屋敷地（バングラデシュ東北部キショルゴンジ県）。雨季は，湖のように水が満ちるため，高みに列をなして屋敷地が並んでいる。屋敷地に利用できる土地は大変小さく，建物でほとんどいっぱいである。乾季になると手前の土地があらわれてくるので，野菜の棚が広がる（1989年1月）

を盛り土するのは，盛り土に適する土が同国のデルタには豊富にあったからだろう，とAhmedは推察している。

　高床あるいは地床を選ぶ理由には，上記のような物理的な要因もあるだろう。しかし，関根 (1984) は，地床で暮らす人々の大地との接触の多さ，人々の意識の中での土との結びつきの強さを指摘し，どのタイプの住居を選ぶかは，単なる機能論のみではなく地域に固有な文化的背景をもち，人々の死生観やコスモスイメージにもつながるものであろうと述べている。

　地上型住居の場合，高床式住居でも屋敷地が浸水しないように盛り土は行う (高谷 1982)。自然堤防などの高みででれば，ほとんど土盛りをする必要はない。しかし，平坦な土地が広大に拡がるような地域では，個々の農民の力による湛水しない住居の建造は困難である。チャオプラヤ・デルタでは，1955年のイギリスとの友好通商条約締結以降，デルタでの居住が進められた，開田のための国家的プロジェクトによる運河掘削（とそこから出てくる土を盛り土すること）によって，ようやく人間の居住が可能となっていった (高谷 1982)。メコン・デルタも，同じくフランスの統治による植民地の時代からフランスが撤退するまでの間 (1883年-1954年) に多くの運河が掘削されたことにより，住民が運河網に沿って移動し定住するようになったという (香川 2003)

　一方，ベンガル・デルタ（とくにブラマプトラ＝ジャムナ川氾濫原）は，先に述べたように小規模な自然堤防がまだら状にひろがっているため，農民たちが自分たちの手によっていくらかの土盛りをしながら集落を作っていくことが可能であった。宮本ら (2009) によると，タンガイル (Tangail) 県の一村で行った地理学的調査（露頭観察とトレンチ掘削）からは，活発なブラマプトラ＝ジャムナ川氾濫原に位置する同村では，約1万2000年～1万1000年前に形成された洪水氾濫堆積物（自然堤防状の微高地）を利用するかたちで，少なくとも約1300年前までには屋敷地が形成され，生産域と居住域の開発が行われたと推定している。

　このようにみると，デルタ地域において地床住居という居住形態を"文化的に"選んだために，バングラデシュの屋敷地は最も土を多く動かす形態を取ることになった。また，それが住民たちの力によって成し遂げられてきていることが大きな特徴であるといえよう。

(3) バングラデシュの屋敷地林研究

バングラデシュは，16世紀にガンジス川の本流が東ベンガルを流れるポッダ川に移り，北インドのガンジス水系の経済圏に結びつけられたのを契機に経済的な活況を呈するようになった（臼田 2003）。当時，深い森に覆われていた東ベンガル一帯は開拓が進み，19世紀の初頭には，デルタの中で最後までフロンティアとして残されていたベンガル湾周縁部の森林の開拓も急速に進展し（谷口 1993），20世紀末には森林面積は国土のわずか6％（Gain 2002）にまで減少した。このため，屋敷地林は同国での植物資源の重要な供給源となっている。屋敷地林は，国土面積の約2％であるが，国内の森林蓄積の5割を占めており，その単位面積当たりの森林蓄積量は，マングローブ林の9倍，丘陵部の森林の5倍にのぼると推計されている（Millat-e-Mustafa 2002）。70％の挽材が屋敷地林由来であるという報告もある（Miah 1988）。また，雨季の屋敷地は人々や家畜（さらには樹木）のシェルターとしての役割も果たしている。

1) 屋敷地林の植生

バングラデシュでは，1980年代よりアグロフォレストリー研究が注目されるようになり，屋敷地林についても，植物のリストアップから調査研究が進んでいった。

屋敷地林の植生については，一つの地域に46から67種の多年生植物（Millat-e-Mustafa et al. 1996），あるいは48から77種の植物（Ali 2005）が確認されたといった報告がある。また，屋敷地林で栽植する植物への村人の選好については，農民は果樹を好み，植樹について意欲的であること（Leuschner and Khaleque 1987）[21]，食用植物や果樹は屋敷の近くに，木材は遠いところに植える傾向があること（Millat-e-Mustafa et al. 1996）などの報告がある。

---

21) Motiur et al. (2005) は，Leuschner and Khaleque (1987) の報告などにより広く信じられるようになった"農民たちは果樹を好む"という説に対し，シレット県で調査を行い，確かに果樹の割合は高かったが占有するほどではなく，また，果樹からの単位面積当たり収穫量及び屋敷地の樹木からの収入を上げるためには，果樹を減らし，より経済的な木材用の樹種を植えるべきであると提案している。

2) 屋敷地林と女性

　ジェンダーは，バングラデシュの屋敷地利用を考えるにあたり，非常に重要な視点である。バングラデシュでは伝統的かつ宗教的に，女性の活動は基本的に屋敷地の中で行うべきという規範があったためである。バングラデシュは，人口の89.6％がイスラム教徒である (Bangladesh Bureau of Statistics 2011)。バングラデシュ・イスラムの戒律では女性が家族，親族以外の男性に姿を見せることは好ましくないとされており，これはパルダ (purdah：カーテン，ヴェールを意味する) として知られている。このパルダが女性の行動範囲をより厳しく制約してきた部分はあろうが，女性が活動の中心を屋敷地とし，その外に出る機会が少ないことはヒンドゥー教徒にしても同様であり，これはイスラム波及以前からの，この地域の慣習であろう (Aziz et al. 1985; Chaudhury and Ahmed 1980)。女性が屋敷地の外に出るときは，男性の同伴者を伴い，かつブルカ (burka) という顔 (目) 以外を覆った長いコートを着ることが求められていた[22]。

　このような慣習と規範のもと，女性は屋敷地の中で，植物の管理，収穫後の調製作業，家畜飼養，住居の維持や家事一般の活動を担ってきた。バングラデシュ東部のコミラ (Comilla) 県を中心とした初期の研究からは，女性たちが種子の管理も含めた野菜栽培，収穫後の調製作業や収穫物の管理の役割を担い，卵と牛乳は主に女性が販売していたこと (Hussain et al. 1988)，屋敷地での女性の活動が小農，零細農においてより活発であったこと (Hannan and Ferdouse 1988) が報告されている。近年の Ali (2005) の報告でも，土地所有面積が小さいほど女性や子供の関与が高かった。

　屋敷地に関する権利についてのタンガイル県での調査からは (Akhtar 1990)，屋敷地が夫のものであるにもかかわらず，植物の所有者は自分たちであると回答する女性たちがあった。農村の暮らしにおける女性たちの裁量の大きさの一端を示してはいるが，これは，夫との良好な関係性に依存しており，権利に関する女性の不安定な位置を示すものであると Akhtar は論じている。

---

[22] このような規範は，かなり弱まっている。女学生たちは，村外の学校に一人で通い，また成人の女性たちも，生家，役所や NGO オフィスなどに一人で行き来するようになってきた。しかし，その一方で，知識階層や中産階級の人々の間で，自分が宗教心に篤いことを示すために，ブルカを着用する姿もみられる。

3)「在地の知」と屋敷地林

1988年に，初めて国レベルでの屋敷地の植物とアグロフォレストリーに関するワークショップが開かれ，国内のさまざまな事例が紹介された（Abedin et al. 1990）。社会林業も時を前後して普及が始まった。先に述べたとおり，バングラデシュでは森林の被覆度が非常に低く燃料の不足が顕著であることから，植樹が推進された（Hocking and Islam 1994）。植林地として，一年を通して湛水しない空間である屋敷地の重要性は高く，そのほか，街路，耕地や境界等での植林が推進された（Asaduzzaman 1989）。

農業生産においては，狭小な屋敷地の"生産性を高める"ために，政府やNGOの諸機関は，野菜，樹木，家畜（養蜂も含む），養魚などを組み合わせ，限られた土地から最大限の利潤を出すための数々のモデルづくりを行ってきた[23]。屋敷地が，バングラデシュの農村女性にとって数少ない（多くの場合唯一の）自由に動ける活動場所であるため，女性を屋敷地での生産活動に積極的に参加させることを目的にしたプログラムも数多く試みられてきた[24]。しかし，その具体的な内容をみると，収量が多い，栄養価が高いなどの効能をもった新品目を，個別的に導入することが先行してきた。

その一方で，「在地の技術」，「在地の知恵」に視点が向けられるのには時間がかかった。バングラデシュの屋敷地を対象とした活動においても，実際，農民たちが屋敷地という限られた空間をどのように捉え，利用しているかということへの基本的な理解や，そこで培われてきた「在地の知」から学ぼうとする取り組みは，ようやく近年みられるようになってきたところである。ローカルNGOであるUBINIG[25]は，村人たちが食材などとして利用する野生の植物の重要性に関するワークショップを開いたり（UBINIG 2000），村人たちの間で受け継がれてきた，農作業に関する伝統的知識の集積である『コナの格言』[26]

---

23) BARI-Bangladesh Agricultural Research Institute, CARE (Cooperative for Assistance and Relief Everywhere) International, Heren Keller 財団など。
24) de Torres 1989; Hannan and Ferdouse 1988; Bngladesh Agricultural Research Counsil 1991; Abedin et al. 1990; Sarkar et al. 2002 など。
25) Unnayan Bikalper Nitinirdharoni Gobeshona，和訳すると，「オルタナティブな開発のための政策研究所」。
26) 佐藤（1987）によると，『コナの格言』の起源については，コナは5世紀前後の実在の人物であるという説や，8〜12世紀に成立したという説，10〜11世紀に成立したといった説があるという。いずれにしろ，かなり古くからの，ベンガル地方の伝統的農業に関する経験知，在地の知の集成である。

をブックレット化し配布するなどの活動を行っている (UBINIG 1995)。また，国際 NGO である CARE-Bangladesh でも，"Homestead space planning" として，村人たちと共同で屋敷地の利用図を作り，農民たちの知恵に学びながら，有効な利用法についてともに検討する活動が進められている (Islam and Biswas 2002)。

6　見えない価値を可視化する —— 本書の課題・目的

　以上，屋敷地の形成及び屋敷地林の役割，またその重要な担い手である小農及び「在地の知」（在来技術）に関する領域での先行研究を俯瞰的に眺めてきた。

　屋敷地林研究においては，初期の植生のインベントリー作成からはじまり，屋敷地林の生産力や役割，持続性に関する研究，そして近年の市場経済化による屋敷地林利用の変化に関する研究等が進められてきた。バングラデシュの屋敷地林研究でも同様に，屋敷地林の植生，その役割（とくに経済的な役割），女性の貢献などが研究されており，また，その生産性を上げるためのさまざまな提案がなされ，開発プログラムが実施されてきた。これらは，生産（及び販売）に関するものが多く，屋敷地林が持つ社会的な機能に関する研究は十分ではない。屋敷地林の生産に注目する場合でも，作物の収量や経済的価値などに，その評価は限定されがちである。まず第一に，地域に賦存する多様な資源や自然環境をどのように地域の人々が認識し利用しているかという，在地の知恵，在来技術の検証と評価が先立つべきであり，またさらには，地域の自然環境と人々の関わり合いを基盤とした暮らしの成り立ちから，総体的に理解しようとすることが重要であろう。生産性やその価値に関わる問題（生産の意味や豊かさの意味）に関する見解の相違が屋敷地林研究においても横たわっているように思われる。

　自給的な性格の強い小農的経営については，"西欧型" の経済モデルをひきあいに，"非合理である"，"非効率である"，"技術が未熟である" といった議論が長い間続けられてきた。それに対しては，"農民は経済合理性の観念は持っているが，人的投資や技術の未熟さがそれを阻んでいる" という観点からの開

発援助(「緑の革命」など)が進められてきたが,1990年代からは,一元的な"開発"自体への疑念が生じてきた。

村人たちが自分たちの地域で,自然との対話を通じ培ってきた「在地の知」も,同様に長年開発の現場で捨象されていたが,近年徐々に評価されつつある。上述のような総合的な知恵の体系,暮らしの体系として在地の技術を評価し活用しようとする取り組みが求められるが,どちらかというと"有用そうな"技術を単品で拾い上げることが優先してきたといえよう。

一方,居住空間としてのバングラデシュの屋敷地は,デルタという水文学的に特徴的な立地に成り立っている。ベンガル・デルタの固有性,加えて文化的な背景から,現在の形の屋敷地が文字通り"人力"で作り上げられてきた。自然環境との関わりにおいてどのように人々は屋敷地を作り上げ維持してきたか。人々はどのようにして,デルタという水文環境で暮らしを成り立たせ,そこで屋敷地及び屋敷地林はどのような役割を果たしてきたか。

目にみえやすい換金的な価値のみにとらわれず,人々の暮らしの中に埋め込まれた日常の生活における基本的な充足へのニーズを浮き上がらせたい。地域での生活の存立を可能とさせている社会関係も含めた暮らしのあり方をみることにより,言葉にはならない形で存在する暮らしの価値観が浮かび上がってくるのではないか。そこから初めて,人々の暮らしを"豊か"にする開発のあり方が見てくるのではないだろうか。

7　女性の活動と植物への注目 —— 本書の方法

バングラデシュでの屋敷地及び屋敷地林の研究は,休止期間を含みながらも1988年に初めてバングラデシュを訪ねてから,20年以上にわたっている。本書では,2008年までの調査結果をとりまとめているが,その間の調査内容は,非常に多岐にわたった。具体的な方法については,巻末のAppendix1に掲載することとし,本節では,本書が何に注目したか,またどのような特徴をもつ研究であるかに焦点を絞り,述べていきたい。

(1) 調査村の選定：異なる水文環境から

　本書では，異なる水文環境下にある二つの村を取り上げ，屋敷地のありかたを検討した。一つは旧ブラマプトラ川の自然堤防上に位置し雨季にも湛水をみないマイメンシン (Mymensingh) 県カジシムラ村 (Kazirshumla *gram*：本書では，K村と略)，もう一つはブラマプトラ＝ジャムナ水系の活発な氾濫原に位置し，雨季には湛水するタンガイル県ドッキンチャムリア村 (Dakshin Chamuria *gram*：本書では，D村と略) である。

(2) 屋敷地の何に注目するか：植物への注目

　筆者は，屋敷地の全体的な成り立ちや，そこで利用される多様な資源に注目したが，なかでも屋敷地林の植物に焦点をあて研究を行った。屋敷地で生産・利用される重要な資源としては，植物と家畜がある。屋敷地において，植物は貧困な世帯であっても屋敷地を所有していれば必ず存在し，多様な役割を果たしている。また，家畜と異なり野生のものも多様に存在し，人々の野生資源に関する知識や認識も把握可能である。さらに，生死や売買によって保有頭数の短期的な変動が著しい家畜と異なり，樹木は比較的安定的に保有状況が把握できること等の特徴を持つ。屋敷地林の植物をとおし，人々の暮らしの成り立ちや価値観を浮かび上がらせることができると考えた。

　しかしその一方で，家畜は，屋敷地を所有していなくても屋敷地内にいくばくかの利用できる空間があれば飼養でき（植物でも一年生の野菜などは自分の屋敷地でなくても栽培が可能であるが），土地への要求度が低い。とくに零細農や土地なし農民が多いバングラデシュ農村にとっては，その価値は非常に大きい（まさしく livestock，"生きた資産" である）。本書では，植物ほどの比重を割くことはできないが，全体的な状況や個別的な事例を取り上げることにより，屋敷地での生産及び生活における家畜及び畜産物の役割についても触れることとした。

1) 植物資源へのアプローチ 1：植物マップ作りと植物の情報収集
　屋敷地林の植物資源へのアプローチとしては，屋敷地林を構成する植物の基

本的なマップ作りから始まった[27]。植物名は現地名で記録し，花や実の付いたものは標本に取り，植物分類学の専門家に依頼し，学名の同定を進めた[28]。

　各植物については，野生であるか人為的に植えられたものであるか，栽植者及び世帯主と栽植者との関係，おおよその樹齢（植えてからどのくらい経つか），入手先及び関係性，栽植の方法（種子をまいたか，取り木をしたか）等について，世帯メンバーから聞き取りを行った。一年生の野菜は季節ごとに変わっていく。D村の1992-93年調査では，新しく栽植されるごとにマッピングしジャール数（後述）をカウントしたが，その他の調査では，野菜のマッピングは屋敷地林全体の植生調査の際（乾季）のみで，その他の季節に栽培するものは聞き取る形を取った。

　上記質問の項目については，調査年によってバラツキがある。初めてのフィールドワークであったK村での1988-90年調査では，植物の入手先や入手先との関係性については思い至らず，これらの項目についての情報は不足している。また，野生植物の把握も十分ではなく，2006-07年の調査との比較には十分に使えないという問題が生じた。

　なお，本書では，植物の数については，以下のように考え，数えている。

　植物の中には，タケやバナナなど株を作るものがある。また，ツル性の野菜も，いくつかの種子を同じ場所に蒔き，それらを一つの固まりとして（あたかも一つの植物体であるかのように）育てられており，これらの植物はジャール（*jhar*）という単位で村人に認識されている。実際には，一つのタケのジャールは，何本ものタケで構成されており，一つのユウガオのジャールは何本かのユウガオの茎で構成されている。本書では，「植物を栽植する」という住民の働きかけに注目しているため，一つの株は村人の一つのアクションを示すこと（たとえばタケのジャールの中の本数が増えるのは，年を重ね，自然に増殖したことを意味する）から，これらジャールを作る植物については，1ジャールを1本として扱うこととした。なお，野菜のジャール数については，上述のようにD

---

27) これは屋敷地林研究のオーソドックスな手法である。アグロフォレストリーの主な担い手である林学の専門家の場合，関心は主に多年生植物に注がれ，樹木の位置のみならず，樹高，樹冠や樹木の太さを一本ずつ調べ，詳細な断面図を作成することが多いが，筆者は，樹高については，目視及び写真より最も高い層のおおよその樹高を把握する程度にとどめ，その代わりに，一本一本の植物に関する情報の入手に力点を置いた。

28) 同定には，National Herbarium 所長（当時）モティウル・ラーマン氏，京都大学（当時）村田源氏をはじめとした植物学の専門家の協力を仰いだ。

村での1992-93年調査をのぞき乾季にしか把握していないため，表中に個体数が記載されているときには乾季の調査時でのジャール数を示している。

なお，本書では，植物名は，一般的に知られた名称（和名や英名）を優先し，それに現地名を併記することとする。和名や英名の無いものについては，現地名に加え学名を併記するが，スペースの関係で，既出の植物については，学名を示さないこともある。それぞれの植物の学名，和名，英名や現地名については，Appendix 2の植物一覧表を参照されたい。

2）植物資源へのアプローチ2：利用と管理

屋敷地の資源の利用については，屋敷地に所在する一つ一つの植物の利用法をそれぞれの世帯より聞き取り，それら情報を併せた植物インベントリーを作成した。また，具体的な利用の実態の把握のために，K村では食材としての利用に注目し食事調査を実施した[29]。

調査地とした2村で観察された植物は，それぞれ100を超えるため，すべての植物についての情報を図表上に提示していくことは困難である。そのため，村人たちの利用と管理のあり方の視点から，i）人為的な管理（世話）を受けるかどうか（栽培植物か野生植物か），ii）食用に供されている部分があるか[30]，iii）多年生か一年生（あるいは一年生的に栽培される）か，の基準で分類した（図1-4）。i）管理については，A）有用であり，人為的に植え，手をかけて育てる（栽培植物），B）人為的に植えることはないが，有用なので自然実生等が生えてきたら手入れ，管理をする，C）手入れ，管理は格段しないが，役に立たないこともないので邪魔にならない限りはそのまま生えたままにしておく，の3段階の関与に大別できる。iii）の視点は，乾季の時期だけに栽培できれば良いのか，雨季も通じて栽培する必要があるかを意味し，とくに雨季に湛水するD村での植物の管理の方法について大きな違いをみせるところである。

調査地域では，食用とされない栽培植物はすべて多年生であった。また野生植物では，管理を受ける植物はすべて多年生であり，全体的に分析の対象となる一年生植物が少ない（あるいは生態がよくわからず，一年生か多年生か識別できない）ため，基準 i，ii を優先的な分類の基準とし iii）を補足的に用いること

---

29) D村でも，反復調査のときに，K村よりも簡便な形で調査を実施したが，本書では触れていない。
30) 他の地域や国々で食用にされていても，調査村で食用にされていない場合は，食用とされない植物として分類している。

```
基準1     基準2    基準3
                    多年生 → ①食用となる多年生の栽培植物
           食用                （栽培・食用・多年）
栽培                一年生 → ②食用となる一年生の栽培植物
                              （栽培・食用・一年）
                    多年生 → ③食用とされない多年生の栽培植物
           非食用              （栽培・非食・多年）
                    一年生（調査村にはない）
       管理あり（調査村では全て多年生）  → ④管理を受ける野生植物
野生                                    （野生・管理）
                    食用  多年生 → ⑤食用となる野生植物
       管理なし          一年生     （野生・食用）
                    非食用 多年生 → ⑥食用とされない野生植物
                         一年生     （野生・非食）
```

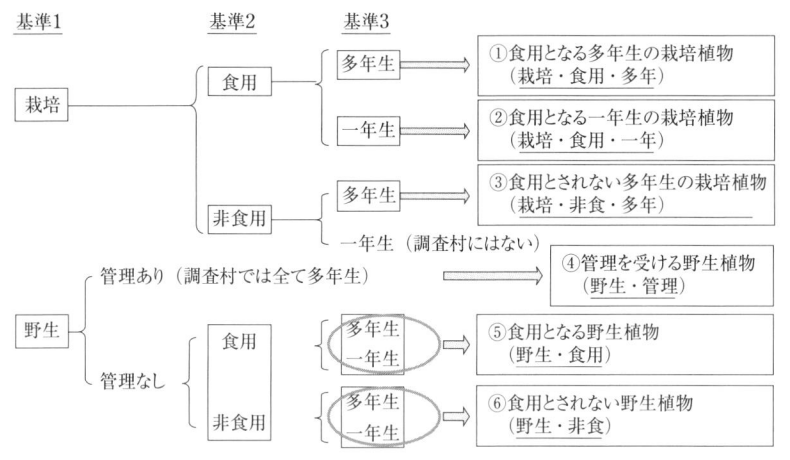

図1-4 利用と管理の視点をベースにした植物分類

により，最終的に以下の6種類に分類した。

(1)"食用となる多年生の栽培植物"（図表などでは，「栽培・食用・多年生」と略）
(2)"食用となる一年生の栽培植物"（同「栽培・食用・一年生」，または「野菜・スパイス」）
(3)"食用とされない多年生の栽培植物"（同「栽培・非食・多年生」）
(4)"管理を受ける野生植物"（同「野生・管理」）
(5)"食用となる野生植物"（同「野生・食用」）
(6)"食用とされない野生植物"（「野生・非食」）

(3) 屋敷地をベースとした人々の活動への注目

1) 女性への注目

　本書は，屋敷地林の植物に焦点をあてるものの，生産面のみに限定せず，屋敷地の持つ多面的な役割，なかでも，これまで十分に注目されてこなかった屋敷地の持つ社会的な役割に注目している。そこで，屋敷地でどのような営みがなされているのか，季節をとおした作業の観察及び，生活時間調査（D村），近隣の世帯とのやりとり，中庭などの作業空間や，屋敷地に敷設されたさまざ

な設備（井戸等）の利用における共同性などを事例世帯において詳細に観察及びインタビューより明らかにすることを試みた。とくにここで注目されるのは女性である。前述のように，バングラデシュでは，慣習的に女性が屋敷地の外に出て活動することは"良いこと"とはされてこなかった。さらに，全体の9割以上が信仰するイスラム教がパルダ（前述）としてそれを強化してきた。そのため，屋敷地は女性の重要な活動場所だからである。

また，本書では，屋敷地をめぐる人々の暮らしをより生き生きと伝えるために，コラムという形で，村の暮らしの一場面や村の女性たちの生きざまを紹介している（なお，コラム中の人名は仮名である）。

2) 住む場としての屋敷地

本書では，屋敷地を所有すること，屋敷地を居住できる状態に保つことの重要性に注目する。生活の場である屋敷地は，耕地などの他の土地利用と比較し，その安定的な保持が，より重要になる。また安定的に保持・利用できるからこそ，樹木等を植えるインセンティブも生まれてくる。具体的には，以下のような方法を通し，屋敷地をもつ（もち続ける）ことの意味や重要性を検討した。①村全体での，屋敷地の時系列的な移動状況の聞き取りから，人々がどのように居住範囲を広げてきたかの把握，②数世帯に対する，過去の移動の経緯についての詳細な聞き取り，③筆者が滞在中に目撃した屋敷地の分割や移動に関する出来事の追跡，④村での参与観察及びインタビューをとおした日常的な屋敷地や住居の維持管理のありかたの把握。

(4) 事例世帯での詳細かつ多角的な調査

屋敷地の植物には，単に「屋敷地にはどのような植物がありますか？」と聞くだけでは取りこぼされがちな多くの雑草雑木がある。これらは，村人が意識的に植えたものではないものの，その特性が理解され利用されている。暮らしの成り立ちの把握には，実際の踏査や参与観察といった直接的な観察も含めた質的な調査が必要であるが，それは，全村レベルでのデータを取ることは困難である。そのため，事例となる世帯を取り上げ，その世帯に対しては屋敷地の植物のマッピング等に加え，家族構成，生業等の把握をするとともに，さらに少数の世帯に絞り食事調査，マーケット調査や生活時間調査を実施した。

事例調査には，その事例の代表性が意識される必要がある。K村では，世帯の経済状況の代表的な指標である所有土地面積，屋敷地の植物相に影響する屋敷地の新旧や屋敷地の規模に注目し，選定した。D村では，雨季には，数世帯〜十数世帯ごとに島のように離れあい (その一つ一つの"島"はチャクラ chakla と呼ばれる。詳細は第4章(4)を参照)，独立性をもつため，チャクラを単位として取り上げることとした。各世帯の固有性と世帯間の共同性に注目するために，村内で古い屋敷地であること，多くの世帯が居住していること，複数の父系に属する世帯で構成されていること，さまざまな経済状況の世帯が居住することを基準に事例となるチャクラを選定した。具体的な事例世帯の選定については，第2章2(5)，3(4)に詳説している。

(5) 反復調査

　本書の特徴は反復的な調査を行った点にある。K村では1988-90年と2006-08年に，D村では1992-95年と2004-08年に調査を行い，屋敷地林の植生については両村で，食事調査・マーケット調査についてはK村で反復的に調査を行った。D村では全く同一の世帯に対し反復的な調査を実施したが，K村では1988-90年調査ほどの規模では実施できなかったため，1988-90年調査の世帯からさらに選び出し調査を行った。この反復調査を行ったことにより，屋敷地の利用の時系列的な変化を把握することができた。しかし，当初調査における視点の不足や反復調査における時間的な制約から，全く同じ方法で調査できなかった部分もあり，その点に留意した分析が必要となった。とくにK村では，1988-90年調査は筆者にとって初めてのフィールドワークであったため，その後，研究を重ねていくにつれ視点の不足がわかってきた。たとえば屋敷地の植物について，野生の植物のうち樹木は把握したものの，灌木や草本植物についてはその多くを把握せず見過ごしていた。また，食事調査では，食材の入手経路としての贈与関係の存在を見過ごしていた。しかしその半面，初めてのフィールドワークは，言葉よりも自分の目や印象に頼る部分が多く，スケッチやメモ等をとおした暮らしの観察の記録は人々の暮らしの姿をかえって鮮明に映し出している面もあった。

　具体的な調査の方法としては，屋敷地の植生は，D村での2004-05年調査ではフィールドスタッフに前もって調べてもらったものを現地で確認する形を

取ったが，その他の調査では，筆者がフィールドスタッフやカウンターパートとともに歩き，筆者が踏査に基づき作成した屋敷地の白地図に落としこむ方法を採った。K村の食事調査・マーケット調査については，1988-90年は，各世帯に前日の食事内容及び食材の入手先を，調理担当者に直接インタビューし，さらに自家生産物の販売についても聞き取る方法で行った。このようにして1988年12月17日から（マーケット調査は11月23日から）1989年2月8日まで，可能な限り毎日訪問し，データを集めた。一方，フォローアップ調査ではカウンターパートのジブン・ネサ氏の定期的な訪問，チェックのもと，2006年3月より2007年7月まで自記式でデータを記録してもらう形をとった。一日の食事の内容及びマーケティング（販売及び購入，その他の収入や物品の贈与も含む）につき，各世帯の中学，高校クラスで学ぶ子供（娘5人，息子1人）たちに，記録を依頼している。

(6) 研究開発プロジェクトへの参加

二つの調査村では，それぞれに，多くの研究者が参加する共同研究プロジェクトが実施されており，そのメンバーの一員として活動できたことによって，筆者の研究は大きく充実したものとなった。

K村では，1980年よりバングラデシュ農業大学が営農体系に関する研究及び農村開発プロジェクトを，名称を変えつつ断続的に実施していた[31]。筆者の最初の調査期の1988-90年では，Farming System Research and Development Programme（以下，FSRDP）がK村やその近隣村で展開されていた。筆者は基本的に単独で調査を行ったが，同プログラムの研究者との議論や，現地に詳しいフィールドスタッフからの具体的なアドバイスは，大学院に入りたてで初めてのフィールドワークであった筆者の農村理解を深めてくれ，研究の大きな助けとなった。また，同プログラムが1985-86年に実施したベースライン調査は，村全体の状況の把握に大きく役だち，また2006年に筆者が行ったベースライン調査との比較を可能とした。

D村での1992-1995年の調査は，国際協力機構によるJSRDE (Joint Study on Rural Development Experiment) プロジェクト[32]への参加によって行うことがで

---

31) バングラデシュ農業大学による活動は，1998年に休止した。
32) JSRDEは，国際協力事業団（JICA）の個別専門家派遣の枠組みの中で，京都大学東南アジア研

きたものである．同プロジェクトは，学際的な実践型地域研究プロジェクトであった．全村レベルでの全戸悉皆の詳細なベースライン調査が実施され，村の全体的な状況の把握に大きく役立った．さらに，JSRDE プロジェクトに先行する JSARD (Joint Study on Agricultural and Rural Development) プロジェクトからのデータの蓄積は，村内図や屋敷地の配置，世帯間の親族関係など，重要な基礎となる情報を提供してくれた．また，D 村での調査は，同プロジェクトのフィールドスタッフのサポートなしには，為し得なかった．

また，JSRDE プロジェクトが単なる研究プロジェクトでなく，小規模な農村開発のアクション（実践）プログラムを伴うものであったことは，D 村での活動において筆者に大きな影響を与えた．慣れない農村開発の実践の場に身を置き，現地スタッフや村人たちから，しばしば厳しい視線や批判の声を浴び，苦しみながらのプログラムの計画や実践は，ダイナミックな村の暮らしの成り立ちというものへの，リアリティに満ちた，より深い理解を促してくれた．

究センター（当時　現在は京都大学東南アジア研究所）を中心に日本人研究者が参加して実施された研究協力事業のアクション・リサーチ・プロジェクトである．事業地として選ばれたのは，ダカの南西に位置するコミラ県とチャンドプール県のそれぞれ 2 カ村（パンチキッタ，オストドナ）と 1 カ村（フォニシャイル），同じく北西部のボグラ県と中央部のタンガイル県のそれぞれ 1 カ村ずつ（アイラおよびドッキンチャムリア）で，事業実施期間は，1992 年 1 月から 1995 年 12 月であった．

JSRDE は，それに先立つ 1986 年から 1990 年の 4 年間，同じ京都大学東南アジア研究センター（当時）が中心になって実施した「バングラデシュ農業・農村開発研究」(Joint Study on Agricultural and Rural Development in Bangladesh：以下 JSARD) の続編ともいうべき事業である．JSARD は，バングラデシュの 5 地域 7 カ村での参与観察を通してそこにおける農業および農村の発展を促進あるいは阻害する問題を特定し，さらにそこからアクション・リサーチにつながるような問題を選定するということを目的としていた．JSRDE は，そのようにして JSARD の下で特定・選定された問題をもとに計画されたアクション・リサーチである．JSRDE でバングラデシュ側でのカウンターパート組織となったのは，バングラデシュ農村開発研究所 (Bangladesh Academy for Rural Development：以下 BARD)，バングラデシュ農業大学 (Bangladesh Agricultural University)，ボグラ農村開発研究所 (Rural Development Academy, Bogra)，そしてバングラデシュ農村開発公社 (Bangladesh Rural Development Board) であった（外務省 1999, online）．本プロジェクトに関しては，海田 (2003) が詳しく報告している．

8　本書の構成

　本書は3部，10章から成っている。本章に続き，第2章ではバングラデシュ及び調査村の概要を記述する。ここまでが「第一部　"人が作った森"から持続社会を考える」である。
　「第二部　屋敷地の利用にみる生活知，在地の知の態様」は，第3章から第6章までであり，1990年前後に行った研究の成果である。第3章は，1988年から1990年にかけて調査を行った，氾濫原の自然堤防上に位置し雨季に湛水をみない屋敷地の形成に恵まれた立地にあるマイメンシン県カジシムラ村（K村）の屋敷地の構造と植生について述べることにより，バングラデシュにおける，一つの典型的な屋敷地のありかたについて検討する。第4章から第6章は，雨季に湛水し，高く土盛りしなくては屋敷地を確保することができないタンガイル県ドッキンチャムリア村（D村）での1992年から1995年の研究の成果である。これもまた，デルタという水文環境の主要な部分を典型的に映し出す地域である。D村での調査は，前述のように単に調査を行うだけではなく，農村開発のための小さなアクションプログラムの実施を伴うものであり，とくに第6章では，そのアクションプログラムからの知見を述べている。
　続く「第三部　屋敷地林と暮らしの変容」では，2004年から2008年にかけて行ったフォローアップ調査をもとに，屋敷地の構造や利用の変化について検討している。第7章では，K村の屋敷地の植生とその利用の変化について，第8章，第9章ではD村の屋敷地の植生の変化及び，その利用や役割の変化について考察している。
　これらの結果をもとに，最終章の第10章では，屋敷地の成り立ち，屋敷地林の利用と管理からみる地域固有性に基づく「在地の知」のあり方とそれらの変容（変わったものと変わらないもの）を総合的に考察するとともに，地域の資源を生かし，人々を真に力づける"農村開発"のあり方について検討する。

第 2 章
バングラデシュの社会・経済と調査村の概況

1　変わりゆくバングラデシュの経済と農村社会

　バングラデシュは，北緯 20°34′〜26°38′，東経 88°01′〜92°41′ に位置し (Ministry of foreign affairs, Bangladesh online)，明瞭な雨季（6月から10月）と乾季（11月から5月）をもつ熱帯モンスーン気候に属する。バングラデシュのローカルな暦は太陽暦の4月14日から始まり，12の月をもつ。この12の月は，夏（グリッショ季：4月14日-6月14日），雨季（ボルシャ季：6月15日-8月15日），秋（8月16日-10月15日），霜季（10月16日-12月14日），冬（12月15日-2月12日），春（2月13日-4月13日）の6の季節に分けられる。また，これに加え，ムハンマドがメッカからメディナへ聖遷（ヒジュラ）した西暦622年を元年とする太陰暦のヒジュラ暦（イスラム暦）がイスラムの宗教行事に適用されている。

　ベンガル語を国語としているが，2001年に実施された人口センサスによると国境周辺の丘陵地域や中央部のモドゥプール台地には，独自の言語を持つチャクマ族，ガロ族，モニプリ族などのモンゴロイド系の先住民族が140万人（全体の約1%）居住している（Banlgadesh Bureau of Statistics 2011）。また，イスラム教を国教としており，同じく2001年の人口センサスによると，国民の89.6%がイスラム教徒であるが，9.3%がヒンドゥー教，残る1.1%が仏教，キリスト教などのその他の宗教を信仰している[1]（Banlgadesh Bureau of Statistics 2011）。

　2011年3月15日に実施された最新の人口センサスの速報によると（Bangladesh Bureau of Statistics online[a]），14万8千平方キロメートル（日本の約4割）の国土面積に対し，バングラデシュの人口は，1億4977万2364人であり，人口密度は，1015人/km^2 となっている。また，2001年の人口センサスデータ（Bangladesh Bureau of Statistics 2011）では，男女比は100：85で，バングラデシュは，世界で数少ない，女性の方が人口が少ない国の一つであったが，2011年人口センサスでは，ほぼ同数（しかし，それでもやや女性が少ない）となった[2]。なお，2005年から2010年にかけての人口増加率は1.1%であった。(United

---

1) ヒンドゥー教徒は，1901年には33%，1941年には28%を占めていたが，イスラム教を国教とするパキスタンの分離独立（1947年）などを経て，減少を続けている。
2) "missing women"として，アマルティア・センが指摘した問題である。先進国では，男女比は

Nations 2010, online）

　全人口の約 8 割が農村地域に居住するが，農村に居住する世帯の 41％は農業に従事せず，他のさまざまな生業に就き，生計を立てている（Bangladesh Bureau of Statistics 2011）。バングラデシュでは，これまでは人口爆発によって生じた農村の過剰人口は，主に地方の中小都市ないし農村部のインフォーマルセクターに吸収されてきた（藤田 2001）。近年はダカなどの大都市への流出も著しく，首都ダカには 2011 年には 1540 万人が居住するとされ，世界で 9 番目に大きい都市にまで成長している（United Nations 2012, online）（写真 1，2）。

(1)　バングラデシュ経済の展開

　ベンガル語を主要な母語とするベンガル地方は，ムガル帝国の時代には，最も豊かな州の一つであるとされ，英領期には，活発な経済活動と高い文化のために，「黄金のベンガル」と称された地域でもあった（中里 2000）。イギリスの植民地となる以前より，バングラデシュ（ベンガル地方）は，全国に定期市が拡がり，各地に在村産業（織物関連産業が代表的）が発達するなど，農外のさまざまな活動が盛んな地域であった（写真 3〜5）。とくに糸繰り，機織りと小商いは，農村住民にとって重要な就労の場であった（van Schendel 1991）。

　1947 年に英領インドがイギリスより独立する際，バングラデシュにはイスラム教徒が多かったことから，地理的には遠く離れたパキスタンの一部（東パキスタン）として独立することとなった。しかし，今度は西パキスタンからの植民地的な支配が続いたため，激しい独立戦争を経て，1971 年にバングラデシュが建国された。

　しかし独立はしたものの，独立戦争でのインフラの破壊や，くり返されるクーデターにより安定しない政権のために経済はなかなか成長せず，1980 年の一人当たり GDP は 241US ドルで，ネパール，赤道ギニア，チャド，マラウィ，中国，エチオピアに次ぐ低さであった（IMF 2012, online）。

　その後，1980 年代初期のエルシャド政権による民間主導型工業化政策，90

1：1.05 と女性人口の方が多いが，南アジアなどでは，男児を好む社会的選好性，食料の分配や疾病への対処（通院など）において男児を優先するような社会的な慣習のために，女性の人口比が低くなってしまっている社会状況を示す（Sen 1990）。ただ，全体として栄養失調が深刻でありジェンダー格差が存在する南アジアでは，貧困層のみならず富裕層女子にも栄養失調者が多く，必ずしも貧困と結びついた現象とはいえない（上山・黒崎 2004）。

上：写真1　人が行き交うダカの街。中高層の建物も次々と建っている（2010年3月）
下：写真2　自家用車も増加，さまざまな乗り物が錯綜し渋滞が激しいダカの街（2010年7月）

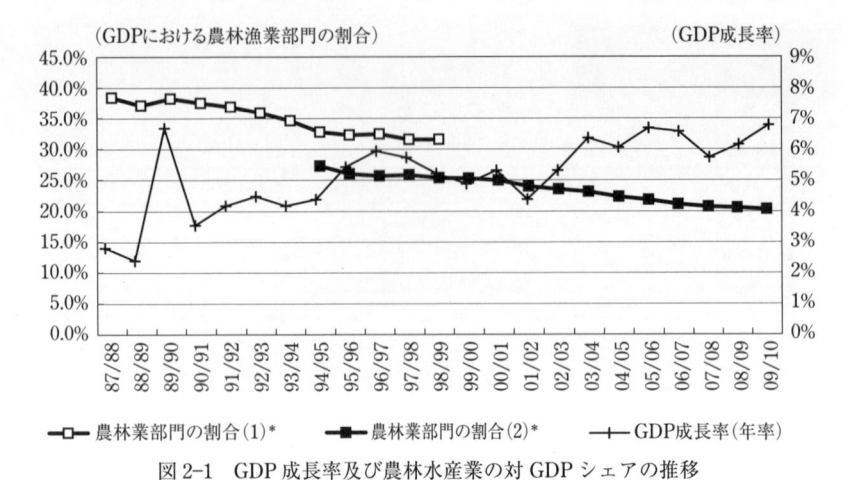

図 2-1　GDP 成長率及び農林水産業の対 GDP シェアの推移

注)＊算出方法が 2000 年より変更され，農林水産業のシェアの推移は非連続となっている。
（出典：Bangladesh Bureau of Statistics 2005；日本貿易振興機構・アジア経済研究所 HP；Bangladesh Bank HP）

年代初期のジア政権による外資主導型の工業化政策をとおし，産業構造が転換する（内田 2004）。そして 1990 年代以降，バングラデシュの年次経済成長率は 4%以上を維持するようになった（図 2-1）。近年のバングラデシュ経済の成長を支えているのは，縫製製品の輸出と，旺盛な内需に牽引されるサービス産業とされている（ジェトロ 2011, online）。

須田（2010）は，近年のバングラデシュ経済の顕著な変化として，GDP の高い成長率以外に，1) 1990 年代以降の輸出志向的なアパレル産業の急成長と雇用の拡大，2) 中東を中心とした海外への出稼ぎとそれに伴う送金の急増，3) 急激な都市化，4) 貧困層をターゲットとしたマイクロファイナンス（小規模金融）の急速な発展を挙げている。1)については，2008/09 年の輸出総額の 79%を欧米向けの既成服の輸出額が占めており，輸出向けアパレル産業が集中するダカ都市圏及びチッタゴン都市圏のおよそ 5 人に 1 人がアパレル産業の工員ということになる，と推計している（写真 6，7）。

海外出稼ぎについてみると，1992/3 年から 2004/5 年の間に，海外からの送金は 4 倍になっている（Ministry of Finance 2007）。須田（2010）によると，政府が出稼ぎ促進政策を本格的に始めた 1976 年から 2008 年までに，出稼ぎのために海外渡航した人は累計 626.6 万人に上っており，この数字は，2005/06 年の就業者総数 4950 万人の 12.7%に相当する。

写真3（上）・4（中） 主要な地方都市の一つであるマイメンシンの夜。小商いの店々があちこちで立ち並んでいる。営業が終わった鉄道のレール（写真3右手）横も，夜は即席の店舗で魚を売る小商人たちが居並ぶ。レールの反対側にも，ケロシンランプを灯し露天で魚を売る人たちが同じように何十人も並んでいる（写真4）（ともに2006年11月）

写真5 川沿いのハット（定期市）。荷物を運んできた舟が係留されている（1994年9月）

第2章 バングラデシュの社会・経済と調査村の概況 47

世界最大級の投資銀行であるゴールドマンサックスは，2005年の経済予測レポートにおいて，50年後の世界経済でBRICsに次いで影響力をもつ可能性をもつ11カ国を「NEXT11」として選出した。韓国，ベトナムなどとともに選ばれ，バングラデシュは「チャイナ・プラス・ワン（中国以外の製造拠点をもとうとする動き）」の対象として注目されるようになっている（Goldman Sachs 2007, online）。さらに，その豊富な人口が，労働力市場としてのみならず，BOP (Base of phyramid) ビジネスの大きな市場としても注目され，ユニクロのブランドで有名なファーストリテイリング社も，バングラデシュのグラミン銀行との合弁会社を設立するなどの動きを示している（南谷ら2011）。2009年のデータでは，国民総支出の66％は民間消費に回され，国民一人当たりの実質GDPは2001年から2010年の間に倍増しており，同国の"旺盛な内需"を示している。

　このようにバングラデシュの経済は，グローバル経済に取り込まれながら急速に成長している。都市部ではニューリッチと呼ばれる富裕層を生み出し（村山2003[a]），ダカを中心とした都市部には，華やかなショッピングモールがあちこちに作られ，人々の憧れを呼び起こす。全般的に貧困は軽減されているものの，一方で，貧富の格差が拡大していること，不平等には地域差が大きいことを村山（2003[a]）は指摘している。

　一方で，農林漁業セクターは縮小の一途にある。労働人口の推移を見ると（図2-2），独立直後は，8割近かった農林漁業への就業者数は，2005/6年に5割を下回る一方，第三次産業に従事する比率が顕著に増加している。農林水産業がGDPに占めるシェアも前出の図2-1が示すように減少を続けている。農村人口は約8割を占めているが（2001年人口センサスより），2010年には，GDPシェアは2割を下回り，製造業，商業・飲食業がほぼ同様な割合を占めるようになってきた（図2-3）。

　次に同国でのフォーマルな教育の普及の状況をみてみよう。UNESCO Institute for Statistics (online) によると，1991年から2010年の間に，成人識字率（15才以上）は，男性は44.3％から61.3％に，女性は25.8％から52.2％に大きく上昇した。若い年齢層（15才～24才）に限ってみると，男性は51.7％から75.5％に，女性は38.0％から78.5％へと，男女ともに8割近くになっている（写真8）。中等教育への就学率は，1999年から2010年の間に，男児は44％から45％へとほとんど横ばいであるが，女児は43％から50％に増えている。この

上：写真6 朝，縫製工場に向かう娘たち。地方から出てきた娘たちは，月1500タカほどの賃金[3]を得るために，共同で部屋を借り，働いている（2010年7月，ダカにて）
中：写真7 夜遅くなっても煌々と灯りがともる縫製工場（2010年7月，ダカにて）
下：写真8 学校帰りの女の子たち（2006年11月）

3) あまりの低賃金のために，2010年11月より，最低賃金が3000タカと定められた。しかし，それでもまだ世界で最低レベルの賃金であるとの批判がある（The Institute for Global Labour and Human Rights 2010, online）

第2章 バングラデシュの社会・経済と調査村の概況 | 49

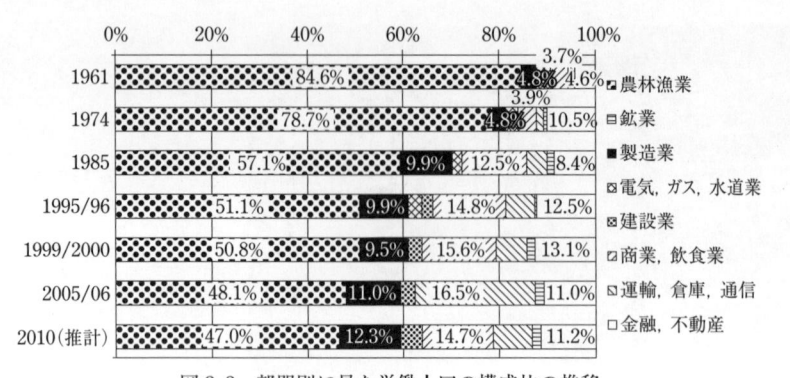

図 2-2 部門別に見た労働人口の構成比の推移

	農林漁業	鉱業	製造業	電気, ガス, 水道業	建設業	商業, 飲食業	運輸, 倉庫, 通信	金融, 不動産
1961	84.6%					4.8%	3.7%	4.6%
1974	78.7%					4.8%	3.9%	10.5%
1985	57.1%		9.9%		12.5%			8.4%
1995/96	51.1%		9.9%		14.8%			12.5%
1999/2000	50.8%		9.5%		15.6%			13.1%
2005/06	48.1%		11.0%		16.5%			11.0%
2010(推計)	47.0%		12.3%		14.7%			11.2%

注) 1961-1985 年は藤田 (2005), 1995/96 年以降は Bangladesh Bureau of Statistics 2011)

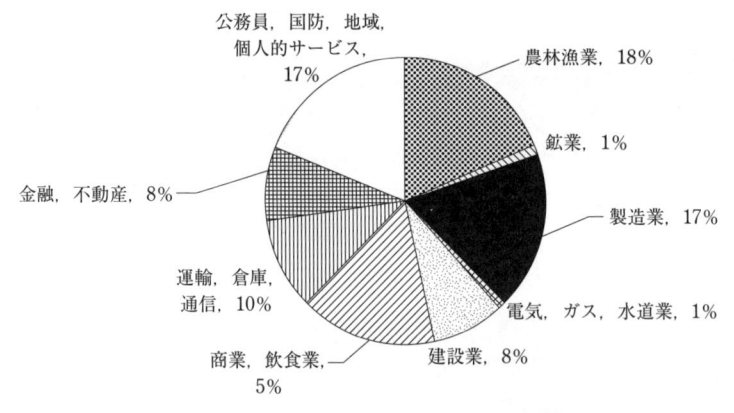

図 2-3 GDP に占める産業別構成比 (2010 年暫定値)

- 公務員, 国防, 地域, 個人的サービス, 17%
- 農林漁業, 18%
- 鉱業, 1%
- 製造業, 17%
- 電気, ガス, 水道業, 1%
- 建設業, 8%
- 商業, 飲食業, 5%
- 運輸, 倉庫, 通信, 10%
- 金融, 不動産, 8%

(出典：ジェトロ 2011, online)

ような教育の普及も，若者を，農業から農外就労（しかも給与所得）へ，農村から都市へとつき動かす要因のひとつとなっている。バングラデシュでも"農業は年寄りのするもの"（D 村の元フィールドスタッフ，ラエズ氏の言葉）になりつつあるのだ。

(2) 農業・農村の変容

　バングラデシュの農業は，季節により大きく変動する巨大なデルタの水文環境への対応で作り上げられてきた。稲作は雨季を中心に営まれ，乾季の稲作

写真 9（上）・10（中）スイングバスケット（ウリ *uri*）(9) と船形揚水器（ドン *doon*）(10)。船形揚水器は，写真右下の低みの耕地の水をシーソーの原理でかい出し，周囲の高い田に水を回す。ディーゼルを用いたポンプが導入される以前は，これが灌漑の方法であった（写真 9 は 1989 年 1 月，10 は 1993 年 2 月撮影）

写真 11（下） グラミン銀行のミーティング（融資返済）での女性たちと銀行スタッフ（1993 年 2 月）

は，ビール（沼沢）やハオール（氾濫湖）の周辺で営まれる程度であった（写真9,10）。

バングラデシュの「緑の革命」は，圧倒的な湛水をもたらし人為による制御が難しい雨季ではなく，雨がほとんど降らない乾季における灌漑設備の導入により推進された。灌漑は，日本のような河川等から水を引く形ではなく，地表水や地下水をくみ上げ，その周囲の耕地を潤おす形がとられた。ディーゼルの動力で地表水をくみ上げる Low Lift pump（低揚水ポンプ），地下水をくみ上げる浅管井戸（Shallow Tubewell）と深管井戸（Deep tubewell）の普及により，乾季の高収量品種（HYV）稲の栽培が広がっていった。雨季の稲作でも，次第に在来品種から改良品種への転換が進んだ。その結果，伝統的な稲作において最も重要な位置づけを占めていた在来品種によるアマン（aman）稲[4]の作付面積は減少の一途をたどる一方で，改良品種によるアマン稲の栽培及び改良品種と灌漑を用いた乾季稲（boro 稲）栽培が，1980 年代半ばより急速に伸び，現在では，改良品種と灌漑を用いた乾季稲が最も作付面積が大きくなっている（図2-4）。

しかし 1993 年にナワブゴンジ（Nawabganj）県で掘抜き井戸から砒素が検出されて以降，飲料水への砒素の混入が全国的に確認されるようになる。Jadavpur 大学の School of Environmental Studies 及び Dhaka Community Hospital（2000, online）による 1995 年から 2000 年の調査からは，47 県の井戸で 0.05 mg/l，54 県の井戸で 0.01 mg/l の砒素の汚染が確認され，現在，3200 万人の国民が 0.05 mg/l の砒素に汚染された水を飲用していると考えられている。地域によっては深刻な健康被害をもたらしているが，前述のように，これは「緑の革命」以降の地下水の大量くみ上げと化学肥料の施肥過多が大きな原因の一つと考えられている（高橋 2004）。

また，バングラデシュ農村の変化を考えるにあたって，グラミン銀行に代表される小規模金融（マイクロ・クレジット）の存在は無視し得ない（写真11）。グラミン銀行は，1976 年にムハマド・ユーヌス博士が自身のポケットマネーから始めたものであるが，成長を続け，2006 年にはユーヌス氏は，ソーシャル

---

[4] バングラデシュの稲は，アウス（aus），アマン（aman），ボロ（boro）の 3 つの生態型に大別される。アウス稲とアマン稲はともに雨季に栽培されるが，アウス稲は栽培期間が短く 7 月下旬に収穫される一方，アマン稲は 11 月に収穫される。ボロ稲は，乾季に栽培される稲で，もともとは沼沢など乾季も水が残る地域で栽培されていたが，「緑の革命」以降，灌漑・化学肥料・農薬をセットに乾季の作付けが拡大している。

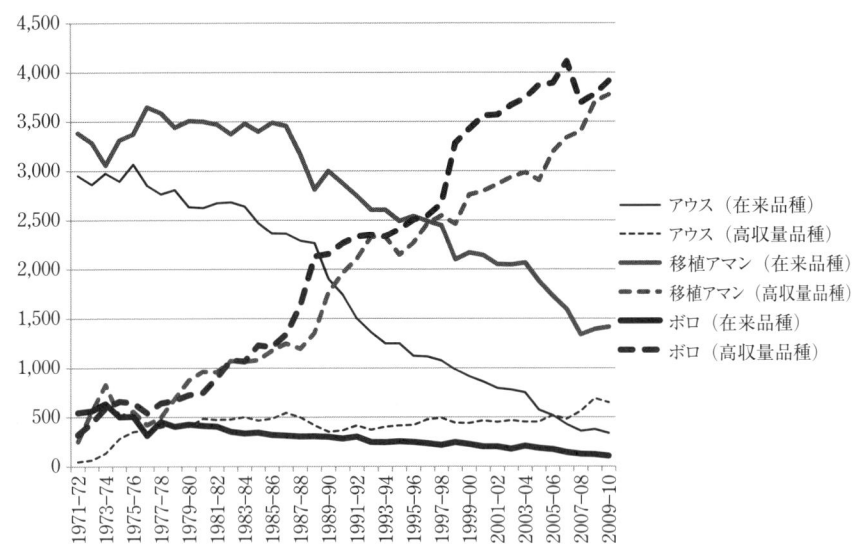

図2-4　1971年以降の作期別・農法別にみた稲の作付面積の推移
(出典：Ministry of Agriculture, online より筆者作図)

凡例：
- アウス（在来品種）
- アウス（高収量品種）
- 移植アマン（在来品種）
- 移植アマン（高収量品種）
- ボロ（在来品種）
- ボロ（高収量品種）

ビジネスの先駆けとしてノーベル平和賞を受賞している。無担保，連帯責任のシステムによって農村女性への融資の提供が可能となり，メンバーのほとんどが女性であることや，その返済率の高さが注目されてきた。今日（2011年10月時点）では，国内の835万人がメンバーであるとされる（Grameen bank, online）。小規模金融は最貧困層までは裨益しないのではないかという批判はあるが（伊東 1999；藤田 2005 など），現在では，村人への小規模金融をプログラムに組み込んでいない NGO はごくわずかであり，全国の村々にローンを得る機会が提供されるようになっている。

2　調査村の水文環境

調査地域は，前述のように旧ブラマプトラ川の自然堤防に位置するマイメンシン県カジシムラ村（Kazirshimla *gram*，K村）及びブラマプトラ＝ジャムナ水系の活発な氾濫原に位置するタンガイル県ドッキンチャムリア村（Dakshin

Chamuria *gram*、D村）である。

　FAO and UNDP（1988）がバングラデシュ全国を農業生態的な視点から分類したAEZ（Agroecological Zones）によると，K村は旧ブラマプトラ氾濫原（Old Brahmaputra flood plain）の中高地（medium high），D村はブラマプトラ＝ジャムナ氾濫原（young Brahmaputra and Jamna floodplain）のジャムナ川氾濫原低地（low Jamna flood plain）に分類されている。

　具体的には，K村はモドプール台地（Modhupur tract）の周辺部に位置し，旧ブラマプトラ川が本流であったとき（先に述べたとおり，18世紀後半に本流が西遷したことにより旧ブラマプトラ川は流量が大きく減少した）に作られた自然堤防上に位置し，雨季にも湛水しないやや高みにある。一方，D村は，ブラマプトラ＝ジャムナ川の活発な氾濫原の低地に位置しており，雨季には基本的に湛水する。両村はともに氾濫原に位置するが，K村は屋敷地の形成にあたって"恵まれた"地域である一方，ドッキンチャムリア村は，屋敷地の形成にあたり季節的な氾濫に対処する必要がある。

　図2-5は，Ando et al.（1990年）による1987年の雨季におけるD村低地部及びブラマプトラ＝ジャムナ川の支流のダレスワリ（Dhaleswari）川の水位と降雨量を示している。1987年と1988年は，大きな洪水が全国的に発生した年であった。そのため，8月にはダレスワリ川の水位が危険水位を超えている。D村も，8月に最高水位が3メートルに至り，10月に急速に減水している。屋敷地の確保のために，D村ではこのような湛水を避ける土盛りが不可欠であるが，同村では少なくとも約1300年前までには，生産域としての水田開発に連動する形で近隣地域に屋敷地が形成され，生産域と居住域の開発が行われたと推定されている（宮本2009）。

　表2-1には，1987年及び2003年の，ダカ及びマイメンシンにおける月ごとの平均最低最高気温及び降雨量を示している。雨季の湛水とは対照的に，両県ともに，乾季の11月から2月にかけては，ほとんど降雨がないことがわかる。また，バングラデシュの冬（12月16日〜2月15日）にあたる1月は，最低気温が10度近くまで下がる。

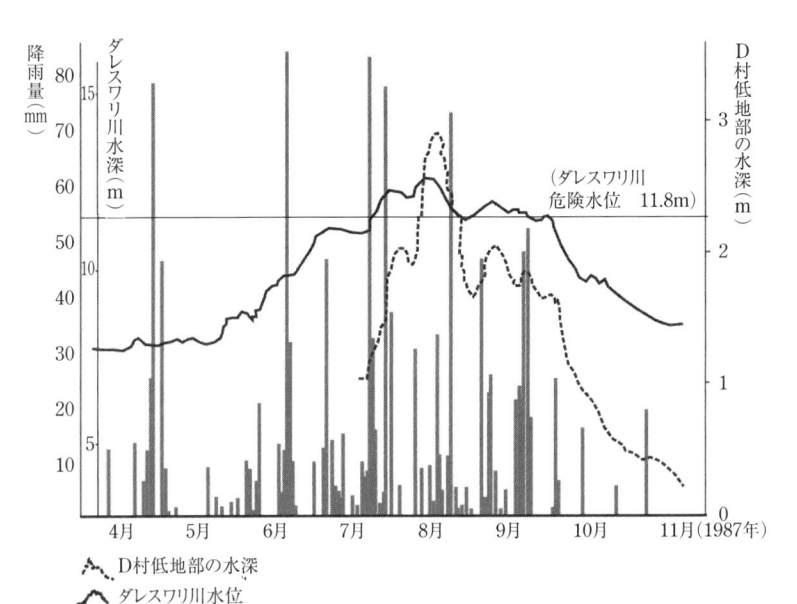

凡例:
- D村低地部の水深
- ダレスワリ川水位
- タンガイルでの降雨量 （BWDB（Bangladesh Water Development Board）タンガイルオフィス降雨量）

図2-5 ダレスワリ（Dhaleswari）川及びD村低地部の水深とタンガイル市の降雨量（1987年）
（出典：Ando et al. 1990を改図）

表2-1 気温と降雨量（1987年及び2003年，調査村の位置する各県のデータ）

都市	年		1月	2月	3月	4月	5月	6月	7月	8月	9月	10月	11月	12月	年間
ダカ	1987	降雨量（mm）	3	0	33	230	109	316	526	462	363	104	7	33	2,186
		最高気温（℃）	26.7	30.4	33.1	33.8	34.9	33.7	31.4	31.9	32.2	32.4	30.2	27.4	
		最低気温（℃）	12.8	16.1	20.5	23.5	24.8	27.2	26.4	26.4	26.5	24.3	20.1	15.2	
	2003	降雨量（mm）	0	25	107	112	141	495	172	203	259	134	0	45	1,693
		最高気温（℃）	25.5	29.6	31.9	32.1	32.1	31.2	31.6	31.5	32.4	31.5	28.9	26.2	
		最低気温（℃）	11.7	17.2	19.3	24.0	24.4	25.8	26.7	26.6	25.0	25.1	19.4	16.9	
マイメンシン	1987	降雨量（mm）	7	0	20	141	362	380	403	512	373	10	17	14	2,239
		最高気温（℃）	25.9	29.0	30.7	32.3	32.3	32.2	30.7	30.9	31.0	31.4	29.6	26.6	
		最低気温（℃）	12.8	15.7	19.4	22.8	23.4	26.4	25.4	25.9	27.0	23.8	19.1	14.0	
	2003	降雨量（mm）	0	27	120	96	266	395	213	124	190	345	0	10	1,786
		最高気温（℃）	25.4	27.7	30.0	29.9	30.3	30.7	30.4	31.4	32.3	31.3	27.0	25.4	
		最低気温（℃）	10.1	15.5	18.0	22.3	23.4	25.6	26.8	26.9	26.0	24.2	17.5	14.8	

(Source: Bangladesh of Statistics 1988; 2005)

図2-6　K村の位置

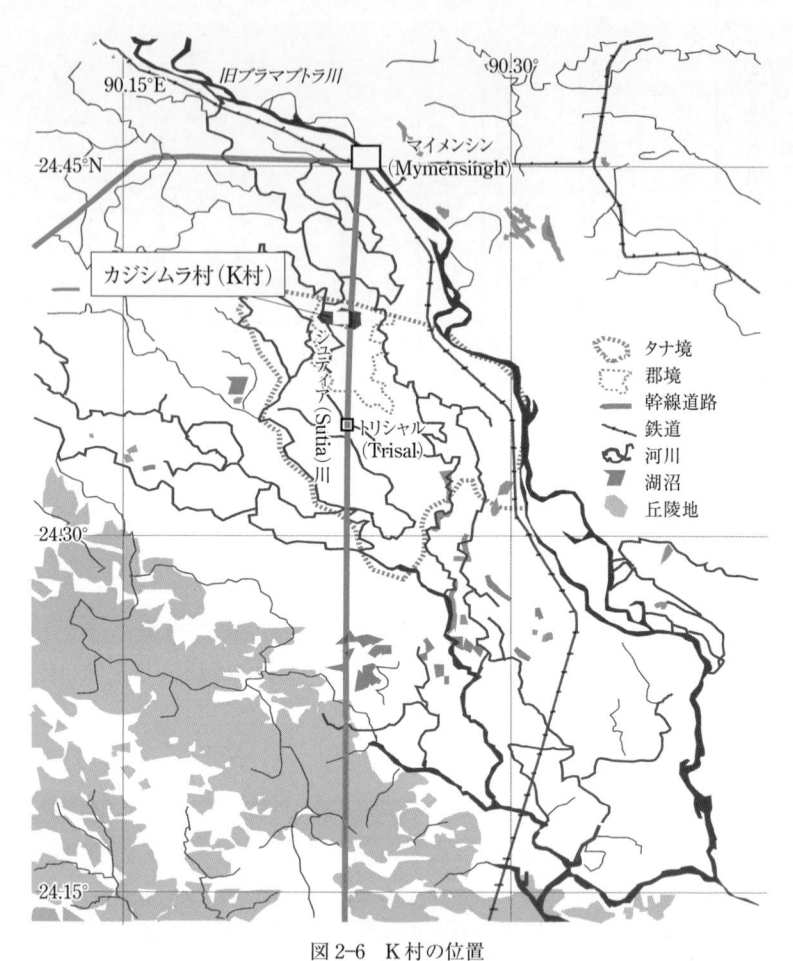

（出典：テキサス大学収蔵　India and Pakistan 1 : 250,000 U.S. Army 1955 及びディストリクトマップより筆者作成）

3　カジシムラ村

　カジシムラ村（K村）は，バングラデシュ北部のマイメンシン（Mymensingh）県トリシャル（Trisal）郡に属している（図2-6参照）。

　K村は，首都ダカとマイメンシン県の県都マイメンシンを結んで南北に走る

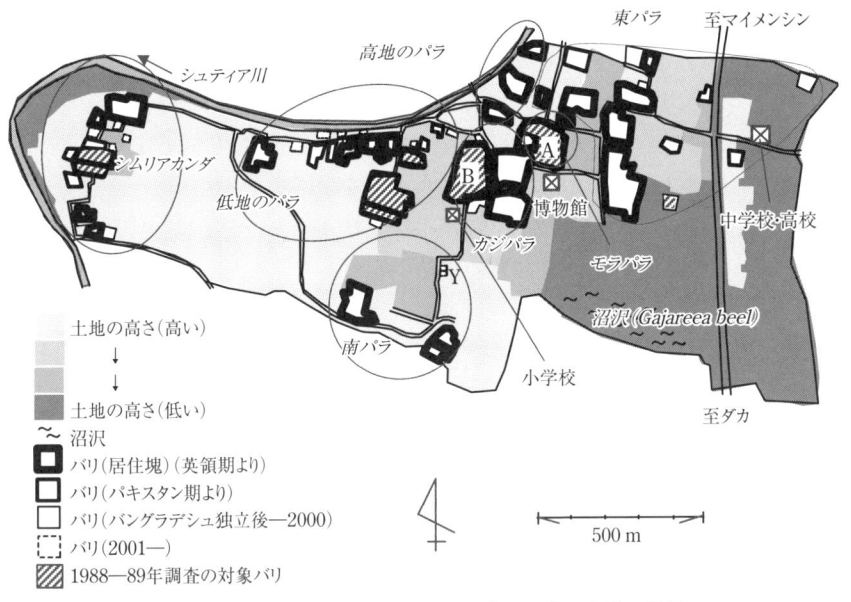

図 2-7　K村内の地形，屋敷地の分布及び事例世帯の位置
(出典：Mouza map[5]をベースに，聞き取り及び踏査より作成)

幹線道路の沿線にあり，ダカから直線距離で約 100 km，マイメンシンからは約 13 km に位置する。

(1) 自然環境

K村は，図 2-7 に示すように東西に長い形をしている。その北西の境界線上を幅 10 m ほどのシュティア (Sutia) 川が流れているが，この村は雨季にあっても洪水の害を受けることはない。とくに 1985 年にシュティア川が旧ブラマプトラ川から分流する地点に堰ができてからは，雨季にもあまり水位が上がらなくなったという。同村は，川沿いの北西部から南東部に向かって緩やかに傾斜しており，南東の境界線をまたぐように，ガジャリアビール (Gajareea beel) と呼ばれる沼沢がある。

自然堤防上にあることから，同村は雑木林が近隣村に比べて広く，とくに

---

5) Mouza map は税金徴収のために，政府が作成した全国の村の地図である（野間 2003）。

シュティア川沿いの岸には，1988年当時は，一部タケ類や果樹を植え込んだほか，ほとんど手を入れていない叢林が続いていた。

村の土壌について何人かの農民に質問したところ，村内には，稲作や家を作るのに最適な粘土質の土（*etel mathi*）はなく，粘土質と砂質の中間（*doash mathi*），砂質の土（*bal mathi*）で構成されているということであった。とくに村の西部（とくにシムリアカンダ―"シムール＝パンヤノキの生える高地"という意味―と呼ばれる最西部の高地）は砂質の土が中心である。なお，バングラデシュ農業大学の調査では，この村の土壌は非石灰質のほぼ中性土壌であり，高位部ではシルト質から砂質のローム土壌，低位部ではシルト質のロームからシルト質の粘土と分析されている（FSRDP 1987）。

(2) 村のたたずまい

ダカ―マイメンシン道路沿いにあるカジシムラのバス停を降りると，茶店や雑貨店が数軒並んでいる。そこが村の中へとつながる入り口である。ダカ―マイメンシン道路の東側には学校（6年生から12年生[6]）と何軒かの家があるが，ほとんどの村人は西側に住んでいる。公立の小学校（1年生から5年生）は，幹線道路の西側の，村の中央部にある。また，2005年には，私立の幼稚園及び小学校（5年生まで）が新しくダカ―マイメンシン道路沿いに作られた。同村は，バングラデシュの国民的詩人カジ・ノズルル・イスラム（Kazi Nazrul Islam: 1989-1976）が幼少時を暮らした村としても有名であり，2005年には，彼を記念する博物館が作られている。

村内へはダカ―マイメンシン道路から直角に延びた土の道をたどっていく。村には東から道に向かって，*Purbo*（東の）パラ，*Molla*（モラ家の）パラ，*Ujan*（高地の）パラ，*Kazi*（カジ家の）パラ，*Dokkin*（南の）パラ，*Bati*（低地の）パラ，シムリアカンダ（*Shimlia kanda*）の七つの集落がある。

何世帯かがまとまって同じバリ（人々の居住空間，居住塊，あるいは屋敷地を指

---

6) バングラデシュの教育制度は primary education（小学校）が5年，secondary education が7年間（6年生から12年生）。Secondary education は，さらに3年―2年―2年に分けられ，6年から8年生は junior secondary education，9年～10年生は secondary education，11年～12年生は higher secondary education と呼ばれる（Banbeis 2012, online）。

7) 詳しくは第4章2を参照のこと。

写真12　屋敷地の前には大きな池が広がる。手前の桟橋のようにみえるところ洗濯場（1989年12月）

す[7]）を成し，バリは村内に点々と，あるいはいくつかが固まって作られている。村内の道は1988年にはすべて土の道で，雨が降ると非常に不便であったが，カジ・ノズルル・イスラム博物館ができたときに，博物館までは舗装道路となり，またその先も，現在では破損が多いものの小学校近辺まで煉瓦が敷かれている。ほとんどのバリはこのメイン道路沿いにある。

　村人によると，この村に初めて人が入ってきたのは数百年前であったということである。当時は，一帯は森に囲まれ，虎のほえる声が聞こえたものだと言い伝えられている[8]。はじめは水が得やすいという理由から，シュティア川沿いの高地のパラのあたりに集落が形成された（Revenue survey map 1854）。1988年当時には，飲み水も含め用水源を依然シュティア川に頼っている世帯もあった。高地に位置するK村では水の確保の問題は重要で，そののち，より奥に集落が広がっていくには用水源としての池の掘削が必要であり，地域のために共同の池を作る富者もいた（写真12）。「うちの村は水が少なかった」と年配の

---

8)　このような言い伝えは全国あちこちの村で聞かれる。

村人たちはいう。

　村人はすべてイスラム教徒である。英領インドからのパキスタンの独立以前からヒンドゥー教徒の数は非常に少なかったようであり，1854年のRevenue survey mapにもヒンドゥー世帯は1世帯しか記録されていない。そのため，村人によると，隣の村ボイロール（Baylor）村[9]で起こったような，独立時の混乱に紛れてヒンドゥー教徒が所有していた樹木をイスラム教徒が伐って売ってしまうといった暴挙がK村では起こらなかったという。このことも，現在のボイロール村とK村の村内の叢林の広さに影響していると考えられる。

　村内にはモスクはなく，パンジャ・カナ（*panja kana* 男性がお祈りをしに行く礼拝堂）が二つある。また，いくつかの小さな雑貨屋はあるが，生鮮品を売っているような定期市（*hat*）やバザール（*bazar* 常設の市場）はない。そこで村人たちは村から幹線道路上を北に1.6 kmのチュルカイ（Churkhai）や，南に同じく1.6 kmのカヌホル（Kanhar）の定期市やバサールを利用している。また，近くのバザールで手に入らないものなどはマイメンシンの街まで買いに行くこともあり，近年はこちらへの依存度が高まっている。

(3)　1988年当時の村の人口，職業，土地所有と農業

　本項でベンチマークとなる1988年当時の村の状況をみた後に，次項で2006年に行ったフォローアップ調査の結果と比較し，その変化を把握したい。

1) 人口と職業

　バングラデシュ農業大学のFSRDP（1987）によると，1985-86年の村の総人口は，200世帯[10] 1342人で，その52％が男性，18才未満の人口が45％ほどを占めていた（表2-2）。筆者が1988年に行った調査では，世帯数は232であった。

　世帯主の主たる職業をみると，全世帯の70％は，農業収入を主収入または副収入源としていた（表2-3）。表には示していないが，専業農家の割合は25％ほどであり，また給与所得者（公務員を含む）も25％あり，近郊農村としてのこの村の性格が出ている。

---

9)　同村では，1854年のRevenue survey時点で，約4割がヒンドゥー教徒であった。
10)　ベンガル語で*khana*．食事の意．基本的にカマドを同じくするメンバーでひとつの世帯を成す。

表 2-2　K 村における世帯数,人口の変化

	1985-86		2006	
世帯数（戸）	200		362	
変化率（1985-86 = 100）		100		181
全人口（人）	1,342		1,908	
変化率（1985-86 = 100）		100		142
男女年齢階層別人口（人）及び構成比（%）				
男性（18歳未満）	299	22%	363	19%
男性（18歳以上）	402	30%	660	35%
女性（18歳未満）	302	23%	324	17%
女性（18歳以上）	339	25%	569	30%
平均世帯員数/世帯（人）	6.3		5.3	

（出典：1985-86 データは FSRDP の世帯データより加工，2006 年データは筆者調査）

表 2-3　K 村における就業状況の変化

	1985-86		2006	
	世帯数	%	世帯数	%
農業	139	70	143	40
ビジネス	41	21	91	25
養殖	n.a.		33	9
養鶏	n.a.		3	1
その他	n.a.		60	17
給与所得者（公務員含む）	65	33	136	38
日雇い/リキシャ引き等	13	7	22	6
年金	2	1	15	4
出稼ぎ	n.a.		43	12
国内	n.a.		29	8
海外	n.a.		14	4
村外居住	0	0	27	7

（出典：1985-86 データは FSRDP の世帯データより加工，2006 年データは筆者調査）

なお，1988-89 年当時，日雇い（男性）の労働の賃金は，20〜30 タカ（1 タカ = 4.2 円）であった。

2) 土地所有

村の 1 世帯あたり平均所有土地面積（非耕作地，屋敷地も含む）は 9227 m^2 であった（表 2-4）。15 エーカー（6.1 ha）以上の土地を持つような大土地所有世帯はなく，所有土地が 2.5 エーカー（1.0 ha）未満の世帯の割合が 6 割以上を占めていた（表 2-5）。屋敷地もそれ以外の土地ももたない世帯は全体の 3% であっ

表 2-4　K 村における土地利用の変化

	1985-86	2006 値	2006 増加率 (1985-86 = 100)
村面積 (ha)	177	177	100
屋敷地総面積 (ha)	19	25	130
屋敷地占有率 (対村面積)	10.8%	14.0%	130
世帯あたり平均屋敷地面積 (m^2)	1,059	736	69
世帯あたり平均所有土地面積 (m^2)	9,227	4,695	52

(出典：1985-86 データは FSRDP の世帯データより加工，2006 年データは筆者調査)

表 2-5　K 村における土地所有面積の変化

		1985-86 世帯数	1985-86 %	2006 世帯数	2006 %
土地なし (所有する土地なし)	[Category-1][1]	6	3	1	0
土地なし (屋敷地のみ所有)	[Category-2]	28	15	116	34
土地なし (所有耕地が 5 デシメル：2 アール未満)	[Category-3]	0	0	0	0
小農 (5-50 デシメル：20.2 アール未満)	[Category-4]	29	16	42	12
小農 (50-100 デシメル：20.2-40.0 アール未満)	[Category-5]	19	10	50	15
小農 (100-250 デシメル：40.0-100.8 アール未満)	[Category-6 + 7]	45	25	93	27
中農 (250-750 デシメル：100.8-303.1 アール未満)	[Category-8]	49	27	36	11
大農 (750 デシメル以上：303.1 アール以上)	[Category-9]	5	3	1	0
全体		181	100	339	100

注 1) Category は政府の分類に沿った (Bangladesh Bureau of Statistics 1999)。
(出典：1985-86 データは FSRDP の世帯データより加工，2006 年データは筆者調査)

た。なお，バングラデシュでは「土地なし世帯 (non-farm holdings)」は，さらに三つのカテゴリー——①何の土地ももたない世帯，②屋敷地のみもつ世帯，③屋敷地及び 5 デシメル (2.0 アール) 未満の土地をもつ世帯——に分類される (Banlgadesh Bureau of Statistics 1999)。本書では，屋敷地の有無の観点からこの細かい分類で「土地なし世帯」を捉えている。

平均所有土地面積から平均屋敷地面積を除すと 8168 m^2 となるが，これは 1983-84 年の全国の平均面積 8094 m^2 (Bangladesh Bureau of Statistics 1986) とほぼ同じ値であった。一方，平均所有屋敷地面積は 1059 m^2 であり (表 2-4)，全国平均 (283 m^2) の 3 倍を超える。このように屋敷地が非常に大きいことがこの村の特徴である。

表2-6　K村の家畜の保有状況

	K村 (1985-86) (全世帯数=181)	
	所有世帯数	%
ウシ	113	62
水牛	1	1
ヤギ	41	23
ヒツジ	1	1
ニワトリ	153	85
アヒル	39	22
ハト	36	20

(出典：FSRDPの1985-86年の世帯データより加工)

3) 農業

　1980年前後の作付体系については，バングラデシュ政府のSettlement Officeが同時期に土地測量の際に収集したデータがある[11]。村の東部ではアウス (aus) 稲—アマン (aman) 稲—休耕，西部ではアウス稲—休耕—マメ類・ムギ類の作付体系が中心であり，前述のように乾季のボロ (boro) 稲はシュティア川沿いと村の南に位置するガジャリアビール（沼沢）でしか栽培されていなかった。1984年に調査村の東部に深管井戸 (deep tubewell) が初めて設置されたのを契機に灌漑地域が広がり，ボロ稲が広く栽培されるようになった。灌漑地以外の地域では，乾季には野菜，ムギ類，マメ類が多く作られていた。

　農家の経営体系としては，稲作＋家畜＋魚の養殖という複合経営をしている世帯が49％を占めており，耕作をせず，家畜，魚の飼育・養殖もしない世帯は3％のみであった (FSRDP 1987)。家畜としては，ウシとニワトリが中心であった（表2-6）。ウシは6割，ニワトリは8割を超える世帯が所有していた。当時，ウシは農耕の時に必要不可欠であり，その貸出や分益飼養 (barga ボルガ) も多く行われていた。

(4) 村の変化

　村全体の変化を，2006年に筆者が現地カウンターパートの協力を得て独自に行ったベースライン調査の結果と比較することによってみてみよう。

---

11) 筆者が，Settlement Officeのマイメンシン事務所よりオリジナルのデータを入手し，加工した。

この20年の間に，世帯数は約1.8倍，人口は約1.4倍となり，世帯あたりの人数はほぼ1人減っている（表2-2）。土地所有については，「土地なし世帯」のうち屋敷地のみ所有している世帯の割合が大きく増えていた一方，農業だけで自立できるような土地所有規模の大きな世帯は大きく減少している（表2-5）。
　バングラデシュでは，土地は主に男性によって均分相続されていく[12]。そのため，世代交代による土地の細分化が問題となっている。K村でも同様な傾向があるものと思われるが，一世帯あたりの屋敷地面積は世帯あたりの耕地ほどには減っていない。1988-89年当時，K村の世帯当たり平均屋敷地面積は全国平均よりかなり広かったが，2006年においても，依然，1996年の農業センサスによる全国平均の299 m^2 （Bangladesh Bureau of Statistics 1999）よりも遙かに広い面積を保持している。ただその分，村面積における屋敷地の占める割合が増加しており，耕地を潰し屋敷地を新しく造成する，という動きが並行して進んできたことがうかがわれる（表2-4）。また，屋敷地面積の標準偏差が1985-86年の108 m^2 から742 m^2 に，歪度も1.5から2.4に増加しており，世帯間の屋敷地の所有面積に格差が生じてきていることがうかがわれる。
　就業構造の変化については，2006年には農業に依存する世帯は大きく減少し，農業に従事している世帯は40％を占めるのみに低下した（表2-3）。一方，1985-86年では現れていなかった[13]他地域や海外への出稼ぎは，2006年には海外出稼ぎ14世帯を含む43世帯あった。不在世帯も27と増えており，主たる収入源の多様化，農村離れの傾向がみられる一方で，それでも屋敷地をはじめとした土地は手離さない村人の意識がうかがわれる。農業経営に関する近年の動きで顕著なのは，耕地を魚の養殖池に転換する傾向である。魚の養殖は利潤の高いビジネスであると考えられており，多くの耕地が養殖池に転換されている。そのほか屋敷地の近隣の耕地をブロイラーの集約的な養鶏場に転換している世帯もあり，これらは，元手をもつ経済的にゆとりのある世帯を中心に，投機的な形で広がっている。
　K村は，先に述べたようにダカーマイメンシンを結ぶ幹線道路沿いに位置

---

[12] 妻と娘も，相続の権利は法的に認められている（妻が全財産の8分の1，残りを平等に男2対女1で分配することとなっている，外川1993）。しかし，老後の世話や，夫との離別や死別の際，生家に再び戻ることができることを期待して放棄することが一般的である。

[13] ベースライン調査で拾い上げられていない部分もあり，海外出稼ぎに行っていた人はいなかったわけではないが，現在より少ないのは確かである。

し，マイメンシンの市街へは十数分，ダカへも2時間ほどで到着できる。このような立地のため，農外の就労機会も多く，近郊農村的な性格の強い農村であるといえるだろう。このため，日雇い農業労働（男性）の労賃も，2006年には100タカ（+3食，1タカ=1.7円）と1989年の20～30タカから大きく上昇し，雇用する側にとっては負担が大きくなっている[14]。

(5) 事例調査世帯の概要

　1988-90年調査では，屋敷地の状況に注目し，事例調査地帯を選定した。具体的には，屋敷地の位置（特定の地域に固まることなく村内に散らばるように），屋敷地の造成時期（いろいろな年代のものが含まれるように），一つのバリを構成する世帯の関係（近縁のものも，非血縁ものも含まれるように）の観点から，図2-7において，斜線が引かれた15バリ40世帯を対象として調査を行った。
　この40世帯の経済的な状況について，所有土地面積からみてみると，村全体と比較し，所有面積の大きい世帯がやや多い傾向が見られた（表2-7）。これは，事例バリの一つが，K村の草分けのバリでもある裕福な一族で構成されていたことに起因している。
　さらに，15バリ40世帯のうちの8バリ21世帯に対しては，食事とマーケティングの調査を行った。この調査でも，植生調査同様，裕福な一族のバリを事例世帯として含んだために，所有面積の大きい世帯の割合が高い（表2-7）。
　2006-2008年調査では，事例世帯は絞り込まれ，図2-7に示したA，B，Zバリから各2世帯（計6世帯）とした。この6世帯は，バングラデシュ農村での貧富を見るために一般的に指標とされる所有土地面積を参考に，土地なし，小農，中農の3区分（大農は在村していないため対象外）をそれぞれ含むようにしながら，食事の記録（自記式）に一年間協力してもらえる世帯を，1988-89年の食事調査対象世帯を優先して選んだ。
　対象6世帯のうち，AバリとBバリの4世帯（C，D，E，F家）が食事調査も含めた1988-89年調査の対象世帯である。これら両期間で反復的な調査が可能

---

14) 1988年から2007年にかけての消費者物価指数の上昇は約250％（Bangladesh Bureau of statistics 1998; Bangladesh Bureau of Statistics online[b]）であり，これを勘案しても労賃の上昇率は高いといえよう。

表 2-7　K村の事例調査世帯の土地所有状況（1985-86）

		村全体 (n=181)		事例世帯 (n=40)		食事調査対象世帯 (n=21)
		世帯数	%	世帯数	%	
土地なし（所有する土地なし）	[Category-1][1)]	6	3	2	5	0
土地なし（屋敷地のみ所有）	[Category-2]	28	15	3	8	1
土地なし（所有耕地が5デシメル：2アール未満）	[Category-3]	0	0	0	0	0
小農（5-50デシメル：20.2アール未満）	[Category-4]	29	16	2	5	1
小農（50-100デシメル：20.2-40.5アール未満）	[Category-5]	19	10	5	13	6
小農（100-250デシメル：40.5-101.1アール未満）	[Category-6 + 7]	45	25	8	20	2
中農（250-750デシメル：101.1-303.5アール未満）	[Category-8]	49	27	15	38	6
大農（750デシメル以上：303.5アール以上）	[Category-9]	5	3	5	13	5
平均所有土地面積（m^2）		9,227		11,730		15,259

注 1) Category は 1983/84 の Agricultural census（Bangladesh Bureau of Statistics 1986[b]）の分類に沿った。
（出典：FSRDP による 1985-86 年の世帯調査より）

となった4世帯は，土地所有面積による分類では，1985年，2006年ともにC家とE家は中農，D家とF家は小農であった。C家とE家は，両期間を通じ，農地は全て分益小作に出し，世帯主は耕作にあたっていない。農業以外では，C家ではさまざまなビジネスを展開し，D家の世帯主は給与所得者（公務員），F家では息子が海外に出稼ぎに行っている。

さらに，屋敷地の変化をみる意味から，1988-89年にはBバリに居住していたものの，その後新しく屋敷地を作り移転したY地区の2世帯に対し補足的に聞き取りを行った。各世帯の概要は表2-8に示したとおりである。

4　ドッキンチャムリア村

ドッキンチャムリア村（D村）は，タンガイル県カリハティ（Kalihati）郡に属し，首都のダカから車で2時間ほど離れたブラマプトラ＝ジャムナ川の支流であるロハジョン（Lohajon）川沿いに位置している（図2-8）。地形的には，国土の9割を占めるベンガル・デルタの主要な河川であるブラマプトラ＝ジャムナ川の堆積作用によって形成された氾濫原に立地する。雨季には，集中する降雨と河川からの氾濫により耕地が湛水し，屋敷地の周囲の最高水深は8月上旬に

表 2-8 K 村の事例調査世帯 (2006-08)

バリ名		世帯人数(人)		所有土地面積 (アール)				耕地		経営面積 (アール)		家畜 (2006-08)		その他収入源	食事調査	
		男性	女性	屋敷地	池			1985/86	2006	1985/86	2006	大家畜	中小家畜		88-89	06-07
Zバリ	A家	3	3	2.8	7.6-2.0			161.9	10.5*	161.9	10.5	ウシ	なし	薬局経営 (夫と息子)。息子が一人タカで仕事。息子の妻の生家の村で購入した土地からの収穫物 (分益小作)		○
Zバリ	B家	2	3	4.0	0			0.0	0.0*	0.0	0.0	なし	なし	果物などの小規模な商い (夫)。学校の掃除婦 (妻)。椰子の葉などの工芸内職 (妻と娘)		○
Aバリ	C家	3	3	42.1	21.0			111.3	121.4	0.0	0.0	なし	ヤギ、ニワトリ	養殖ビジネス (1.8ha の池をリースで借り受け、夫)。分益小作からの収穫あり	○	○
Aバリ	D家	3	6	4.9	0			15.4	40.5	15.4	40.5	なし	なし	裁判官の秘書 (夫)。ダカで勤め (夫の夫)	○	○
Bバリ	E家	2	2	7.7	0			283.3	121.4	0.0	0.0	なし	なし	私設の郵便局長。妻のきょうだいからの援助。分益小作からの収穫あり	○	○
Bバリ	F家	7	1	10.5	0			10.1	26.3	50.6	47.3	なし	アヒル	サウジアラビアに出稼ぎ (息子)。妻のきょうだいからの援助	○	○
新バリ (旧Bバリ、F家兄)	G家	3	2	13.4	0			17.8	13.4	58.3	34.4	牝牛6頭	なし		○	○
新バリ (旧Bバリ、E家従兄弟)	H家	4	2	6.5	0			94.3	36.4	26.7	38.4	牝牛1頭	アヒル、ハト	プロイラーファーム (500 羽 + 200 羽)	○	○

注)*当時、6兄弟間での土地配分がまだされていなかったため、全面積 14 エーカー (5.7ha) を 6 で除して代入している。
(出典:1985-86 年データは FSRDP の世帯データより加工、2006 年データは筆者調査)

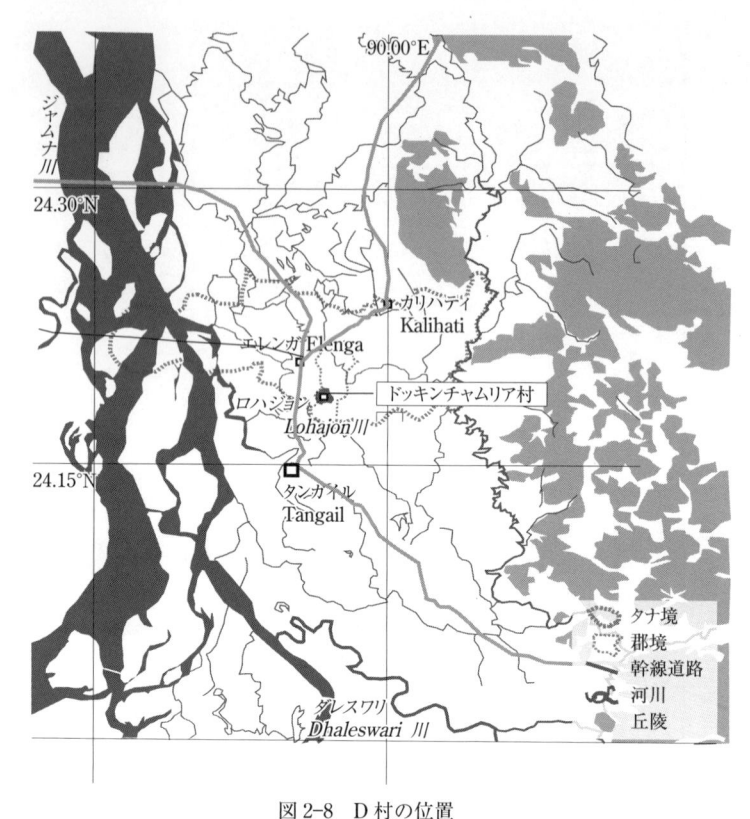

図 2-8　D 村の位置
（出典：U.S. Army Map Service 1955, online 及び Bangladesh bureau of Statistics 1986 より筆者作成）

は 1〜2 メートルに及び，前述のように洪水年では 3 メートルにも至る。乾季に入ると湛水は徐々に引き始め，12 月にはビール（*beel* 沼沢）やドバ（*doba* 水たまり）と呼ばれる沼や水たまりを残して水は消える。このような水文環境下にある D 村では，屋敷地は 2〜3 メートル盛り土されて人工的に作られる。土盛り作業には多大な費用がかかるが，雨季にほぼすべての土地が冠水する氾濫原で生活するには，屋敷地は冠水を免れる土地を提供する唯一の場として必要なのである。このことは，1992 年当時，D 村内の全 538 世帯のうち屋敷地のみで耕地をもたない世帯が 121 にのぼる一方，屋敷地さえも持たない世帯が 21 に止まっていたことからも察せられる。

(1) 村の構成

　D村へは，タンガイルとマイメンシンを結ぶ幹線道路を，ロハジョン川を渡ったところで降り，そこから川沿いにほこりっぽい砂混じりの土の道を3，40分歩いて到着する。雨季には，D村に入る前のくぼ地で道が水に沈むため，竹橋がにわかづくりされる（写真13）。

　村は北，中，東，南の四つのパラ（*para* 集落）に分かれている（図2-9）。村の東の境には定期市が立つ。また，村内には小学校（1-5年生）がひとつある。村人は皆イスラム教徒である[15]。モスクは1992年当時北パラと東パラにひとつ，中パラにふたつあったが現在は，北パラと東パラでひとつずつ増え，全部で6か所になった。1992年当時538世帯，2665人であったが，1992年以降もあちこちで耕地が屋敷地に変わっていった。村の総面積185.3 haのうち1割強が屋敷地として利用されており，1世帯あたりの屋敷地平均面積は371 m^2，平均所有耕地面積は0.28haであった。全国平均は，1983-84年にはそれぞれ283 m^{2}と0.68 ha（Bangladesh Bureau of Statistics 1986[b]）であり，所有耕地面積と屋敷地面積の比較からみて，D村での屋敷地の重要性があらわれていると言えるだろう。

　2000年前後より新しく道沿いに点々と作られた屋敷地を除き，数～数十の屋敷地が集まってチャクラ（*chakla* 屋敷地塊。雨季にも舟を使わず移動できる範囲のこと）[16]を作っている。チャクラの中は，唯一雨季にも徒歩で自由に往来できる生活空間である。1995年以降，JSRDEプロジェクトのプログラムの一貫でチャクラを結ぶ小さな道の土盛り工事が進められ，雨季の冠水を免れる道がつながってくるようになってきた。

(2) 農業，その他産業

　D村の1992年当時における主要な農作物は以下のとおりである。稲作は雨季の天水によるアウス稲，アマン稲及び乾季の灌漑によるボロ稲の3期あった。

---

[15] 隣村のバニアフォイール（Baniafoir）村にはヒンドゥー教徒が現在も居住している。
[16] チャクラの存在とその意味は，アクションプログラムへの関わりにより明らかになった。詳しくは，第4章を参照のこと。

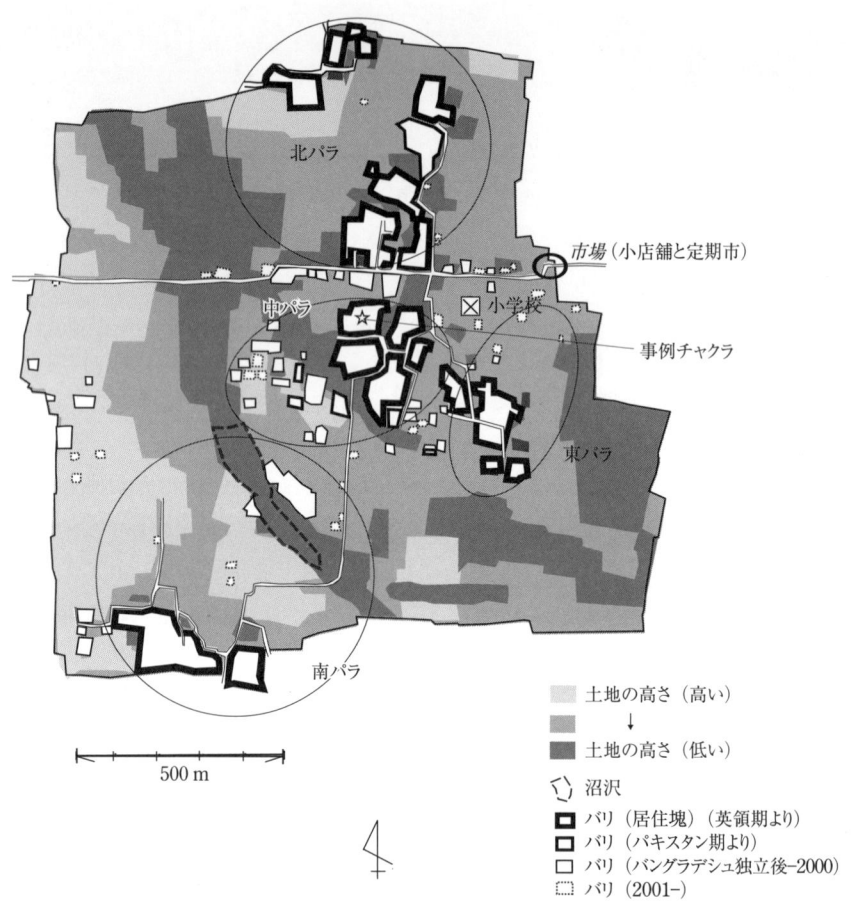

図2-9　D村内の地形，屋敷地の分布及び事例世帯の位置
(出典：地形に関するデータはAndo et al. 1990)

さらに雨季にはジュートが，乾季にはナタネ，コムギ，キャベツやカリフラワーなどの畑作物が栽培されていた。1983-84年におけるD村が属するシャハデプル・ユニオンの耕地利用率は214％であり，これは，バングラデシュ全体の平均的な耕地利用率（153％）と比べて非常に高い（安藤ら1990）。なお，1985-86年のD村の耕地利用率も187％と高かった（安藤ら1990）。家畜としては，ニワトリが最も多くの世帯（76％）で飼養されており，ウシを飼養する世帯は30％であった（表2-9）。ウシを保有する世帯の割合はK村の半分であった。農業のほかに，男性は機織り（1995年当時，D村には21の織り元があった）やマティカ

70 ｜第1部　"人が作った森"から持続社会を考える

写真13　雨季の竹橋（1994年7月）

機織りには，たくさんの付随する作業があり，女性たちも従事している（写真14（左上）機織りする男性，写真15（右上）できあがったサリーの糊付けに用いるはぜ（爆米）を作る女性，写真16（左下）糸繰りしている女性。1993年2月～5月）

表 2-9　D 村の家畜飼養状況（1992 年）

	所有世帯数	%
ウシ	161	30
水牛	0	0
ヤギ	111	21
ヒツジ	27	5
ニワトリ	409	76
アヒル	131	24
ハト	64	12

（出典：JSRDE ベースライン調査より筆者作成）

タ（*mathi kata* 土を掘る，という意味。主に乾季に動員される土方業），小商い，バン[17]やリキシャの運転等の仕事があった。女性はタバコの紙巻きや糸繰り，漁網作りなどの内職が盛んであった。機織りは，糸の染色，糸繰り，整けい，機織り，製品の糊づけ等，さまざまな工程で成り立っており，機織りは男性の仕事であるが，他の工程には女性たちも深く関わっている（写真 14-16）。

なお，1992 年当時，日雇い労働の賃金（男性）は 20 タカ（1 タカ＝約 3 円）程度であった。

(3) 村の変化

1995 年から 2004 年までの間に，D 村では雨季の簡易な竹橋がコンクリートの橋に掛け替えられた。また，村内の主要な土の道が土盛りされ，雨季にも水に沈まないようになったことから人々の交通が活発となった。それに呼応して，小さな雑貨店が 1，2 軒しかなかった定期市（*hat*）の場には，仕立屋，肥料店などの店も並ぶようになり，市の日に集まる人々も増え，規模が大きくなった。また，全国的な好況により，村内の在来産業である機織りも活況であった。

また，1998 年には，ブラマプトラ＝ジャムナ川の右岸と左岸を結ぶジャムナ橋（全長 4.8 キロメートル）が竣工した。それにともない最も近場の町であるエレンガ（Elenga D 村から道なりに約 4.5 キロメートル）やタンガイルに行くときに村人が利用してきた道路が，主要な幹線道路として整備され交通量が大きく

---

17) バンは，自転車と荷車が合体した乗り物。前輪 1，後輪 2 の三輪車で，こぎ手が荷台の前のサドルに座り，自転車と同様にペダルを踏んで進む。

表2-10 D村における世帯数，人口，土地所有状況の変化

	村全体		
	1985/6[1]	1992[2]	2006/7[3]
世帯数	384	538	629
人口	2,218	2,665	2,833
平均世帯員数	5.8	5.0	4.6
土地なし世帯数	103 (27%)	206 (38%)	276 (45%)
（うち，屋敷地ももたない世帯数）		21 (4%)	43 (7%)
平均所有土地面積（平方メートル）	3,844	2,792	2,784
平均屋敷地面積（平方メートル）		371	―

注) 1) Ando K. et al. 1990 より加工。
2) Begum S. (ed.) 1993 より加工。
3) ブラマプトラ科研のベースライン調査より作成。

増えるとともに，エレンガはその沿線上の町として大きく発展した。

D村では，前述のように，1986-90年のJSARDプロジェクトや筆者も参加した1992年-1995年のJSRDEプロジェクトに加え，2006-08年にも，科学研究費補助金による，研究プロジェクト「ブラマプトラ川流域地域における農業生態系と開発―持続的発展の可能性―」（代表：安藤和雄。以下，「ブラマプトラ科研」と表記）により同様の全戸悉皆調査が行われている。ここでは，村の全体的な概要とその変化を，JSARD，JSRDE及び「ブラマプトラ科研」のデータをもとにみてみよう（表2-10）。

世帯数は，全村をみると，1985-86年の386から，1992年には538，2006年には629に増加した。土地なし世帯は，1985-86年の27％から，1992年には38％に増加し，2006-08年は45％になった。このようにD村では，土地なし世帯が大きな比率を占めているが，前述のように，そのうち屋敷地も持たない世帯は，1992年は4％（21世帯），2006年は7％（43世帯）であった。

このように多くの世帯が農地をもたないか，もっていても零細であるため，ほとんどの世帯が1992年，2006年ともに上に述べたような多様な農外の仕事に就業している。2006-07年における日雇い労働（あるいは機織りの織り子，いずれも男性）の賃金は，1992-94年には日当20タカほどであったものが，70～80タカ（1タカ＝1.7円）に上昇していた[18]。女性の内職では，1992年ごろには多くの女性たちが携わっていたタバコの紙巻きの仕事は，政府の禁煙政策に伴

---

18) 1992-93年から2006-07年にかけての消費者物価指数の上昇は，215％であった（Bangladesh Bureau of statistics 1998; Bangladesh Bureau of Statistics online[b]）。

表 2-11　D 村における主要作物栽培面積の変化

	1985/86[1]		1991/92[2]		2006[3]	
	(are)	(%)	(are)	(%)	(are)	(%)
アウス稲	3,359	23%	2,125	16%	364	0%
ジュート	3,602	25%			3,567	3%
アマン稲（深水稲）	10,037	70%	8,928	69%	66,986	61%
アマン稲（高収量品種）	0	0%	0	0%	14,152	13%
ボロ稲（高収量品種）	7,244	50%	10,494	81%	93,870	86%
ナタネ（ラビ－乾季/冬季）					1,356	1%
小麦（ラビ）	5,868	41%	6,852	53%	461	0%
豆類（ラビ）					1,032	1%
作付面積	14,370	100%	12,967	100%	10,956	100%

注) 1) Ando K. et al. 1990 より
　　2) Begum S. (ed.) 1993 より
　　3) ブラマプトラ科研ベースライン調査より

い国内のタバコ工場は大きく衰退し[19]，その代わりに，盛んになってきた養殖業との関連からか，漁網作りの内職が再び盛んとなっていた[20]。

村での農業の変化は，表2-11に示されている。夏季／雨季の伝統的な作物であるアウス稲やジュート，冬季／乾季のナタネ，コムギやマメ類は減少し，代わりに冬季のHYV（高収量品種）稲の栽培が顕著に増加した。HYV稲は近代農法に依存しており，灌漑，化学肥料及び農薬の使用を前提とする。近年，伝統的に深水稲を栽培したアマン作においても，HYVが取り入れられるようになってきた。なお，家畜についてみると，ウシは，1992年は30％の世帯が，2006年は32％の世帯が飼養しており，飼養世帯の割合には大きな変化はなかった。

(4) 事例屋敷地塊（チャクラ）の選定

D村は，前述のように，四つのパラ（集落）—北パラ，中パラ，東パラ，及び南パラ—から成り立っている。1992年には，53のチャクラがあり，一つの

---

19) 2005年に The Smoking and Using of Tobacco Products (Control) Act が制定された。ビディ（タバコ）労働者組合によると，全国で2001年に218あったタバコ工場が，2011年には95に大きく減少したという（Khan A.R. 2011, online）

20) 網作りは男性も行う。

チャクラには，平均10世帯があった（最小2世帯から最大は31世帯まで）。調査は，個々の世帯を対象としたが，その選定にあたっては，一つのチャクラを選定し，そのチャクラから事例調査世帯を抽出するプロセスを採った。チャクラは地理的かつ社会的なユニットとしての機能を持っているが（詳細は第4章を参照），その一方で経済的な活動はチャクラ内の一つ一つの世帯によって独立に営まれ，屋敷地に何を植えるかも各世帯が選択する。チャクラという単位で選択することにより，世帯間の関係性と個々の世帯の独自性の双方をみることができると考えたためである。

事例チャクラとしては，英領期より存在し，造成後数世代を経て四つの父系の系譜（*gushti* グシュティ)[21]を持つ19世帯が居住する中パラの一つのチャクラを選んだ（図2-9，以下チャクラAと記す）。このチャクラを選んだのは，樹齢の高い植物も存在する古い屋敷地であること，構成世帯が分析に足りるだけの数がある上に，世帯の血縁関係や経済状態が均一でないこと，住民の協力が期待できたことによる。1992年のベースライン調査によると，チャクラAでの屋敷地の世帯当たり面積は424 m^2（レンジ：162-1052）であり，村全体の世帯当たり平均面積371 m^2（レンジ：0-3480）と近い（表2-12）。屋敷地のみ所有する世帯は4世帯であった。また，平均所有土地面積も，23.8アール（レンジ：1.6-116.1）であり，村全体の平均の27.9アール（レンジ：0-1081.8）と近似し，土地所有面積の分布は図2-10に示したように村全体の分布と大きな離齟はない。チャクラAは，D村における屋敷地の典型的な利用の状態を示していると言えるだろう。

2006年の調査では，チャクラAから4世帯が転出したが，全体の世帯数は2増えて21となったため一世帯当たりの屋敷地面積は減少した。世帯当たりの土地所有面積も漸減している。また，農業以外の就業として海外への出稼ぎ者が3人おり，全国的な傾向を映し出している。

最後に事例世帯の作付体系の変化をみておこう。1992年では，雨季のジュートや乾季のナタネなど，稲以外の作物も広く栽培されていた。しかし，2006年の調査では，わずかに一世帯がナタネを栽培するのみで，残りの世帯はアマン稲及び灌漑を用いた乾季稲を栽培するばかりになってしまっている。

---

21) グシュティは同じ父系の血縁をもつとみなしあう家族，あるいは世帯によって構成される集団であり，婚入/婚出した女性は含まれない（Jansen 1986）。

表2-12 D村の事例世帯の基本データ（1992年と2006年）

屋敷地所有世帯名	屋敷地内居住世帯数 1992	屋敷地内居住世帯数 2006	屋敷地面積（平方メートル）1992年	屋敷地面積（平方メートル）1992年（世帯数で除した場合）	屋敷地面積（平方メートル）2006年	屋敷地面積（平方メートル）2006年（世帯数で除した場合）	所有土地面積（アール）1992年	所有土地面積（アール）2006年	世帯現金収入（タカ）1992年	食糧が自給できる月数 1992年	農業以外の就業状況 1992年	農業以外の就業状況 2006年	時間調査対象世帯（07/08）
A家 (a)[3]	1	1	809	809	809	809	75.7	82.2	10,840	12	網ビジネス、タバコ巻き	網ビジネス	
B家 (a)	1	1	405	405	405	405	116.1	173.6	48,200	12	国際協力プロジェクト	国際協力プロジェクト	○
C家 (a)	2	2	405	202	405	202	19.5	18.4	3,680	9	タバコ巻き	機織り	
D家 (a)	1	4	648	648	648	162	51.4	10.9	29,080	5	土方リーダー、タバコ巻き	(機織り、海外出稼ぎ)	○[1]
E家 (b)	3	5	486	162	486	97	17.4	7.5	13,440	6	機織り、雑貨店、海外出稼ぎ	(機織り、海外出稼ぎ)	
F家 (b)	1	2	648	648	648	324	47.8	32.8	7,960	10	タバコ工場、タバコ巻き	―	
G家 (c)	1	転出	202	202	―	―	5.3	―	13,010	0	タバコ工場、機織り	機織り	
H家 (c)	1	転出	162	162	―	―	1.6	―	7,680	0	機織り	―	
I家 (c)	1	転出	304	304	―	―	3.0	―	14,410	0	―	―	
J家 (c)	1	1	465	465	405	405	4.7	4.0	8,750	0	農業労働	農業労働	
K家 (c)	1	1	324	324	850	850	3.6	8.5	13,680	5	農業労働、機織り、タバコ巻き	機織り	○
L家 (d)	1	1	1,052	1,052	1,052	1,052	26.3	27.1	7,640	10	農業労働、タバコ巻き	農業労働	
M家 (d)	1	1	1,052	1,052	1,052	1,052	22.3	27.1	7,720	4	農業労働、タバコ巻き	農業労働	
N家 (d)	1	1	486	486	486	486	8.1	6.5	6,660	3	公務員	農業労働	
O家 (e)	1	転出	283	283	―	―	22.3	―	18,000	―	―	―	
P家 (e)	1	1	324	324	607	607	27.9	53.4	20,380	12	国際協力プロジェクト	NGO	○
平均[2]			424	374			23.8	21.5	11,556.5				
村平均			371				27.9	27.8					

注) 1) 当該屋敷地内に居住する世帯（夫と死別後生家に戻った女性とその息子）
2) 屋敷地をもたない世帯も含め、全世帯数で除した
3) カッコ内は、グシュティ（父系の親族集団）のグループを示す。
(出典) 1992年はJSRDE、2006年はブラマプトラ森林研のベースライン調査より作成。

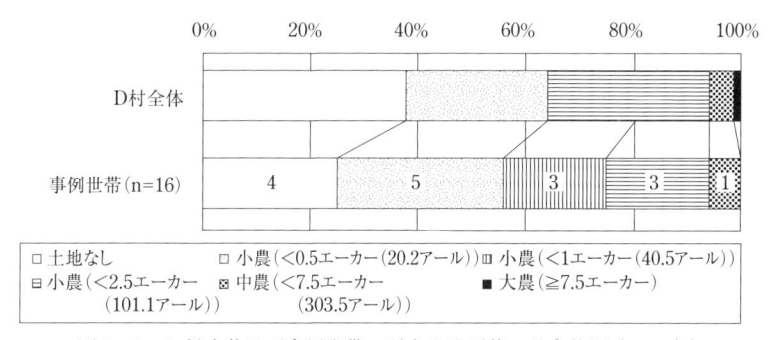

図 2-10　D村全体及び事例世帯の所有土地面積の分布状況（1992 年）
（出典：JSRDE ベースライン調査より）

表 2-13　耕作世帯数から見た D 村の事例世帯における作付作物の変化

		耕作世帯数	
		1992 年	2006 年
アウス作（雨季）	ジュート	4	0
	耕作なし	8	21
アマン作（雨季）	アマン稲	12	13
ラビ作（乾季）	ボロ稲	13	13
	ナタネ	9	1
	ガラスマメ	2	0
	小麦	1	0
	大根	1	0
耕作せず		6	8
計		19	21

出典）1992 年は JSRDE，2006 年はブラマプトラ科研のベースライン調査より作成。

5　事例村の位置づけ

　本項では，事例村であるK村及びD村の屋敷地について，1983/84 年，1996 年及び 2008 年の農業センサスにおける全国的なデータとの比較により，その位置づけや特徴を検討する。

　まずは事例村の土地所有状況とその推移を，農業センサスからの全国データと比較しながらみてみよう。図 2-11 では，土地所有に関するK村，D村及び全国のデータを時系列に並べたものである。これをみると，土地なし及び小農

の比率が,地域にかかわらず年々増加していることが見てとれる。

　1985年前後の2村の状況を見ると,全国データと比べ,K村は土地なし,大農ともにわずかであり,村内での土地所有の均質性が高い。一方,D村は土地なしの比率は全国データと同程度であるが,中農,大農の比率が少なく,小規模経営の世帯が多い。

　2006年になると,K村でも土地なし世帯が大きく増加し,2008年の全国データと大差がない。大農の比率は相変わらず低い。一方D村は土地なし世帯の比率がますます高まり,全国平均を超えている。他方大農の比率も,さらに下がり零細化に拍車がかかっている。

　次に全国のデータから屋敷地の概況をみてみよう(表2-14)。なお,両村ともダカ管区(Dhaka division)[22]に位置する。農村世帯における屋敷地の平均面積は,全国では,283 m^2 (1983-84年),299 m^2 (1996年),319 m^2 (2008年)と推移した。誤差も含まれようが,屋敷地の面積は縮小はしていないといえよう。このように,全国的にみても農村世帯にとって屋敷地の重要性は増加している。

　K村の位置するマイメンシン県では277 m^2 (1983-84年)から,302 m^2 (1996年)へ,タンガイル県は,全管区中最も大きく,327 m^2 (1983-84年)から365 m^2 (1996)へと推移している。屋敷地の総面積は,1983-84年から1996年にかけて36％増加し,2008年は1983-84年の2倍になった。所有土地面積あたりの屋敷地の占める割合は1983-84年の4％前後から,1996年には,6.5％前後に,2008年には8.7％へと増加している。なお,すべての管区で,1983-84年よりも1996年の一世帯あたりの屋敷地の面積は,1983-84年と同程度,あるいは増加している。屋敷地総面積の増加と農村人口の停滞が,平均面積を押し上げているのかもしれないし,あるいは,図2-11に示すような所有土地面積の減少傾向の中で,屋敷地の重要性が高まっていることも示唆していよう。農村世帯の中で,屋敷地もそれ以外の土地ももたない世帯は,管区ごとの若干の相違はあるが,漸増しつつも1割内外であった。屋敷地のみもつ世帯は,1983-84年は約2割であったが,1996年には38％に増加している。

　次に,事例村をみる(表2-15)。両村の面積(正確には徴税村としてのモウザ[23]

---

22) 管区(Division)は,最も大きい行政区分である。その下が県(district)―郡(upazila)―村(union)となる。
23) ムガル帝国期,地税徴収の単位として,モウザ(*mouza*)という徴税単位地域が存在した。こ

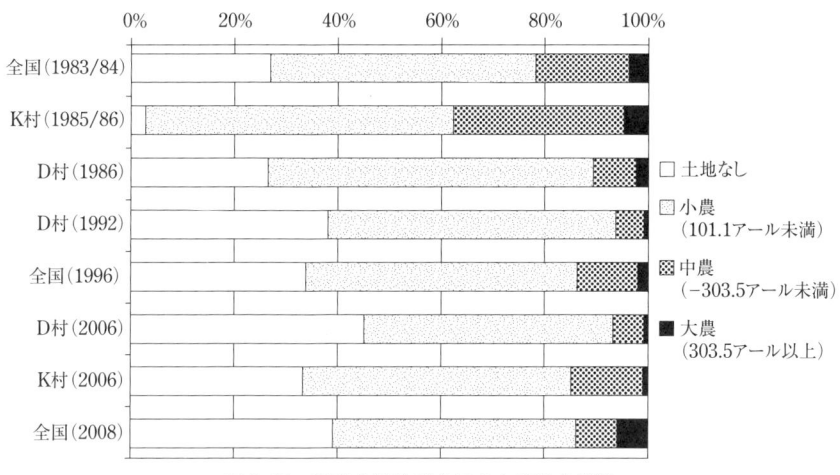

図2-11 調査2村及び全国の土地所有状況
(出典：Bangladesh Bureau of Statistics 1986; 1999; 2011, FSRDP ベースライン調査, JSARD ベースライン調査, JSRDE ベースライン調査及びブラマプトラ科研ベースライン調査)

の境界内の面積）は，ほぼ同じ180haほどであり，そこにK村は200世帯（1988年），D村は538世帯（1992年）が居住していた。D村の世帯の集中度がうかがわれる。しかし，二つの調査期間の間に，K村では世帯数が倍近く増えた一方，D村は1.2倍にとどまった。K村での人口の伸びは，38％の世帯が被雇用者としてマイメンシンなどの町に通いの形で働きに出ているなど，同村が近郊農村であることが影響していると考えられよう。また，屋敷地の面積的ゆとりも影響を与えているかもしれない。

村の総面積に対し，どちらも1割強が屋敷地の利用に向けられている。所有面積との比率は両村とも全国平均と比較してかなり高く，両村とも，屋敷地の相対的な重要性が全国平均と比較して高い地域であるといえよう。屋敷地の世帯あたりの平均面積は，K村が1059 m^2（1985/6年），D村は371 m^2（1992年）であり，K村はD村の3倍の屋敷地面積をもつ。これは，K村の屋敷地が土盛りを必要としない一方，D村では氾濫原にあり土盛りを要することが影響している。

のモウザは耕地のみを対象とし，森林やため池，荒蕪地は含まれていなかった。その後，英領期の1847年～78年にかけて実施された地租調査で，末端の徴税単位であったモウザに，画然とした境界をもつ支配領域という意味づけがされた。そして，1921年，初めてモウザが村落として定義された。（野間2003）

表 2-14　屋敷地に関する

	土地なし世帯（屋敷地もなし）の比率			屋敷地のみ持つ世帯の比率	
	1983/84	1996	2008	1983/84	1996
ボリシャル管区	7%	9%	8%	14%	-
チッタゴン管区	5%	7%	11%	18%	-
ダカ管区	8%	9%	9%	20%	-
マイメンシン県	10%	8%	10%	20%	-
タンガイル県	10%	8%	10%	14%	-
クルナ管区	9%	8%	10%	17%	-
ラッシャヒ管区	11%	13%	14%	24%	-
シレット管区	12%	15%	15%	16%	-
全国	9%	10%	13%	20%	38%

（出典：Bangladesh Bureau of Statistics 1986, 1999, 2011, online[c]）

　2005-08 年においては，世帯の増加から，K 村は 736 m^2 に減少しているが，それでも K 村の屋敷地の大きさは特筆されよう。全国的に見てもマイメンシン県のみをみても，優に 2 倍は超えている。一方，D 村の屋敷地は，全国の平均やタンガイル県の平均的な屋敷地面積に近い。屋敷地ももたない全くの「土地なし」世帯は，両村，両年ともに 3～4% である一方，屋敷地のみをもつ世帯は K 村は 9%（1985/86）から 21%（2006）に増加した。一方，D 村は 19%（1992）から 21%（2006）になった。屋敷地ももたない全くの「土地なし」世帯の割合は，両村とも全国平均よりは低く，屋敷地のみもつ世帯の割合は，ほぼ平均的といえよう。
　最後に土地所有の状況をみてみよう（表 2-15）。K 村では，世帯当たりの平均所有土地面積が全国平均よりも大きく，また土地なし世帯や零細農の割合が低いが，中高地に位置することから，水が不足気味であり，元来稲作にあまり適さない土地も少なくなかった。一方，D 村では世帯当たりの平均所有土地面積は，全国平均の半分程度であるが，前述のように耕地利用率は高かった。D 村ではまた，世帯あたりの土地なし及び零細農の割合が高いが，その一方で大農も 1 世帯しかおらず，農外就業しながら生活をしている世帯が大多数である。両村の土地所有はこのように大きく違っているが，両村とも少数の大地主と大多数の小作といったような不均衡な社会構成ではなく，村ごとには比較的似たような状況の世帯によって構成されているといえよう。

全国データ

平均屋敷地面積（平方メートル）			屋敷地面積/所有土地面積		
1983/84	1996	2008	1983/84	1996	2008
247	241	−	3.8%	4.8%	−
262	313	−	5.3%	8.4%	−
296	312	−	4.8%	7.1%	−
277	302	−	4.1%	6.8%	−
327	365	−	4.9%	8.4%	−
302	302	−	3.7%	5.7%	−
293	293	−	3.9%	6.2%	−
263	301	−	3.4%	5.2%	−
283	299	319	4.3%	6.5%	8.7%

　以上から，調査対象の2村を位置づけてみると，D村はベンガル・デルタを特徴づける広大で活発な氾濫原上に位置し，また19世紀よりすでに稠密な人口の維持を可能としてきた高い生産力をもつベンガル・デルタの氾濫原（Hossain et al. 1990；安藤・内田 1993）においても，とくに人口収容力の高い地域といえよう。また，屋敷地の生産地としての重要性が高く，バングラデシュの農村開発において注目される生産地としての屋敷地に対するニーズをより顕著に映し出すものと考えられる。一方K村は，湛水をみず屋敷地の形成には恵まれた立地であり，D村よりも早い時期から村としての人口の集積が進んでいたと考えられる反面[24]，水不足の問題を生活，生産の両面で抱えてきた地域であった。これもまたデルタという水文環境において氾濫原中高地（自然堤防）の特徴的な地域を示していると言えよう。

---

24) 1955年に米軍により作成されたインド（当時）の地図（25万分の1）において，K村は人口5000人未満の村として掲載されている一方，D村は掲載されておらず，また集落を示すマークも少ない。

表 2-15　調査 2 村の基本データ

	年	K 村	D 村	全国平均[1] 値	(年)
(水文環境)		湛水なし	雨季に湛水（氾濫原）		
全村面積（ヘクタール）		177	185		
世帯数	1985-92[2]	200	538		
	2005-08[3]	362	629		
平均所有土地面積（平方メートル）	1985-92	9,227	2,792	6,758	(1983/84)
	2005-08	4,695	2,784	3,683	(2008)
屋敷地の占有比率（対全村面積）	1985-92	11%	11%		
	2005-08	14%	13%		
屋敷地比率（対世帯当たり所有土地面積）	1985-92	12%	13%	4.3%	(1983/84)
	2005-08	15%	14%	8.7%	(2008)
平均屋敷地面積	1985-92	1059	371	283	(1983/84)
	2005-08	736	-	319	(2008)
池をもつ世帯比率	1985-92	69%	36%		
	2005-08	69%	35%		
平均池面積（平方メートル）	1985-92	324	65		
	2005-08	206	144		
土地なし世帯比率	1985-92	18%	38%	28%	(1983/84)
	2005-08	24%	45%	41%	(2008)
屋敷地ももたない土地なし世帯比率	1985-92	3%	4%	9%	(1983/84)
	2005-08	3%	7%	13%	(2008)
屋敷地のみもつ世帯比率	1985-92	9%	19%	20%	(1983/84)
	2005-08	21%	21%	-	(2008)

注）1) 1983/84 年，1996 年及び 2008 年の Agricultural census (Bangladesh Bureau of Statistics 1986[b]; 1999; 2011) より．
　　2) FSRDP ベースライン調査（K 村，1985/86）及び JSRDE ベースライン調査（D 村，1992）より．
　　3) 筆者によるベースライン調査（K 村，2006）及び安藤らによるベースライン調査より．

第2部

屋敷地の利用にみる生活知, 在地の知の態様

第 3 章
屋敷地の構造とその利用
カジシムラ村の事例から

本章では，旧ブラマプトラ川の自然堤防に位置し雨季の湛水をみないカジシムラ村（K村）を対象に，まずは屋敷地の基本的な構成と植生について，1988年から1990年に実施した40世帯を対象とした調査をもとに論じる。自然堤防は，一般的に氾濫原において唯一氾濫から免れることができ，また野生の植物にも恵まれているため，屋敷地の場所として適しているといわれている。次に，屋敷地及び屋敷地からの生産物の利用について述べることにより，バングラデシュにおける屋敷地利用の一つの原型を示したい。

1　屋敷地の構造

(1)　屋敷地の構成要素，建物の配置

　図3-1は，K村で最も古い屋敷地の一つをとりあげ，屋敷地の典型的な構成要素を示している。すなわち，庭（ウタン *uthan*：K村の典型的な屋敷地では，建物に囲まれ外部から見えない中庭と，建物の外に面した外庭の二つがある），叢林（ジョンゴル *jongol*：一般的に，屋敷地の北西面に位置する叢林，藪地，あるいは雑木林），そして住居の前の池（プクール *pukur*）である。調理小屋が中庭と叢林を区分する。それぞれの要素は，冬の北西からのモンスーン風を防ぎ，かつ暑い季節に涼風を招き入れることの双方を考えながら，配置される。村全体における1世帯当たりの屋敷地の平均面積は1059 m^2，池が323 m^2 であり，事例世帯では，屋敷地面積は1252 m^2，池は332 m^2 であった。村から屋敷地の中へは，図3-1の場合，東側から入っていく。
　ここには五つの世帯（図中のa家からe家）が居住している。多くの場合，屋敷地は息子たちによって農地と同様に均分相続される[1]。均分という意味は，単に面積だけでなく，各要素（庭，叢林，池）の均等分配にもかかっている。そして，屋敷地はどんどん細長くなる。図3-1の中のc家とd家は世帯主が兄弟であり，二人で各要素を二等分した結果，池から叢林までの全長が60 mある

---

[1]　前述のように，妻と娘も，相続の権利は法的に認められているが，老後の世話や，夫との離別や死別の際，生家に再び戻ることができることを期待して，放棄することが一般的である。

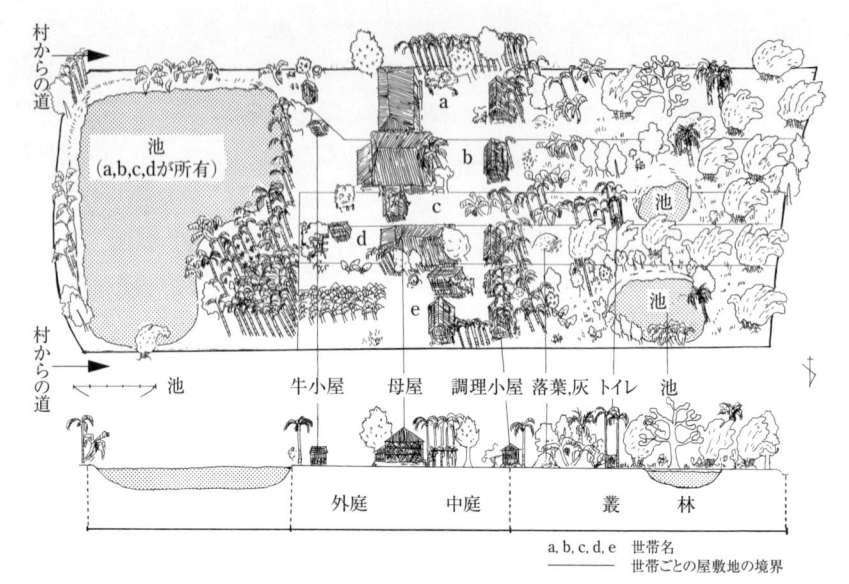

図3-1　K村の典型的な屋敷地

（出典：筆者調査）

一方，幅は3m，という極端に細長い屋敷地をもつことになった。屋敷地があまりに細長くなりすぎたとき，あるいは小さくなりすぎたときには，居住者は，自分の屋敷地を売って他の場所に移るか，両隣の居住者の屋敷地を購入することを検討する。

(2)　住居

図3-2に示したように，屋敷地内には，住居として，各世帯の経済状態に相応した建物が建てられる。図3-2-1のような裕福な世帯の場合，床がコンクリートで固められていることもあったが，ほとんどの家は土床であった。土床は時折，女性の手によってひび割れを塗り重ねる（この作業はレプ *lep* と呼ばれる）必要がある（写真2）。

住居の建設費用は，最も安上がりに作れるのがジュートの芯の壁とワラ（イネやムギ類）の屋根の家であり，タケ類や木材の壁，トタンの屋根，トタンの壁とトタンの屋根と増加していき，一番費用がかかるのはコンクリートでできた家である。1988年当時，最も多かったのは，タケ類，ジュート芯，ヤシの

図 3-2-2　平均的な母屋　　物置（ウガル：*ugar*）

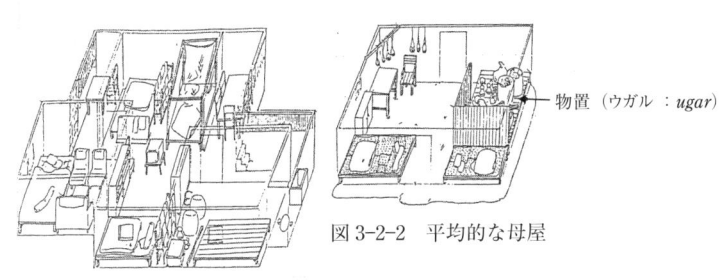

図 3-2-1　裕福な世帯の母屋

足踏み脱穀機（デキ：*denkhi*）

かまど（チュラ：*chula*）

図 3-2-3　調理小屋
図 3-2　屋敷地内の建物の構造の例

（出典：筆者調査）

葉などでできた壁とトタン屋根の家であった。トタン屋根でない家はわずかであった。

　住居には寝台（カット *khat*）が置かれており，物置（ウガル *ugar*）が据えられている。これらはどの家でも認められた。そのほかに食堂や勉強部屋や応接間なども備えた家もあった。ほとんどの世帯で，食事は調理小屋でされていた。トイレは建物の外にあり，住居の中に設けていたのは1世帯だけであった。

　夜，休む場としては，寝台が1部屋のみの住居の隅に置いてあるだけのことが多い。木製の寝台の上には，手製のカンタ（*kantha*）と呼ばれる古いサリーを重ねて刺子を施した布団が敷かれている。日中，中庭では，土の上にパティベット（*patibet*）と呼ばれるクズウコン科の植物などで作られた敷物（パティ *pati*）を敷き，その上にカンタを置いて繕っている姿がよくみられ，ときには美しい刺繍を施したものもあった（写真3）。夜寝るときは，男は男同士，女は女同士で寝るのが一般的で，ダブルベッドほどの大きさの寝台に，2人から5人ほどが一緒に寝ていた。

　4，50センチほどの高さの木の台を部屋の片隅に置いて物置としている（写真4，5）。物置は，中が見えないように木のついたてで囲まれている。農具や食器やモミなどが置かれ，ニワトリが卵を孵すのもここである。夜，家畜（ニ

ワトリ，アヒル，ヤギ）は物置の下で眠る。

　調理小屋は住居と分離した別の小屋である。住居がどんなに立派な世帯でも，調理小屋は他の家と大して変わりばえせず，ジュートやタケ類の壁とワラの屋根，土の床でできており，トタン屋根を使っている世帯は事例バリの中ではなかった[2]。それどころか，乾季には，屋根の葺かえ時期ということもあろうが，屋根のないままに利用している世帯も少なくなかった。かまど（チュラ *chula*）は，土の床を掘って作った自家製である。たいていの世帯で，一つの台所に二つのかまどがつくられている。これらも女性の手作りである。かまどは，籾殻や，落ち葉，ワラのくずのようなすぐ燃え尽きてしまうものも含め，どのような種類の燃料も使えるように，焚き口が大きく作られている[3]。かまどの灰は取り出され，叢林の中などに積み上げられ，肥料として用いられる。とくにクワズイモは灰分を好むため，その根元に調理灰が集められることが多かった（写真6）。調理小屋には，かまどのほかにデキ（*denkhi*）と呼ばれる木製の足踏み脱穀機が据えられている。これで精米したり，菓子などを作ったりする。1988年当時にはすでに，機械による精米所があったので，それに頼っている世帯も少なくなかったが，自分のところで全て調製している世帯では，収穫期には足踏み脱殻機はフル回転で使われていた。

　調理小屋の隅には，モミがらを入れたザルが置いてある。これは燃料用である。モミがらと並んで燃料として用いられるのは，ジュートの芯である。ジュートの芯は，台所の上の棚に置かれるほか，外の木の幹の股に掛けてあったりした。料理は調理小屋で行われるが，小屋の外でも行われる。とくに，雨がほとんど降らない乾季は，明るい屋外での調理が好んで行われていた。下ごしらえなどは住居で行われることもあるが，カマドがあるのは調理小屋だけであった。

---

[2] トタン屋根を調理小屋に用いない理由の一つに，トタンは煙で傷むため，ということもあるようである。

[3] そのため，燃料効率が悪いということで，さまざまな改良かまどが案出され，全国的に試みられてきた。筆者がJSRDEプロジェクトでD村で試験的に導入した，Bangladesh Small and Cottage Industries Corporationによる改良かまどは，燃料効率はたしかによいものの，酸欠にならないように少しずつ燃料を入れていく必要があり，そばについていないといけなかった。また，一度消えてしまうと，熾し直すのにジュート芯（ジュート芯は購入する場合が多い）を多く要した。女性たちは煮炊きの傍ら，かまどを離れることも多く，ずっとかまどのそばについているわけにはいかない。その結果現金支出につながるジュート芯が多く必要となり，その改良かまどは，結局受け入れられなかった。

左上：写真1　屋敷地の内部（1989年1月）
右上：写真2　住居の土床を手入れ（レプ）する女性（1989年1月）
左中：写真3　美しい刺繍が施されたカンタ（1994年10月）

写真4（左）　物置のようす。奥の大きなかごの中には，モミが保管してある。手前のプラスチック瓶には野菜の種などが保管してある。写真5（右）　物置と居室の間仕切りに用いられる竹製のついたて。流線型の装飾が施してある（2007年3月）

家畜小屋の造りは調理小屋と似たようなものであるが，地面にはワラが敷かれている。ウシの餌はワラと草である。ワラは庭に積まれている。ウシ，ヤギは，昼間は屋敷地の外に連れて行かれて草をはむ。
　いくつかの世帯では，祈りの場所を兼ねた客用小屋が外庭に作られている。これは，おおむね一間の建物で，住居ほど立派ではない。

(3)　池―プクール（*pukur*）

　池は，水浴，衣類の洗濯，食器類の洗浄，家畜の水浴に利用され，他の水源がない場合には，調理にも用いられていた。その場合は，他の用途には用いないようにし，水質の維持を心がけていた。事例世帯が所有する池は21あり，36世帯（90％）は，共同所有の池も含め一つ以上の池を所有していた。
　魚の養殖も，村人らの関心を集めるようになっており，21の池のうち，一つを除く全ての池で導入されていた。池では，ルイ（*rui*; *Labeo ruhita*），カトール（*katol*; *Catla catla*），ムリゲル（*murigel*; *Cirrhina mrigala*），シルバーカープ（*Hypophalmichthys molitrix*）などが主に養殖されていた（FSRDP 1987）。
　全21の池のうち，10は共同所有であった。8つの池が，1980年から1988年の間に新しく掘削されたが，そのうち共同所有の池は一つのみであった。共同所有の池については，魚の養殖の経費と収穫は所有者間で配分される。池によっては，池のために提供している土地面積に厳格に比例してその配分がなされているところもあった。
　外部者から見られてしまうという女性にとっての不便さにもかかわらず，ほとんどの池は，屋敷地の外に面している。この理由は，日差しの当たる池は冬も池水が温かく維持されるので，養殖の魚だけでなく水浴びする住民にとっても快適なためである。

(4)　庭―ウタン（*uthan*）

　庭は単なる居住空間ではなく，生産の場であり，ウシ，ヤギ，ニワトリ，アヒル，ハトなどが飼養される場でもある。また，庭は，女性たちの主要な活動

左：写真6　クワズイモの根元に調理灰が集めて置かれている（D村にて，1994年1月）
右：写真7　池で魚を捕る（1988年12月）

中：写真8　稲刈りをする男たち。在来種のアマン稲は大変長稈であり，ワラはすっかり倒伏している
下：写真9　収穫されたアマン稲は屋敷地の中に運ばれる

第3章　屋敷地の構造とその利用 | 93

上：写真10　外庭で石，ドラム缶，地面などに打ち付けて，モミを稲穂から落とす
中：写真11　外庭でウシに稲を踏ませ，稲穂に残ったモミを集める
下：写真12　モミに混ざったごみを風選する。ここからは女性の仕事となる

写真10〜15　庭でおこなわれる稲の調

94　第2部　屋敷地の利用にみる生活知，在地の知の態様

上：**写真13** 中庭でモミをパーボイル（モミを蒸し煮する加工作業）する。写真の女の子は，大きな農家に雇われて，この作業をしている

中：**写真14** パーボイルしたモミを中庭で天日に干す。ついばみに来るニワトリを追いながら女性が足でモミを切り返す（現在は，精米所に外注するようになった）。在来の異なった品種が彩るさまざまな色のモミが美しい

下：**写真15** 中庭で，モミを足踏み脱穀機で精米し，選別する。これも女性の仕事。これも現在は精米所に外注する

製作業（1988年12月-89年1月）

の場であり[4]，収穫後の調製作業，植物の栽培，家畜飼養やその他家事一般など，さまざまな活動が女性によって行われている。作業がしやすいように，庭は開放されており，女性によって掃き清められている。

1988年当時，稲の調製作業は自宅で行う世帯が大半であり，庭はその重要な作業空間であった。刈り取られた稲は屋敷地まで運ばれ（写真8，9），まず最初に，男性たちが村の小道から住居に入る前にある外庭で，稲を石やドラム缶，地面などに打ちつけ，モミを振り落とす（写真10）。モミを落とした稲わらを地面に敷きその上をウシに踏ませて稲わらに残ったモミを落とす[5]（写真11）。ここまでは，住居の外側にある外庭で作業された。

その後，モミは住居の内側の中庭に運ばれ，ここからは女性の仕事であった。モミには，まだゴミがたくさん混じっているので，箕で選別したり，モミを上から振り落として風選したりしてゴミを取る（写真12）。モミとして売るときは，これを袋に入れて市場に持って行く。

精米として売るときや自家消費用に用いる分は，この後，パーボイルと呼ばれる一種の加工工程[6]が施される（写真13）。精米として売ると，付加価値がつき少し値段が上がる。大きな鍋の中にモミと水を入れ，バナナの葉や麻の袋などで蓋をして，モミがらが割けるまで1時間ほど蒸し煮する[7]。その後モミはヤシの葉などで編んだ敷物の上に広げて置かれ，日干しされる（写真14）。これは場所を多く使うので，外庭も利用される。このとき，ニワトリがやって来てモミを食べるので，だれかが見張りについていなければならないが，この役目は年をとった女性が担うことが多い。そののち2日間ほど日干しをするが，そのあいだに雨が降ると，モミの品質が落ち値段が安くなる。そこで，雨が降ると，覆いをしたり中に取り込んだりして雨を避ける必要がある。干し終わったモミは足踏み脱穀機（デキ）によってモミがらと玄米に分けられる（写真15）。

---

4) 第1章で述べたように，昔からの慣習のうえにイスラム教の戒律もあり，女性たちは家族以外の男性に姿を見せることは望ましいこととされず，1988–90年当時は，女性が単独で自由に屋敷地を離れることはめったになかった。

5) 稲ワラは屋根の材料になったり，中庭に積まれてウシの飼料として利用される。

6) パーボイルは，収穫後，積まれている間に熱で胚芽が死んでしまったアウス稲を精米時に砕けないようにすることが元々の目的であったようであるが（安藤1987），ほかに，嵩が増すため消費量を抑制できる（安藤1987），吹きこぼれしにくく長時間茹でても煮崩れない米にするため（小林・谷2005）などの理由が挙げられている。

7) モミ：水の割合は，4〜5：1程度ということであり，1回煮と2回煮の地域があるという（安藤1987）。

それを箕を振って分離し，次に精米するためにもう一度足踏み脱穀機にかける。そして再び箕を振って分離して，ようやく白米が得られることになる。これらの作業はたくさんの人手を必要とし，耕地をたくさんもつ世帯では，男女ともに多くの村人を雇い入れ，作業を行っていた。なお，2006年時点では，パーボイル以降の一連の作業は，精米所に委託するようになっていた（写真16）。

　稲の調製作業のほかにも，野菜の束作りなど生産物を市場に持って行くための作業が行われる。また外庭では，農具や漁網の繕いもの，餌用のワラの切断・餌やり，椅子などの家具や農具づくりなどを男性が行っていた。

　中庭では女性の仕事がまた多い。炊事，洗濯，掃除，土の床と建物の土台を泥で塗り直す作業（レプ），調理用具の修繕，箕・ほうき作り，カンタ等の縫物など，のんびりとおしゃべりにふけっている男性があちこちでみられる一方，女性はいつも忙しく立ち働いていた。また，子どもたちも仕事をよく手伝っていた。

　調製作業や燃料となる枝や落ち葉，ワラなどの乾燥には空間を必要とするため，庭は自分の屋敷地を超え，共同的に利用されていた。図3-3は，1988年のアマン稲収穫後の調製作業時に，庭がどのように利用されていたか，二つのバリ（SバリとKバリ）を事例に示している。稲の調製作業はとくに大面積を必要とする。自分の庭だけで作業スペースが事足りている世帯では，隣の世帯が利用していないときなどに多少はみ出たりすることはあっても，原則的に自分の庭で作業を行う。しかし自宅の庭のみで事足りる世帯は少なく，庭の借用が行われている。その方法は，持ち主の利用しないときに，というのが原則である。隣り合った世帯での庭の相互利用が最もやりやすいが，庭のきわめて小さい世帯は相互利用というわけにはいかず，近隣世帯の庭をあちこち借りながら移動して作業をしなければならない。Sバリでは，D家の屋敷地がきわめて狭小なため，距離が離れたG家まで出向いて，庭を借用している。しかし隣り合っていても，A家の北側（図中，A家の上部）に隣接する，グシュティ（父系の系譜）の異なるバリの屋敷地を借りに行く世帯はなかった。

　Kバリの場合，隣接し合う世帯の中ではc家とd家の中庭が広く，近隣の数世帯が借りている。また，i家の屋敷地は新しく耕地の中に作ったばかりであり植物の被覆が少なくオープンスペースが広いため，耕地をはさんだf家やh家からも借りに出向いていた。

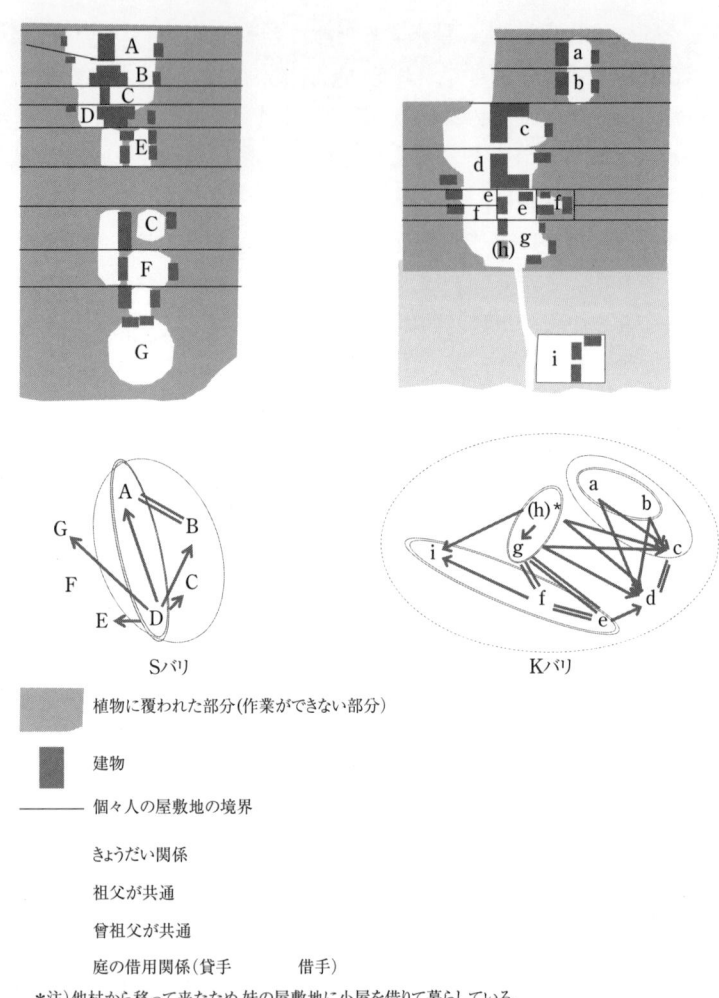

凡例
植物に覆われた部分(作業ができない部分)
建物
個々人の屋敷地の境界
きょうだい関係
祖父が共通
曾祖父が共通
庭の借用関係(貸手　借手)

＊注)他村から移って来たため,妹の屋敷地に小屋を借りて暮らしている。

図3-3　農繁期（アマン稲収穫後調製作業）における庭の相互利用の状況（1988年）

(出典：筆者調査)

(5) 叢林─ジョンゴル（*jongol*）

叢林は植生が密であり，屋敷地の他の要素と比較して，人の手があまり入らない（写真17）。ここでは，木材や燃料のための樹木のほか，繊維，油，薬な

上：写真16 村にできた精米所。広いコンクリートの床の上で干す（1988年12月）
下：写真17 屋敷地の叢林。木々がうっそうと茂る。(1989年12月)

ど多様な資源が手に入る。またここは，排泄の場であり，調理灰や落ち葉などが有機質肥料の原料として集められている。村人たちは，叢林には極力手を入れず，そのまま置いておきたいという意向が強かった。ヒルがいることもあり，男の子たちを除き，村人たちは叢林に足を踏み入れることをあまり好まない。とくに女性たちは，叢林には精霊 (jin) が住むといって畏れていた[8]。叢林を切り開いて建物を建て増しするよりは，耕地に新しく屋敷地を作る選択をすることもしばしば見受けられた。燃料の不足はバングラデシュでは深刻な問題

---

8) 現在では，村人の間でも，そのような畏れはかなり薄れ，迷信であるという認識の方が主流である。

となっている。また，牛糞や稲ワラが耕地に堆肥として利用される代わりに，燃料として利用されるようになったことにより，農地の肥沃度の低下の問題も起きている (Ahmad et al. 1986; Khan et al. 1988; Sharifullah et al. 1992)。K村の人たちは叢林から十分な燃料を手にすることができており，牛糞の燃料としての利用はほとんどみられない。しかし叢林の小さい世帯では燃料の不足は感じられており，また新しいバリを耕地に新しく作るときには，その一角には手を加えず草木の茂るままにして，いずれは叢林として燃料等の確保に役立てようとすることが一般的である。

2　屋敷地の植物

(1)　屋敷地でみられる植物

　表3-1から表3-3では，(1)"食用となる多年生の栽培植物"，(2)"食用となる一年生の栽培植物"（野菜・スパイス），及び(3)その他の樹木及び灌木（"食用とされない多年生の栽培植物"及び"野生植物"）別に，1989年の事例世帯への調査で観察された植物名と利用法を出現頻度順に示している。全体で"食用となる多年生の栽培植物"が28種，"食用となる一年生の栽培植物"が28種，"食用とされない多年生の栽培植物"が21種，"管理を受ける野生植物"が13種，"食用となる野生植物"が7種，"食用とされない野生植物"が17種，合わせて114種の植物が確認され，平均して一世帯当たり10.8種類の"食用となる多年生の栽培植物"グループ，8.7種類の野菜グループ，及び5.2種類の"食用とされない多年生の栽培植物＋野生植物"グループの植物が観察された。
　"食用となる多年生の栽培植物"グループのうち，ビンロウジュ (*shupari*)，マンゴー (*am*)，バナナ (*kola*)，パラミツ (*kanthal*) は，ほとんどの世帯で栽植されており，ココヤシ (*narikel*)，ライム (*lebu*) が次いでいた（表3-1）（写真18, 19）。
　野菜・スパイスグループは，屋敷地と耕地の両方で栽培されているが，多年生のものは屋敷地に植えられる。事例世帯のうち，全ての世帯が屋敷地に野

表 3-1　事例世帯で観察された"食用となる多年生の栽培植物"グループの植物種と出現頻度

出現頻度	一般名	現地名	学名	用途
5分の4以上の世帯で確認	ビンロウジュ	shupari	*Areca catechu*	Border, Fr: Chw, W: T, Fu
	マンゴー	am	*Mangifera indica*	
	バナナ	kola	*Musa* spp.	Fl, St: E(C), Fr: E(R, C), L: Pl, St: Dg
		（品種）		
		champa (AAB)	*種子なし	
		shagor (AAB)	*種子なし	
		nihaira (AA)	*少数の種子あり	
		shabri (AAB)	*種子なし	
		bicha / baisha / boro (ABB)	*多数の種子あり	
		risha (ABB)	*調理バナナ	
		jaith (ABB)	*調理バナナ	
		shafa (?)	*種子なし	
		pajam (?)	*種子なし	
	パラミツ	kanthal	*Artocarpus heterophyllus*	Fr: E(R), Sd: E(C), W: T, Fu, L, Fr: Fd
3分の2以上の世帯で確認	ココヤシ	narikel	*Cocos nucifera*	Fr: E(R,C), M(果汁), L: Tl,Fu, W: T,Fu
	ライム	lebu	*Citrus* spp.	Fr: E(R), W: Fu
		（品種）		
		kagoj	*Citrus aurantiifolia*	
		elach	*Citrus limon*	
半分以上の世帯で確認	サトウナツメヤシ	khejur	*Phoenix sylvestris*	JU: E(R, C), L: Tl, W: T, Fu
	グアバ	peyara	*Psidium guajava*	Fr: E(R), W: T, Fu
	ザボン	jambura	*Citrus grandis*	Fr: E(R), W: Fu
	インドナツメ	baroi	*Zizyphus mauritiana*	Fr: E(R,Pc), W: T, Fu
	パイナップル	anarosh	*Ananas sativus*	Fr: E(R)
3分の1以上の世帯で確認	Black berry	jam	*Eugenia jambolana*	Fr: E(R), W: T, Fu
	オウギヤシ	tal	*Borassus flabellifer*	Fr: E(R,C), W: T, Fu
	クワズイモ	fen kachu	*Alocasia indica*	L: E(C)
5分の1以上の世帯で確認	ウコン	holud	*Curcuma longa*	Rt: E(C), M
	マルメロ	bel	*Aegle marmelos*	Fr: E(R), M, W: Fu
	ワサビノキ	shajna	*Moringa oleifera*	Fr,Fl,L: E(C), W: Fu
	バンレイシ	ataphal	*Annona squamosa*	Fr: E(R), W: Tl, Fu
	インディアンオリーブ	jalpay	*Elaeocarpus robustus*	Fr: E(R, Pc), W: T, Fu
	パパイヤ	pepe	*Carica papaya*	Fr: E(R), W: Fu
	アムラタマゴノキ	amrah	*Spondias pinnata*	Fr: E(R, C), W: Fu
5分の1未満の世帯で確認	ザクロ	dalim	*Punica granatum*	Fr: E(R), W: Fu
	ライチ	lichu	*Litchi chinensis*	Fr: E(R), W:
	サトイモ	dostor kachu	*Colocasia* spp.	L: E(C)
	ベイリーフ	tejpata	*Pimenta racemosa*	L: E(C)
	Rose Apple	golap jam	*Eugenia jambos*	Fr: E(R), W:
	ゴレンシ	kamranga	*Averrhoa carambola*	Fr: E(R, C), W: T, Fu
	unknown	mewaphal	*unknown*	Fr: E

注*) AA, AAB, ABB はゲノムタイプのこと

○略語の意味
○植物部位
Fl: 花
Fr: 果実
L: 葉
Sd: 種子
St: 茎
W: 木材
Rt: 根

○用途
Border: 境界木
Chw: 噛む
D: 染色
Dg: 石けん
E: 食べる
　(R: 生, C: 調理
　Pc: 漬け物）
Fd: 飼料
Fiber: 繊維
Fu: 燃料

M: 薬用
O: 油
Orna: 鑑賞
Pl: 皿
Ply: 子どもの遊び
Rb: 糊・ゴム
T: 材木
Tl: 道具の材料

（出典：筆者調査）

表 3-2　事例世帯の屋敷地及び耕地で栽培される"食用となる一年生の栽培植物"と出現頻度

出現頻度	屋敷地で栽培			耕地で栽培		
	一般名	現地名	学名	一般名	現地名	学名
3分の2以上の世帯で確認	ユウガオ	lau	*Lagenaria siceraria*			
	カボチャ	misti lau	*Cucurbita maxima*			
	トウガン	chal kumra	*Benincasa hispida*			
	トカドヘチマ	jhinga	*Luffa acutangula*			
	フジマメ	sheem	*Lablab purpureus*			
半分以上の世帯で確認	ヘビウリ	chichinga	*Trichosanthes dioica*			
	キュウリ	shosha	*Cucumis sativus*			
3分の1以上の世帯				ダイコン	mula	*Raphanus sativus*
				トマト	tomato	*Solanum lycopersicum*
				ジャガイモ	alu	*Solanum tuberosum*
				トウガラシ	morich	*Capsicum* spp.
5分の1以上の世帯	ツルムラサキ	pui shak	*Basella alba*	ナス	begun	*Solanum melongena*
	オクラ	dherosh	*Abelmoschus esculentus*	タマネギ	piaj	*Allium cepa*
	トウガラシ	morich	*Capsicum annum*	ニンニク	roshun	*Allium sativum*
	ニガウリ	korla	*Momordica charantea*			
5分の1未満の世帯	メロン	bangi	*Cucumis melo*	スイカ	tormuj	*Citrullus lanatus*
	サトウキビ	akh	*Saccharum officinarum*	カリフラワー	ful kopi	*Brassica oleracea*
	ヒユナ	danta	*Amaranthus tricolor*	キュウリ (丸)	khira	*Cucumis sativus*
	Spiny bitter gourd	kakrol	*Momordica dioica*	ニンジン	gajor	*Daucas carota*
	ナス	begun	*Solanum melongena*	サトイモ	kochu	*Colocasia* spp.
	キュウリ (丸)	khira	*Cucumis sativus*	ピーナッツ	badam	*Arachis hypogea*
	トマト	tomato	*Lycopersicon lycopersicum*	メロン	bangi	*Cucumis melo*
	サツマイモ	misti alu	*Ipomoea batatus*	ニガウリ	korla	*Momordica charantia*
		bilati Dhonia	*Eryngium foetidum*	ユウガオ	lau	*Lagenaria siceraria*
	ジャガイモ	alu	*Solanum tuberosum*	フジマメ	sheem	*Lablab purpureus*
	コリアンダー	shoj	*Coriandrum sativum*	キャベツ	bandha kopi	*Brassica oleracea*
	ヘチマ	dhundul	*Luffa cylindrica*	サツマイモ	misti Alu	*Ipomoea batatas*
	ダイコン	mula	*Raphanus sativus*	ヒユナ	data	*Amaranthus tricolor*
	ヒユナ (赤)	lal shak	*Amaranthus tricolor*			
		kal ful	unknown			
	ヤマイモ	gach alu	*Dioscorea* sp.			
	トウモロコシ	bhutta	*Zea mays*			

(出典：筆者調査)

菜あるいはスパイスを栽培していたが，7世帯は耕地では野菜を栽培していなかった。耕地では栽植空間を多く必要とするダイコン（*mula*），トマト，ジャガイモ（*alu*），トウガラシ（*morich*）などが乾季に栽植され，屋敷地ではユウガオ（*lau*），カボチャ（*misti lau*），トウガン（*chal kumra*），タロ（*kachu*），クワズイモ（*fen kachu*）やウコン（*holud*）のように，空間を節約するつる性のものや，

表 3-3　事例世帯で観察された"食用とされない多年生栽培植物"及び"野生植物"と出現頻度

出現頻度	現地名	植物グループ	一般名	学名	利用用途
5分の4以上の世帯で確認	bansh	PnE	タケ	Bambusa spp.	W: T, T1, Fu
3分の2以上	pitraj	WC		Aphanamixis polystachya	W: T, Fu, O
半分以上	chau shupari	WnE	クジャクヤシ	Caryota urens	W: Fu
	sheora	WnE		Streblus asper	W: Fu
3分の1以上	jarul	WC	オオバサルスベリ	Lagerstoroemia speciosa	W: T, Fu
	patabahar	PnE		Euphorbia spp.	Ornamental, Border
				Codiaeum spp.	Ornamental, Border
	karoi	PnE		Albizia sp.	W: T, Fu
	choroi	PnE		Albizia sp.	W: T, Fu
5分の1以上	rongi	WC	Red cedar	Toona ciliata	W: T, Fu
	shimul	WC	パンヤノキ	Bombax ceiba	Fr: Fiber, W: T, Fu
	gab	WE	ベンガルガキ	Diospyros peregrina	Fr: Dye, E(R), W: Fu
	chagoler ledi	WE		Erioglossum rubiginosum	W: Fu, Fr: E(R)
	bubi	WE	Burmese grape	Baccaurea ramiflora	Fr: E(R), W: Fu
5分の1未満	koiryauja	WnE		Mallotus sp.	W: Fu
	ful kadam	WnE		Stephegyne diversifolia	W: Fu
	mandar	PnE		Erythrina sp.	Border, Fu
	jiga	PnE	Lannea wodier tree	Lannea coromandelica	Border, W: T1. Fu, Rb
	tentul	WC	チョウセンモダマ	Tamarindus indica	Fr: E(R, Pc),W: Fu
	debphol	WC	Egg tree	Gracinia xanthochymus	Fr: E(R), W:
	dewaphol	WC	Monkey jack	Artocarpus lacucha	Fr: E(R), W:
	dumur	WnE		Ficus sp.	W: fu
	bandar lathi	WC		Cassia sp.	W: T, Fu
	bherenda	WnE	ヒマ	Ricinus communis	Fr: O, W: Fu
	tula	PnE	ワタ	Gossypium herbaceum	Fr: Fiber, W: Fu
	kaijakumi	WC		Oroxylum indicum	W: Fu, Fr: Ply
	neem	WC	ニーム	Azadirachta indica	Lf,W: M, W: T, Fu
	choguta	WnE	unknown	unknown	L: M, W: Fu
	motira	WnE	unknown	unknown	Fr: E(R), W: Fu
	morich gach	WnE	unknown	unknown	W: Fu
	kharajora	WC		Litsea monopetala	Lf: M, W: T, Fu
	shegun	PnE	チーク	Tectona grandis	W: T, Fu
	mahogany	PnE	マホガニー	Swietenia macrophylla	W: T, Fu
	kata mandar	PnE		Erythrina sp.	Border, W: Fu
	mehedi	PnE	シコウカ	Lawsonia inermis	Lf: Dye, W: Fu
	krishnochura	WC	Royal Poinciana	Delonix regia	Ornamental, W: Fu
	gondraj ful	PnE	Cape Jasmine	Gardenia jasminoides	Ornamental
	taimu ful	PnE		Portulaca sp.	Ornamental
	joba ful	PnE	Rose of China	Hibiscus rosa-sinensis	Ornamental
	genda ful	PnE		Tagetes sp.	Ornamental
	kamini ful	PnE	Orange Jasmine	Murraya paniculata	Ornamental
	kola pata ful	PnE	カンナ	Canna indica	Ornamental
	loha khat	WC		Xylia dolabiformis	W: T, Fu
	golap ful	PnE	バラ	Rosa spp.	Ornamental
	babla	WC	Egyptian Mimosa	Acacia nilotica	W: T1, Fu
	bot	WnE		Ficus sp.	W: Fu
	shishu khat	PnE	Shisso	Dalbergia sisoo	W: T1, Fu
	bazna	WE		Zanthoxyllum rhetsa	Sd: O, W: Fu
	eucalyputas	PnE	ユーカリ	Eucalyptus citriodora	W: T, Fu
	bishkatali	WnE		Polygonum sp.	W: M
	dekhi shak	WE	Fern	Pteris sp.	L: E(C)
	pithari	WnE	unknown	unknown	W: Fu
	orboroi	WE	Star berry	Phyllanthus acidus	W: Fu
	keka	WnE	unknown	unknown	W: Fu, Fr: Ply
	monkata	WnE		Randia dumetorum	Border, W: Fu
	nishinda	WE	unknown	Vitex negundo	L: E(C)
	nalta	WnE	unknown	unknown	W: Fu
	poddogunchi	WnE	unknown	unknown	Sd, Ju: M
	ful khori	WnE	unknown	Ageratum conyzoides	L: M, Fu

◎略語の意味
○植物分類
PnE: "食用とされない多年生の栽培植物"
WC: "管理を受ける野生植物"
WE: "食用となる野生植物"
WnE: "食用とされない野生植物"

○植物部位
Fl: 花
Fr: 果実
L: 葉
Sd: 種子
St: 茎
W: 木材

○用途
Border: 境界木
Chw: 噛む
D: 染色
Dg: 石けん
E: 食べる
 (R: 生、C: 調理
 Pc: 漬け物)
Fd: 飼料
Fiber: 繊維
Fu: 燃料

M: 薬用
O: 油
Orna: 鑑賞
Pl: 皿
Plv: 子どもの遊び
Rb: 糊・ゴム
T: 材木
Tl: 道具の材料

(出典：筆者調査)

日陰に耐えるものが栽培されていた（表 3-2）[9]。平均して，1 世帯あたり，8.7 種が屋敷地で，2.8 種が耕地で栽培されていた。屋敷地は野菜，スパイスの重要な生産の場であり，とくに雨季には，唯一の生産空間であった。

"食用とされない多年生の栽培植物"のうち，タケ類（*bansh*）はほとんどの世帯に栽植されていた（表 3-3）。タケ類は，道具の材料として，また建築材料として重要である。そのほかにも，木材，燃料，染料，油，薬用などで有用な植物がある。村人の木材樹種への志向は，ピトラズ（*pitraj*; *Aphanamixis polystachya*）やオオバサルスベリ（*jarul*）のような在来の樹種から，より早く成長するコロイ（*karoi*）やチョロイ（*choroi*，ともに *Albizia* sp.）の栽植に移りつつあった。これらは，1988-90 年の調査当時，増加していたレンガ工場の燃料としてよく売れるためであった。

(2) 植物の配置

図 3-4 は，屋敷地の植物が，池周り，庭（中庭と外庭），叢林の三つの空間のいずれに生育・栽培されているかについて，植物グループ別に三角図を用い示している[10]。全体では，池周りに 18％，庭に 51％，叢林に 31％の植物が生育していた。図中の植物名のあとのカッコ内に付した記号のうち，■は耐陰性があること，◆は湛水に耐えること，一方□は好日性であり耐陰性のないこと，◇は乾燥を好むことを意味している[11]。

池周りは，水面からの反射も含め十分な日差しを受けることができ，植物の生育にとって好ましい空間であり，各種ヤシ類（オウギヤシ *tal*，サトウナツメヤシ *khejur*，ココヤシ *narikel*）やライム，レイシ（*lichu*），ワサビノキ（*shajna*）などが栽植されていた。池水は水浴に用いられるため，清潔かつ冬も温かく保つ必要がある。ヤシ類は陰をあまり作らず，また落葉も少ないため，池周りに好ん

---

9) タロ，クワズイモ，ウコンは多年生のため，表 3-1 に記載している。
10) 三角図は地学等の分野でよく使われているもので，3 成分の構成比を示すときに用いられる。正三角形の 3 頂点に，それぞれの構成成分を配置し，その点をその成分 100％，その頂点に向かい合う底辺を 0％として 3 成分の構成比をプロットする。正三角形では三角形内の任意の一点から 3 辺におろした垂線の和は頂点から辺におろした垂線の長さと等しくなる性質を利用している。
11) それぞれの植物につき，専門書より確認されたものを示している。参照した専門書は，Figure 3-4 内に提示している。なお，記号が書かれていなくても，そのような特性をもつものがある可能性はある。なお各植物の耐性に関しては栽培関連書ではほとんど触れられていない。

図 3-4-1　食用になる多年生の栽培植物

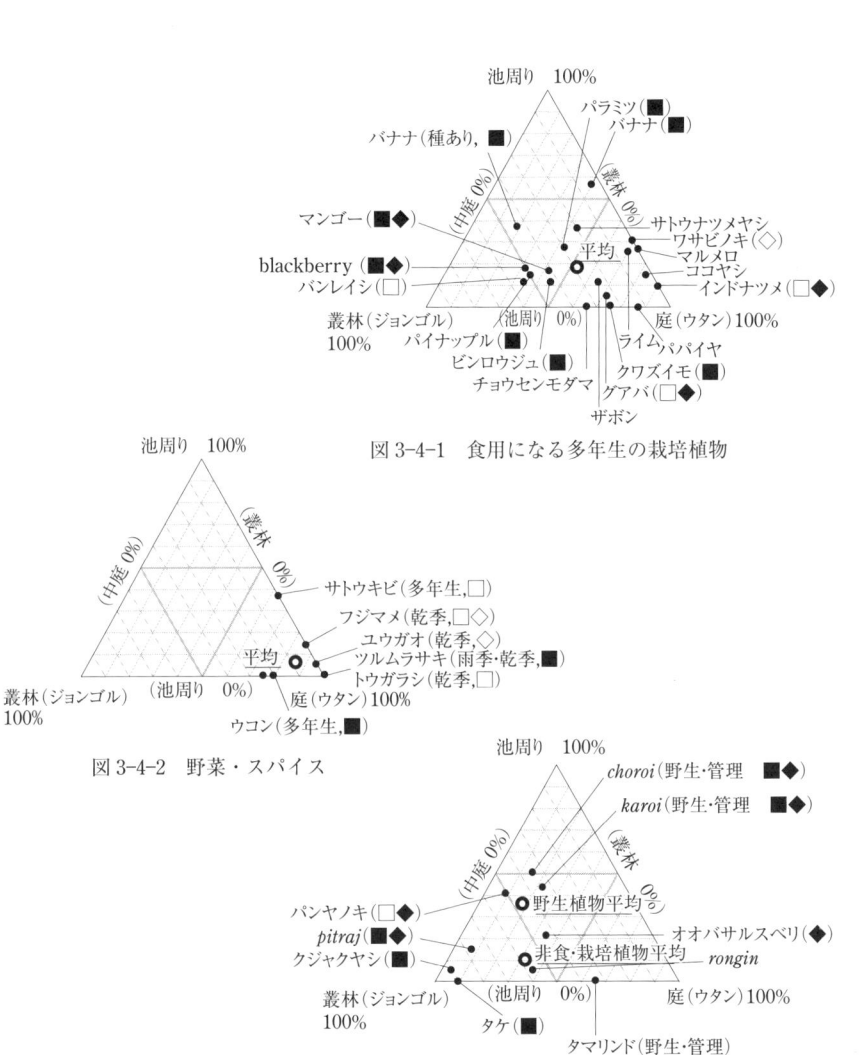

図 3-4-2　野菜・スパイス

図 3-4-3　食用されない多年生の栽培植物，野生植物

図 3-4　事例世帯における植物グループ別にみた，各植物の生育／栽培地

注1) 図中の記号は，以下の特性を示す。
　　■耐陰性がある
　　◆湛水に耐える
　　□好日性であり耐陰性がない
　　◇乾燥を好む

2) 各植物の生育特性については以下の文献を参照した。
　　Alam et al. 1991；Dastur 1960；Hooker 1897；Khan 1974；Monirujjaman 1988；Piper 1992；Regmi 1982；Storrs and Storrs 1990；Traup 1921；岩佐 1973；国際農林業協力協会 1993；国際農林業協力協会 1998；大東 1996；高島ら 1971；農林水産省熱帯農業センター 1980；レズリー 1995；堀田ら 1989。

（出典：筆者調査）

で植えられていた（写真20）。またヤシ類の果実は大きく堅いものが多く，人の頭上に落下すると危険であるため，その点からも実が池の中に落ちる池周りはヤシ類の栽植場所として適していると考えられていた。ツル性の野菜もまた，日当たりが良く水面からの照り返しもある池に向かってタケ類の棚が作られ，池の上に伸びるように栽培されている。

　庭は開けており日差しも当たり，また村人にとってよく目の届く空間であるため，村人が価値が高いと考える果物，野菜や市場性の高い木材用の樹種，観葉植物などが栽植されている。また多くの野菜やスパイスもここに栽培されていた。ツル性の植物は，屋根の上や他の植物，あるいは住居の屋根につながるように作られた竹棚などに這い，タロイモやウコンなどの日陰に耐える植物は，竹棚の下や他の樹木の下で栽培されている。

　前述のように多様な作業が庭で行われるため，そのための空間を残しながら植物は栽植される。限られた空間の有効利用のため，隣家との境界上には通常植物は植えられず，マンダール (*mandar, Erythri*na sp.) のような，誰かに幹を切られても枯れず，また下から萌芽するような樹種が境界木として要所要所に植えられている。灌木のパタバハル (*patabahar, Euphorbia* spp., *Croton* spp.) もまた，屋敷地の境界を示す生け垣としてよく利用されていた。

　タケ類を除き叢林の植物のほとんどは野生種である。パンヤノキ (*shimul*) はワタなどが取れる有用な樹木であるが，大木となり大きな空間を必要とする。その上，日照を必要とするため，多くの場合，叢林の周辺部の日の当たる場所に植え替えるなどして配置され，屋敷地の外に伸びるように成長している（写真21）。

　果樹の中で，チョウセンモダマ (*tentul*)，ブビ (*bubi; Bixa orellana*)，ビチャ (*bicha*;"種の"という意味，種子の多い在来品種) バナナは，叢林内に生育することが多く，ほとんど人の手はかけられていなかった。ときどき，これらが日当たりの良いところでも見かけられるが，それらは，かつての叢林の名残として，そこにみられるものである。

(3)　屋敷地内での少数種の集約的栽培

　事例世帯のうち，庭や叢林に単一または少数の特定の種を集約的に栽培するバガン (*bagan*) と呼ばれる園地が13の世帯で作られていた。それらは，ビン

左：写真18　パラミツの実は幹に直接なるので，初めてみたときはびっくりする（D村にて1993年2月）
下：写真19　K村の屋敷地に特徴的なビンロウジュの並木（1989年1月）

ロウジュ，バナナ，タロ，ウコン，ヒユナなどの園地であり，果樹の栽培は主に販売目的であるのに対し，野菜やスパイスは主に自家消費用に作られていた（写真22）。集約的な園地の造成は，叢林を切り開き土を耕す必要がある（人を雇用することもある）上に，苗木を購入することなどもあり，その経営は世帯の男性メンバーが担っていた。園地を作っている世帯の平均屋敷地面積は1545 m^2，平均所有土地面積は2.03 haであり，いずれも全事例世帯の平均（屋敷地面積1252 m^2，所有面積1.2 ha）より大きかった。少数種による集約的な園地作りは多くの土地を必要とし，また苗の購入や労働力の確保などで経費もかかるためと考えられる。

3　家畜の飼養

屋敷地では，ウシ，ヤギ，ニワトリ，アヒル，ハト等の家畜が飼養されている。とくに農地をもたない世帯にとって，家畜のもつ現金収入源としての役割，財産としての役割は非常に大きい。

(1) ウシ

　トラクターが現在のように広く普及する以前は，ウシは耕作作業に不可欠であった。1985-86 年には，62％の世帯がウシを保有していた。ウシの飼養には，ボルガ（*barga*）と呼ばれる分益飼養の借り入れ制度が広く利用されていた。経済的ゆとりはあるが人手の足りない世帯が購入したウシを，ウシは必要だが買う余裕のない世帯が里親として飼養するシステムである。牛乳と，そのウシを売ったときの収入から元値を引いたものが折半され，世話にかかる費用は全て里親が負担する。もし，途中でウシが死ぬことがあったとしても，里親が弁償させられることはない。世話してきたウシを売る時期は，所有者が優先権をもって決めることが多かった。世話にかかる費用は里親もちでありながら，純利益の半分を所有者が取ることについて不満のある里親も少なくなかったが，ウシは耕作に不可欠であるから受け入れざるを得ない。しかも，ウシを貸し出していた世帯も，次第に自分で飼養するようになり，1988 年当時から借り入れの機会は減少していた。ウシは，財産としても大きな価値をもつため，すでにウシを 6 頭所有し，手いっぱいと思われる世帯でさえも，もし機会があるのならウシの借り受けをしたいと考えていた。

　ここで，土地なしとして K 村に移り住んでから，ウシの飼養をとおして財産構築を図ってきたハビブルさん（1988 年当時 35 歳）を事例にみてみよう。

　ハビブルさんは，9 歳の時に父とともに近隣のボイロール村から働きにやって来た。土地もなく，生活に困窮してである。働きを認められて，21 歳の時に父とともに雇い主の屋敷地のすぐ横の土地を雇い主から借り，新しく屋敷地をつくって 23 歳で結婚した。このころはウシもなく，地主のウシを借り入れていた。

　ハビブルさんが初めて最初のメス牛を購入したのは，1978 年，結婚してから 2 年後である。当時の金額で 900 タカであった。その次の年に，もう一頭のメス牛を仔付きで 1300 タカで購入した。それからしばらくは購入できず，この間に 8 年前に乳の出が悪くなったメス牛を一頭 2000 タカで，また 2，3 年おきに生まれた仔牛も 900 タカと 1200 タカで販売した。

　1988 年には，体は大きいが十分に餌をやれなかったためにやせ衰えてしまったメス牛を 2000 タカで売り，それに 1850 タカを加えて仔牛付きのメス牛を購

上：写真20　池周りに植え込まれたサトウナツメヤシ（1989年1月）
中：写真21　屋敷地林の周辺部で成長するパンヤノキ（1989年1月）
下：写真22　集約的なバナナ園が作られている（1989年12月）

入した。

以上のほかに，仔牛が一頭狐にかまれて狂犬病になり死んでしまい，また犠牲祭（Eid）[12]の時にウシを一頭犠えに差し出して食べた。

トラクターが普及していなかった当時，ウシがいない世帯では耕地を耕す際にウシを借りなければならなかった（写真23）。1日1カタ（16カタ=1エーカー，4047 m^2）耕すのに10タカの使用料を払う必要があった。ハビブルさんは，1989年には，ウシを貸し出す側になっており，5人に貸し出し，収入を得た。頭数が増え，全てのウシを飼いきれなくなり，1頭をボルガに出すまでになった。

また，仔を産んだウシは一年ほど乳を出す。牛乳は近隣の世帯に販売もしており，1987年は1000タカほどの収入があった。しかしウシにやるワラが自給できないため，不足分を購入するとちょうど1000タカほどになり，ウシにやる分のワラが牛乳になるといっていた。

ウシの売値は犠牲祭の時が最も高く平常の2倍で売買される。しかし，毎年アマン稲の収穫前の米が尽きる時期や，ボルシャ季（雨季，6月中旬から8月中旬。アウス稲の収穫期直前のころにあたる）の生活に困る時期に販売してしまうそうである。販売するときのウシの値段はそのウシがどれだけ乳が出るかで大きく違う。ハビブルさんが最後に売ったようなやせ細ったウシだと2000タカほどであるが，乳が一日に4 kgも出るような優秀なウシならその2倍は軽く越えるとのことであった。

合計すると，1978年に最初に購入してから1988年までの10年の間に，購入したウシの数は仔牛も含めて5頭，生まれたウシの数は7頭，このうち死亡したものが1頭，屠殺して食べたのが1頭，販売したのが4頭という経過になっている。

上述のように，ウシは仔を産むとその後1年ほど乳を出す。この間毎日牛乳を飲んだり，販売することができる。牛乳の摂取は，栄養上も望ましいことと考えられており，実際，調査期間中に2世帯が牛乳を飲みたいという理由でウシを購入していた。痩せてきたり乳の出が悪くなってきたウシは，もう少し金

---

[12] イスラム教では，二つの大きな祭りがある。一つ目は，太陰暦に従うヒジュラ暦の第9月の1カ月間，太陽が出ている間は一切の飲食を経つ断食月が明けたときの断食月明けの祭り（イード・アル=フィトル Eid Al'Fitr），もう一つが，ハッジと呼ばれるメッカ巡礼の最終日，ヒジュラ暦第12月の10日に催される犠牲祭（イード・アル=アドハー Eid ul-Adha）である（大塚2000）。

を払って，乳の出のいいウシに買い換えられる。

　自分のウシをつぶして食べることは，犠牲祭を除いて滅多にない。それより大事に増やして，財産を増やしていこうとする姿勢の方が強かった。牛糞は台所の裏などに落ち葉と一緒に積まれ，主に耕地で堆肥として用いられていた。

(2)　ヤギ

　ヤギを飼養する世帯はウシ，ニワトリほど多くはなく，23％であった。ヤギは，ウシほど値段も高くないし世話もかからない。そういった点から，女性だけの世帯でも飼うことができる。ヤギがウシより優れている点は，その繁殖力の強さである。ヤギは年に2回，一度に2匹仔を産むことができる。そこで，うまくいけば年に4匹の仔を得ることができる。ヤギも，ウシと同様，分益飼養（ボルガ）があり，里親になることがあった。ヤギの肉は脂が乗っており好まれるが，ヤギの乳は臭いがあるため，飲むことは少ないようであった。

(3)　ニワトリ

　ニワトリは，最も多くの世帯で飼われ，85％の世帯が飼養していた。事例世帯中，ニワトリを飼っていない世帯は3世帯あったが，全て非農家で世帯主が単身赴任の世帯であった。ニワトリは農業従事世帯の方が，また土地の所有面積が大きいほど，その保有数が多くなる傾向にあった。

　ニワトリには，餌として，ときどきご飯の残りや米粒などが与えられるが，それでは十分ではないので，昼間は中庭の中をあちこち歩いて餌をあさっている。屋外にはイタチなどの天敵がいるため，とくにヒヨコなどはザルを上からかぶせて，あちこち動き回らないようにしている世帯もある。しかし，たいていは親鳥に連れられて人の目に届かないところまで歩き回っているので，しばしば「イタチにやられた！」と村人たちが騒いでいるのが聞こえた。そのため，「飼ってもどうせイタチにやられるからニワトリは飼わない」という発言がいくつかの世帯で聞かれた。

　夜になると，彼らは住居の中に集められ，ザルをかぶせられて，物置の下などに置かれる（写真24）。

　ニワトリはその卵の利用が一番である。卵は食べたり，ヒヨコを孵したり，

第3章　屋敷地の構造とその利用

表3-4 事例世帯における1988年11月23日―1989年2月8日の鶏卵の利用の状況

世帯分類	世帯数		産卵数	卵の利用先（個）			購入した卵数
				自家消費	孵化	販売	
農業従事世帯	10	該当する世帯数（戸）	9	9	8	5	0
		平均利用卵数（個）/世帯	47.3	13.0	10.1	24.2	0
農業非従事世帯	11	該当する世帯数（戸）	9	8	8	2	3
		平均利用卵数（個）/世帯	44.2	30.0	9.3	4.9	5.8
全体	21	該当する世帯数（戸）	18	17	16	7	3
		平均利用卵数（個）/世帯	45.7	21.9	9.7	14.1	3.0

（出典：筆者調査）

販売したりする。卵を食べるのは農業非従事世帯に多かった（表3-4）。農業非従事世帯のうち6世帯は全ての耕地を小作に出している地主，4世帯は警察や軍隊などに勤める公務員であり，生計に余裕のある世帯であった。なお，調査期間中に卵を買った世帯は3世帯のみであった。

　卵を販売するのは農業従事世帯が多かった。なかでも飼養羽数の多い世帯に多く，2カ月半ほどの期間に100個余りを売っている世帯もあった。ヒヨコを孵すのも農業従事世帯に多く，こちらは飼養羽数の少ない世帯が多かった。ヒヨコを孵すための卵は，前述のように物置に置かれたモミがらの入った筐の上に置かれて，その上でメンドリが暖める。

　卵の利用と比べて鶏肉の利用は少なかった。経済的余裕があり，ニワトリの数も多い農業非従事世帯が主に利用していた。

(4)　アヒル

　アヒルを飼養する世帯は22％であった。市場では，卵も肉もニワトリの方が味が好まれ，また高く売れる。そのうえ，アヒルはニワトリより餌がよけいに要り，排便量も多くあちこちを汚すなど，ニワトリに劣ると考えられている点が多かった。アヒルのよい点としては冬季には肉に脂が乗りおいしくなること，うまく育てると卵を1日に2度産むこと，またイタチに襲われたときに池に逃げ込めることが挙げられていた。

上：写真23 ウシは農耕に必須だったが，現在はトラクターで耕耘する（1989年1月）
中：写真24 ニワトリ用の住居への出入り口（1993年2月）
下：写真25 ハトの小屋。住居の軒下に作られる（1994年1月）

(5) ハト

　ハトを飼養している世帯の割合はアヒルと同程度で，20％であった。ハトを飼うにはハト舎を作る必要がある。中庭の中や住居の軒下に，木製のハト舎が設置されていた（写真25）。ハトは，1カ月ごとに1つがいずつ増えていくといわれ，繁殖力が高い。その肉を食用にしたりヒナや成鳥を市場で販売したりする。しかし，ハトは，自由に飛んで行ける上に神経質なので，最初にちゃんと餌をやり懐かせないと，卵を産まなかったり，逃げて行ったりしてしまう。また，隣近所でも飼っていないと，懐きにくいとも言う。一度懐くと，卵も産み順調に殖えていくばかりでなく餌も勝手に外で取ってくるようになり，餌やりの必要がなくなってくる。

(6) 家畜の果たしている役割

　家畜は農耕用として，タンパク質の摂取源として，また現金収入源として役立っていた。また，ウシは農耕の動力として農業従事世帯には欠かせず，財産としての価値も高い。
　家畜（特に小家畜）は果樹に比べて短期間で利用可能な状態になる。そこで農業従事世帯では，現金収入源としての家畜の役割を重視していた。その一方で生活に余裕のある世帯では重要な栄養，タンパク質の摂取源となっていた。
　このように家畜は農家の生活を潤おしてくれるが，その餌の確保（特にウシ，ヤギ）は大変である。ワラを与えているだけでは痩せて乳の出が悪くなってくるので，田んぼや草地へ連れて行ったり，道ばたの草を刈り取ってきたりしなければならない。
　また，ウシやヤギ，ニワトリは屋敷地内の植物を食べてしまうので屋敷地の植物にとっては天敵である。一方でニワトリにはイタチという大きな天敵がいる。家畜から植物を守り，イタチからニワトリを守るために柵などを作ることも必要になる。

4 屋敷地生産物の利用

　表3-5は，21の事例世帯における，屋敷地生産物の食用としての利用状況についてみている。食事調査の調査期間は，1988年12月17日から1989年2月8日までであったが，調査世帯の不在や筆者が訪問できない日があったことから，調査日数は，1世帯当たり平均30日（最小20日，最大34日）であった。この時期は乾季にあたり，また主な農作物であるアマン稲の刈り入れが終わった時期でもある。なお，算出方法は，各食材が食卓に上った日数を，全世帯につき加算する方法を採っている（単位を日・世帯とする）。

　食事は，魚や野菜がはいったトルカリ（*torkari* ウコンやトウガラシなどで味つけしたおかず）と豆（ダル *dal*）スープが主であり，青菜の炒め物（*bhaji*），卵の炒め物が次いでいた。食卓には肉が上ることは大変少なかった。調査全体の636日・世帯のうち，食卓に上ったのは108日・世帯（17%）に過ぎず，4つの世帯では，1日以下しか食卓に上らなかった。一方，魚は364日・世帯（57%），卵は179日・世帯（28%），食卓に上っていた。

　野菜，果物，畜産物に大別して屋敷地からの自給の状況をみると，いずれも，全日・世帯のうち8割以上で屋敷地からの生産物を利用していた。表3-5では，各食材の自給割合を生産地別に示している。出現頻度が高かった食材については半分以上（318日・世帯以上）出現したものは二重線で，4分の1以上半分未満（159日・世帯から317日・世帯）出現したものを普通下線で示している。これらの中で，フジマメと卵が8割以上，牛乳は半数以上，生魚は2割以上が屋敷地（または池）からの生産物を利用していた。野菜の中で出現頻度が高いジャガイモやナスは，屋敷地ではなく耕地からの生産物が利用されていたが，これらの自給の割合は5割以下であった。

　次に，屋敷地生産物の販売をみてみよう。販売についての調査時期（1988年11月23日-翌年2月8日まで）は上述のように主要な農産物であるアマン稲の収穫後であり，7割の世帯が稲を販売していた。そのためにとくに農家世帯では販売額が大きかったが（1415タカ[13]），屋敷地からの生産物の販売額も，1298

---

13) 1989年当時，1タカ＝約4.2円。

表3-5 事例世帯における生産地別にみた利用食材の自給の状況（1988年12月17日-1989年2月8日）

自給割合	屋敷地から			耕地から
	野菜	畜産品	果物	
ほとんど自給 （8割以上）	<u><u>フジマメ</u></u>, ユウガオの葉, ツルムラサキ, クワズイモ, パパイヤ, バナナ（料理用）, バナナの花, パラミツの幼果	鶏肉, ハト肉, <u>卵</u>	バナナ, ココナツ（ジュース, 果肉）, パパイヤ, チョウセンモダマ	ダイコンの葉, クミン, ヒユナ, アカザ類（自生）
半分以上自給		<u>牛乳</u>		フダンソウ
いくらか自給あり （半分以下）	ユウガオ	<u>生魚</u>		<u>ジャガイモ</u>, <u>ナス</u>, ダイニン, トマト, キャベツ, カリフラワー
ほとんど購入 （自給は2割以下）		牛肉, ヤギ肉, 干魚		ダール（豆）

注）自給割合は, すべての調査対象世帯からのデータを合算し, 自給品の出現割合を算出した. 表中の下線（二重下線は全調査636日・世帯のうち, 50%以上（318日・世帯）で出現, 一重下線は25%-49%（159日・世帯-317日・世帯）で出現した, 出現頻度の高い食品である.
（出典：筆者調査）

表3-6 事例世帯の1988年11月23日-1989年2月8日における自家生産物販売の状況

世帯分類	世帯数	屋敷地生産物の販売				平均販売額/世帯（タカ）	耕地生産物の販売		平均販売額/世帯（タカ）	平均販売額（全体）/世帯（タカ）
		販売した世帯数					販売した世帯数			
		鶏卵	ヒヨコ	ハト	その他		モミ・精白米	その他		
農業従事世帯	(10)	5	2	2	ウシ(1), ビンロウジュ(1), バナナ(1), ベンガルガキ(1)	1,298	8	大根(1)	1,415	2,713
農業非従事世帯	(11)	4	0	0	フジマメ(1), 青ココヤシ(1), 木材(1)	60	6	0	744	804
全体	(21)	9	2	2		649	14	1	1,063	1,713

（出典：筆者調査）

タカに及び，それに匹敵する額であった（表3-6）。これは，ウシを販売した世帯（8000タカ）があったことが影響しているが，ウシの販売を除いても，563タカと算出された。村内の農業労働従事者の日当を25タカとすると，ウシの販売を除いても22日分，ウシの販売も入れると52日分の日雇いの日当に相当する額であり，2カ月半（75日間）という調査期間を考えると，その貢献はかなり大きいといえよう。

屋敷地の生産物として多くの世帯で販売されているのは鶏卵であり，その他ニワトリ，ハト肉，ウシなど，家畜生産物が主に販売されていた。一方，屋敷地からの植物資源はほとんど販売されず自家利用が主であったが，1世帯は樹木を販売し，5本のマンゴーとチョロイ（*Albizia* sp.）で1200タカという大きな金額を手にしていた。屋敷地の植物のもつ潜在的な換金価値を示唆しているといえよう。

5　小括

本章では，まず，氾濫原の自然堤防上に位置し雨季にも湛水をみず，空間的に余裕のあるK村の屋敷地を事例に，その構造とその利用について概覧した。

K村の屋敷地は，庭（中庭と外庭，ウタン uthan）と叢林（ジョンゴル jongol），そして池（プクール pukur）によって構成されていた。庭は，さまざまな作業が行われる重要な作業空間であり，かつ植物の生育の場としても重要な空間であった。K村の40世帯の屋敷地林で観察された植物は114種にのぼり，庭，叢林，池周りそれぞれの生育場所の特質に合わせて栽植あるいは自生していた。また，屋敷地では多様な家畜も飼養され，世帯の収入源かつ栄養源として重要な役割を果たしていた。

2章で示したように，K村の屋敷地は，全国平均からみると大変大きく，空間的に恵まれている。次章からは，平均面積がK村の半分以下であるD村の屋敷地を取り上げ，屋敷地の作られ方，屋敷地林の植生及びその利用について3章にわたりみていく。雨季に湛水するD村では屋敷地を高く盛り上げる必要がある。K村の屋敷地よりもその造成に労力とコストがかかり，かつ面積が小さいD村を事例に，両村での共通点と各村の固有性に注目しつつ屋敷地のもつ意味や価値について，より深くみていこう。

【コラム１　屋敷地林のスケッチから】

1: 2年　2: 5年　3: 5年　4: 5年　5: 10年　6: 15年
※Aバリ（事例世帯）
7: 15年　8: 18年　9: 20年　10: 20年　11: 20年　12: 25年
※Zバリ（同上）
13: 30年　14: 40年　15: 40年　16: 40年　17: 50年　18: 50年
19: 2世代　20: 2世代　21: 2世代　22: 56年　23: 56年　24: 60年
25: 60年　26: 3世代　27: 3世代　28: 3世代　29: 3世代　30: 3世代
31: 3世代　32: 3世代　33: 4世代　34: 4世代　35: 4世代
36: 4世代以上　37: 4世代以上　38: 4世代以上　39: 5世代　40: 5世代　41: 5世代
42: 5世代　43: 5世代　44: 5世代　45: 5世代　46: 5世代以上
47: 5世代以上　48: 5世代以上　49: 5世代以上　50: 5世代以上
※Bバリ（同上）

　上の図は，筆者が1988年，K村に通い始めたころ，村の雰囲気や屋敷地林のようすを自分なりに理解するために，各バリを訪問後，その景観をラフにスケッチしたものである（そのため，縮尺等は正確なものではない）。それぞれのバリが何年前あるいは何世代前に作られたかについての聞き取りと合わせ，造成年数の若い順に並べ替えてみた。

　このスケッチを見ると，造成からまだ年浅い屋敷地林は，建物数も少なく植生も貧弱なのが明らかである。しかし建設2年後であった1.のAバリは，叢林を

開いて屋敷地を作ったため，あまり手が入っていない状態の植生が豊かに残っていた。屋敷地林の中からすらっと高く伸びている植物は，ビンロウジュであり，K村の屋敷地林にはたくさん植えられている。ビンロウジュ林の豊かさは，屋敷地林の歴史も映し出すが，建設後20年も経つとそれなりの高さになっている。

　その後，屋敷地林には建物が徐々に増え，樹木の被覆も濃くなっていく。49，50のバリでは，広い屋敷地に建物が林立していた一方，47，48は規模としては造成後まもない屋敷地と大差ない。造成年数が多くても，面積の制約や家族要因，住民の樹木の利用・管理，野菜の植栽状況（建物の手前にもじゃもじゃと描いてあるのが野菜の棚である）等により，その外観は多様である。

第4章
屋敷地をもつということ
ドッキンチャムリア村を事例に

ブラマプトラ＝ジャムナ川の活発な氾濫原に位置し，雨季には湛水をみるドッキンチャムリア村（D村）の屋敷地は，氾濫原の自然堤防またはポイント・バーと呼ばれるような比高が高くなっている場所に，さらに人工的に土盛りをして作られている。D村の屋敷地は氾濫原の自然地形を利用して作られ，雨季においては「湛水を免れる土地」と，徒歩で自由に移動できる「生活空間」を村人に唯一提供している。

　バングラデシュの氾濫原の村では，雨季の自然環境に強く影響されながら，そして，それに適応するために，人々は屋敷地を形成，発達させてきた。屋敷地は集合してパラ（para）という集落の単位を作り，筆者の参加したJSRDEプロジェクトに先行するJSARDプロジェクトからは，農村開発計画を実行していく上で，このパラの単位を重要な村落単位として注目すべきである，という提言がなされている（河合・安藤 1990）。

　本章では，1992-95年のJSRDEプロジェクトでの調査及びアクションプログラムの結果より，D村の屋敷地の成り立ち及びその意味を，居住の拠点である屋敷地の確保及び屋敷地をベースとした社会関係に焦点をあて，みていきたい。

1　D村の屋敷地の構造

　図4-1，図4-2は，チャクラAの屋敷地内及び隣接地域での植物，人々の住む家々の様子を俯瞰的に図示したものである。屋敷地の北側は，木々が鬱蒼と茂る叢林（ジョンゴル）が広がる（写真1）。村から屋敷地内への行き来は，住居側（叢林の反対側）のルートが用いられることが多い。K村同様，叢林は鬱蒼としており，精霊（ジン）や悪魔（ショイタン）が住むと畏れられていたし，物理的にも足場が悪くヒルなどがいる上に，排泄の場でもあるからである。チャクラAの南側を村道が通っており，そこから各世帯の中庭への登り道が作られている。つまり南側が屋敷の表側といえる。

　チャクラAには1992年時点で19世帯が居住していた。図の中で，南北に引かれた点線は，一つ一つの屋敷地の境界線である。K村と同様，細長い屋敷地が並んでおり，隣り合った世帯の間の境界には立木などが目印として植えら

れている。この19世帯は，必ずしも親戚同士ではなく，四つのグシュティ（父系の系譜）が居住している（表2-12参照のこと）。生活の利便や安全性の確保などのために，他の人の屋敷地に寄り添うように自分の屋敷地を作ることも多いのである。

　屋敷地は耕地より数メートル高く土盛りされるが，そのために土を掘った場所は凹地となり，水を湛える。しかしこれは池を作ることが第一義ではないので，K村のように池（プクール pukur）とは呼ばれず，水たまりといった意味合いで，ドバ（doba）またはパガール（pagar）と呼ばれる。これらの"水たまり"は，洗濯やジュートの洗い場[1]として利用されてきた。近年，養魚池としての機能が注目されるようになり，魚の養殖を第一の目的とした池（プクール）も作られるようになってきた。

　屋敷地の高みから耕地（ケット khet）まで下がる傾斜部分は，カチャル（kachar）またはダール（dhar）と呼ばれる。このように屋敷地の周辺はスロープとなっているため，村の小道から屋敷内に入る前に，K村にはあった外庭を構成する空間をD村では確保することが難しい。チャクラAでK村の外庭にあたる部分をもつ世帯は二つのみであり，そこは菜園として利用されていた（図4-3のL家とM家）。

　カチャル（以下，斜面と表記）を下り耕地に入る前に，バリに隣接して細かく区分された園地がある。この園地はパラン（palan）と呼ばれ，耕地とは異なった利用がされる（写真2）。園地（パラン）は将来の屋敷地拡張予定地でもあり，たいていバリの居住者がそれぞれ自分の屋敷地の周囲の園地を所有している（図4-3）。また，屋敷地内のある程度まとまった菜園もパランと呼ばれる。パランとは，もともとは屋敷地内の菜園を指すものであったのが，次第に拡大されて屋敷地の外にまで広がってきたのである。女性にとって屋敷地及び園地（パラン）までがその農作業の可能な範囲とされている。

　このように，D村では，外庭は空間の制約からほとんど見当たらず，池もあまり多くないため，中庭と叢林が主要な屋敷地の構成要素である。建物はK村同様，その利用の目的ごとに別々に作られている。母屋，調理小屋，家畜小屋，農具や燃料等をおく物置，客用小屋などが，ある程度の面積の中庭を残してそれを取り巻くように建てられている。母屋は屋敷地の南や東向きに建てられる

---

[1] ジュートは収穫後，水中にしばらく置いて腐らせた後，繊維を取る。このジュート芯から繊維をはがす作業は，腰まで水に浸かりながら行われ，通常男性の仕事とされている。

図 4-1 チャクラ A の俯瞰図
(出典：筆者 (JSRDE) 調査)

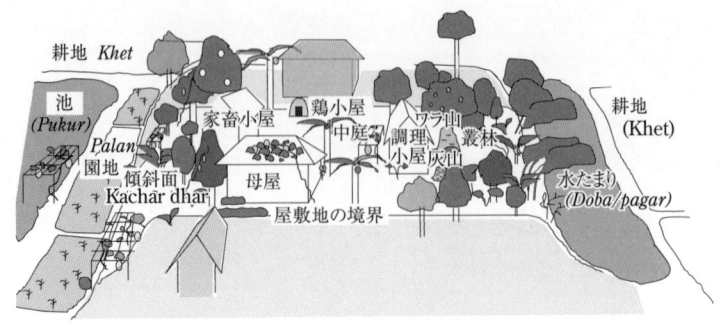

図 4-2　D 村における典型的な屋敷地の構造
（出典：筆者（JSRDE）調査）

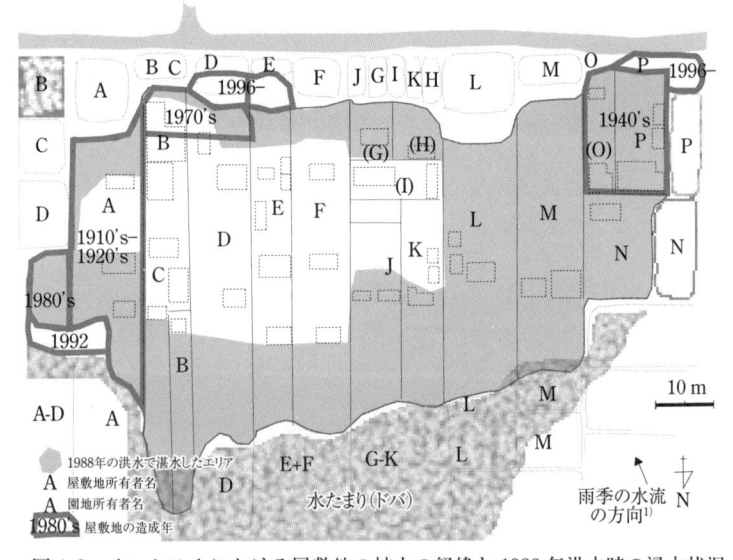

図 4-3　チャクラ A における屋敷地の拡大の経緯と 1988 年洪水時の浸水状況
注) 1)（内田・安藤 2003）より
（出典：筆者（JSRDE）調査）

ことが多い。中庭は K 村同様，作業がしやすいように女性の手によって掃き清められ，時折牛糞と米ヌカを水でこねたもので丁寧に塗り固められる（レプ）。建物の土台や土の床も，同様に定期的に手入れされる。屋敷地の一番奥まったところに通常建てられるのが調理小屋であり，その後ろが雑木や草の生える叢

林 (ジョンゴル jongol) である。穴を掘り周囲をバナナの葉などで囲っただけのような簡単な造りのトイレが藪の奥に作られる。調理の灰も叢林内に置かれ，肥料として，また食器洗いの洗剤などとして利用される。また，家畜としては，D 村では 1992 年当時，ウシ，ヤギ，ヒツジ，ニワトリ，アヒルが飼養されていた (第 2 章，表 2-9 を参照) (写真 3)。

2　屋敷地をもつということ

(1)　屋敷地の分配，相続

　1992 年当時 D 村において，村内の全 538 世帯中，耕地をもたない世帯は 77 世帯であり，屋敷地すらももたない世帯は 18 世帯であった[2]。このうち 7 世帯は妻方の父の屋敷地内に小屋だけ建てて住んでいる世帯であるが，これは婿取りというほど固定的なものではなく，就業の機会等その時の事情により夫方の父の家 (バリ) と妻方の父の家を行ったり来たりしている世帯が多い。夫方の父の屋敷地には未分配の相続分がある場合もあり，屋敷地をもっていないと簡単には判断できない。残り 11 世帯のうち 9 世帯は女性が世帯主の世帯であった。彼女らの多くは夫と死別した，または離縁した (された) ために，婚家から生家に戻ってきた。たいてい土地の相続権を放棄して兄弟に譲っているので，女性は生家に戻ってきたときに，法的に

---

[2]　村の世帯 (khana) は，村人の自己申告に従い，調理を別々に行っている (家計が独立している) 家族ごとに 1 世帯として数えられている。しかし村人の実際の居住パターンは多様である。調理は父の家族と別になったが土地は相続していない，年老いた未亡人で，今は相続分配されて息子のものとなった屋敷地に住んでいるが調理は息子夫婦と別であるために別世帯である，夫の実家と妻の実家の間を行き来しているなどさまざまなケースがあり，これら世帯の所有土地は"無し"と申告されている。実際どこまでを事実上の「土地なし」としてカウントすべきかが苦慮するところであったが，本章では，家計は独立したが土地が分配されていない世帯及び，夫が死亡し息子夫婦と住んでいるが家計は別である世帯は土地なし，屋敷地なしとしては数えないこととし，この 77 世帯，18 世帯の中には含んでいない。なお，第 2 章で述べたように，バングラデシュで「土地なし世帯」(non farm holders) とは，一切の土地をもたない世帯に加え，屋敷地のみもつ世帯，屋敷地に加え 5 デシメル未満の土地をもつ世帯も含まれる。

権利を持つ形では居場所をもつことができない。父親の存命中はまだ良いが，その死後は兄弟やその他の身近な親類の好意にすがって生きていかざるを得ず，きわめて不安定な位置に置かれる。それを避けるために，父親が存命中に娘の子どもたち（息子たち）のために土地を買ってやる例もみられた。残る2世帯が，物乞いとして親類縁者等の屋敷地の軒下を借りて生活している世帯であった。

　自分の屋敷地をもつことは，村で一人前の世帯として生活する権利をもつことを意味すると考えることができる。そこで村を離れて都市で生活しているような世帯も，村での屋敷地は放棄せず所有したままの状態を保つことが多い。また，十分な広さの屋敷地が確保できない場合，皆が（具体的には息子たちの世帯が）とりあえず村の中に生活の場を確保できるように苦慮する。前述のような，その時々の就業機会の有無などの経済状況によって，夫の生家と妻の生家の間を移り住む居住パターンも一つの知恵である。彼らは親の土地に小屋を建て，生計は別に生活する。そのようなやりくりを可能とするために，屋敷地はなかなか兄弟間で相続分配されず，親の存命中は，一般的に親の名で所有されている。しかし親の死後も，生計は別ながら屋敷地は分配せずに暮らしている世帯も少なくない。相続で生ずる争いを回避するようにその場をしのぐ一方で，屋敷地に隣接する園地を土盛りして拡げたり，隣接世帯に極力高値で屋敷地を売り，耕地に以前より広い面積の屋敷地を新しく作るなどの努力が続けられる。

　チャクラAでは，19世帯のうち3世帯は親の屋敷地内に居住し，自分の屋敷地は保有していなかった。その場合，屋敷地内の樹木を自由に処分することはできないが，屋敷地内に一年生の野菜を植えることは可能である。通常，屋敷地の法的な所有者は男性（世帯主）であるが，屋敷地の植物に対しては，妻も共同の所有者であるという意識が強かった。

(2)　新しく屋敷地を作るということ

　新しく屋敷地を作るときは，屋敷地用の土地面積に加え，盛り土調達のための土地（予定している屋敷地の面積の3分の1は最低必要）の確保及び，盛り土のための労働賃金（マティカタ mathi kata と呼ばれる土方集団に通常依頼する）の確保が必要とされている。新しい屋敷地づくりには1992年当時，屋敷地1デシ

上：写真1 あるチャクラの北面。乾季にも水たまり（ドバ）が残るため，ここからの人の行き来はない。北西からの雨季の水流や乾季（冬）のモンスーンを防ぐために植物が植えこまれ，野生の樹木が生い茂る。雨季には，植物の際まで水が上がる（1993年2月）
中：写真2 屋敷地脇の園地（バラン）。ダイコンが集約的に植えられている（2006年2月）
下：写真3 家畜の世話は子どもたちの仕事だった（1993年4月）

第4章　屋敷地をもつということ

メル（約40 m²）当たり土地購入代で1000タカ，土盛り労賃で1000タカ，併せて2000タカ（インタビュー当時1タカ＝約3円，日雇い労賃が約20タカ）かかると考えられていた（土地の高低でその金額は上下する）。1990年過ぎころより池での養殖が盛んになり，屋敷地を作ることにより副次的にできる池の現金収入源としての価値が注目されてきたが，新しい屋敷地を作るということは元来耕地の喪失を一方で意味するものである。屋敷地作りは生活の場を確保しなければいけないという村人の重大な関心事である上に，このように大変な費用もかかることから，屋敷地の境界をめぐっての争いなども頻繁に発生している。新しい屋敷地に移ることを決めさせる大きな要因は，当然ながら屋敷地が手狭になり住むための空間が確保できないということである。しかしさらに，家畜が動き回って隣り合う世帯の野菜に害を及ぼし諍いになるなど，家畜にとっての空間の不足も大きな理由の一つとなっていた。家畜の重要性とともに，屋敷地が家畜の生育場として重要な位置づけにあることが察せられる。

　氾濫原で屋敷地を作るときには，特に雨季の湛水時期に湛水しないように土盛りすることは当然であるが，氾濫水の流れによって屋敷地が崩壊しないことも重要である。そのため，新しい屋敷地を作るときには，居住する前から植物を植え込んでいく必要がある。

　表4-1は，1993-94年の調査で，屋敷地が作られてから4年以内の20世帯に対し，屋敷地内の各植物について，植物名，樹齢をインタビューしたものを，バリの移転の時期と照合してまとめ直したものである。

　"食用となる多年生の栽培植物"及び"食用とされない多年生の栽培植物"グループでは，栽植のピークが居住前から移転開始時に来ていることがわかる。これらのグループの中で最も多く植えられているのは，各種バナナ（6種がみられた）及びジガ（jiga; *Lannea coromandelica*）である。いずれも移動前あるいは移動と同時に植えられている割合が高い。バナナは生育が早く収穫もすぐ得ることができる。さらに，種ありの在来のバナナ（ビチャ・バナナ）はある程度湛水にも耐えることができると考えられており，屋敷地の土留めとしてよく用いられる。ジガも，湛水に耐えることができる上に栄養繁殖ができ，根元から切ってもまた萌芽する強さから，土留めや屋敷地の境界木として重要な役割を果たしてきた（写真4）。そのほか，マンゴー，タロ，パラミツやタケなど，主要な食材や材料を提供する植物や，栄養繁殖により増やすことが簡単で，土留めの役割を果たすワセオバナやキダチアサガオが積極的に植えられている。

表 4-1 屋敷地造成前後に植えられる植物とそのタイミング

植物グループと植物種[1]	本数	栽植（芽生え）のタイミング							栽植・野生	
		移動前	移動時	移動後3カ月まで	移動後6カ月まで	移動後1年まで	移動後2年まで	移動後2年以上	栽植	野生
"食用・栽培・多年生"(16種)	152	26	41	17	11	19	32	6	152	0
バナナ全体	30	9	10	1	4	3	2	1	30	0
マンゴ	16	3	8	1		3	1		16	0
タロイモ	13	1	2	3	2	3	2		13	0
ジャックフルーツ	13	2	3	2	1	3			13	0
グアバ	11	3	2	1		1	4		11	0
ワサビノキ	11	1	4	2			4		11	0
インドナツメ	11	2	3	1	2	1	2		11	0
パパイヤ	10		2	1		2	4	1	10	0
ビンロウジュ	8	1	3	2			2		8	0
jam	8	1		2	1	2	2	1	8	0
ザボン	6	1	2				3		6	0
ライム	7		2	1	1	1	1	1	6	0
"非食・栽培・多年生"(12種)	69	16	21	7	4	9	10	2	69	0
jiga	19	5	9	2	2	1			19	0
タケ	11	3	4	2			1	1	11	0
ワセオバナ	11	2	4	1	2	2			11	0
キダチアサガオ	7	3	3	1					7	0
マホガニー	4	2				1	1		4	0
花木	4						4		4	0
"野生・管理"(6種)	20	1	1	1		6	9	2	11	9
kharajora	8			1		1	5	1	1	7
チョウセンモダマ	4		1			2	1		4	0
ful kadam	4					3		1	4	0
パンヤノキ	2	1					1		0	2
"その他野生植物"(9種)	34	3	4	1		7	16	3	2	32
khoksha	10	1	2			3	4		0	10
pitatunga	6	1	1	1			3		2	4
ヒマ	5	1				1	2	1	0	5

1) イタリック体の植物は現地名で示している．各植物の学名は Appendix 2 を参照されたい．
(出典：筆者（JSRDE）調査)

一般的に自生とされる"管理を受ける野生植物"グループ，"食用となる野生植物"グループ，"食用とされない野生植物"グループの植物は，屋敷地造成後，洪水や風などによって運ばれた種が発芽するため，その出現のピークは，屋敷地造成1，2年のところにある。しかし，これらのグループでも，少なからぬ個体数の植物が住人によって植え込まれていた。新しい屋敷地は何も植物がないため，通常は野生の植物であっても積極的に植え込むことにより，資源を早く増やしていきたいという意向がうかがわれる。

　更地から屋敷地を作るのであるから，このように，叢林でさえそこの住人によって少しずつ作り上げられてきたものである（写真5～7）。村人たちは自分たちの手で屋敷地の中に小さな森を作っていくのである。そして叢林内に見られる樹木には精霊や悪魔が住むと考えられているものも多く，切られずに大木となった木々も見られた[3]。

　新しい屋敷地は，植物資源には乏しいが，その反面氾濫によって運ばれた土を盛った肥沃な空間であり，また樹木が少ないため明るい空間でもある。そのため，野菜類が積極的に栽培されている。通常園地に栽培されるスパイス類やキャベツなどの，換金を目的とした野菜も栽培されている。

　また，移転前でまだ住居が建てられていない屋敷地には畑として野菜が栽培されていることも一般的である。事例世帯でも，移転前からカボチャ，ジャガイモ，トマト，ナスを栽培していた世帯があった。盛り土を落ち着かせるためと，新しい屋敷地の肥沃度の高さから，造成後1，2年ほどは野菜を栽培しながら木を植えていき，その後に建物を作り移転することが望ましく，とくにタロやウコンを栽培すると良くできるとされていた。しかし，1992年当時，すでにそのような時間的余裕がなく，新しい屋敷地ができると同時に引っ越す世帯が大多数となっていた。

　屋敷地は一度造成すればそれで完成というものではない。毎年の氾濫水の波によりダメージを受け，大きな洪水時には水に浸かることもある。1988年の大洪水年には，英領期にはすでに屋敷地として利用され村内の屋敷地に適した高みに位置するチャクラAでも，前出の図4-3で示したように多くの部分が湛水した（村内の，より低地にある大部分のバリは，もちろんのことながら屋敷地

---

[3] 精霊や悪魔が住むとしてその材の利用を避けられてきた植物としてはベンガルガキ，シェオラ（*sheora*）などが代表的であったが，80年代以降，木材の不足から伐採され，建材などとして利用されるようになった。

左：写真4　ジガの垣根（1993年4月）

写真5〜7は，新しくできた同じバリを，時間を置いて撮影したものである。

上：写真5　土盛りし，前の家から持ってきたトタンの屋根で家の骨組みを作っている。同時に，屋敷地の周囲に土留めと外からの目隠しを兼ねてバナナの木を植え始める（1993年2月）

中：写真6　土盛りから1カ月後。建物が完成し住み始めたところ。バナナがやや成長しているのがわかる

下：写真7　屋敷地を作って10カ月後の姿（上記2枚とは撮影場所が異なる）。バナナがかなり成長し，屋敷地の一角を覆うようになってきた。他にも野菜などが栽培されている。これが2，3年もすると屋敷地はバナナなどで一面を覆われ，緑の島がまた一つ村に増えることになる

ごと湛水した)。この後,村人たちは屋敷地のさらなる土盛りに取りかかっている。

また日常的な雨季のスコールによっても,屋敷地の表土や土でできた建物はダメージを受ける(写真8)。前述のように,屋敷地の中の唯一のオープンスペースである中庭及び建物の土の床や土台は,女性がこまめに手入れしている。雨などにより表土が洗われ,屋敷地の表面に砂が目立つようになると,屋敷地の崩壊の危険が出てきたと村人たちは考える。また,それは屋敷地の肥沃度が低下したことも意味する。このようにならないように,中庭への土盛りが定期的に行われる(写真9,10)。この土盛りのための土は,屋敷地の横の水たまり(ドバ)から運ばれてくる。水たまりの底にたまる土はきめが細かい粘土質で固める力が強いためである。雨に洗われた屋敷地の表土は叢林のくぼみや叢林周辺の水たまりにたまるため,そこからの土を再び屋敷地に盛り直すことにより,屋敷地から失われた肥沃度を補充するという意味合いもある。

屋敷地が拡充できるように,また,水たまり(ドバ)から土を持ってくる屋敷地のかさ上げがしやすいように,屋敷地の近隣の土地は自分のものとしておくことが望ましい。前出の図4-3では,屋敷地の周りの園地や水たまりの所有者を示しているが,たいてい近傍の屋敷地の所有者が所有している。また,園地には女性が調理ごみや,中庭を掃き清めて集めた生活ごみ(*jhadu*:ニワトリやヤギの糞,調理ゴミなどが含まれる)が放られ,その土地の肥沃度を増大させる。

(3) 屋敷地を基本とした村の地縁関係

新しい住居は,もとの住居のあった屋敷地や他の世帯の近辺の土盛りをあまり必要としない村の中の高み,近年は交通の便利な道路横等に作られていく(第2章図2-9の屋敷地の造成時期を参照)。分家による世帯の増加や,生活の利便や安全のために新しい住居を隣り合って作っていくことなどから,通常数世帯が固まって一つの居住塊が形作られる。居住塊はバリと呼ばれる。バリとチャクラ(屋敷地塊)の違いは,バリについては,その生成の系譜など社会的な要因も一つのバリを他の隣接するバリから区別する要因となるが,チャクラの場合は,物理的に,陸続きで移動できる範囲を示すものである。通常,一つのバリあるいは隣接する複数のバリで一つのチャクラが形作られる。

各々の居住塊(バリ)はそれぞれ呼称をもっており,例えば,以前住人に教

上：写真8　雨の日の屋敷地。大粒の雨に屋敷地の土床が激しくたたかれる。壁に吊した牛糞の燃料もびしょ濡れだ（1993年5月）

中：写真9　中庭が隣家よりも低くなって雨水が流れてこないように、境界に土盛りをしようとしているところ（1993年5月）

下：写真10　乾季に入り、水たまり（ドバ）の底が見えてきた。乾季は、屋敷地のメンテナンスや新しい住居の建設に適しており、マティカタが活躍する季節でもある（2007年3月）

第4章　屋敷地をもつということ

師がいた居住塊は"マスター・バリ（*mastar*教師を意味する）"，耕地の中につくられた居住塊は"チョケール・バリ（*choker*耕地の，という意味）"と言ったふうに，その居住塊の位置，住人の家系，職業などからつけられた名称が"バリ"の頭につけられる。この呼び名は，そこに住む住人自身よりも周囲の村人がその住人の居住場所を指し示すためのものとしての意味合いが強く，"住所としてのバリ"ということができよう。そのために，同じバリ名で呼ばれていても，それぞれが違う場所からやって来て血縁関係はない等の経緯のために，呼ばれている当人たちの間では隣近所という意識はあっても，同じバリに属しているとは考えていないことも多い。一方，同じバリに属しているという村人の意識が作るバリの範囲は，"自分のバリ"とも表現することができる。これは，同じグシュティ（父系の系譜）に属し，なおかつ今だに隣接している世帯のグループを示す。"自分のバリ"は，隣接して住むという地縁関係とグシュティの双方の側面をもち，村の生活における最も親密な関係を作っている。

　いくつかのバリが集まりパラ（*para*集落）となる。D村では，パラとパラの距離は相当離れていて，大声を出しても会話を交わすことは不可能である（安藤・河合2003）。そして，いくつかのパラが集まりグラム（*gram*村）となる。

　このような村の地縁関係において村人に認識されているのが，その関係の度合いによって隣人，または単に知り合いという意味合いを持つ，"プロティベシ（*protibeshi*）"である。地縁で結ばれた人間関係は，屋敷地が主要な活動圏である女性にとっては，より重要な意味をもつ。村にはグシュティ，ショマージ（*shomaj*）等のバリを越えた社会組織があるが[4]，それへの参加意識は自由に村の中を動ける男性の方が強い。また男性たちは，夕方などには屋敷地を離れ村の辻々や市で雑談をしながら情報を交換する。その反対に女性たちの日常の助け合い（小銭，調味料等の貸し借り，家事の手伝い等）やおしゃべりは屋敷地上の地続きの範囲を中心に行われている。燃料を自給できないような世帯の女性は屋敷地を離れ，道々や耕地内で牛糞や稲ワラ，落ち葉を集めたり，また貧困世帯の女性は他の世帯での仕事（作物の調製作業，家事の手伝い等）に出たり物乞いをしたりということもあるが，経済的にそのようなことをする必要のない世帯

4）　ショマージは，冠婚葬祭や出生，生活の困窮などに際して，助け合い，相談に乗る，近隣の社会集団である。古くから村に住む世帯は必ずいずれかのショマージに属する。ショマージごとにサダールやマタボールと呼ばれる複数の有力者が存在する。ショマージ内のもめごとに関しては，シャリシュ（*shalish*）と呼ばれる紛争解決機構が存在する（野間2003）。

の女性の場合，自分の屋敷地を離れることは少ない（写真11, 12）。

(4) チャクラの存在に気づく：村の組織作りにおける隣組グループ（バリ・グループ）づくりから

　チャクラの存在は，実はJSRDEによる農村開発のアクションプログラムが展開することによって，始めてプロジェクト関係者に意識されたものであった。
　村での農村開発の試みを行うにあたって重要だったことは，政府のサービスや開発プログラムの実際の担い手となる村の組織の捉え方であった。担い手の中心としては，村の伝統的なリーダーたち（matabborと呼ばれる）で構成された村委員会が据えられた。また，これまで政府や村の開発関連事業等に関する情報が少数の個人に私有化されてきた現状を見ると，まず第一に情報が村人全体に公開されるようなシステムが必要であると考えられた。そのために村人すべてが含まれる情報伝達グループ（隣組グループ，バリ・グループ）を村委員会の下部に組織することとした。
　隣組グループづくりは，流すべき情報が比較的滞ることなくグループ員全体に広がることを念頭に置いて行うことが重要である。氾濫原にあるために雨季になると村のほとんどが湛水してしまうD村では，雨季と乾季で村人の移動路が大きく異なる。乾季には隣接しているように見えても，雨季になると屋敷地の間の土地が水に沈んでしまい人々の往来が非常に困難になることがあるのだ。そこで，雨季の生活において村人たちが一塊と認識できるようなグループ分けをする必要があった。屋敷地の地続き性及び村人の行き来に注目しつつ，構成世帯は1グループあたり10から15世帯ほどに，そして全体のグループ数はあまり多くなりすぎないようにとの判断で，村の住人でもあるプロジェクトのフィールドスタッフが中心となりグループ分けが行われた。
　隣組グループは村人の生活における，屋敷地をベースとした地縁関係に重点を置いて作られた。そのグループ作り当時には，プロジェクト関係者にははっきりと意識されていなかったが，雨季における住居の一塊は，村人にチャクラ（chakla）として認識されていることが後からわかってきた。チャクラはとくに雨季における居住区域の屋敷地の地続きを示したものであり，つまり雨季においても自由に屋敷地を通して（外の道や舟を使わずに）行き来できる範囲が自分のチャクラとなる。その時はチャクラという言葉を意識せずにグループ分けし

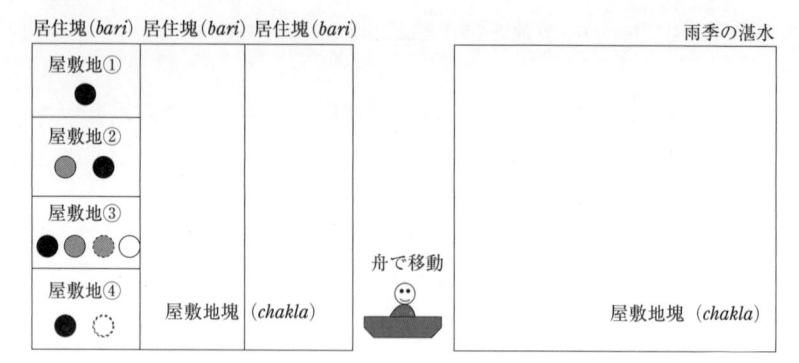

```
居住塊(bari) 居住塊(bari) 居住塊(bari)                    雨季の湛水
  屋敷地①
     ●
  屋敷地②
    ● ●
  屋敷地③
   ● ● ○
  屋敷地④           屋敷地塊 (chakla)    舟で移動        屋敷地塊 (chakla)
    ● ○
```

● 屋敷地を所有する世帯 (*khana*)
● 屋敷地を所有する親と同居する息子の世帯（屋敷地未分化）
● 屋敷地を所有する親/きょうだい/子と同居する世帯（居留）
○ 屋敷地を所有する親と同居する娘とその夫（ゴルジャマイ）の世帯
◌ 他人の屋敷地に居留する世帯（屋敷地なし）

図4-4　世帯，屋敷地，バリ，チャクラの関係性

(出典：筆者作成)

ていたが，隣組グループが村人の生活実感に合った分けられ方をしていることが図らずも明らかになった。

　図4-4は，世帯（*khana*），屋敷地（*barir-bhiti*），居住塊（*bari*），屋敷地塊（*chakla*）の関係を整理し，模式化したものである。一つの居住塊，バリには，一つから複数の世帯が居住しており，居住塊を形作る土地（屋敷地）は，その所有者の人数によって，細分化され管理される。それぞれの屋敷地での世帯の居住形態はさまざまであり，所有世帯だけが居住する屋敷地（屋敷地①）もあれば，所有世帯と既婚の息子たちの世帯が同居する屋敷地（屋敷地②），所有世帯と娘（及び娘婿，ゴル・ジャマイ *ghor jamai* と呼ばれる）の世帯や，夫との離死別等により戻ってきた娘や屋敷地を譲った親の世帯が同居する屋敷地（屋敷地③），所有世帯の他に，身寄りや生計の手立てがなく，遠い親類あるいは血縁のない世帯が居留している屋敷地（屋敷地④）など，多様な居住形態がみられるのである。そして，陸続きとなった一塊のバリがチャクラと呼ばれ，雨季にはチャクラとチャクラの間は舟で渡らなければならなかった（写真13）。地続きで活動することのできるチャクラは，雨季には，孤立してしまいがちな氾濫原に暮らす人たちにとって，頼りになる空間であったに違いない。

上：写真11　苗取りの作業を耕地で行っている娘たち（貧困な世帯では，娘たちも耕地で農作業をする）（1993年2月）
中：写真12　バザールを歩く物乞いの女性たち。頭の上のかごには，拾い集めた燃料などが入っていた（1994年1月）
下：写真13　乾季の間は，舟は水たまり（ドバ）の中に沈められて保管される（1993年2月）

3　小括

　本章では，屋敷地のもつ意味を，自分の屋敷地をもつこと，すなわち屋敷地を作り，保つための村人の努力と工夫，屋敷地をベースとした地縁関係の視点からみてきた。

　自分の屋敷地をもつことは，村人にとって実現すべき重要な課題であった。雨季に湛水するＤ村では高く土盛りする必要がある。その土盛りの費用に加え，土地がない場合には土地の購入費用も必要となり，その額は村人の現金収入に対し，大変大きな負担を強いるものである。

　「マイホームをもつこと」は，私たち日本の社会でも人生の大きなテーマのひとつとされてきたが，バングラデシュの氾濫原農村にとって，屋敷地は湛水から身を守るシェルターであり，生活の場であり，生産の場であり，作業の場であり，その重要性は計り知れない。

　村の微地形を利用しつつ，それを人の手によって改変しながら，Ｄ村の屋敷地は形作られていった。さらに，女性たちによる日常的なメンテナンスが屋敷地を守ってきた。自分たちを取り巻く土と水との対話を通し，時にはなだめすかし，時には力負けしながら，活発な氾濫原での暮らしを形作ってきたのだろう。屋敷地，チャクラのもつ地続き性は，氾濫原に暮らす女性たちにとって，大変重要性が高く，その屋敷地をベースに，村人の，とくに女性たちの活動空間が作られていく。人間の力というのは，地道ながら，何とすごいことができるのだろう，と感嘆する。

　また，屋敷地林の植物は，安心して暮らせるシェルターとしての屋敷地の維持にとっても，波当たり等による崩壊から屋敷地を守るという意味で重要かつ不可欠なものであった。次章では，さらに個々の植物に注目し，その多様な利用のあり方について詳しくみたい。

第 5 章
屋敷地林の植物利用からみえる村人の生活知

ドッキンチャムリア村を事例に

第1章で述べたように，バングラデシュの屋敷地林については，植生調査や屋敷地内の樹木の経済的な生産性などに関する研究はなされてきたが，それらは，主に一般的な"有用植物"の生産とその経済性に焦点をあてており，屋敷地に住む人たちが生活の中から生み出してきた植物の各部位の多様な利用の知恵についてはあまり触れていない。経済植物，多目的樹種やシンデレラツリーなど，単体としての植物の有用性への高い関心に比べ，屋敷地に住む人々の在地の知恵によって育まれた技術である，総合的な植物利用体系は看過されがちであった。

　本章では，植物の効用と利用に関する村人の知恵と技術に注目し，1992-95年におけるD村での具体的な事例より，在地の知としてのバングラデシュの屋敷地における植物利用に関する特徴を考察する。

1　屋敷地でみられた植物とその利用

　本節では，1992-93年に，D村の屋敷地でみられた植物と利用法を紹介する。

　まず，チャクラAの屋敷地で確認された植物をみてみよう（表5-1）。チャクラAでは，24種の"食用となる多年生の栽培植物"，20種の"食用となる一年生の栽培植物"，14種の"食用とされない多年生の栽培植物，"11種の"管理される野生植物"，3種の"食用となる野生植物"15種の"食用とされない野生植物"の計87種が観察された。

　"食用となる多年生の栽培植物"では，パラミツ，マンゴー，グアバ，パパイヤ，バナナ，キンマ，ワサビノキなどが，"食用となる一年生の栽培植物"では，フジマメ，ユウガオ，トウガン，ヤマイモ，ナス，ヘチマが，"食用とされない栽培植物ではジガ（*jiga*; *Lannea coromandelica*），"管理される野生植物では，カラジョラ（*kharajora*; *Litsea monopetala*），その他の野生植物では，コクシャ（*khoksha*; *Ficus* sp.）とチトキ（*chhitki*; *Phyllanthus reticulatus*）が，5分の4以上の屋敷地で確認された。なお，全屋敷地で確認されたのは，パラミツ，フジマメ及びコクシャであった。

　D村では，チャクラAからさらに調査の範囲を広げ，村内の全ての集落から6世帯ずつ選び屋敷地の植物について補足的な聞き取り調査を行っている

表5-1　D村の植物グループ別，出現頻度別にみた事例世帯での屋敷地林の植物

5分の4以上の屋敷地	3分の2以上の屋敷地	半分以上の屋敷地	3分の1以上の屋敷地	5分の1以上の屋敷地	5分の1未満の屋敷地
食用される多年生の栽培植物					
パラミツ（全）[1]	jam	サトウナツメヤシ		ライム	ゴレンシ
マンゴー	バンレイシ	タロイモ		ココヤシ	パイナップル
グアバ	インドナツメ	ザボン		マルメロ	ザクロ
パパイヤ		クワズイモ			ライチ
バナナ		ビンロウジュ			オウギヤシ
キンマ					gandabhadhail (Paederia foetida)[2]
ワサビノキ					
食用される一年生の栽培植物（野菜・スパイス）					
フジマメ（全）	ヘビウリ	ツルムラサキ	ナタマメ	ヒユナ	カリフラワー
ユウガオ	サツマイモ	ササゲ		トマト	トカドヘチマ
トウガン	キュウリ	トウガラシ			アケビドコロ
ヤマイモ					キャベツ
ナス					ニガウリ
ヘチマ					
食用されない多年生の栽培植物					
jiga		タケ		キダチアサガオ	トウ
		シコウカ			bishjar (Justicia gendarussa)
					pati bet (Clinogyne dichotoma)
					alladshaper gach (Opuntia sp.)
					アツバチトセラン
					dudhraj (Pedilanthus tithymaloides)
					ワセオバナ
					カンナ
					オオバマホガニー
					ワタ
管理を受ける野生植物					
kharajora		チョウセンモダマ	ニーム		pitraj
		パンヤノキ			shil karoi
		ful kadam			オオバサルスベリ
		karoi			paiya
その他の野生植物					
khoksha（全）	ベンガルカキ（食）[3]	boinna	joldum guta	chagol nadee（食）	atshi (Clerodendrum inerme)
(Ficus sp.)		(Crataeva nurvala)	(Ficus racemosa)	hijol	jum kachu (Lasia spinosa)
chhitki	pitatunga	moilta		(Barringtonia acutangula)	bhuibolla (Ficus heterophylla)
(Phyllanthus	(Trewia polycarpa)	(Glycosmis pentaphylla)		panki chunki（食）	pahur (Ficus lacor)
reticulatus)	sheora	ヒマ（食）		(Polyalthia suberosa)	jal boinna (Salix sp.)
				bish kachu	bish katali (Polygonum orientale)
				（unknown）	

注 1)（全）：全部の事例屋敷地で観察されたことを意味する．
　 2) 学名は，一般的な和名がなく，K村で観察されていないものにのみ付した．
　 3)（食）：食用にも利用されることを意味する．
（出典：筆者（JSRDE）調査）

(計43世帯，40の屋敷地となる)。この調査により全体で126種の植物が確認された[1]("食用となる多年生の栽培植物"25種，"食用となる一年生の栽培植物"29種，"食用とされない多年生の栽培植物"25種，"管理を受ける野生植物"13種，"食用となる野生植物"12種，"食用とされない野生植物"22種)。個々の植物についての具体的な名称や名の由来，利用法については表5-2(巻末図表集341ページ)に示している。

　植物は，その特性をよくつかんで名付けられているものが多い。例えば，シロアリ退治に役立つ植物は「シロアリの王様の木 *ulur rajar gach*(学名不明)」と呼ばれている。また，D村では数種のバナナが栽培されている(写真1, 2)。シャゴール(*shagor*)コラ(コラ=バナナ，の意)やショブリ(*shobri*)コラといった，換金性が高く全国的に普及している種子なしの品種のほかに，種子が多いために市場性は低いものの屋敷地に数本自給的に栽培されるものとして，ビチャ(種子あり)コラ，ディムコビ(*dimkobi*「卵のような形をした」の意，種子あり)コラ，ギーミタ(*geemitha*「ギーのような色で甘くおいしい」の意，種子あり)コラなどと呼ばれるバナナがある。それぞれの名前からバナナの形態や特徴を容易に想像することができる。なかでもビチャ・バナナは黒い真珠大の種子をたくさん含んだ，D村で最も普通に見られるものであり，村人が一番親しんでいるバナナであった。K村には，種子ありバナナはビチャ・バナナのみであり，ビチャ，ニハイラ，シャゴール，ショブリの4品種は同じ名のものがK村でもあったが，ギーミタ，ディムコビはD村のみであった。一方，種子なしの品種であるチャンパ(*champa*)，パジャム(*pajam*)，シャファ(*shafa*)，調理用のリシャ(*risha*)，ジャイト(*jaith*)の名の品種はK村でのみあった。これらの中で，前述のシャゴール，ショブリのほか，チャンパ，リシャは全国的に知られた品種である(Monirzzaman 1988)。また，種子あり種の中で，ビチャ・コラ，あるいはボロ(*boro*「大きい」の意)・コラという名称は，全国的に知られているものであるが，ディムコビ，ギーミタといった名称(あるいは品種自体が)はこの地域に固有のものと考えられよう。

　次に，植物の利用法を，食用，薬用，家畜の飼料，木材，道具の材料，燃料源，屋敷地の土留め，その他に大きく分け，その特徴についてみていこう。

---

[1]　聞き取り調査のため，野生植物については，取りこぼしているものが多いものと思われる。

(1) 食用としての利用

　70種が食用可能な植物として認識されており，その利用法は多様であった。例えばマンゴーは一般的には果物と考えられているが，未熟果や酸味の強いものをマメのスープ（*dal*）やトルカリ（*torkari*）に酸味付けとして入れたり，甘く熟したものはご飯や牛乳と混ぜて菓子のように食されている。
　また，マンゴーは，たくさん採れた時には乾燥させたり，砂糖やスパイスと混ぜて煮詰めるアチャル（*achar* 甘露煮の一種）を作ったりして保存することができるが，1992年当時，すでにD村ではあまり作られなくなっていた。余るほどに材料がないことに加え，女性がビディキリ（*bidi khiri* タバコの紙巻き），糸繰り，網作りなどの内職で忙しいことが原因であろう。なおアチャルは，マンゴーでは未熟果を使うが，チョウセンモダマでは完熟果を使っており，各種の性質（果実の甘酸）によって利用する成熟のステージも異なっている。
　バナナも重要な食材であり，D村では葉鞘（偽茎）の髄，花や未熟果も，野菜として炒めたり，茹でて香辛料などと混ぜ合わせるなどして，おかずとしても食されている。熟した実も生食以外に，はぜ米や牛乳をかけたご飯と一緒に混ぜて食べたり，ピタ（*pitha*）と呼ばれる菓子（米粉，塩または砂糖，そのほか牛乳，ココナツ，バナナなどを加えて作るさまざまな種類のライスケーキ）の材料にもなる。これはとくにアマン稲の収穫時期を終えた後の家族の楽しみで，子どもたちにせがまれて母親たちは夜更けまでピタづくりにいそしむ。
　サトウナツメヤシは，果実も食するが，主に利用するのは甘い樹液である。幹に傷を付け，そこに壺を吊しておく。一晩経つと甘い樹液が溜まっている（写真3）。この樹液は発酵して酸敗しやすいので，すぐに煮詰めて蜜（*rosh* ローシュ）にする。お菓子を作るときに欠かせないものである。
　果物は日々の変化の乏しい食事に彩りを添える。屋敷地が狭いためにD村には果樹は多くはないが，それでも5月から7月はマンゴー，パラミツといった主要な果物の季節であり，子どもたちは早く食べたくてしかたない。マンゴーなどは熟する前から取ってくれと子どもたちにせがまれ，ほとんど熟す前に終わってしまう。この時には，隣近所の子供たちも集まり，そのおこぼれにあずかる。また，インドナツメ（*baroi*）などの換金性の低い果樹の果実は，誰でも採って食べることができる。これ以外にもチョウセンモダマのような酸っ

上左・上右：写真1, 2　ビチャ・コラ（種子ありバナナ）とシャゴール・コラ。ビチャ・コラは，別名ボロ・コラ（大きいバナナの意）の名のとおり，大変大きくなる（1993年4-5月）

下：写真3　サトウナツメヤシの蜜を取るために幹に傷をつけている。蜜取りの傷のために，サトウナツメヤシの幹は，階段のような切れ込みがはいった特徴的な姿となる（K村にて，1989年12月）

ぱい木の実や，野生植物の実も自由に食べて良い。自宅の敷地か他の世帯の敷地かにこだわらず子どもらは叢林の野生の木によじ登り，甘酸っぱい実を取っては食べる姿があちこちで見られる。

　果物に劣らず重要なのが，野菜である。日々のおかずの食材として欠かせない。ユウガオは，果実が熟すまでは葉を食べるなど，食卓に青物を切らさない工夫がされている。ワサビノキは，葉，花，実を，食材として利用することができる有能な樹木である（写真4，5）。また，おかずとして調理される植物の中には，貧困層が野菜の代用として食べるものとされている野草（*gima shak*; *Glinus oppositfolius* 等）もある。

(2) 薬用

　薬用には，呪い的なものも含め，47種の植物が利用されていた（写真6）。表5-2には，村人が認める各植物の薬効と効能のある部位を，同国で専門的に用いられている本草学のアーユルヴェーダ（Ayurveda インドの伝統的医学）やユナニ（Yunani ギリシャ医学を基礎とした，イスラムの伝統医学）と対照しつつ（Kirtikar and Basu 1933），簡略に示している。これらの中には，前述のような体系的に整理されている本草学でも言及されているものもあるが，村ではその薬効は主に口承的に伝えられてきた。表5-2をみると，村人の植物の薬効に対する認識は，アーユルヴェーダやユナニとかなり合致していることがわかる。しかし，その薬効があるとされる部位に違いがみられた。利用部位について注目してみると，村人が利用する部位としては葉や果実が多く，根，花，樹皮や種子の利用は少ない。例えば，D村で根部が利用されているのはシダ類のデキシャク（*denki shak*; *Pteris longiforia*）やつる植物のピペル（*pipel*; *Piper longum*）など野生の3種及び，挿し木で容易に栄養繁殖できるビシュジャール（*bish jar*; *Justicia gendarusa*）のみである。その他多くの植物でも，本草学上は根部の効用が認められているが，D村では根部は利用されていない。ワサビノキやマンゴーでは異なる部位（樹皮や葉など）が利用されている。本草学上は根に薬効が高くても，根を掘り出してしまうと他の部位の利用はできなくなってしまうため，根の利用は村人には考えにくいことであろう。花の利用がほとんどないのも，同様な理由であろう。

　なお，薬効のある植物は，換金性のない雑草，雑木と分類されるような植物

上・下：写真4, 5
　花と実をつけているワサビノキの木（上）と，実を料理する女性。ワサビノキは葉も花も実も食べることができる。和名のワサビノキは，食すると少しぴりっとする味覚から名付けられ，英語のdramstickは細長い果実の形から名付けられた。夏の暑い時期，このぴりっとした味が食欲を取り戻してくれる。またその栄養価や薬効は高く評価されている。（写真34：1993年3月，写真35：1994年1月）

にも多く認められていることもあり，個々人の知識の差異が顕著に見出された。カラジョラ（kharajora; *Litsea monpetala*）がもつと考えられている「疲労困憊時に若葉をしぼった液を飲むと良い」という薬効は，チャクラA内でカラジョラの木がある3世帯のいずれにも認識されていたが[2]，チトキ（Chittki; *Phyllanthus reticulatus*）については，チトキの灌木が屋敷地内にある4世帯のメンバーに聞いたところ，①薬効を知らない世帯，②薬効があるらしいがどのようなものかは知らない世帯，③子どもの下痢に効くと答えた世帯，④子どもが下痢の時チ

---

2) しかし，表5-2にあるようにアユルヴェーダ，ユナニのいずれにも薬効は認められていないようである。

表 5-3　D村で薬用に用いられる植物及びその部位と伝統医療（アエルヴェーダ, ユナニ）で認められている薬効の比較

植物グループと植物名[1]	利用部位															
	根		樹皮		幹		枝		葉		花		未熟果		熟果		種子	
	D村[2]	伝統医療[3]	D村	伝統医療	D村	伝統医療	D村	伝統医療	D村	伝統医療	D村	伝統医療	D村	伝統医療	D村	伝統医療	D村	伝統医療

1. 栽培・食用・多年（12種）
薬効が認められている植物数（部位別）　0　8　1　5　1　2　0　0　6　7　1　7　4　8　8　9　0　6

バナナ（タネあり）　　　　　　　　　　　a, y　　●　a, y　　　　　　　　　　　　　　　　　　　　　　　a, y
マンゴー　　　　　　　　　　　　　　　　　　　　　　　　　　　　●　y　　　　　　●　a　　●　a　　　a, y
パパイヤ　　　　　　　　　　　　　　a, y　　　　a, y　　　　　　　　●　a, y　　　　　　●　a, y
ワサビノキ　　　　　　　　　　　　　　　　　　　　　　　　　　　　●　a, y
キンマ
インドナツメ　　　　　　　　　　　a, y　　　　y　　　　　　　　　　●　y　　●　y　　●　a, y
ココヤシ　　　　　　　　　　　　　　　a　　　　　　　　　　　　　　　　　　　　　　　　●　a
コレメロ　　　　　　　　　　　　　　　a　　　　　　　　　　　　　　　　　　　　　　　　●　a
パイナップル　　　　　　　　　　　　　　　　　　　　　　　　　　　　　　　　　　　　　●　a, y　●　a, y　a, y
ザクロ　　　　　　　　　　　　　　　a, y　　　a, y　　　　a, y　　　　a　　　　　　　　　　　●　a
gandabhadhail (Paederia foetida)　a, y　　　　a, y　　　　a, y　　　　　a, y　　　a, y

2. 野菜（3種）
薬効が認められている植物数（部位別）　0　1　0　0　0　1　0　0　2　1　0　0　2　2　0　0　0　2

フジマメ　　　　　　　　　　　　　　　　　　　　　　　　　　　　●　a　　　　●　a, y
ユウガオ　　　　　　　　　　　　　　　　　　　　　　　　　　　　●　a　　　　●　a, y
ニガウリ　　　　　　　　　　　　　a　　　　　　　　　　a

3. 栽培・非食・野生・管理（7種）
薬効が認められている植物数（部位別）　1　3　0　4　1　2　1　1　4　4　0　3　0　2　0　3　0　3

bish jar　　　　　　　　　　　　●　a
allad shaper gach (Opuntia sp.)　　　a, y　　　a, y　　　a, y
チョウセンモダマ　　　　　　　　　　　a　　　　a　　　　a, y　　　　a
pitraj　　　　　　　　　　　　　　　　　　　a
パンヤノキ　　　　　　　　　　　　　　　　　　　　　　　　　●　a
インドセンダン　　　　　　　　　　　a　　　　a　　　●　a　　　●　a　　　a　　●　a, y　●　a, y
karanjora

4. その他野生植物（10種）
薬効が認められている植物数（部位別）　3　4　0　1　1　1　1　0　5　4　0　3　1　5　1　5　1　2

joldum guta　　　　　　　　　　●　a, y
pipel (Piper longum)　　　　　●　a, y
denkhi shak (Pteris longifolia)
chhitki
boinna
hijol (Barringtonia acutangula)　　　　　　　　　　　　　　　　　　　a　　　　a
gha pata (Stephania japonica)　●　a, y
alok lota (Cuscuta reflea)　　　●　a, y　　　●　a, y　　　a, y　　　　　　●　a, y　●　a, y
kaker kanthaler gach (Coccinea cordifolia)　a

注1) 学名は初出の植物にのみ付した。詳しくは appendix 2 を参照されたい。
2) ● は D村で利用されている部位
3) "a" はアエルヴェーダで利用される部位, "y" はユナニで利用される部位を示す (Kirtikar and Basu 1933)
(出典：筆者 (JSRDE) 調査)

150　|　第2部　屋敷地の利用にみる生活知, 在地の知の態様

トキの枝でかまどの火をかいて対応する（呪い的対応）と答えた世帯と，理解はまちまちであった。チトキの枝でかまどの火をかくことについては，③の回答をした世帯も，「チトキの枝は水分を多く含み火が燃え移りにくいので，かまどの火をかくのに適している」と言っており，④の回答は，そのチトキの枝の特質と薬効とが混ざって認識されているように思われた。村人たちへのインタビューからは，年配者がいる世帯，自分の屋敷地や妻ないし母の生家の屋敷地に植物の種類が多い世帯，コビラジ（kobiraj 伝統的治療師）が身内にいるような世帯で，多くの薬効が知られていると感じられた。

(3) 家畜の飼料または薬として

屋敷地では，ウシ，ヤギ，ヒツジ，ニワトリ，アヒルなどが飼養されている。稲ワラや畦に生える青草などが主な飼料であるが，屋敷地内の植物も青草を補うものとして利用されている。とくにウシは資産価値が高いため，病気の対処に村人は神経を使う。ビシュ・コチュ（bish kachu；学名不明）はウシの食欲不振時に，ビシュカタリ（bish katali; *Polygonum orientale*）はウシの体の痛みに効くなど，ウシへの薬効が認識されている植物がある。また，ショブリ・バナナやチョウセンモダマはウシの乳量を増やすと考えられている。

(4) 木材，道具の材料として

D村では，屋敷地は村人に樹木を提供する唯一の場所である[3]。なかでもタケは，村人の生活に不可欠であり，建物の柱や壁面として，ざる，かご，はしご，笠，魚の罠その他多様な道具の材料として役に立つ。また，タケは葬儀において遺体を墓地に埋める際に必要であり，屋敷地林に欠かせないものと考えられている。通常は，屋敷地の裏手の叢林に叢生し，D村では，細く節間が長いトラ（*tola*）竹，太く節間が短いボウラ（*boura*）竹，太く節間が短く，さらに葉が細かくて斑入りのオラ（*ora*）竹の3種のタケが生育しており，それぞれの特質に合わせて利用されている（写真7）。

タケのほか，近年栽植されるようになったオオバマホガニー，果樹のパラミ

---

[3] 社会林業などの影響で，街路や学校の敷地などにも植えられるようになってきたが，村人はその樹木を勝手に処分することはできない。

ツ, 自然実生のピトラズ (*pitraj*) やオオバサルスベリなどが同国では一般的に材として高い評価を得ているが, その他にも, 屋敷地で生育する樹木のそれぞれが材の持つ性質に合わせて利用されている。

たとえば, 果樹であるバンレイシの木はあまり太くはならないが, きめが細かくシロアリも付きにくいので, 柱や梁などの建材として利用されている (写真 8)。また, 材が軽いことから, スキのウシの肩に乗せる部分の材 (*joal* ジョアル) や鎌の柄の材として (水田などでの作業時, 手から取り落としたりした場合に水に浮くために見つけやすい) 利用されている (写真 9)。

水辺の村であり, また舟の利用も欠かせないため, 水に強い材の評価は高い。水辺に生育するジョルボインナ (*jol boinna*; *Salix* sp.) は水に強く非常に固い良い材であると考えられている。"*jol*" は水を意味する。その枝も鎌などの柄を作れるため, 余さず役に立つ。もしジョルボインナの苗を見つけたら, 屋敷地林に移植し, 他の人が枝などを切ってもっていってしまわないように気を付けながら育てるという。オオバサルスベリも同じく自然実生を待つが, 水に強い良い材のため, 手を入れて育てている。また, 果樹のインドナツメも大木にはならないが, 固く水にも強いため舟の材料として用いられる。

立木の状態で利用される植物もある。ジガ (*jiga*) はその名 (ジガとは「生きている (死なない)」という意味) のとおり, 立木で生きたまま足踏み脱穀機の支柱として加工され用いられるが, それはこの植物の材が非常に粘りを持ち, 脱穀機の支柱としての過酷な使用に耐え得るからである。

また, ベンガルガキは叢林に多く生育するために悪魔が宿る木と畏れられ[4], 長い間その木材としての利用は控えられてきたが, 柿渋が舟や住居, 家具などの劣化や腐りを防ぐために利用されている (写真 10)。

(5) 燃料源として

D 村では, 調理のための燃料全てをバイオマスに依存しており, その確保はとくに調理を担当する女性にとって重要な問題である。ツルムラサキのような一部のツル野菜の茎は水分率が極端に高くバイオマスも小さいため燃料源として期待できないが, 屋敷地で生育する植物の大多数は, 乾燥させた後, 燃料と

---

4) このような村人の畏れは, 次第に薄れており, 現在では木材も利用されている。詳しくは第 8 章 (3) を参照。

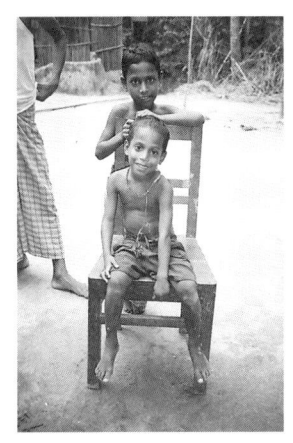

左：写真6　蕁麻疹がでたら，「良くなるように」とお母さんがショブリ・バナナとチョウセンモダマの葉で作った首飾りをかけてくれた（1993年9月）
中：写真7　左側の葉の細かいのがオラ竹．右側の葉が大きく茂っているのがボウラ竹である（1994年1月）
右：写真8　バンレイシの木（1993年12月）

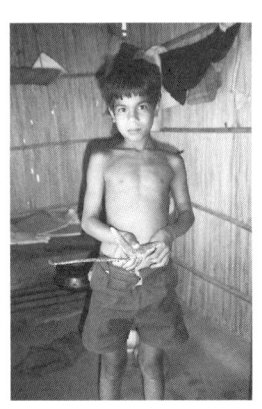

左：写真9　バンレイシの木で作った鎌の柄（1993年4月）
右：写真10　柿渋を木の寝台に塗りつけているところ．柿渋は，ベンガルガキの実を足踏み脱穀機ですり潰し，米ぬかと水と混ぜ合わせて作る（1993年4月）

して用いられている。稲ワラ，モミがらや，繊維のために表皮を剥いだ残りのジュートの芯，牛糞などの農業副産物とともに，屋敷地の植物も燃料として重要な役割を果たしている。

(6) 屋敷地の土留め

雨季の湛水期には屋敷地の周囲の耕地は水面となるため，打ち寄せる波による土壌浸食から屋敷地を守ることは非常に重要である。前章で述べたように，ジガ，キダチアサガオ，タネあり（ビチャ）バナナのように，栄養繁殖が容易で成長が早く，湛水にもある程度耐える植物は，とくに屋敷地の土留めに適していることが知られている。第4章で述べたように村人は，屋敷地が土盛りされると同時にこれらの植物を栽植し始める。また，これらは生け垣の役割も果たし，外部からの目隠しとなるので，外部への女性の露出を嫌うイスラム教のパルダの習慣を守ることにも役立っている。

(7) その他

子どもたちは，シコウカで爪や指を染めて楽しんだり，パラミツの葉をお札に見立てたり，ピタトゥンガ（*pita tunga*; *Trewia polycarpa*）の実をビー玉に見立てたりと，屋敷地の植物をさまざまな遊び道具として利用しつつ，豊かな遊びの世界を作っている。また，ビンロウジュのように樹型がすっきりしていて場所を塞がないものは，屋敷地の所有境界を示すためにも利用されている。その他，観賞のために花木を植えている世帯があった。

2　生活の論理に根差した資源と利用の多様性

K村では野生植物の把握が十分でなかったことを考慮しつつ，K村の屋敷地の植物と比較してみよう[5]。種数はややD村の方が多いが，ともに100を超

---

5) K村は，"食用となる多年生の栽培植物" 28種，"食用となる一年生の栽培植物" 28種，"食用とされない多年生の栽培植物" 21種，"管理を受ける野生植物" 13種，"食用となる野生植物" 7種，

える種数であった。一方，その構成種には大きな違いがみられた。"食用となる栽培植物（多年生，一年生）"は，類似したものが植えられていたが，キンマ，ナタマメ，アケビドコロ（D村のみ），タマゴノキ，インディアンオリーブ（K村のみ）など，一方の村でしかみられなかったり，トカドヘチマのように2村で出現頻度が大きく違う（K村では大半の屋敷地でみられたが，D村では5分の1以下）ものもあった。しかし，もっと差異がみられたのは，その他の植物グループ（食用とされない多年生植物及び野生植物）で，両村の事例世帯で確認されたものは24に過ぎず，K村では34種，D村では49種がその村でしか見出されなかった。これらのグループはそれぞれの水文環境に適応した植物が生育し，それぞれの特質を生かしつつ利用されていた。

バングラデシュの屋敷地の有用植物に関する植生調査は，その他にもMillat-e-Mustafa et al.（1996）や，Ali（2005）によるものがある。Millat-e-Mustafaらは，バングラデシュ国内の代表的な地形区分であるデルタ（Deltaic）[6]，乾燥（Dry），丘陵（Hilly）と平原（Plain）の4つの地域から各1村を選定し，主に多年生植物の調査を行っている。Millat-e-Mustafaらによると，4地域のうちデルタ地域の村で最も多くの67種が見出されたが，D村で見出された多年生植物は83種であり，植物種数に差が認められた。同じ氾濫原上の村として双方でリストアップされた植物を対比すると，D村で確認された多年生植物の中で，いわゆる雑木に分類されるような野生の灌木や花木の一部などがMillat-e-Mustafaらのリストでは上がっていない。一方，D村の調査では，Millat-e-Mustafaらのリストに載っている植物の中で，ヒンドゥー教徒が宗教的な意味合いで用いる植物や，一部果樹が見つかっていない。この違いの要因としては，一つには悉皆的な調査を行ったとしても，調査時間の不足や，利用の重要度の低い植物が無意識に落とされている可能性が考えられる。また，D村にはヒンドゥー教徒が居住していないことも理由の一つだろう。

一方，Ali（2005）の調査では，四つの異なる水文環境下にある地域の4村，各20世帯を対象とし，一年草の植物も含め調査を行っているが，世帯主への質問票を用いた調査方法を採っており，調査の対象となる植物が，あらかじめ有用度の高いものに限定されている（29種の多年生植物と，57種の草本性植物——これにはイネなどの作物を多く含む）ため，比較はできない。

"食用とされない野生植物"17種の計114種であった。第3章2を参照。
6) Millatらの原著論文ではDeltaicとなっているが，氾濫原Floodplainとした方が適切である。

D村では，できるかぎり全植物の把握を試み，多年生植物83種のほかに，一年生植物（あるいは一年生的に管理される植物）が43種，併せて126種にのぼる植物資源が事例世帯の屋敷地から確認された。これは，メキシコ南東部の熱帯湿潤気候に属する村の70世帯の屋敷地でみられた341種には及ばないものの（Roces et al. 1989），インドネシアのジャワ島での3村（1村当たり6～10の屋敷地で調査）での調査報告による1村あたりの有用植物数100-127種（久保田ら1992），及びタンザニアキリマンジャロのChagga族の1村（30世帯への調査）での111種（Fernandez et al. 1989）と類似している。

　表5-4は，D村での屋敷地の植物の利用目的に注目し，表5-2を13の用途別に再集計したものである。これによると，D村の屋敷地では，一種の植物が平均2.5の目的をもった用途に利用されている。ただし，この表で同じ用途に分類されていても，調理法，薬効を示す病気の種類や道具の種類などを考慮すれば，実際の一種あたりの利用法はもっと多様である。多年生，一年生の別にみてみると，全体的に多年生植物の方が多用途に利用されており（平均2.9通り），一年生植物は用途が限定的なものが多い（平均1.8通り）[7]。

　次に，管理の濃淡の別に利用用途の特徴をみてみると，意識的に栽培されている植物では，多年生植物は食用，薬用，木材，道具の材等の利用に加え，氾濫水による土壌浸食防止のためなど，多目的に利用されているが，野菜類を主とする一年生の栽培植物は，食用とされる割合は高いが，その他の利用は少ない。

　"野生だが管理を受ける"植物グループは多年生植物に限られ，村人が大切に扱うだけあって，その利用用途も多様である。良質の材を産出するものが多いため木材の利用がまず第一だが，その他にも薬用，食用などに利用され，オオバマホガニーなどのような木材を得るためだけの経済樹種との大きな違いを見せている。

---

7)　K村では，D村と同様な形での各植物の用途の聞き取りは行っていない。1988年-89年調査では植物名を聞くときに合わせて用途を聞いた程度であった。把握できた範囲では，食用とされる多年生植物は平均2.5通り，多年生植物全体では2.0通りであった。また，ラシェドゥール・ラーマン氏とともに2006年に行ったK村の小学5年生19人の自記による植物用途の結果（Rahman and Yoshino 2007）は，食用とされる多年生植物（34種）は平均3.9通り，多年生植物全体（66種）で3.7通りと大変用途が多かった。それぞれの児童が，家族にも聞きながら記録していったため，情報量が豊かになったものと思われる。また，子どもたちの記録であるために，遊びの材料としての利用や，植物自体の美しさを鑑賞することなどで，多くの植物で挙げていた。D村でも，聞き取りの範囲を広げれば，用途の多様さはさらに広がろう。

表 5-4　屋敷地林の植物の植物分類別にみた利用用途

用途	全体	植物分類ごとの種数				
		栽培される植物		野生＋管理	野生植物	
		多年生	一年生		多年生	一年生
全体	126	50	29	13	20	14
（％）		40％	23％	10％	16％	11％
食材	70	26	29	3	7	5
調理	54	16	28	2	3	5
生食	32	20	5	2	5	0
薬用（人間用）	47	23	3	6	9	6
眼病，頭痛，歯痛，ぜんそく，下痢，腹痛 泌尿器疾患，女性器疾患，痔，傷，寄生虫，皮膚病 虫さされ，体力消耗，食欲不振，神経痛，マヒ						
飼料	8	1	2	0	0	5
薬用（牛用）	8	2	1	1	4	1
木材	24	10	0	8	7	0
建物（建材）	23	10	0	8	7	0
家具	20	7	0	9	4	0
舟	4	1	0	3	0	0
屋根材	1	1	0	0	0	0
柵	11	5	0	3	3	0
道具	20	15	0	3	2	0
のり，調髪油，ワタ，鎌の柄，犂の背板 マット,団扇,足踏み脱穀機,染料,保存料,バスケット等						
魚の隠れ家	2	0	0	1	1	0
燃料[1]	75	28	16	12	16	3
土留め	3	3	0	0	0	0
生垣	3	3	0	0	0	0
その他の用途	24	16	0	2	5	1
子供の遊び，ビンロウジュの支柱，観賞用ほか						
全用途数	294	129	51	39	54	21
一植物あたりの用途数[2]	2.5	2.9	2.0	3.4	2.7	1.5
（グループ内でのレンジ）		(1–6)	(1–4)	(1–5)	(1–4)	(1–3)

注）1）その他多くの植物が同じ目的で利用されている。ここで挙げられている植物は，「適している」と村人たちが考える植物である。
　　2）用途が十分明らかでない植物は除外して計算している。
（出典：筆者（JSRDE）調査）

　その他の，管理されない野生の多年生植物は，前者と比較して村人による材の品質の評価は低いが，氾濫原にあるため樹木が貴重なD村では，木材としても利用されている。また，同じく氾濫原という水文条件のためにD村ではヒジョール（hijol; *Barringtonia acutangula*）などのように水辺に生え耐水性の高い

材も多く[8]、舟の材として用いられたり、池の魚の寄せ場を提供するとともに、投網による魚の盗難を防止するために枝が水中に放り込まれたりする。その他、果実や葉などが食用にされたり、薬として用いられることも少なくない。一方、野生の一年生植物は食用、薬用や家畜の飼料として利用されている。

　D村における屋敷地の植物の多用途性を他の事例と比較することは、用途の分類方法の違いもあり（植物自体を果樹、野菜等、用途を限定して分類してしまっている報告も少なくない）困難であるが、利用用途を詳しく記述的に紹介しているタンザニアChagga族の屋敷地の植物の用途数の平均を出したところ、それぞれ1.7通り及び2.5通りとなった。単純な比較であるが、D村の屋敷地の植物がもつ多用途性をうかがい知ることができるだろう。

　D村での多用途性の高い植物を拾い挙げてみると、ビチャ・バナナのような在来バナナの6用途を筆頭に、ショブリ・バナナ、パラミツ、マルメロ、チョウセンモダマ、ピトラズが5用途、その他マンゴー、インドナツメ、サトウナツメヤシ、ココヤシ、ベンガルガキ、カラジョラ、チトキ、ヒジョールなどが4用途となっている。先にも述べたとおり野菜類の用途は限定的であるが、それでもユウガオでは四つの用途が確認されている。ここに挙げられた植物種は、ショブリ・バナナとココヤシを除くと（どちらもその有用性や多用途性が全国的に知られている種であり、D村の屋敷地での栽培が広がったのは近年のことである）、全てD村に古くからあり、最も普通にみられるものばかりである。これら多用途植物の中には、チトキやヒジョールのように商品性の全くない、自家利用のみを目的とした植物も含まれている。これらの植物は、商品性という用途のためよりも、日常生活の中で、さまざまな用途の可能性が探られてきたと考えられる。

3　小括

　屋敷地での有用植物種の豊富さは、耕地での栽培植物の種類や作付体系の近年の変化と比較すると、より一層際立つ。以前、耕地では雨季には稲または

---

8)　Hijolの"jol"も"水"の意である。

ジュート,乾季には畑作物という多毛作が基本であり,作物や品種は一筆ごとの耕地の肥沃度や水文・土壌条件などを考慮して選択されていた。しかし,1970年代の乾季の灌漑稲作導入[9]以後,状況は一変し,高収量品種を中心とした乾季の稲作と雨季の稲作との,稲の二期作が中心となった。多様な畑作が稲作に取って替わられるのと並行して,以前は十数品種あった稲の品種も数品種に単純化されてしまった。収益性や経済性を重視した近代的な新しい農業技術が,多様な在地の技術の可能性を摘み取ってしまったように見受けられる。他方,屋敷地の有用植物の種類や用途に多様性がみいだされるのは,経済性一辺倒ではなく,むしろ,今なお生活を快適に営む場,生活に必要な多様な資源を提供する場としての役割が屋敷地に求められているからだろう。

D村の屋敷地は,氾濫原で冠水を免れるために作られた人工の土地であり,多年生植物が生育できる唯一の場所でもある。限られた面積の屋敷地内に植えられる(あるいは自然に生え,取り除かれずに残される)ひとつひとつの植物に求められる役割は大きく,それが植物の多様な利用に結びついてきた。

D村の人々が,氾濫原で暮らしていこうとした意志と経験,工夫の積み重ねが屋敷地を作り出し,その生態立地条件が,同一の植物を多様に利用する体系を育んできた。生活の論理がつくり上げた知恵の体系といえよう。この知恵は,村人が薬用に用いる部位と本草学で薬効が高いとされる部位との相違に鮮明に表れている。一つの植物を十分に育み多目的に使う,植物との共生,これこそがバングラデシュの氾濫原に立地する屋敷地における植物利用の管理・利用を支えてきた在地の技術の基本的性格であり,特徴であるといえるだろう。

---

[9] 1975年に,村内のある裕福な世帯が乾季稲の改良品種の話を聞きつけ,自分で種モミと浅管井戸(STW)を購入したことが,D村にこの新しい農業技術が入るきっかけとなった。70年代は,この世帯のみで栽培していたが,80年代にはいると,浅管井戸を掘削する世帯が増え,村の中に広がっていった。

【コラム2　村の子どもの遊びと屋敷地の植物】

　バングラデシュの村は子どもが多い。元気な笑い声や泣き声があちこちから聞こえてきて，とても賑やかだ。

　子どもたちは，家の仕事をよく手伝う。家畜の放牧時の番，燃料集め，おかずにする野草集め，お使い，精米所で精米するために大きな米袋や籠を頭に乗せて歩いている子もよく見かけた。そして下の子の世話。しかし，その合間によく遊ぶ。季節によってはほとんど裸のような格好で[1]鬼ごっこをしたり，少し大きくなると男の子たちはサッカーをしたり……。それから，屋敷地の植物を使ってのいろいろな遊びがあった。

　ピタトゥンガ (*pita tunga*) の実は大きくてコロコロしているので，ビー玉になるし，タケの軸を差すとコマになる。パラミツの葉っぱは，固くて厚みがあるので，お札がわりにゲームで使われる。細いトラ (*tola*) 竹の空洞部分を筒に，カラジョラ (*kharajora*) の実を弾にして詰め，ジュート芯でぎゅっと押すと，ポンッとカラジョラの実が飛び出す空気鉄砲になる。バナナの茎は煙突に見立ててレンガ工場だ。また，いくつか並べるとイカダにもなる。落ちてしまったザボンの青い実は，かまどの灰の中に置いて柔らかくしてからボールにして遊ぶことができる。丸いマルメロの実もボールになる。ベンガルガキやヒジョール (*hijol*) の花は美しいので，糸にとおして首飾りを作る。フルコドム (*ful kadam*) の実もぼんぼりのようで美しいので，子どもたちが集めて楽しむ。シコウカで爪や手の甲を彩るのは女の子が大好きだ。ヒジョールやチトキ (*chhitki*) など，そのほかの植物も，きれいな汁が出るものは色水を作って遊ぶ。スズメウリなど，可愛い実をおままごとに使うのは万国共通か。

　子どもたちは，屋敷地の植物の，大人たちが使わない部分（遊んで怒られない部分）を，それぞれの特徴をつかんで，フルに遊んでいる。また，野生の実や酸っぱい果実も大人たちはあまり食べないので，誰の家のものでも子どもたちは自由に食べていい。インドナツメ，ジャム (*jam*)，トウ，ベンガルガキ，シエオラ (*sheora*)，ジョルドムグタ (*joldum gata*)，シャゴールナディ (*chagol nadee*)，パンキチュンキ (*panki chunki*) ……大きな木も軽々と登って果実を取って食べている。

---

[1] 女の子は，シラミ対策兼きれいな長い髪が生えてくるように（長く豊かで美しい髪は，美しい女性の重要な要件である）と坊主頭にされてしまっており，男の子の方がかえってちょっと髪の毛が長かったりする。外見からは，男女の区別がつきにくいが，はいているパンツの形がトランクス型か（男の子），ちょうちんブルマ型か（女の子）で区別できる。

左上：写真1　手つなぎ鬼をして遊ぶ子どもたち。写真左側のちょうちんブルマの子らは女の子である（1994年2月）
左下：写真2　ベンガルガキの大木にするすると上っていく男の子たち（1994年7月）
右上：写真3　ピタトゥンガ (*pitatunga*) の実でビー玉遊び。どっちが勝ったかな？（1993年6月）
右下：写真4　ピタトゥンガの実にタケの軸を差して，独楽あそび（1993年5月）

コラム2　村の子どもの遊びと屋敷地の植物

左上：写真5　あちこちで建ち並んできたレンガ工場は，当時は"先進産業"だった。バナナの偽茎を煙突にみたててレンガ工場を作って遊ぶ（1994年1月）
左下：写真6　パラミツの葉をお札に見立ててビー玉遊び（1994年1月）
右上：写真7　シコウカの木（1993年5月）
右下：写真8　シコウカの葉を潰したものを爪や手の平などに置いて色をつける（1993年5月）

第 6 章
"女性が育む森"
——屋敷地をめぐる資源の利用と管理

ドッキンチャムリア村の事例から

前章では，屋敷地に多様な植物を育て，それらの特性を把握し工夫して利用することによって，生活に必要な多様な物資を整えていこうとする村人の暮らしが明らかになった。本章では，そのような資源利用を可能とする，資源の確保及びその管理に関する村人の営み，とくに女性の営みに注目する。

　イスラム教徒が9割を超えるバングラデシュでは，農地，モスク，市など外＝公の場は男性で占められているため女性の姿が見えにくく，男性のみが活動しているかのような印象も与える。しかし視点を屋敷地に移すと，一転女性たちが生き生きと現れてくる。しかし，女性の果たす役割は外からはなかなか見えにくく，また女性自身や家族にさえも十分認識されていないのではないかとも懸念される。そこで本章では，1992-95年の調査の結果をもとに，生活に必要な資源の確保のために女性が担ってきた役割，屋敷地の植物管理について女性が培ってきた知恵や技術に注目し，述べたい。

　さらに，第4章から本章にわたり，D村の屋敷地の成り立ち，屋敷地林の成り立ちやそこでの人々の活動について述べたことを受け，本章の最後の節で，筆者がJSRDEプロジェクトにおいて関わった，D村の屋敷地を中心とするアクションプログラムに焦点をあてる。プログラムの実施事例を紹介し，その経験を通して得た知見より，バングラデシュの農村開発に果たす屋敷地の意味を，生産の場にして生活の場であるという多面的な視角から明らかにしたい。ここで取り上げるプログラムは，以下の通りである。

　i) 村人側から見た，屋敷地の植物の利用と管理についてのプラントブック編纂。

　ii) 農業改良普及局 (Department of Agricultural Extension) の家庭菜園普及プログラム。

　iii) 村内調達による果樹苗木繁殖プログラム。

1　屋敷地を軸とした村の女性の世間

　すでに述べたように，屋敷地は雨季には村人が自由に動ける唯一の場所となる。乾季には気にならないようなくぼみが雨季には水に沈み，村人の往来を妨げる。数世帯の屋敷地からなる塊が島のように水面に浮かび上がった様子にな

左：写真1　マットの上に古いサリーを重ねて布団（*kanta*）を縫う女性たち。近隣の女性も手伝い合い，おしゃべりをしながら縫い上げていく。床に置いたままの縫い物作業は慣れないとけっこう難しい（1993年12月）

るが，この地続きの屋敷地の塊の外に出るときには舟で移動しなければならなくなる。

　しかし，これまでも述べたように，女性にとっては雨季，乾季にかかわらず屋敷地がその主要な活動範囲である。女性は結婚すると，そのほとんどは嫁として夫の家に入る。そして年に一，二度生家を訪ねる以外は，たいていの時間を婚家の屋敷地で過ごすのである。隣近所を訪問することはあるが，それ以上遠くに離れることは少なく，村の中でなにか事件などが起きたときには，屋敷地の高みから外の様子をじっと眺めやっている女性たちの姿が見られたものだった。

　ただ，調理に必要な燃料や食材が，屋敷地内や購入によって調達できない世帯では，道端に出てきて燃料となる牛糞や稲ワラ，食卓に上る野草を採集して歩く女性や子どもたちの姿が見られる。前述のように貧困な世帯では女性が他の世帯に働きに出ることもあるが，その場合は女性の仕事とみなされている農作物の収穫後調製作業や家事労働などを手伝うことが多い。

　一方，男性は，野良での作業，夕方時の村の辻々やほかの家を訪ねてのおしゃべりなど，屋敷地を離れている時間が多い。買い物も男性の仕事であり，その

左：写真2　市は男性たちの集まる場所。買い物も男性がする（1993年5月）
右：写真3　犠牲祭でつぶしたウシを，屋敷地の中庭でバナナの葉の上に広げ，グシュティの男性メンバーで解体している（1993年5月）

左：写真4　ムスルマニ（男の子の割礼式）を終えた少年。家族や親戚の女性たちに体を清め王様のように着飾ってもらい，祝いの席に向かう。女性たちの賑やかな声であふれている（1993年6月）
右：写真5　ムスルマニの祝いで近隣の村からラティマラケラ（*lati mala khela* 剣術芸）が呼ばれた。屋敷地は，周辺からの見物人であふれている。

左：写真6　屋敷地から満月を仰ぐ。手前にユウガオの葉と白い花。満月の夜ならば視界が届くため，村での夜の集まりは満月を待って，だれかの屋敷地の中庭で開かれるものであった（2004年12月）
右：写真7　ショベバラット[1]の夜。同じグシュティの子どもたちがひとつの屋敷地の中庭に集まり，母親たちがそれぞれに作ったルティ（*ruti* 小麦粉のパン）とハロワ（*halwa* バングラデシュの伝統的菓子）を持ち寄り，子どもたちで分け合い楽しむ。今では，家庭でそれぞれにやるだけだという（1993年8月）

1）　ショベバラット（*Shab-e-Barat*）は，イスラム暦の8月の満月に行われる宗教的行事。

第6章　"女性が育む森"

ような時に人と会って新しい情報をつかんでくる（写真2）。モスクでの礼拝や村の寄り合いに出席するのも男性のみである。妻たちは屋敷地の中で，夫や隣人，訪れてきた人たちの話を聞きながら，その情報を知る。1992年当時は，まだテレビをもつ世帯は少なく，夜になると，テレビをもつ世帯に近隣の大人子どもが男女関係なく押し寄せ，椅子代わりのベッドの上にひしめき合うように十数人，その周りにも何人もが地べたに座り，皆で同じプログラムを楽しんだ。冬季（12月半ばから2月半ば）の冷える夜には，寒さで眠れない隣人たちが，温もりの残ったカマドの周りなどで，ぼそぼそとおしゃべりをする声が夜遅くまで聞こえたりしたものであった。

　屋敷地の中庭は，さまざまなイベントが繰り広げられる場でもある（写真3-7）。犠牲祭やプジャ（*puja* ヒンドゥー教の祭り）など宗教の祭事，ムスルマニ（*Mussalmani* 男児の割礼式），結婚のお披露目などの人生の節々のイベント[2]，村を回る行商人が見せる見世物等々。そのチャクラの住民だけでなく，近隣からも聞きつけた人々で中庭はいっぱいになる。チャクラの女性たちもその中に混じって楽しんでいる。

　女性の活動圏は基本的に屋敷地内ではあるが，屋敷地内には，村外からさまざまな人々が訪れる（写真8-16）。品物を両天秤や頭の上にのせて売りに来るのは行商人，フェリワラ（*feriwala* 女性の場合，フェリワリ）である。腕輪（チュリ）などの装飾品を売りにくると，屋敷地の女性たちが集まってくる。

　そのほか，サリー・ルンギ売り，調理用具売り等の行商人，ふとん打ち，スパイスをつぶすためのシルパタの彫り師などの職人。稲，ジュート，ナタネ，カリフラワー，ダイコンなどの農産物，牛乳，卵，ココヤシなどの果物，木材，薪などの屋敷地からの生産物，精米などを買いに，仲買人（*paikari* パイカリ）もやってくる。もちろん，村の中でも屋敷地生産物はやりとりされる。とくに牛乳は，ルジナ（*rujina* "-ruj" は "毎日" を意味する）といって，乳が出ている間は決まった家に毎日売ることが多い。女性は，これら屋敷地を訪れる人々と，自分の采配で対応する。

　女性たちは，屋敷地内で食材の準備，調理，掃除，洗濯，裁縫，植物の世話，家畜の世話，農作物の収穫後調製作業と忙しく立ち働いている（写真17, 18）。定期的な屋敷地と建物の手入れ（レプ）も欠かせない。その合間を縫って女性

---

2) 最近は子どもの誕生祝いを盛大に開く人もでてきた。

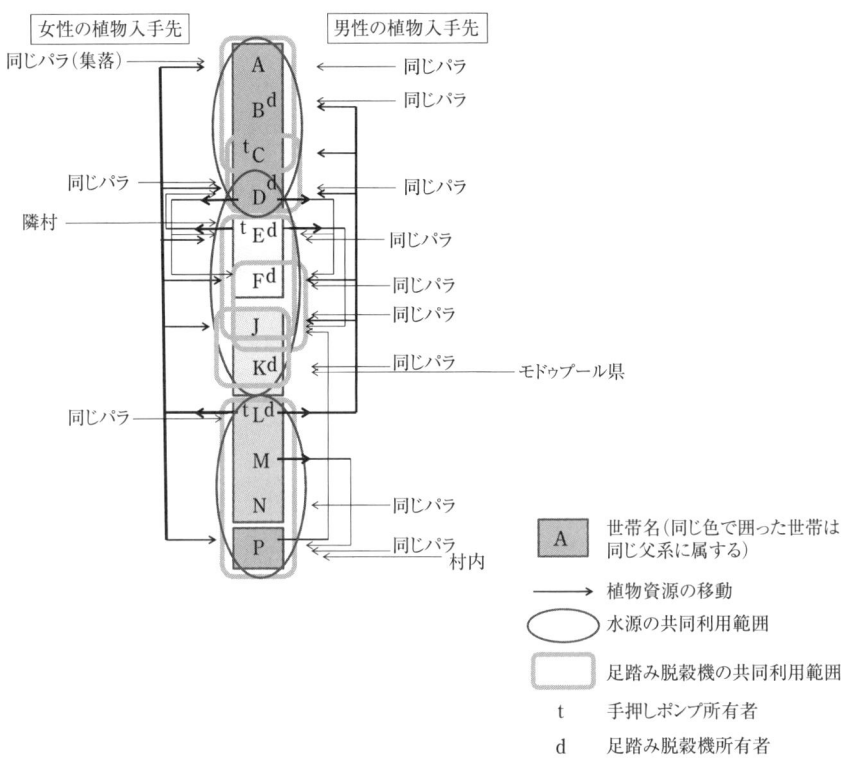

図 6-1　チャクラ A の各世帯の植物資源の男女別入手先と屋敷地の施設の利用の状況
（出典：筆者（JSRDE）調査）

たちはタバコの紙巻きや機織り用の糸繰りの内職仕事をし，休む間もない。同じ屋敷地内の既婚の女性たちは皆，"嫁"として他所からやってきた者たちであり，嫁同士の対立で時折大声で激しい喧嘩をする声が聞こえてきたりもするが，いつもはいろいろな作業を協力しあったり，生活に必要なものを融通しあったりして助け合って暮らしている。

　図 6-1 は，1992 年における，チャクラ A の各世帯の植物資源の男女別入手先と，村の暮らしでの重要な設備である手押しポンプと足踏み脱穀機（デキ）の近隣同士での共同利用の状況を示している。植物資源の移動を示す線の太さは，移動する量の多寡を表現している（太いものは量が多いことを意味する）。手押しポンプと足踏み脱穀機は，いずれも主に女性が利用する。世帯は，上から下に向けて屋敷地の東側から西側に向けて順に並べており，実際の世帯の位置

第 6 章　"女性が育む森"　169

フェリワラ（行商人）

油

アイスキャンディー

渡りの職人たち

移動精米機

ふとん打ち（*dhunkor*）

パイカリ（仲買人）村々を回って生産物を買い集める

牛乳

ココヤシ

写真 8-16　村々を回る

アルミの調理器・食器

シルパタ彫り
(*pataputa wala*)

薪

行商人たち

第6章 "女性が育む森"

関係と対応させている。チャクラAには，前述のとおり，四つのグシュティ（父系の系譜）があり，その系譜で4色に色分けしてある（P家は新しく作られたため，同じグシュティのA～D家から離れている）。

この図をみると，手押しポンプ，足踏み脱穀機ともに，近隣の世帯から拝借し用立てていることがわかる。父系の系譜の関係と対応する部分も多いが，系譜を異としていても隣接していれば利用しあっている。近隣関係に加え，手押しポンプ，足踏み脱穀機ともに，性能の良さ（水の出の良さや使いやすさ）も，どの家のものを借りるかを決める大きな要因となっており，"借りる"こと自体は当然のこととして捉えられている。

次に，植物資源の入手先をみると，女性は男性と比較して，同じチャクラ内の世帯から入手している比率が男性よりも明らかに高い。チャクラ外から入手している女性は，夫と離死別して生家に戻ってきた女性や，高齢の女性，未婚の娘など，比較的自由な移動が許容される立場の女性が主であった。植物資源の提供源としては，E家とL家が突出しているが，これらの世帯は他の世帯と比較して，広い屋敷地と多様な植物資源を有していた。特定の資源に豊富な世帯から，近隣の男女が分けてもらっている姿が浮かび上がる。このように，とくに女性にとって，主要な活動の場でありまた必要な資源を共有して利用できる屋敷地は，主要かつ中心的な社会関係のベースでもあった。

なお，1990年ごろからは，女性を対象としたさまざまな政府系，非政府系の開発援助の活動が村に入ってくるようになり[3]，このような屋敷地に縛られた伝統的な女性の暮らしは変わってきた。それらの機関の実施する技術トレーニングやミーティングなどに参加するために女性の行動範囲が広がり，女性だけで家を離れることも多く見られるようになってきている。

---

[3] たとえば，グラミンバンクは1990年にD村での活動を開始した。

上：写真17 ウシを搾乳する女性（1994年1月）

下：写真18 タバコこの紙巻き（ビディキリ *bidi khiri*）の内職をする女性たち（1993年12月）

2　生産現場としての屋敷地

(1)　女性が培う技術——屋敷地での野菜の栽培に注目して

　これまでも述べたように，屋敷地は野菜の主要な栽培場所でもある。ここでは，自給を中心とした多品目の在来種の野菜（トルカリ *torkari* とよばれる。前述

第6章　"女性が育む森" | 173

のようにトルカリはおかずという意味である）が少量ずつ女性の手によって栽培されている。トルカリには，ウリ類（ユウガオ，カボチャ，トウガン等）やマメ類（フジマメ，ササゲ，ナタマメ等）を中心としたツル性のものが多く，これらツル性のトルカリでは，以下のような，独特な栽培法が採られている。

　地面に20センチ直径程度の円形の穴を掘り，周りを土盛りし，牛糞の細かい粒（カゴの下に落ちたようなもの，大きなものは燃料などに用いる），アボルジョナ（$aborjona$ ウシにやった残りの飼い葉などの湿った有機物），ウシに踏ませたあとのワラなどを土と混ぜ合わせる。これがジャール（$jhar$）である（写真19）。そこに，2～6粒程度の種子（播種する数は，野菜の種類や栽培者の考えによって若干異なる）を一緒に蒔き，芽生えてきたものはツルを絡ませながらあたかも一本のツルのように伸ばし，棚や屋根の上に這わせる（写真20）。なお，棚や屋根の上だけでは足りないほどに生育するもの（ナタマメなど）は，樹木の上に這わせる形で栽培されている（写真22）。このように複数の種子を同じ場所に植えるのは，発芽しない種子の分を勘案していることと，複数のツルを合わせることにより，ツルの強度を高めるためである。

　図6-2は，1993年2月から同年12月までに，チャクラAで栽培された野菜をプロットしている。一つの○（丸）は女性によって植えられるトルカリの一つのジャールを示している。角の丸い四角は，バガン（野菜や果樹を集約的に栽培するプロット。主に男性が管理する。第3章2-(3)参照）である。これをみると，作業のためのスペースを中庭に残しながら，極力たくさんの野菜，とくにトルカリを屋敷地に植えようとしていることがわかる。また，それは雨季に顕著である。乾季は園地（パラン）でも野菜が栽培可能であるが，雨季には屋敷地が唯一の湛水しない耕地だからである。時には，3，4種の野菜を一緒に蒔くことにより（○が多数重なっているのは，そのような蒔き方をしたところである），限られた空間から多くの種類の野菜を確保できるように工夫がされている。なお，☆は，この期間中に植えられていた，野菜として利用される多年生植物（タロ，ワサビノキなど）の栽培位置を示している。

　乾季の野菜の確保のためには，まだ水が引いていない9月から種蒔きを始める必要がある。9月には屋敷地の中央部の高みに，過湿に強いと女性たちが考えるフジマメが多く蒔かれていた。11月には水が引いているため，屋敷地の内部だけでなく斜面（カチャル）にも，過湿に弱いとされるユウガオも播種され始める。そして，すっかり乾いた12月には，道沿いや水たまり（ドバ）横など，

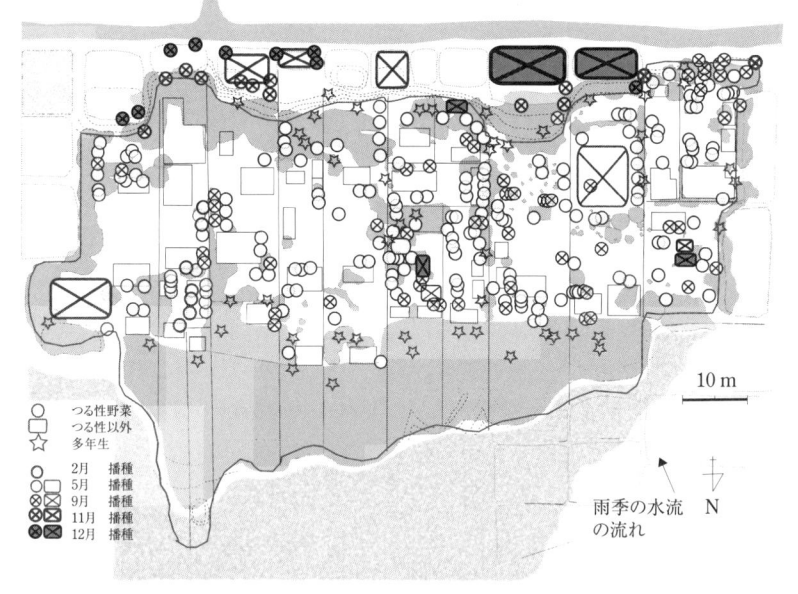

図 6-2　栽培時期ごとにみた野菜の栽培位置（1993 年 2 月-12 月）
（出典：筆者（JSRDE）調査）

低みの，開けた空間が確保でき日当たりも良い場所が利用されるようになり，ユウガオを中心に播種されている。このように，乾季には屋敷地の周囲も含め，空いている空間を最大限利用するように広がって野菜が栽培されるため，最盛期には屋敷地全体がツルで覆われているように見えるほどである（写真21）。これらの野菜は女性たちによって採種，保管され，また次の季節に播種される。

　このように，播種の適期と栽培適地を考え，いろいろな野菜の栽培時期を少しずつずらしながら，一年を通してなにがしかの収穫が得られるように工夫されている上に，在来種である多年生のタロやワサビノキが，いつでも利用できる野菜として，ほとんど全ての世帯で栽培されている。タロやワサビノキにも，やはり化学肥料は与えられず，牛糞カスや前述の生活ゴミ（ジャドゥ）などが与えられる。また，前述のようにタロは灰を与えると生育に良い，ということで，その根元が調理灰の置き場としてよく利用されている。このようにして伝統的な野菜の栽培が維持され，日々の食卓に供されている。

　野菜には，伝統的な野菜であるトルカリのほかに，"ショブジ"（shobji：″緑″の意）と呼ばれるグループがある。これはキャベツ，カリフラワーなど，新し

第 6 章　"女性が育む森" | 175

く導入された野菜で，主に男性が苗木を購入し生産する。ショブジも乾季の重要な野菜であるが，商品作物的な性格が強く，販売することによって現金を得ることを意図して作られる。K村の1988年調査では，野菜のバガンは自家消費が第一の目的であったが[4]，D村では販売を第一の目的としていた

　ショブジは主に男性によって管理される。購入した種子や苗を用い化学肥料なども与えられ，単一作物が集約的に栽培される。キャベツやカリフラワーは，近隣の村で経済的に成功しているのをみて，1970年代よりD村でも導入されてきたものである。そのために，それまで園地（パラン）で作られてきたニンニク，コリアンダー，タマネギ等の伝統的なスパイス類の栽培はめっきり減ってしまった。屋敷地内の土地の制約のために園地が屋敷の外に作られるようになり，農作物の盗難が増えてきたこともスパイスの栽培の減少の一因となっている。盗難に遭わないように見張りをつけるのならば，自給を主たる目的としたスパイスを作るよりも，換金性の高いショブジを栽培しよう，と考えるようになったためである。

　新規に導入する野菜の選択には，経済性だけでなく，テレビなどのマスコミからの情報も影響する。ツルムラサキやニンジンなどは，政府によるテレビの栄養プログラムを村人たちがみることにより，その摂取，栽培が広がった。

(2)　多様な収穫を小さな土地から得るための智恵

　次に，屋敷地の植物の生育・栽培環境についてみてみよう。事例対象の屋敷地所有世帯一世帯あたり平均約500 m^2の屋敷地から，建物分と収穫後の調製作業や家畜を飼養するためなどに必要な中庭の部分を除くと，栽植可能な面積は平均約370 m^2となる。木本植物は平均92本みられたので，栽植密度は約0.25本/m^2であった。タケやバナナは，ジャールを1本と数えているため，実際の個体数はもっと多く密度も高い。経済作物としては，マンゴーは密植で2.5 m間隔（この場合，次第に減らしていくことを前提，従来は12 m間隔），バナナは3 m間隔，パラミツは11〜12 m間隔，チョウセンモダマにいたっては，実生苗の場合16 m間隔での栽植が最も収穫がよい，とされている（国際農林業協会1996）。これらと比較してみると，その密度の高さがうかがわれよう。

---

[4]　果樹のバガンは販売を第一の目的としていた。第3章2(2)を参照されたい。

上：写真19 フジマメの三つのジャール。根元部分にジュート芯をたくさん差しているのは、這わせる目的に加え、ニワトリなどに種子や芽を食べられてしまわないためである（2006年2月）

中：写真20 屋根の上に這っているツルムラサキ。ワラぶき屋根と違い、直接野菜を這わせるとトタン屋根が傷む。野菜も這いづらいため、タケの枝を屋根の上に置いておく（1994年1月）

下：写真21 つる性の野菜で覆われた乾季の屋敷地（1994年1月）

屋敷地の植物の生育空間としては，屋敷地脇の斜面（カチャル）に31％，中庭に29％，叢林に40％の植物が生育していた。K村と比較すると（池周り18％，庭51％，叢林31％），中庭の植物の比率の低さが顕著である。これは，限られた面積の中庭を，作業空間として利用することを優先したためであろう。
　次いで，植物ごとの生育の場について図6-2をみてみよう。K村における植物の栽植空間（第3章，図3-4）と対比してみると，K村での池周りが，D村では斜面に相当するといえよう。双方とも，斜面であり幅は狭いものの，日当たりに恵まれている。しかし，通年湛水しないK村の池周りと異なり，D村の斜面は雨季には湛水し，また水位の高い年には，かなりぎりぎり（あるいは斜面を超えて）まで洪水の水が上がって来る半湛水の空間である。また叢林も，D村では湛水の危険をはらんだ空間であり，K村とは条件が大きく異なる。D村では，食用となる多年生の栽培植物グループの植物については，オウギヤシ，バナナ，インドナツメの分布が，かなり叢林の方向にシフトしている。
　K村では日がさんさんと降りそそぐ池周りに栽培されるオウギヤシが，D村では，"日陰でも大丈夫"として叢林に多くみられている。一方，D村の村人が"日陰には耐えない（枯れてしまう）"と考えられているパパイヤはK村と同様，明るい中庭を中心に配置されている。また，野菜についても，好日性のものが多く（村人も，日向で栽培するのが良い，と考えている），K村同様，中庭での栽培が主である。屋根の上や，木本植物の樹冠は，日当たりの良い空間であり，そこに這わせる形で，日照が必要なつる性の野菜類が栽培される。このように"日陰には耐えない"と認識されているものの栽培には，狭い空間を工夫し，日当たりの良い場所が確保されている。一方，やや日陰に耐えられると考えられているトウガラシとワサビノキもK村より叢林側にシフトしている。なお，野生種については，構成種自体が大きく異なっている。
　図3-4と同様，図中の植物名のあとにカッコ内に付した記号のうち，■は耐陰性があること，◆は湛水に耐えることを，□は好日性であり耐陰性のないこと，◇は乾燥を好むことを意味している。屋敷地は土盛りしてはいるものの，先に述べたように，中～下部は（洪水年には，屋敷地全体が）雨季には湛水するため，湛水に耐える種が多くみられる。とくに，叢林に多い植物には，耐陰性，そして湛水に耐える性質を持っているものが多い。前述のように，植物名の中の"*jol*"という語は"水"を意味する。果樹も，多くが屋敷裏の叢林の薄暗い空間に植えられていたが，これも村人たちには，日陰でも大丈夫である，と考え

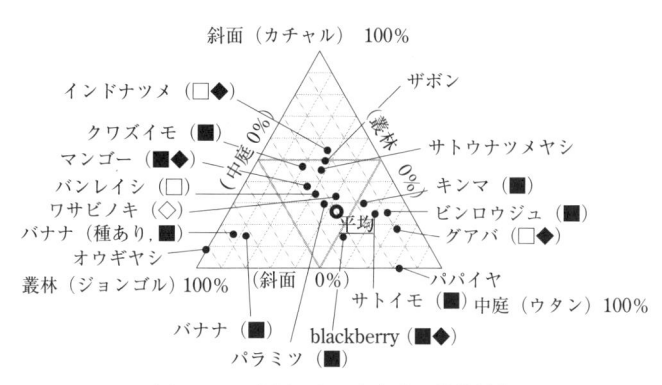

図6-3-1 食用になる多年生の栽培植物

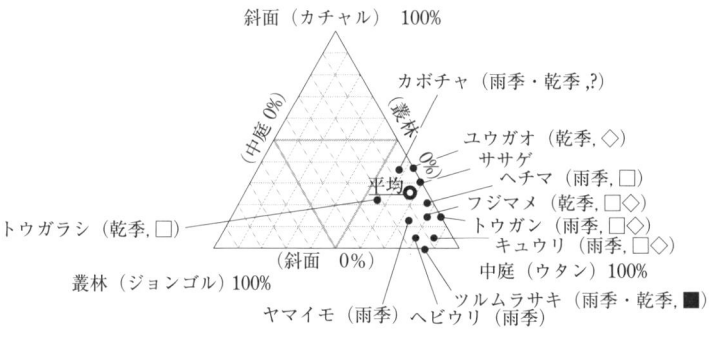

図6-3-2 野菜

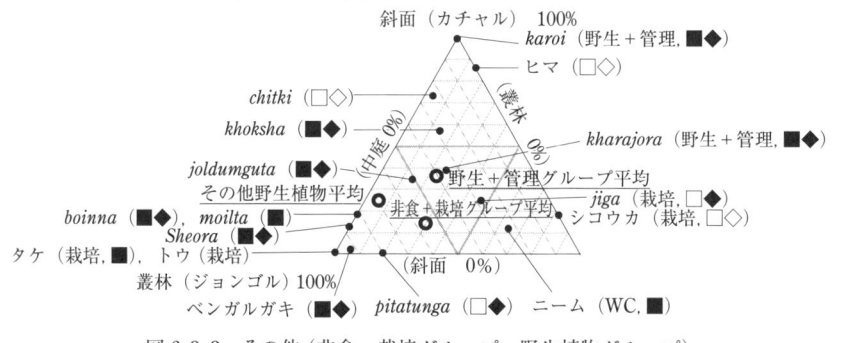

図6-3-3 その他（非食・栽培グループ，野生植物グループ）

図6-3 D村の事例世帯における植物グループ別にみた各植物の生育／栽培地

注1) 図中の記号は，以下の特性を示す．
　　■耐陰性がある
　　◆湛水に耐える
　　□好日性であり耐陰性がない
　　◇乾燥を好む
2) 植物の生態特性の参考文献は，図3-4と同様．
（出典：筆者（JSRDE）調査）

第6章 "女性が育む森" | 179

られているからである。叢林の林床は直射日光が入らず落ち葉の被覆もあるため，湿り気もあり，食べた後の種子を，大した世話もせずに発芽させるには適している。マンゴー，ザボンは，日陰には耐えるものの収穫は少ないと認識されており，ある程度育つと，選抜されて日当たりの良い場所に植え替えられていく。パラミツは，湿った土地で栽培する方がおいしい実が成ると考えられており，日陰のために実の数が減ることを認識した上で，叢林やその近辺でも育てられていた。木材用の樹種の中で，オオバマホガニーが好まれるのは，この樹種は湛水しても枯れないからである。このように，村人は，それぞれの植物がどれだけ日陰に耐えられるか，湛水に耐えられるか等，厳しい環境への耐性をどの程度もつかをよく知っており，各植物との係わり合いは多角的，総合的に把握されている。

　また，垂直的な利用も高度である。K村よりもさらに多くの層が存在し，マンゴーやパラミツなどの高木層，シェオラ（sheora; Streblus asper）などの低木層，トウなどの灌木層，果樹苗や草本などの林床部に加え，木材の利用だけを目的とした植物は，下枝を全て打ち落とされた姿で，マンゴーやパラミツなどの高木層から，さらにもう一つ上に頭を出して育つ（写真22）。ツル性の植物も，棚や屋根に這わせるものと，それよりもさらに伸張するため高木に這わせるものとの2種類の栽培法が存在している（写真23）。嗜好品として食されるキンマもつる性である。それほど伸張はしないが，たいてい他の樹木に這わせて育てる（写真24）。ウルシ科の樹木（マンゴーやジガ）に這わせるとキンマの味が良くなり，とくにジガは樹液が多く"冷たい"[5]ので，キンマが良く育つという。植物間の相互作用も理解した上で植栽が決められているのだ。

　それぞれの植物の収穫は，最適とされる栽培環境下で育てられたものと比較すると，当然ながら少ない。バナナは日陰では収穫量が落ちることは，村人も認識しているが，土留めの役割もあり，叢林に多く植え込まれている。前章で述べたように，薬効があるとされる植物では，植物の生死に関わる部分（根など）に一番薬効があっても，村人はその部位ではなく他の部分を用いているが，これも当然ながら薬効は不十分だろう。しかし，総体として，日々の生活の必要

---

[5]　バングラデシュでは，食べ物は"熱い"ものと"冷たい"もので分類される。"熱い"食べ物は，動物性タンパク質に加え，タマネギ，バナナなどの一部の野菜と果物，"冷たい"果物は，野菜，果物の大半である（Maloney C. et al. 1981）。村人たちは，体調により，熱いもの，あるいは冷たいものを摂った方が良い，摂らない方が良い，という。

写真22　他の樹木から頭二つ分上に飛び出したフルコドム（*ful kadam*）の木（1994年1月）

左：写真23　他の木に這い上るナタマメのつるを仰ぎ見る（1993年5月）
右：写真24　マンゴーの木の周りを土盛りし，そこに植えられたキンマ。キンマは湛水に弱く簡単に枯死してしまうため，このように高く土盛りして栽培される（1993年2月）

を満たすために，さまざまな有用植物が持続的に利用可能な状態で育つことを目指した生産の形，すなわち生活の論理に根ざした生産の形が作られていると考えられよう。

　もちろん村人たちに豊作への願いはある。とくに美味かつ栄養価が高く，さらに収入源としても役立つパラミツの豊作への願いの思いは強い。しかしパラミツは湛水にきわめて弱く，屋敷地に水が上がると真っ先に枯死する。D村では，これは重大な弱点である。そこで，播種前の種子を水の中で泳がせ（指でつまんで，水に浸して動かす），"水に強い"木に育つように祈る法もあった。また成長の過程にも，成木責めや，豊作を願う呪いのしめ飾り（まき貝で作ったしめ輪や，ウシに踏ませた後のアウス稲のワラで作った輪など）を吊すことなどがなされていた（写真25）。成木責めは，以下のような手順である。ヒンドゥーの祈りの日とされる"ガルシンの日"（garshin din)[6]に，鉈（dao）か鍬（kudal）で幹に傷を付ける。その際，一人は「実がつかなかったら木を切るぞ」と脅し，もう一人が「来年は取れるから切るな」と慰めるという。

　また，その一方で，豊作に恵まれすぎることへの周囲の目も気になる。とくに他の村人からの嫉視による災いには気をつけないといけない。嫉視から逃れるためには，監視の"目をつける（チョクラガエ chok lagae)"[7]。乾季の重要な野菜であるユウガオなどは，実が大きいため，たわわに実る様子が周囲から一目瞭然であり，嫉視により実が腐ったり落ちたりすることがある。そこで，棚に犠牲祭の時につぶされたウシのしゃれこうべや，底の割れた土鍋（pathir）に石灰（chun）で模様をつけたものを吊すことにより"目"をつけ，近隣の人たちからの嫉視を見張るようにする光景があちこちでみられた（写真26，27）。

---

6)　カルティック月の最終日，太陽暦では11月15日，植物たちも祈る日と考えられており，この日は年に一度だけ，フォキール（fokir イスラムの修業者。物乞いのこともフォキールと呼ぶ。）がさらに優れたフォキールに教えを請うことができる日であるとされている。

7)　嫉視への対策は，大切なもの一般に対して行われる。とくに子供を嫉視による災いから守ることは重要であり，赤ちゃんや小さい子どもには，そのこめかみに，大きな黒い丸を炭でつけ，嫉視から守る。また，筆者は，村の年取った女性に"目をつけ"もらったことがあるが，その方法は，向かい合いになったその女性が，筆者の頭を両手ではさみ，額の真ん中から両端まで，何度も親指で強くなぞりながら祈り，最後に額をつけ合うものであった。

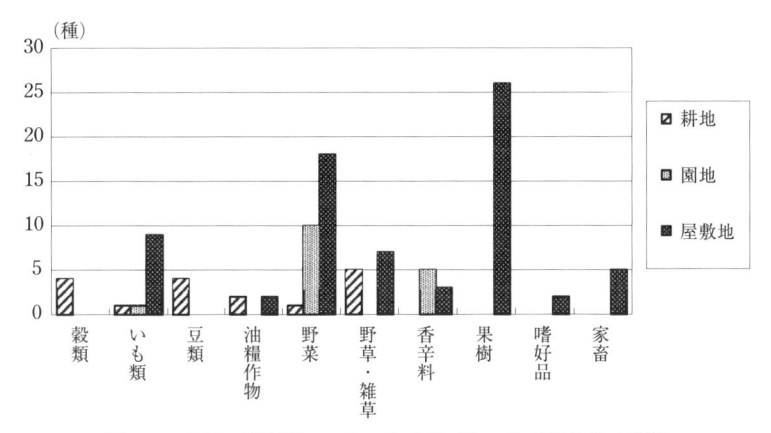

図 6-4 食材の種類別にみた，生産地ごとの食材源となる種数
(出典：筆者 (JSRDE) 調査)

(3) 家族の"食"を確保する

1) 食材の確保

　日々の生活において重要な食材について，1995年までに確認された全食材の生産地や調理法についてリストアップしたものが表6-1である（図表集350頁）。図6-4は表6-1をもとに，生産地別に得られる資源の種類数をまとめている。また，調理法（生食も含む）に注目し，生産地別，作物別にまとめたものが表6-2である。

　図6-4をみると，屋敷地が他の生産地と比較して非常に多様な食材を提供していることがわかる。また，果樹や嗜好品（キンマ，ビンロウジュ）など，屋敷地でのみ生産されている種類の食材群もある。

　つぎに利用法をみてみよう。表6-2に，表6-1の"その他の利用法"として具体的に記載されている7通りを加えると，全部で25通りの調理法が確認された。最も調理法が多様であったのが，バナナの6種類であった[8]。トウガン，ヒユナ，キャベツ，カリフラワー，マンゴー，チョウセンモダマでも5種類の調理法がみられた。これらのうち，キャベツ，カリフラワーは，D村で1980

---

8) 前章1(1)で，その多様さは具体的に示している。

表6-2 生産地別・植物種類別にみた食材の調理法

生産地 食材のグループ	屋敷地のみ				屋敷地・園地	耕地[5]	耕地・園地・屋敷地	水たまり,池,沼沢,水田
	栽培多年生	栽培一年生	野生植物	家畜	野菜・スパイス	穀類,豆類,ナタネ等	雑草・野草	魚
調理法 主食系								
主食として/主食に準じて	2	0	0	0	1	3	0	0
主食に混ぜて(キチュリ[1]等)	1	1	0	0	5	5	0	0
その他	0	0	0	0	0	3	0	0
ダル[2]系								
ダルとして	0	0	0	0	1	5	0	0
ダルにいれて	4	0	0	0	8	0	0	0
おかず系								
トルカリ[3]の材料として	11	8	0	5	13	0	0	1
ボルタ[4]	8	2	1	0	1	7	1	1
炒めて	8	7	1	3	3	2	9	1
食事に添えて	1	0	0	0	4	0	0	0
生でサラダとして	0	1	0	0	0	0	0	0
その他	1	2	2	0	0	6	1	1
スパイスとして	3	0	0	0	0	0	0	0
調理油として	0	0	2	0	0	0	0	0
デザート系								
生で	18	1	5	0	0	0	0	0
御飯,はぜ米などと一緒に	3	0	0	0	1	0	0	0
塩,トウガラシと(ボルタ)	5	0	0	0	3	0	0	0
お菓子の材料として	3	0	0	1	0	2	0	0
漬け物/保存食	4	0	0	0	0	0	0	0
その他	0	1	0	0	0	0	0	0
飲用								
そのまま/煮詰めて	3	0	0	1	0	0	0	0
砂糖,水と混ぜて	1	0	0	0	0	0	0	0
嗜好品								
噛んで	2	0	0	0	0	0	0	0
利用種数	32	13	7	5	17	10	11	—
調理法累積	78	23	11	10	49	33	11	4
食材1種当りの調理法平均	2.4	1.8	1.6	2.0	2.9	3.3	1.0	4.0

注 1) キチュリ (khichuri) ……米にそのほか野菜やダルを混ぜて炊いたもの
2) ダル (dal) ……マメ類,塩,スパイスでつくるスープ.
3) トルカリ……野菜,肉,魚などをウコン,トウガラシ,コリアンダー,タマネギ,ニンニク,ショウガなどの香辛料で煮込んだ主菜のこと.
4) ボルタ (bhorta) ……野菜などを茹でた後に(通常ご飯の上に載せて一緒に炊かれる),塩,トウガラシ,タマネギ,ナタネ油等で練って作る副菜.
5) Ando, K., M. M. L. Ali, and M. A. Ali. (1989) より
(出典:筆者 (JSRDE) 調査及び Ando et.al. (1989) より筆者作成)

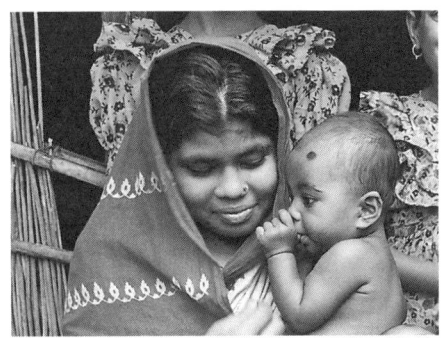

上：写真25　パラミツの木にアウス稲のワラを巻きつけて，良い収穫を祈る（1993年3月）

中：写真26　ユウガオの棚に，底が割れた土鍋に石灰で模様をつけたものを吊し，"チョクラガエ"（監視の目をつける）をしてある（1993年2月）

下：写真27　嫉視による災いから身を守るため，額に"目"をつけている赤ん坊とその母親（1994年9月）

第6章　"女性が育む森" | 185

年代より栽培され始めた野菜である。表6-2をみると，耕地で栽培される穀類は，かて飯や，粉としての利用などがあり，調理法の種類が多い（写真28）。「栽培・多年」と書かれた植物の大半は，一般的には「果樹」と呼ばれる植物であるが，調理法を見ると，トルカリの材料など，おかずとしても幅広く利用されていることがわかる。一方，雑草，野草は，調理法が平均1種類と少ない。栽培される野菜と比べ野草にはクセがあり，そのクセを見極めての調理法が選ばれているため，調理法も限定されがちになるのであろう。また，"野生植物"も調理法が少ないが，これらは大半が生で食べるのみの野生の果物であり，子どもたちが叢林で遊びながら採って味わうものであった。

2）燃料の確保

　調理をするには，まず燃料を確保しなければならない。D村ではガスもなく電気も行き渡っていないため，バイオマスが主な燃料となる。表6-3は，農地の大小，農業への関与，バリの大小という視点から村内より14世帯を選定し，月ごとに利用する燃料源を聞き書きしたものを，燃料源及び各燃料源の利用期間についてまとめたものである。村内には薪となる木本植物が十分にないため，稲ワラ，ジュート芯など，耕地からの農業残渣に依存する部分が大きい[9]。とくに，ジュート芯は，火がつきやすく，熾から火をおこすための燃材として重要である。ジュート芯は，調理小屋やウシ小屋などの壁材としても用いられており，隣家の小屋の壁材に用いられていたジュート芯を，何も言わずにポキッと折って火付け用にもっていく女性の姿をみたこともあった。また，ナタネも茎や葉にも油分が多く優秀な燃料源であった。ウシを飼養する世帯では，牛糞が重要な燃料としての役割を果たしている。さらに，ウシにやった飼い葉の残りは再び干されて燃料とされる。屋敷地からの木の枝，落ち葉も重要な資源であり，屋敷地の小さい世帯でも，木の枝の利用は少ないものの，落ち葉やタケ類が利用されている。

　自分のウシや田んぼが少ない世帯は，自家資源の利用には限界がある。自家

9）　K村でも，2006-07年の食事調査では，燃料源についても記録している。薪（全調査日数・世帯の66％で利用）と落ち葉（同60％で利用）が最も多く利用されており，モミがらが35％で次いでいた。薪は，同上66％のうち14％は購入したものであった。また，落ち葉は同上60％のうち3％が，学校の敷地などの共的な空間から得られていた。それ以外は自給によるものであった。燃料の大半を，屋敷地の樹木由来のもので賄えている様子がうかがえる。なお，牛糞を利用している世帯はなかった。

上：写真28　子どもたちが楽しみにしている米粉の菓子，ピタを作る（1993年4月　筆者撮影）
中：写真29　道端に落ちている牛糞を集める女の子たち（1994年1月）
下：写真30　学校の敷地で集められた落ち葉。このようにひとまとめの状態になっていると，「落ちているもの」から「誰かが手を加えたもの」に格上げされるため，置いてあっても他の人がもっていくことはできない。燃料に事欠く家では，女性たちは村に"落ちている"燃料源を集めて回る（1994年1月）

表 6-3　世帯の類型別にみた燃料源と入手法

資源名	入手先	生産地	全世帯 (n=14)	土地なし世帯[4] (n=2)	農地が1エーカー (40アール)未満 (n=6)	農地が1 エーカー以上 (n=6)	(屋敷地が小さい(面積が村平均以下)) (n=5)
木の枝	全体 自給 購入	― 屋敷地	8 7 1	1 0 1	3 3 0	4 4 0	1 0 1
木の葉	全体 自給 採集	― 屋敷地 道端	14 13 1	2 1 1	6 6 0	6 6 0	5 4 1
タケ　葉 　　　根	自給 自給	屋敷地 屋敷地	5 6	1 1	2 3	2 2	2 2
牛糞	全体 自給 購入 採集	― 屋敷地 道端	13 8 2 5	1 0 0 1	6 3 2 2	6 6 0 2	5 2 1 3
アボルジョナ[1]	自給	屋敷地	9	0	3	6	2
ジュート芯	全体 自給 購入 労賃	― 耕地	14 7 4 3	2 0 2 0	6 1 2 3	6 6 0 0	5 1 3 1
ナラ (nara: 耕地に残されたアマン稲のワラ)	全体 自給 購入 採集	― 耕地 耕地	13 8 1 6	2 0 1 1	5 3 0 3	6 5 0 2	5 2 1 3
ケール (kher: アマン稲のワラ)	全体 自給 労賃	― 耕地	8 7 1	1 0 1	4 4 0	3 3 0	2 1 1
ゴシ (ghosi, ボロ稲のワラ)	全体 自給 購入	― 耕地	4 3 1	1 0 1	0 0 0	3 3 0	2 1 1
ナタネの茎葉	全体 自給 労賃 父から	― 耕地	13 11 1 1	2 0 1 1	5 5 0 0	6 6 0 0	4 2 1 1
もみがら	全体 自給 購入 購入モミ	― 耕地	8 7 1 1	1 1 1 1	4 4 0 0	3 3 0 0	1 1 1 1
稲 ブシ (busi)[2]	自給	耕地	9	0	4	5	2
稲 チタ (chita)[3]	自給	耕地	9	0	4	5	1
小麦 ワラ	自給	耕地	3	0	0	3	0
小麦 ブシ	自給	耕地	1	0	0	0	0
大麦 ワラ	自給	耕地	1	0	0	1	1
ホテイアオイ	全体 自給 採集	― 自分の池 内水面	2 1 2	1 0 1	1 0 1	0 0 0	1 1 0
ワセオバナ	採集	道端	1	0	1	0	1
利用している燃料の種類 自給している燃料の種類数 購入して入手している燃料の種類数 労賃として入手している燃料の種類数 採集して入手している燃料の種類数			19 18 7 3 5	12 3 4 2 4	13 13 4 1 2	16 15 2 0 0	18 16 4 3 4

注）1) アボルジョナ：湿った飼い葉等を再び干したもの
　　2) ブシ：風選するときに箕からこぼれた籾殻等のごみ
　　3) チタ：しいな
　　4) 一つの世帯は，まだ屋敷地をもたない（父が所有）
（出典：筆者 (JSRDE) 調査）

上：写真31　オクラの種子。妻が採種し，飲み物などの空き瓶に入れて保管している（K村にて，2007年3月）

下：写真32　娘の嫁ぎ先を訪ねて来た老夫婦。ポリエチレン袋の中はカボチャの花。もらって帰り，家で料理する。天ぷらのように揚げるとおいしい（1993年4月）

第6章　"女性が育む森"

資源が少ない世帯の女性は，他家に収穫後の調製作業を手伝いにいき，報酬として昼食に加えて，麦ワラ，ナタネの茎葉等の燃料になる農業副産物をもらってきたものであった[10]。燃料をもらうために働きに出ているようなものである。

さらに，道端や耕地に落ちている牛糞やナラ (*nara* 刈り残された稲ワラと稲株) など，オープンアクセスな利用が許されている資源も貴重な燃料源である。村には，落ちているものは誰でも自由に拾い処分して良いという不文律がある (写真29，30)。アマン稲の収穫後に，他の村人の田んぼに下りて，家族総出で残されたナラをもっていく。ナラは元来，堆肥源となるものであったが，燃料としての重要性が増している。ナラは他の人の田のものであっても誰が取っていってもいいことになっており，燃料に困る世帯にとっては非常に重要な資源である。また，道々，落ちている牛糞を拾いながら歩いている女性や子どもの姿がちょくちょく見受けられた。このように調理に用いる燃料の確保は女性の肩に担われている[11]。

(4) 生活に必要な植物資源を整える努力と女性のネットワーク

屋敷地の植物は，初めから全てが揃っているわけではなく，いろいろな経路を通じてそこの住人が少しずつ増やして，現在の姿に作り上げてきたものである。苗木園の増加に伴い経済価値の高い植物の苗を購入することも増えてきたが，基本的に屋敷地内の植物は，自家で採れた種子を蒔いたり，自然に生えてきたものが多い (写真31)。その一方で，村人は新しい植物を外から手に入れることにも余念がない。購入した果実を食べた後の種子をまく，親戚や隣近所からもらってくる，道端の自生の植物をもってくる，果物の主産地を訪れたときに分けてもらうなどさまざまな手段で，わが家のおいしい植物，よい植物を増やそうとしている。

表6-4 は，事例世帯の植物の入手先を，「その他」も入れて6分類し，植物グループごとに，樹齢階層別にみたものである。

まずそれぞれの入手法について説明しよう。"自家調達"は，自分の家で作られた種苗である。"女性の親戚ネットワーク"は，婚入あるいは婚出した女

---

10) 男性は通常，収穫作業や脱穀作業に携わり，賄いと現金を報酬としてもらう。乾季稲の導入により，これらの栽培は顕著に減少した。

11) 燃料の確保に女性が費やす労力については，第9章1を参照のこと。

表6-4 植物グループ別，樹齢別にみた植物資源の入手ルート

植物グループ	樹齢	入手ルート											
		自家調達		女性の親類ネットワーク		男性の親戚ネットワーク		購入		その他		野生	
		(本)[1]	(%)	(本)	(%)	(本)	(%)	(本)	(%)	(本)	(%)	(本)	(%)
食用・栽培・多年	<5年 (n= 604)	231	38%	93	15%	42	7%	143	24%	57	9%	38	6%
	5-9年 (n= 114)	34	30%	31	27%	3	3%	34	30%	9	8%	3	3%
	10年- (n= 63)	29	46%	6	10%	0	0%	16	25%	9	14%	3	5%
	全体 (n= 781)	294	38%	130	17%	49	6%	193	25%	71	9%	44	6%
非食・栽培・多年	<5年 (n= 131)	95	73%	2	2%	5	4%	0		26	20%	3	2%
	5-9年 (n= 9)	8	89%	0	0%	0	0%	1		0	0%	0	0%
	10年- (n= 21)	13	62%	3	14%	0	0%	0		5	24%	0	0%
	全体 (n= 161)	116	72%	5	3%	5	3%	1		31	19%	3	2%
野生・管理	<5年 (n= 87)	2	2%	0		0		0		6	7%	79	91%
	5-9年 (n= 22)	1	5%	0		0		0		6	27%	15	68%
	10年- (n= 20)	1	5%	0		0		0		0	0%	19	95%
	全体 (n= 129)	4	3%	0		0		0		12	9%	114	88%
小計	<5年 (n= 822)	328	28%	95	8%	47	4%	143	12%	89	8%	484	41%
	5-9年 (n= 145)	43	24%	31	17%	3	2%	35	19%	15	8%	55	30%
	10年- (n= 104)	43	35%	9	7%	0	0%	16	13%	14	11%	40	33%
	全体 (n=1071)	414	28%	135	9%	54	4%	194	13%	114	8%	579	39%
野菜（一年生）	<5年 (n= 103)	41	40%	29	28%	1	1%	24	23%	7	7%	1	1%

注) 1) 単独で生育する樹木では"本"であるが，バナナ，タケやツル性野菜など"ジャール"として生育するものは1ジャール＝1本とみなしてカウントしている（第1章7(1)を参照），以下の図表でも同様。
(出典：筆者（JSRDE）調査)

性の親戚関係を利用した入手，"男性の親ネットワーク"は父系の親戚関係を利用した入手である。"購入"には購入した種苗に加え，購入した果物の種子を蒔いたものも含めている。"その他の入手源"としては，地理的な関係としての隣近所（プロティベシ *protibesi*）や，同じ村の村民（グラムバシ *grambashee*）やドルモ・アッティヨ（*dharma atmyo*）[12]のほか，野生の幼樹を道路脇や学校の敷地などのオープンアクセスな空間から入手するなどが含まれる。そして，"野生"は自然実生など住人のあずかり知らないところで殖えたものである。

植物全体をみると，どの樹齢階層をみても，野生と自家調達のものが多い。女性の親戚ネットワークは全体で9%を占め，"食用となる多年生の栽培植物（食用・栽培・多年）"グループと"一年生野菜"グループでは，その比率はかなり高くなっている。特に樹齢5〜9年及び，(表には示していないが) 2〜4年の"食用となる多年生の栽培植物"グループに多く，1987年，88年の洪水による屋敷地の植生の回復のために，このようなネットワークが盛んに利用されたことが考えられる。

チャクラAからは，女性の親戚ネットワークは20村に広がっており，同様に屋敷林の植物資源も20の村とのやりとりがあった。嫁いでいった娘の婚家への訪問や，久しぶりの生家への帰郷などの時に，みやげにと家で採れた自慢のパラミツを頭にのせたり，ザボンを一つぶら下げるなどして歩いていく姿がよく見られるものである。また，その帰りにはポリエチレン袋いっぱいに果物などを詰めてもらったり，果樹の幼木を，バナナの葉でにわかに作った容れ物で家に持ち帰ったりする（写真32）。ある世帯は，時折食事に事欠くような世帯であったが，当時村に1，2本しかなく，村人たちの垂涎の的であるレイシの木をもっていた。これは，世帯主の母の生家にあったものであった。民間の苗木園もなく，また果物を購入することが少なかった時代には，新しい植物資源はこのような個人的なネットワークによって手に入れられるものであり，婚出した女性がつくる人的ネットワークの果たす役割は大きかった[13]。

12) 直訳すると，"宗教的親戚"の意。擬制的親族関係の一つ。"宗教的"と名付けられるが，Sarkar (1980) によると，イスラム-ヒンドゥ間でも，擬似的親類関係は築かれるという。子どものいない世帯が，労働力提供や老後の面倒を期待したり，気に入った村人と特別な関係を結びたいと考えたり，地域で社会的，経済的後ろ盾が欲しいなど多様な理由から，この *dharma atomyo* 関係は築かれるという。
13) 家畜についても，生家でニワトリをたくさん飼っているとき，婚家に戻る際に雛を1羽もらってくるようなことは普通にみられる。

その他の経路から入手された114本のうち，55本は隣近所（プロティベシ）から，8本は同じ村の住民（グラムバシ）から，15本はドルモ・アッティヨから，10本は道端や学校の広場などオープンアクセスな空間から，そして，6本はグラミン銀行から入手されていた。

隣近所から入手された植物のうち，約半分にあたる26本は同じチャクラ内で入手されていた。隣近所やグラムバシ，あるいはドルモ・アッティヨから入手された植物の種類は，57本の"食用となる多年生の栽培植物"グループの植物（2品種19本のタロ，3品種8本のバナナ，及びワサビノキ3本などを含む），26本の"食用とされない多年生の栽培植物"グループ（9本のシコウカ，4本のジガ*jiga*など）であった。これら全てが，長年この村に存在するごく普遍的な種であり，日々の食材，境界木など日常の生活に必要なものや，シコウカなど楽しみとして用いるものであり，また，全てが栄養繁殖できる。所有土地サイズと入手経路の構成比の相関を見てみると，「その他の経路」のみ，5％レベル（相関係数は－0.519）で有意な相関を示した。これは所有する土地面積の少ない世帯ほど，"その他の入手経路"の重要性が高まることを示しているといえるだろう。本数としては多くはないが，このように，自家資源に乏しい貧困な世帯が生活に必要な資源を整えていくにあたって，屋敷地を基本とした地縁関係が果たしてきた役割は見逃せない。

これらのルートのほかに，遠方との社会的ネットワークもあった。男性たちは，D村から約20km離れたモドプール台地（Madhupur tract）に契約労働者として出稼ぎしていた時期があり，そのピークは東パキスタン時代（1947-1970年）であったという。村人は，この地域をパハール（*pahar* 丘陵地域）と呼んでおり，良い品質の果物が作られることで有名であった。そのような"良い"果物が，出稼ぎから戻る男性たちによって村にも運ばれ，種子が植えられてきたのであった。

(5) 果物の売買 —— 定期市（ハット）での調査から

最後に，屋敷地生産物の販売について，D村にある定期市（ハット）での果物の売買の状況からみてみよう（表6-5）[14]。

---

14) なお，市での購入以外に，パラミツなどは，良い果実がなる木のある世帯を村人はよく知っていて，その家に直接買いに行くこともある。

表 6-5 D村の定期市での果物の販売状況（1994年）

	4月16日 販売者数（人）		6月4日 販売者数（人）		7月30日 販売者数（人）		9月24日 販売者数（人）		計 販売者数（人）	
	自家生産品	購入品	自家生産品	購入品	自家生産品	購入品	自家生産品	購入品	自家生産品	購入品
バナナ	9	0	0	0	9	2	5	1	23	3
ライム	2	1	0	0	0	0	0	0	2	1
マルメロ	2	0	0	0	0	0	0	0	2	0
ココヤシ	0	0	0	0	2	0	5	0	5	0
ザボン	0	0	0	0	0	0	2	0	2	0
オウギヤシ	0	0	0	0	0	0	0	1	0	1
マンゴー	0	0	6	0	1	8	0	0	7	8
パラミツ	0	0	0	4	4	2	0	0	4	6
ライチ	0	0	1	0	0	0	0	0	1	0
パイナップル	0	0	0	0	0	2	0	0	0	2
グアバ	0	0	0	0	12	0	0	0	12	0
ゴレンシ	0	0	0	0	2	0	0	0	2	0
果物販売者数	14		11		44		14		83	
野菜販売者数	68		–		–		21			

（出典：筆者（JSRDE）調査）

表 6-6 3回の市日で購入された果物（1994年4月16日，6月4日，9月24日）

	購入した人数	果樹をもっている購入者
パラミツ	23	2
マンゴー	19	3
バナナ	5	1
パイナップル	3	0
グアバ	3	0
ライチ	2	0
ゴレンシ	1	0
ココナツ	1	0

（出典：筆者（JSRDE）調査）

　1994年に，果物の盛期である4月，6月，7月，9月に1回ずつ（計4回），D村の定期市での果物の販売者，及び購入者（購入者については9月調査を除く3回）にインタビューを行った。4回の調査での果物の販売者は延べ83名であり，7月の調査が最も多く44人が売りに来ていた[15]。

15）当時，市全体の売人数は，150から200人ほどであった。

延べ84人のうち，32人がD村内から，36人が隣村から売りに来ていた。職業の回答が得られた59人のうち，34人は農民，12人が小商い，5人が学生であった。マンゴーやパラミツが主要な販売品であり，バナナ，グアバ，ココヤシ，ライムも売られていた。バナナは4回の調査の全てで販売されており，屋敷地生産物が大半であった。グアバも地元のもので，自分で採ってきた数個のグアバを並べて販売しているような少年たちが何人もいた。いくらかでも小遣いの足しにしよう，という算段だろう。ココヤシやライムはD村ではあまり栽培されていないため，他村から売りに来ていた。マンゴーやパラミツは，D村の大半の屋敷地林に植えられているが，市ではほとんど売られておらず，国内の他の有名な産地からのものが販売されていた。野菜の販売人数と比べてみると，4月の調査では，野菜の販売者の方が4倍であったが，9月の調査では野菜の販売者と果物の販売者は同じような人数であった。7月の果物の盛期は販売者も多くなるので，やはり野菜と匹敵する人数であることと思われる。

　一方，3回の調査で果物を購入したのは延べ46人であった[16]。33人はD村から，11人は隣村から買いに来ていた。6人は購入した果物の果樹を，自宅でも保有していた。購入者の平均土地所有面積は6920 m^2 であり，D村の平均土地所有面積よりもかなり大きめであったが，一方で，15人は農地をもたない土地なし世帯であった。購入者の20人が農業，12人が小商い，9人が給与所得者，8人が日雇いであった。主に購入されていた果物は，パラミツとマンゴーであり，大半の購入者はこれらの果樹を自分の屋敷地林にもっていなかった。このように，D村の定期市では，果物は地域の人たちによって売買されていた。果物は，自宅で穫れたものを食べることが基本であるが，自宅にない世帯では，マンゴーやパラミツなどの代表的な果物は，購入してでも季節の味として楽しみたいものなのであろう。

---

16) 複数種の果物を購入した人もいたため，表6-6の「購入した人数」を合算した数（57人）の方が多い。

3　JSRDE のアクションプログラムから

(1)　プラントブックの編纂を通して知る，村人の生活と屋敷地の植物の関わりの深さ

　第1章でも触れたように，アグロフォレストリーや屋敷地利用促進のプログラムでは，外部からの技術導入が先行しがちで，村人たちの視点から村人たちの知識を活かす形で実施されているものは少ないように見受けられる。しかし屋敷地の生産・生活技術は村人の暮らしぶりと深く結びついているものであり，まずは村人たちが生活においてどのように屋敷地を認識し利用しているか，それを知ることから始めるのが重要であると考え，プラントブックが作成された。

　チャクラAの屋敷地の植生の悉皆調査の後に，屋敷地内及び近辺の植物を村人がどのように認識し，栽培・管理し，利用しているかを，フィールドスタッフが一つ一つの植物ごとに聞き取りをしながらまとめた。利用法は村人のほとんどが知るものから，村の老人やコビラジ (*kobiraj* 伝統的治療師) だけが知っているものまで実にさまざまであり，プラントブックからは単なる植物の利用状況だけでなく，生活を工夫しながらの村の人たちの暮らしぶりが浮き上がってくる。村人たちが培ってきた植物に関する知識を聞き書きの形で集めるプラントブックの取り組みでは，知識が蓄積されるにつれ，当初「つまらないことをする」と言いたげであったスタッフたちの目つきが変化し，終盤には，担当したスタッフへの羨望の眼差しになっていったことが印象的であった。

　例えば，村人たちからアラッド・シャペル・ガチュ (*Allad shaper gach*) と呼ばれている植物がある (写真33)。"*shaper gach*" は，"ヘビの木" を意味する。これは *Opuntia* 属の一種と同定された，サボテン科の植物であるが (同属種にセンニンサボテン，ギンセカイ等がある)，この植物はヘビの害から村人を守る役割を果たしていると認められているため，このような名前が付けられているのであろう。プラントブックからその利用法を読み上げてみよう。

……夜になるとヘビは，家畜小屋へウシの乳を吸いにやってくる。ウシの乳首に噛みついて，チュウチュウと乳を吸うのである。これは，翌日ウシの乳首に噛み跡が残るのでわかるという[17]。牛乳は村人にとって重要な栄養源であり，またそれ以上に授乳期間中は毎日現金収入をもたらす重要な収入源であるので被害は無視できない。アラッド・シャペル・ガチュは，ヘビが鎌首をもたげた姿に似ている上に，ヘビよりずっと大きい。そのうえ刺が一面に生えている。この植物を家畜小屋の裏の，ヘビが忍び込んできそうな場所に植えると，ヘビは自分より大きなヘビが鎌首を挙げているし，刺が痛いので恐れて近づかない。また，この植物からコビラジたちは喘息の薬もつくる。その作り方は……

　また，プラントブックには，村人が理解する植物の特性や栽培の技術も記されており，そこからは，狭い屋敷地を広く利用するために，村人がどのような工夫のもとに野菜，果樹等の作物を栽培しているかも知ることができる。これまでも述べてきたように，屋敷地の植物には，屋敷地から出されるさまざまな有機物が肥料として与えられているが，それらはジャドゥ（屋敷地内の生活ゴミを掃いて集めたもの），調理灰，アボルジョナ（ウシの飼い葉の残りや雨等で湿った有機質），牛糞のかけら（牛糞をバスケットに置いておくと，下にたまる）等，細かく認識され，用途に合わせて利用されていた。

　表6-7は生産地としての屋敷地のもつ特徴を，他の生産地である耕地（ケット），園地（パラン）と比較してまとめたものである。耕地や園地が，少数の主要な作物を，多くの場合販売を通して現金の形で村人にもたらすのに対し，屋敷地は多種多様な生産物を，（販売もされるが）村人の日常生活の必要に応える形で提供している。さまざまな植物のあらゆる部分が食用，燃料用，油料，薬用，木材，各種道具材料等，それらの特性が理解された上で多様な用途に利用されている。村の定期市での売買には現れてこないようなものも含めた，これら屋敷地からの資源によって村人の生活は支えられているのである。

---

17) ヘビがウシの乳（地域によっては人の母乳も）を飲むというのは，バングラデシュやインドで広く信じられているようである。バングラデシュには *dudhraj* という名前を付けられたヘビがいる（*dudh* はミルクを意味する）。しかし，実際には，ヘビの口の形はウシの乳を飲む構造にはなく，牛小屋にはネズミが多く生息しており，それを食べに入ってくるだけであるという（Khan 1992）。メキシコなどの中南米でも同様な考えがあり，ミルクヘビ（milk snake）と名付けられているヘビがいる（長坂 1996）。

表6-7 生産地としての耕地, 園地, 屋敷地

		耕地（ケット）	園地（バラン）	屋敷地（バリ・ビティ）
1. 生産活動	(1) 農作物	○穀類（イネ, ムギ等） ○油糧作物（ナタネ） ○豆類（ケシャリ, ダール等） ○繊維作物（ジュート）	○イネの苗床 ○ジュート ○野菜 －伝統的な野菜・香辛料（ヒユナ, ナス, タマネギ, コリアンダー, ニンニク等） －新来の野菜（ダイコン, キャベツ, カリフラワ等）	○果樹（マンゴ, バナナ, パパヤ, グアバ, パラミツ等25種） ○野菜（33種） －伝統的な野菜（ユウガオ, トカドヘチマ, カボチャ, フジマメ, ササゲ, ワサビノキ等） －新来の野菜（ツルムラサキ等）
	(2) 家畜飼養	○家畜のえさ（ケシャリ, 稲ワラ・ナタネ粕等農業副産物, 耕地の野草）		○家畜の飼養の場 ○家畜のえさ（9種） ○家畜の薬（6種）
	(3) その他	○食料（耕地や道端の野草） ○燃料（稲ワラ, ジュート芯等農業副産物） ○建材（ジュート芯・麦ワラ等農業副産物）	○燃料・建材（ジュート芯）	○建材（13種） ○家具用木材（13種） ○各種道具材料（25種） ○舟の建材（4種） ○薬（44種） ○染料（1種） ○防腐塗料（1種） ○燃料（ほとんどの植物） ○油糧（3種） ○嗜好品（ビンロウ） ○その他鑑賞, 遊具等
2. 特徴		雨季には湛水 外部的（外部者の目にふれるため女性の活動は基本的にはない）	雨季には湛水 半内部的（外部者の目にはふれるが, 慣習上女性も活動している）	通年湛水を免れる 内部的（外部者の目にふれないため女性が活動できる）
3. 村人の関与	男性	大（作業全般）	大（作業全般）	中（購入苗野菜の管理, 果樹）
	女性	中（屋敷地内での調製作業） ※貧困な世帯では, 田畑の作業に加わることもある。	大（管理－水遣り, 稲の苗取り等）	大（自家採種野菜の管理, 果樹）

（吉野2003を改表）

左：写真33　アラッド・シャペル・ガチュ。棘が痛そうである（1993年5月）
下：写真34　家庭菜園プログラムのデモンストレーション・プロットで。タケの柵をめぐらせてニワトリやヤギの害を防いでいる。農業普及局のスタッフ（左）が，菜園の持ち主の妻にジョウロを渡しているところ（1993年4月）

第6章　"女性が育む森"

(2) 屋敷地，園地（パラン），耕地（ケット）―農業普及局の家庭菜園プログラムを通して知る，村における野菜栽培及び摂取の意味

　農業普及局（Department of Agricultural Extension）の家庭菜園プログラムは，農業普及局のプログラムを村人にデモンストレーションすることに加え，これまで，いつ，何をしに村のどこに来ているかが全くわからなかった農業普及局の村レベルのスタッフの活動が村人に明らかになり，必要なときに村人が農業普及局のスタッフに接触できるようになることも大きな目的の一つとして実施された。

　同プログラムは，バングラデシュ農業研究所（Bangladesh Agricultural Research Institute）がバングラデシュ西部のパブナ（Pabna）県イシュルディ（Ishurdi）で開発したものであり，6×6ｍ四方の空間に年間を通して各種の野菜を栽培し，それを家族が摂取することにより，家族の栄養状態を改善することを大きな目的としている。そのために，この6×6ｍの空間はさらに五つの畝に分けられ，それぞれの畝に異なった野菜を栽培していくことになる。農業普及局では，このプログラムをちょうど村々でのデモンストレーション・プロットを通して普及し始めた時であったので，Ｄ村にもこのプログラムを誘致することとした（写真34）。

　しかしプログラムを進めていくと，村人の関心が低いままで高まらないことが明らかになった。それは，これまでも述べたように，村人が野菜を2種類に識別しているからであった。ある程度まとまった面積は，村人にとっては主に男性が苗の購入や販売を担う「商品作物」としての野菜の栽培場所である。自給用には，主に女性たちが屋敷地の小さな空間を利用して栽培するツル性の伝統野菜（トルカリ）及び，耕地や道端からの雑草，野草が摂取されていた。この6×6ｍのデモンストレーション・プロットは，前者の栽培が選択される面積であった。他方，日常生活では，前述のように村人は多くの雑草，野草を摂取しており，これが食生活にとって実は重要な役割を果たしている（写真35, 36）。村人は，雑草，野草を子どもたちに集めさせ，調理し食べているが，雑草は貧乏人の食べるものであるといった羞恥を感じている人も多く，多くを語りたがらない。このために重要な栄養源でありながら，雑草，野草の果たしている役割が外部の研究者や開発プログラム計画者によっても見過ごされた

り重要視されない傾向にあった[18] (Quddus and Ara 1991; CIRDAP 1990; de Torres 1989)。

　このプログラムは，"村人の栄養改善"という目的を"6×6m四方の空間での多種の野菜栽培"という手段で果たそうとしたが，それはD村の野菜栽培及び摂取の現状に合致していなかった。そのために，村人たちは戸惑い敬遠してしまっているものと思われた。もちろん，新しい技術は，すぐに受け入れられるとは限らず，また全員が受け入れるものでもない。条件に合致する人々の間で，次第に受け入れられていく可能性もある[19]。しかし，D村の屋敷地は細分化の方向に進んでおり，これだけの開けた面積を屋敷地内に確保することは，栄養改善がより考慮されるべき貧困世帯にとっては，現実的にはますます困難になっていくだろう。

　村人の栄養改善を考える時には，日照や土壌の肥沃度など栽培条件を選ぶ野菜だけでなく，屋敷地周辺の斜面や叢林，オープンアクセスな空間として村人たちに認識されている休耕地等，多様な生育環境下で自生し採集される雑草や野草の摂取も視野に入れながらのプログラムづくりが進められないだろうか。それはまず，どのような雑草，野草を村人が認識し，どのように評価し（味，効能等）利用しているかを知ることから始まるだろう。また，農業環境の変化（作付体系の変化）等による，雑草野草の生育状況の変化も捉える必要があるだろう。

　雑草，野草のもつ栄養価，あるいは人間の健康を害する成分の分析は，利用の啓発の助けとなろう。しかし，単なる栄養源としてだけではなく，在地の知に支えられた地域の食文化の一端を担うものとして捉えたい。全国的に共通性の高い野菜と比較して，雑草，野草は，生育環境や生育時期，料理法ともに，その地域に固有に発展してきた（これは野草だけでなく，天然魚などその他の野生の採取物も同様であろう）。そしてその知識は，基本的に母親から娘へと継がれてきた。恥ずかしい"貧者の食べ物"ではなく，地域の豊かな食文化として，積極的に捉える視点の転換が求められる。それによって，多様な食材を身の回りから手に入れることができる環境はどのようにして確保できるか，という地

---

[18] UBINIG (2000) が，2000年に開催した，"南アジアにおける栽培されない収穫物に関するワークショップ"は，野草や雑草に焦点をあてた活動の嚆矢といえるだろう。

[19] たとえばK村では，空間的な余裕もあり，また，1988年当時，集約的な野菜の園地は自家消費を第一の目的にしていたため，受け入れられたかもしれない。

表6-8 村人が持っている"良い果樹"の入手先

	全植物		マンゴー	グアバ	インドナツメ	Blackberry (jam)	ザボン	ライム	(対照)事例チャクラA(1992)
	本数	%	本数	本数	本数	本数	本数	本数	
1. 植物入手原									
自家調達	61	22%	28	4	7	6	7	1	47%
親戚から	95	34%	29	19	7	11	7	12	18%
購入した果実から	58	21%	24	8	5	7	7	1	23%
購入した苗木	7	3%	1	3	0	0	0	0	0%
隣近所（プロティベシ）	13	5%	5	1	2	1	1	0	2%
隣近所（グラムバシ）	6	2%	0	1	3	1	0	1	0%
野生	12	4%	0	1	5	2	2	0	5%
その他	8	3%	1	1	0	0	0	6	3%
わからない	18	6%	11	0	3	0	1	0	1%
全体	278	100%	99	38	32	28	25	21	100%
2. 繁殖方法									
種子から	226	90%	77	35	32	28	24	1	97%
挿木・取り木	26	10%	0	3	0	0	0	20	3%
平均樹齢	—		24	8	16	16	14	6	

（出典：筆者（JSRDE）調査）

域全体の資源利用と管理のあり方について考える土台をつくっていけるのではないだろうか。

(3) 果樹挿木・取り木プログラム―村の内部での資源循環を試みる

　耕地が水面下に沈んでしまうD村において，屋敷地は木本植物の唯一の生育場所であることは先にも述べた。なかでも果樹は，果実が食用となるほかに，木材など他の用途においても利用価値の高いものが多いことから，需要が大きく，野菜と並んで重要な屋敷地生産物の一つである。
　前述のように，野菜は前年の種子を採種保存し，翌年に利用することが主であるが，果樹の場合も実生が中心的な繁殖法である。表6-8は，「自分の家にはおいしい実がなる『良い果樹』がある」と世帯員が述べた村内の果樹278本とそのうち主な果樹6種（243本）の入手先を示している。対照として，チャクラAの世帯における同6種の果樹の入手先の比率も示した。

上：写真 35　野草を集めてきた女児（1993 年 4 月）
下：写真 36　沼沢から摘んできたハスの花と茎。これも食材となる（1994 年 9 月）

「良い果樹」全体で，34％が親戚から果実（種子）を得ており，22％が自分のバリの果実の種子を，21％が購入した果実の種子を蒔いている。加えて，5％が隣近所から，2％がドルモ・アッティヨなどの，村内の親しい世帯から入手している。チャクラAの世帯の入手方法と比較して，親戚及び地縁者からの入手方法の割合が高い。「良い果樹」は樹齢が高く，チャクラAの事例世帯が当該の植物を入手した時期よりも，全体的に，さらに前の時期を示していると考えられる。その影響もあってか，隣近所より分けてもらった割合がチャクラAよりも高く，7％を占めていた。

果樹は先祖返り，枝変わり等の変異の可能性が高く，甘い果実の種子から育てた木に甘い実が成るとは限らない。また実生の果樹は成長に時間がかかることもあり，その点からも接木，挿木，取り木などの栄養繁殖のほうが好ましい。しかし，表6-7の下段に示すように，挿木・取木の技術で繁殖したものは，ライムにみられる程度である。

ライムは挿木が簡単なことから，挿木による繁殖が一般的である。また，レイシやマンゴーといった，村人にとって現金収入源としての価値が高い果樹では，取り木の技術も行われてきたが，形成層を剥いだ部分を適度に湿らせておくことの難しさや，ワラで覆ってしまうため発根の確認が難しいことなどから成功率が低く，より簡単で確実な繁殖法への潜在的な需要もあった。

また，前述のように，屋敷地林の植物資源は，自家調達，親戚からの入手に加えて隣人や村内の親しい住民らの贈与が一定の割合を占めていた。資源は常に外部から供給されなければいけないというものでもない。村の中で，もっている者からもっていない者へ資源を循環させることもできるのではないか。隣人意識，村意識（グラムバシ：同じ村の住民としての仲間意識）を呼び起こすことにより，村内の植物資源のより活発な循環ができないものかという視点も加えてプログラムは計画された。

実際の取り木，挿木の作業は村人の中から募ったスタッフが農業省の県レベルの園芸センターの協力のもとに，技術トレーニングを受け実施した。果樹をもつ村人は，ほとんどが自分の果樹の枝を村の他の人に分けることに同意を示し，また，自身も取り木や挿木によって自分のバリの植物資源が増えることを望んでいた。

プログラムは，ザクロ，ザボン，ライム，グアバの4種の果樹を対象に行われた。計画の時点では，そのような村に普通に見られる果樹は村人の関心を集

表6-9 取り木・挿木プログラムの結果（1993-1995）

	世帯数	
	提供	入手
1. 参加世帯数		
実参加世帯数	86	89
延べ参加世帯数[1)]	154	139
2. 取得者の居住地		
取り木・挿木の提供世帯	—	68
その他（D村内）	—	57
その他（村外）	—	14

注1）参加年，授受した樹種が異なる場合は，同じ人でも別個にカウントした．
（出典：筆者（JSRDE）調査）

めないのではないかとの心配があった．どのような植物が欲しいか，というごく普通の質問を村人にすると，回答として上がってくるのはココヤシ，マホガニー，マンゴー，パラミツなどの商品価値の高い植物ばかりであったためである．しかし，プロジェクトを実施するにしたがって，村人の需要が十分高いことが明らかになった．言葉に表れるニーズと生活に埋め込まれたニーズの違いが実感された．

1993，94，95年の3年間の活動を通し，全86世帯（延べ154世帯）から枝が提供され，村内89世帯（延べ125世帯），村外14世帯（延べ14世帯）が入手した（表6-9）．実数では，村内の全世帯（538世帯）のうちの16％が提供し，17％が入手したことになる．その内訳は，試験的な試みということもあり，まずは提供した世帯が1,2本の枝を自家用に試し，さらに何本かが近隣の世帯に提供される，という形が主であった．

このプログラムの活況をみ，最終年度には，村人たちの垂涎の的であった良いレイシの木をもつ世帯から，9本の枝が提供されることとなった．このうち3本が提供者とその親戚に渡され，残る6本はこのプログラムの事務局関係者が独占する結果となった．「運営側としては，独占はやめた方が良いのではないか」という筆者に対し，もうすでにもらう心づもりであったスタッフたちは「もともと，もらうことになっていた」，「余計なことを言うな」等，大変激しく反発し聞き入れなかった．「村内の資源の乏しい人に，村の"普通"の植物を」というプログラムのコンセプトに対し，レイシの商品的稀少性が高すぎ，村に"普通"にあるものではなかったため，このような反応となったのだろう．そ

の一方で，この出来事は，簡易に植物資源を栄養繁殖できる技術が村人にとって待望されていたことも示している。

4　小括

　本章では，D村における屋敷地をめぐる日々の暮らしの存立にとって必要な資源の確保と管理に関わる人々の営みについて，女性の活動に注目し述べた。さらに，筆者が参加した農村開発プロジェクトにおいて，屋敷地に関わるプログラムの実践を通し得られた，屋敷地が地域住民の暮らしにとってもつ意味を検討した。
　雨季には冠水し乾季には乾燥する自然条件と，限られた土地条件のもと，屋敷地を中心として生活に必要な資源を能動的に整え暮らす人々の姿が浮かび上がってきた。そして屋敷地の生産や暮らしの維持には女性たちが大きな役割を果たしてきた。
　屋敷地での生産は，収益性を上げるために作目品目の単作化による生産効率向上の方向を模索してきたモノカルチャー的近代農学の視点から見ると，「非経済的であり改善を要する」という烙印を押されかねない。しかし，屋敷地の生産は，多分に自給的であるがために，他の生産地と比較して群を抜いた種の多様性を保っている。そして，そこには，限られた空間で，できるかぎり多様な樹種や多様な部位の利用が可能となるように，複合的に生産管理するという考え方が貫かれている。そのためには，それぞれの植物の生育特性，とくに日照の少なさや湛水の危険などの厳しい条件にどれだけ耐えられるかへの理解を必要とするが，これは，長年の植物との関わり合いを通して培われ得ることである。また，個々の植物の最大の収穫は望めないとしても，極力より良い収穫を得られるようにとの，素朴な祈りも含めたさまざまな取り組みがなされている。
　また，新しい植物資源の確保には，自家調達や野生に加え，女性の親戚ネットワークが重要な役割を果たしてきた。自家資源の乏しい世帯にとっては，隣近所から入手される植物資源も，換金性は高くないものの日々の生活に役立つ資源として重要な役割を果たしていた。

屋敷地の生産は，その生産物の利用と深く結びついている。人々の暮らしと密着しており，暮らしのスタイルそのものであるともいえよう。さまざまな形での利用ができるからこそ，生産もまた，意味をもつともいえる。そこには，自然からの恵み一つ一つに注目し理解しようとする年月を経た洞察があり，また姻族や地縁など社会的なネットワークに支えられる部分もあった。技術を，単一の経済性のある作物栽培のための"役に立つツール"として捉えているだけでは，このような生産のあり方の意味はみえてこないことだろう。

　プラントブックの取り組みからは，限られた面積に生育する屋敷地の植物を最大限有効利用するために培われてきた人々の知恵が明らかになった。取り木／挿木プログラムからは，屋敷地の資源を増やすために，地域の資源，地縁等の社会関係が生かされていたことが明らかとなり，外部からの資源を一方的に導入するのではなく，地域にあるものを生かしながら，それを力づける支援を模索する必要が認められた。

　屋敷地が村人にとってもつ多面的な意味を理解し，そしてそれを確保するための村人たちの工夫，また，それを助ける地縁ネットワークに注目することが，住民の参加，持続的な資源利用や持続的発展，自立的な開発のあり方という観点から開発の現場に求められているといえよう。

【コラム3　村の料理と女性 ― 100％スローフードの世界】

　村での料理は本当に時間がかかる。スパイスを一からつぶして，ペーストにする作業から始まるからだ[1]。「村の女たちは9時から11時と，2時から4時半までしか体が空いていないから，ミーティングをしたいならばその時間帯にするように」とD村のフィールドスタッフからは言われたものだった。それ以外の時間は，早朝から夕方まで，料理をしていて忙しいというのである。

　スパイスをペーストにする作業は"モスラ・バテ (*mosla bate*)"という。モスラとは，スパイスのこと，バテはつぶす，という意味だ。シルパタ (*shil pata*) という，重い石でできた板の上に粒のスパイスを置き，同じく石でできた棒で一つ一つすりつぶしていく（写真1）。バングラデシュはデルタの下流域に位置するため，大きな石が河原にない。そのため，シルパタは，バングラデシュの東北部にある，山がちなシレット地域の河川敷で取られる石から作られる。コンクリート製のものもあるが，味は，石でできたシルパタの方が良いという。私も，シルパタで料理がしたいと思い，小さなセット（それでも十分に重い）を，手荷物として持ち帰ったことがある。空港の係員らに「それは何だ？」と問われ，「シルパタだ」と説明するたびに，「おお，シルパタか！」，「パウダー（粉のスパイス）じゃなくて，シルパタでつぶさないとおいしくないことをよくわかってるな」ととても喜ばれたことを覚えている。

　シルパタには粒々した生スパイスが滑らずつぶしやすいように，刻みがつけられている。それぞれに刻み手の創意がこらされた文様である。毎日使っていると，刻み文様は少しずつ削れていき，いずれ平らになってしまう。そうなったら，村々を回るシルパタ彫りの職人に彫り直してもらう（写真2）。なおシルパタ自体は，何十年ももち，次第に薄くなりながらも，次の世代へと引き継がれる。

　赤唐辛子，タマネギ，コリアンダー，ウコンが基本のスパイス4種，料理によってニンニクやクミンなどがモスラ・バテされる。バングラデシュでは，タマネギもスパイスの一つとして扱われる。インド西ベンガル州の（こちらの方がベンガル地方の先進的地域である）出身の知り合いが，「バングラデシュ料理はタマネギをいっぱい使うでしょう」と小ばかにした感じで話していたのを思い出す。

　粒々とした生スパイスを，水を少しずつ足しながらつぶしていく。最初は石棒

---

1)　しかし実はその前から重要で大変な作業がある。燃料集めである。これもまた大変時間がかかる作業であり，また雨季には難儀する作業である。これについては，6章2(3)を参照のこと。

を立て，重みでつぶす。大まかにつぶれ，飛びはねにくい状態になったら，今度は平らな広い面で，じっくりと手前から向こうにくり返し押しつけながらつぶしていく。ねっとりとした状態になるまですりつぶさなければならないので，モスラ・バテの仕事は，2時間ほどはかかる。私も何度かやったが，つぶしているうちにかなり疲れてきて[2]，粒が残っているけれど「まあいいか」と早めに切り上げてしまうため，ちょっとざらざらした舌触りのカレーになってしまう。が，村の女性たちは，スパイスがねっとりとなるまで念入りにつぶし続ける。とくに大変なのは赤唐辛子のペースト作りで，唐辛子の辛みに手が負けて，真っ赤になり，とても痛くなってしまう。D村での宿舎があったチャクラの女性たちが，モスラ・バテしたあとに，"イッシ！（ベンガル語であぁ！という感じ）"と言いながら，痛い痛いと，手をぶんぶん振っている姿をみたものである。毎回腫れてしまう人もいれば，いつもは大丈夫なのだけれど暑い季節にはなぜか腫れてしまう，という人もいた。

時間がかかり，また上記のようなしんどさもあるので，ふつうは，スパイスペースト作りは毎食はやらない。油を混ぜたり，塩を混ぜたりして悪くならないようにすると，2日，3日分くらいは保存できるという。ただ，暑い季節には，トウガラシペーストは傷みやすいので，毎日作る必要があるらしい。このように生スパイスのペーストで味付けされる料理は，それがただのカボチャ炒めであっても，大変おいしい。

おかずは，その季節の野菜がメインであり，まずは屋敷地で採れる野菜が使われる。動物性タンパク質は，ときどき魚や卵が入る程度である。ニワトリをつぶすのは，かなり特別なときであった。メインディッシュであるトルカリは，食材，塩とスパイスで炒めて煮る，というシンプルな料理だが，辛さでご飯が進む。調理時に訪ねると，「食べていきなさい」と必ず声をかけてくれる。家族の食べ物を整える主婦としての誇りは高い。来客にはたくさんごちそうすることが，最大の振る舞いである[3]。

かまど作りも女性の仕事である。水たまり（ドバ）の下にたまっている粘土質

---

[2] シルパタが小さいと外へ飛びはねやすくなり，能率が著しく悪くなる。
[3] "ダワッド（*dawad* 食事への招待）"という言葉は，私を身震いさせる。食べ物がのどにつっかえるほどにまで食べないと許してもらえないのだ（それでも許してはもらえないが）。ダワッドが重なり，ほとんど満腹の状態でダワッドに臨んだことがある。目の前に並んだごちそうをほとんど苦行のように水で流し込みながら食べていたら，「チャラック（ずるがしこい，といった意）」と，そのごちそうを作ってくれた主婦ににらみつけられたこともあった。自分が作ったごちそうを楽しんで食べてくれていないことへの口惜しさがあふれていた。

の土と牛糞を混ぜ合わせ，かまどを作っていく。雨の時のための，携帯可能なかまどもある（写真3）。かまどの風よけやスパイスなどをのせるちょっとした棚なども，同じように土で器用に作ってしまう。ちなみに，包丁（ダオ）も地面に置いて，しゃがんで食材を切る。日本のように包丁を動かすのではなく，食材を動かして切っていく（写真4）。たしかに地床に暮らすバングラデシュの人たちは，土への親しみが深いと感じる[4]。

　暮らしの中には曜日によってさまざまな忌み日があり，火曜日と土曜日はかまど作りには良くない，と考えられていた。また，かまどの数は，奇数は縁起が良くない（一つは良い），かまどをたくさん作ると夫が早く死ぬ，などのさまざまなタブーがあった。火を扱い，家族の命を養う料理という仕事の重要性と危険性が認識されているためだろうか。建物や家財の材質が燃え広がりやすいものばかりなので，火事はとても恐ろしい。かまどやタバコは火元となり，冬の寒い日に，暖を取ろうとかまどの熾火の上にまたがっていた女性のサリーに火が移り大やけどをした，ということもあった。そのような非常事態には，"火がついた！"という声が次々にかけめぐり，村の中に緊張が走る。

　冷蔵庫がない暮らしなので，保存の仕方にも知恵がある。食べきりにすることが多いが，先に述べたように，スパイスは多めに作っておき，塩やナタネ油と混ぜて保存する。残ったごはんは水に漬け，翌朝，"パンタバット（*pantha bhat*）"にする。酸味があり夏の食欲が落ちるときには，おいしいという（私はあまり好きではなかったが）。犠牲祭のときには，ウシやヤギなどをつぶす。富裕な世帯ではたくさんの肉の配分があるため，カレーもたくさん作ることになる。悪くならないように毎日火を通し続けるため，カレー味の牛肉そぼろのようになっていくが，これはまたこれでおいしい。

　日常的な料理は，女性の担当だが，婚礼などで大勢の料理を作るときには，男性が采配をふるう（写真5）。大鍋を借りてきて，大きなへらでかき混ぜて作る。これは大鍋料理に慣れている人の采配のもと，親族一同で賑やかに作られる。

---

4) カンタ（布団）の縫い物も布を地面に広げて置いたまま行う（第6章写真49）。つくづく地面との親和度が高いと感じる。

左：写真1　シルパタで丹念にスパイスをすりつぶす（2004年12月）
右：写真2　村にやってきたシルパタ彫りに，摩耗してしまったシルパタを彫り直してもらう（1993年5月）

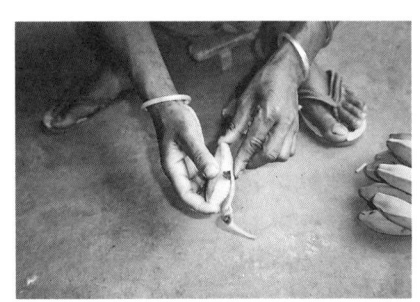

左：写真3　雨の時のために作られた移動できるかまど。写真右上の窪みのある鍋置き場も，手作りである。（1993年12月）
右：写真4　鉈を床に置き，取っ手を足で踏んで固定させ，調理に使うバナナの実を切っている（1993年5月）

写真5　婚礼のための料理。男性も加わり屋外で賑やかに料理する（1994年1月）

コラム3　村の料理と女性

【コラム4　ヘビが映し出す村の暮らし —— 畏れと憧れと】

　ヘビはベンガル語でシャプ (*shap*) という。ヘビは，恐ろしく，そして憧れの対象でもある。そのため，ヘビにまつわる村人たちの話は，生き生きしていて，面白い。以下は，私が1990年代に見聞きした，ヘビにまつわる話である。

　ヘビは，屋敷地の叢林にいることが多いが，ヒトの家の中は暖かいので，寒い季節には，ネズミなどを食べに家の中に入ってきて，そのまま家の中の布団のあたりに横たわっていたり，ワラ布団の下に卵を産んでしまうこともあるという。ヘビを家に寄せないためには，生のウコンをいぶした煙をたくと良いらしい。ヘビは歌が好きで，笛を吹いていると，家の周りに集まり鎌首を上げてゆらゆらするというが，その姿を想像すると，恐ろしい中におかしみもある。ヘビに咬まれたときにも，ヘビの道の専門家である"シャプ"（後述）らは，治療にあたって咬んだヘビを呼ぶために，笛を吹いて歌うという。

　怖いのはやはり毒のあるヘビであり，一番毒がきついのはブラックコブラと言われている。洪水の時の被害の一つに，いつものねぐらが水に浸かって行き場所を失ったヘビが"避難"する際に，行き当たった人を咬むというのがある。これは，部外者には想像できない被害である。なお，ヘビに咬まれたときには，1.傷口の上を縛る，2.傷口を切り開く，3.口で毒を吸う，4.まじないの言葉とともに息をふきつける，というのが基本らしい。

　町や村を回る行商人の中で，ヘビの見世物を使い，薬などを売りにくる人は結構多い。ベデ (*bede*) と呼ばれ，基本的に舟上生活者であった。堤防や道路が張りめぐらされる以前，D村周辺にも豊かに水があったころには，雨季に舟で寄せてきて，一時的に住み着いたこともあったそうである。彼らは，コブラ笛を使ってヘビを操ったりマングースとの対戦などの大道芸を披露する（写真1）。これら，芸に使われるヘビは毒歯が抜かれてある。ヘビ関係の薬売りは，"薬草は，新月の夜，火曜（か土曜）に，衣類を全部脱いで集めている。そうしないと，昼間に見つけておいたものがみつからなくなるから"と定番の口上をして聴衆を感心させるものだそうだ。

　村にも，ベデはやってくる。そのときの様子はこんな感じであった。ベデは，ヘビを入れた四角い箱を積み重ねて縛ったものを肩に掛けて村々を回る。誰かが5タカ払うと，呼ばれた屋敷地の中庭で芸を披露する。筆者がみたときは，4種類のヘビを連れてきていて，"咬まれるとかえって体の調子が良くなるネパール生まれのヘビ"なるものも連れていた。人垣の中から，男の子を一人，いやがる

のを引きずり出して，片手に自分の薬をつかませながら，ヘビを首に巻き付かせたりして，場を盛り上げる。ヘビとその芸を一通り見せ終えると，まずは小さい薬の包みを皆に「これはただであげる」と言って配っておいてから，本当の売り物のタビス（*tabij* お守り）[1]や薬を売り始めた（写真2，3）。売っていたのは頭痛やシャペル・バタッシュ（後述）などの薬であった。

D村の隣村は，屋敷地が大きく叢林が広がっているため，ヘビもたくさん棲んでいた（写真4）。ヘビ取り専門の人は，"シャペル・ウジャ（*shaper uja*）"と呼ばれ，私も彼らが遠方から呼ばれて，隣村に捕まえにやってきた場面に遭遇したことがある（写真5）。シャペル・ウジャはヘビを捕まえた屋敷の主人から捕獲代をもらう（その時は，3匹で2000タカ）上に，つかまえたヘビは毒を売ったり，ヘビ使いに売ることができる。結構良い商売に見えるが，もちろん危険を伴う生業である。

ヘビ取りやヘビに咬まれた人の手当なども含め，ヘビに関する全般的な知識をもって生業を立てている人たちは，"シャプ"と呼ばれる。また，ヘビ専門の伝統的治療師は，シャプラジ（*shapraj*）と呼ばれる（写真6）。シャプラジになるには，弟子入りして教えてもらわなければいけない。

ヘビは，咬まれることにより毒が体に回るが，それ以外にも，毒蛇が吐く息が風に流れるため，その毒に当たり，頭がクラクラし動けなくなってしまうことがあると考えられている。村人が原因不明の意識混濁的状況になってしまった場合，その理由の一つに，その"ヘビの風（シャペル・バタッシュ *shaper batash*）に当たった"というものがあるのである[2]。ある日，村の若い妊婦が昏睡状態になったとき，シャペル・バタッシュに当たったのだ，といってコビラジの治療を受けたが，これはあとでショイタン（悪魔）によるものであった，ということがわかったという。シャペル・バタッシュの場合は程なく快方に向かうものであるらしい。その女性は症状が重篤だったため悪魔の仕業と考えられたようである。村で起きる何か不可解な状況は，ジン（精霊）やショイタンにことよせて説明されることが多く，ヘビはジンの化身であると考えられていた。シャペル・バタッシュは女性の方が多く罹るという。

---

1) タビスは，コビラジが治癒の呪い(まじな)を書いた紙を金属の筒の中に入れたものである。子どものお腹の周りや首に掛けられる。

2) バタッシュは風を意味する。バタッシュは，良くない，あるいは害のある"風"であり，何か外来のもの，精霊や悪魔などによる目に見えない悪い影響を示すものとして，広く認識されている（Kazi 2007）。シャペル・バタッシュも全国的に認識されているようで，私が1993年に首都ダカの大きなバザールを訪れたとき，ヘビとマングースの対戦ショーで客寄せしていた薬売りが売っていたものが，ヘビに咬まれたり，シャペル・バタッシュに当たったときの治癒のためのタビスであった。

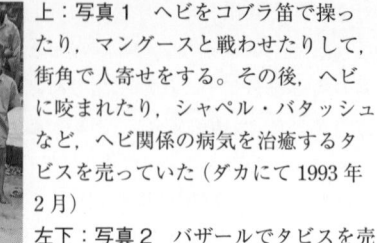

上：写真1　ヘビをコブラ笛で操ったり，マングースと戦わせたりして，街角で人寄せをする。その後，ヘビに咬まれたり，シャペル・バタッシュなど，ヘビ関係の病気を治癒するタビスを売っていた（ダカにて 1993 年 2 月）

左下：写真2　バザールでタビスを売る男性（1993 年 5 月撮影）

右下：写真3　左の女の子が首につけているのがタビス。タビスの数は，その子が罹ってコビラジに診てもらった病気（おねしょ等も含む）の数を示す。この子は三つのタビスをつけている（1993 年 2 月）

　シャペル・バタッシュにあたった場合，空気の出入り場である鼻，耳，目などの穴の周りをとくに丹念に，体中にナタネ油を塗ったあとで，コビラジが祓いの儀式をする。儀式の手順は以下のとおりである。患者を前屈みにしゃがませ，背中に金属の皿を乗せる。治療者は東側を向いて座る。子どもに息をとめたまま水を汲ませ，その水に息をふきかけて地面に撒く（これをパニポラ *pani pora* 直訳すると"水を読む"の意という）。コビラジは，水のしみた地面の上を手でなでながら，次第に病人の体に手を近づけていく。病人の体と地面を往復し，病人の頭から次第に下に手を移していく。コビラジの手が触れたところが悪い箇所であると考えられている。最後に地面に手が戻ったとき，患者は良くなったと考える。良くなると，背中にのせた皿が落ちるのでわかる。隣の家の若妻のロキアがシャペル・バタッシュにあたってしまったこともあった。ロキアの場合は，コビラジではな

左上：写真4　ある日，ヘビの卵が屋敷地のマンゴーの木の根元からたくさん出てきて，集落は大騒ぎになった。幸い毒のあるヘビではなかったが，卵は即座に全部潰された（1994年1月）
右上：写真5　隣村にヘビを捕まえに来たシャペル・ウジャ。捕まえたヘビで，早速ヘビ使いの芸を見せてくれた（1993年4月）
下：写真6　シャブラジ（ヘビ専門のコビラジ）の看板。"ヘビに咬まれたとき，性的な問題，その他複合的な病気[3]"を治療すると書かれている（タンガイルにて1993年5月）

い近隣の村人が，金属のお皿をロキアの背中にのせて，しばらくじっとさせていただけで快方に向かった（写真7）。
　このように恐ろしい存在である一方で，ヘビのモニ（$moni$ シャペル・モニ）は，手に入れることができると金持ちになれる，といわれ，村人に羨望されてきた。シャペル・モニは，本来ヘビの頭のあたりについているものらしいが，ヘビが落とすことがある。モニは蛍のようにきらきら光って落ちている。これを見つけた

---

[3]　病気の部分の翻訳は，K村調査のカウンターパートのラシェドゥール・ラーマン氏にお願いした。ベンガル人のラーマン氏にとっても，あまりなじみのない病気が書かれていたようで，一つはわからないままである。

写真7　シャペル・バタッシュに当たったので金属のお皿を背中に置いた（1994年1月）

ら即座に布をかぶせる。そうすると，モニの持ち主であるヘビはモニを見つけることができず，そこで死んでしまうという。拾ったモニは家の中にしまい，誰にも拾ったことを言ってはいけない。そのせいかどうかは不明だが，私の周りでモニをもっている，あるいはもっている人を知っている人はいなかった。ただ，モニをみたことがある人はいる。ある夜，すぐ隣の屋敷地の園地あたりがやけに明るいので，何かと思って出てみたら，ヘビがいて，その横にモニが光っていたそうである。他の人たちもやってきたが，結局モニを手に入れることはできなかった。子どものころ（40年ほど前），町のバザールでの見世物で，日中にモニをみせてもらったことがある，という人もいたが，大きさや見た目はビー玉にそっくりで，きらきら光っていたという。昔，電気や便利な灯りがなかったころ，モニがあると辺り一帯が明るくなり，夜でも灯りをともす必要がなかったため，裕福なジョミンダールの家には置かれていたそうな，との昔話もある。ずいぶんと素朴な利用法ではある。

　屋敷地は，ヒトだけでなく，ウシ，ヤギ，ヒツジ，ニワトリ，アヒル，ハト等のさまざまな家畜，犬や猫[4]，木に棲む鳥たち，収穫物や家畜に害をなすネズミやイタチ，ヒトや家畜の体に住み着くシラミやノミ等々，湛水を避けるために，あるいは人を好んで寄り集まってくるさまざまな生き物たち，さらには精霊，悪魔といった異界の者たちとの共棲みの場でもある。なかでもヘビは，共棲みの生き物たちの王ともいえようか。

---

4)　犬は，祈りを妨げると考えられているとともに狂犬病をもっている可能性があるため，恐れられ，嫌われている。野犬はあちこちうろうろしているが，人に近づくと，棒などで追われる。一方，猫は比較的，ペット的な位置づけで捉えられている。

第 3 部

屋敷地林と暮らしの変容

第 7 章
都市近郊化と屋敷地林の変化

カジシムラ村における屋敷地林の植生と
生産物の利用の変化

近年，グローバル経済の拡大とともに，自給的な生産が換金を目的とした生産に急速に置き換わりつつある。屋敷地での生産においても，同様の変化の報告があり，また，人口の増加，土地の不足，市場経済の浸透による屋敷地林の持続性が懸念されている（Kumar and Nair 2004）。

第3部の本章から第9章までは，第2部に紹介したカジシムラ村（K村）及びドッキンチャムリア村（D村）における屋敷地での生産と利用のあり方が，その後どのように変化したかを追跡する。本章では，雨季にも湛水しない比較的高地に位置するK村での屋敷地利用の変化を，そこでの植生の変化及び屋敷地生産物の利用の変化（とくに食事に関して）に注目し追跡する。

第2章で述べたように，両調査期間（1988-90年～2006-07年）の間に，K村では，農地の細分化及び農業従事者の大きな減少，耕地をつぶしての魚の養殖，集約的な養鶏場など，増大する都市居住者への供給を念頭に置いたビジネスの盛況，ライフスタイルの都市化などの暮らしの変化があった（写真1）。屋敷地については，世帯数の大幅な増加，屋敷地のみをもつ世帯の増加，世帯あたりの屋敷地面積の減少がみられた。

本章では，両時期での詳細な事例調査に協力してくれたK村の4世帯を中心に屋敷地利用の変化をたどる。その補足として，まず始めに，1988-90年の調査対象世帯（1988年当時40世帯。第2章(5)参照）全体に対し反復的に実施した，主要な植物に関するアンケート結果から，構成植物種の大まかな変化についての把握を試みる。

1　屋敷地の植生の変化

(1) 村内の屋敷地における構成植物種の変化

この19年間に，1988-90年の調査対象世帯であった40世帯は分家等により96世帯に増加し，屋敷地の平均面積は1252（標準偏差=848, 歪度=1.35）m^2から762 m^2（標準偏差=939, 歪度=2.3）に減少した。屋敷地をもたない世帯は，前者で2世帯，後者は1世帯であった。2006-07年では，全村の傾向同様，屋

敷地面積の標準偏差，歪度ともに増大している。67％の世帯が平均値以下，46％が平均値の半分未満の面積であった。なおウシを飼養する世帯の割合も，60％から45％に減少している。

　まずはじめに，1988-90年の調査対象世帯40世帯と2007年の96世帯を対象とし，両時期の屋敷地内の主要な植物の出現頻度の変化をみてみよう（具体的な数値は，図表集354頁表7-1を参照されたい）[1]。

　植物の保有割合の変化をみてみると，"食用となる多年生の栽培植物"グループについては，ビンロウジュとビチャ・バナナ（在来の種ありバナナ）が20％以上，サトウナツメヤシが7％，パラミツが3％減少した他は全て増加している。"食用とされない多年生の栽培植物"グループ及び野生種の植物についても，増加が著しい。野生種（特に灌木類）については，1988-90年当時，筆者が十分把握できなかった可能性も高いが，それを差し引いても増加は明らかといえよう。チーク，オオバマホガニー，ユーカリなどは，1988-90年の調査以降，積極的に植えられたものであると考えられる。バングラデシュ農業大学のFSRDPに長く関わったカウンターパートのジブン・ネサ氏によると，屋敷地の植物への関心が低くなり，大きな木を伐採しても新しく植えることをせず放置しておく時期が続いたが，2000年を過ぎたころより，NGOやテレビ番組などの影響で，再び屋敷地の植物（特に樹木）への関心が高まり，皆がたくさん植えるようになったという。全国的には，木材の値段が顕著に上ったのが大きな理由であると説明していた。アグロフォレストリープログラムは，全国的には1990年ごろより盛んとなり，K村でもFSRDPなどによるさまざまな農業改良普及プログラムが実施されていたが，村人たちの関心は，すぐにではなく遅れて高まったようである。その理由の一つには，K村は叢林に恵まれており，木材の不足が他地域ほどに切実でなかったことも影響していよう。

　野菜については，屋敷地内で栽培される割合は減少しているものが目につく。1988-90年にはほとんどの世帯が栽培していたユウガオが半分以下になり，フジマメも減少している。その一方で，畑など，屋敷地外に植えられるものが増えている。上記2種も，屋敷地以外の生産地での栽培が，大きく増加している。これには，都市化による野菜消費の増加のために，畑での栽培を増やしているということもあろうが，その生産空間として，近年たくさん作られてきた

---

[1] 1988-90年の調査は，筆者の踏査観察による記録であり，2007年の調査は，対象世帯員への，村内でフィールドアシスタントとして雇用した15才の在学中の少年による聞き取りによる。

上：写真1　自宅前の養殖池でパンガスに餌を与えている娘たち（2006年11月　筆者撮影）
下：写真2　堂々としたクジャクヤシの木はめっきり減ってしまった（1989年1月）

養殖用の池周りの土地が活用されていることが注目される。第3章で述べたように，池周りは日照が十分である。さらに，新しく土盛りしたため土壌の肥沃度も高い。養殖池は自宅から離れていることも多いが，見張りを雇っているため盗まれる心配も少ない。世帯の増加により面積が減少してきた屋敷地と比較し，池周りの野菜の生産現場としての役割が高まっていると言えるようである。

(2) 事例世帯での植生の変化

次に，1988-90年と2006-07年の双方の全植物のデータが得られた4世帯[2]を主な対象とし，さらに詳しく屋敷地の植物構成種とその個体数及び樹齢構成の変化を検討する。なお，この4世帯の屋敷地の面積は1988-90年から変化しておらず，その点では，他の事例世帯と比較して恵まれた条件にあるが，屋敷地面積に変化がみられなかったのは，まだ息子たちへの屋敷地の分配の時期に入っていないことが大きな理由である。

4世帯で観察された全木本植物49種57品種についてみてみると，(具体的な数値は表7-2(図表集356頁)を参照)種類数は，1988-90年の37種44品種から，2006年は47種55品種へと増加した。表7-3は，4世帯の屋敷地で主要な樹種(いずれかの年に10本以上ある)，本数が減少した樹種及び1988年にはなかった樹種をとり上げ示している。個体数では，2006年では，1.7倍に増加しており，種類数，個体数ともに増加していた。個体数の増加は，食用とされない木本植物(主に木材を目的としたもの)に顕著であり，1988-90年には確認されなかった樹種が7種もあるが，それらはいずれも木材として良質，または成長が早く販売に早く結びつきやすい樹種である。また，ピトラズ(*pitraj, Aphanamixis polystachya*)などは，1988-90年には，自生のもののみであったが，これらも栽植する傾向が出てきている。その一方で，クジャクヤシなど，野生の木本植物の中でも商品価値の低いものが減少している(写真2)。

個体数までみると，前項のビチャ・バナナと同様，クジャクヤシも，村全体的にも減少傾向にあると考えられ，それは村内の踏査からも感じられた。調査世帯において，ビチャ・バナナが2006年にはなくなっていた世帯があったが，その世帯の妻に聞いたところ，放っておいたところ枯れてしまい，吸芽も出て

[2) 対象世帯の属性，特徴については，第2章表2-8を参照のこと。

表 7-3　事例 4 世帯における主な屋敷地林の植物とその変化（木本植物）

植物名	各植物を保有する世帯数と本数				比率 (2006/1988)
	1988		2006		
	世帯数	本数	世帯数	本数	
食用される多年生の栽培植物					
バナナ	4		4		
ビンロウジュ	4	203	4	286	1.4
マンゴー	4	40	4	34	0.9
パラミツ	4	14	4	35	2.5
サトウナツメヤシ	3	12	2	4	0.3
インドナツメ	3	5	4	10	2.0
ライム	3	4	3	12	3.0
rose apple	3	4	1	1	0.3
jam	2	8	4	12	1.5
ココヤシ	2	5	4	22	4.4
オウギヤシ	2	2	4	15	7.5
バンレイシ	1	2	0	0	0.0
mewaphal	1	2	1	1	0.5
ブドウ	0	0	1	1	
インディアンオリーブ	0	0	2	2	
ライチ	0	0	2	3	
オレンジ	0	0	1	1	
titi jam	0	0	1	2	
小計		323		477	1.5
食用されない多年生の栽培植物					
タケ	4		4		
mandar (Erythrina sp.)	1	3	1	2	0.7
loha khat (Xylia dolabiformis)	1	1	0	0	0.0
マホガニー	0	0	4	73	
レインツリー	0	0	4	16	
シコウカ	0	0	3	3	
choroi (Albizia sp.)	0	0	2	2	
チーク	0	0	1	1	
野生植物					
オオバサルスベリ	3	12	3	21	1.8
sheora (Strablus asper)	3	12	3	3	0.3
pitraj (Aphanamixis polystachya)	2	12	4	20	1.7
クジャクヤシ	3	15	4	8	0.5
bubi (Baccaurea ramiflora)	2	6	2	5	0.8
red ceder	1	4	1	1	0.3
Egyptian mimosa	0	0	1	2	
bandar lati (Cassia fistula)	0	0	3	3	
小計（食用とされない多年生の栽培植物＋野生植物）		80		182	2.3
計		407		661	1.6

（出典：筆者調査）

表 7-4　事例 4 世帯における主要な多年生植物の樹齢構成の変化

植物名	調査年 1988						調査年 2006					
	植物数	樹齢					植物数	樹齢				
		<2年	2~4年	5~9年	10~19年	20年~		<2年	2~4年	5~9年	10~19年	20年~
ビンロウジュ	203	11	5	101	86	0	230	7	4	0	4	215
マンゴー	47	20	10	9	7	1	24	4	6	4	3	7
パラミツ	16	4	4	3	4	1	25	8	5	6	0	6
rose apple	7	2	2	0	2	1	8	1	0	3	2	2
ザボン	6	2	3	0	1	0	5	1	2	1	0	1
オウギヤシ	6	2	2	0	2	0	13	5	2	3	2	1
インドナツメ	5	4	0	1	0	0	9	0	5	2	1	1
サトウナツメヤシ	5	4	0	0	1	0	4	0	3	1	0	0
ココヤシ	4	1	0	3	0	0	20	2	4	3	9	2
グアバ	4	3	1	0	0	0	8	2	4	1	1	0
ライム	3	2	0	1	0	0	12	0	9	2	1	0
ライチ	なし						1	1	0	0	0	0
タケ	13	n.a	n.a	n.a	n.a	n.a	7	0	0	0	1	6
pitraj	8	1	4	3	0	0	14	5	3	5	0	1
クジャクヤシ	5	0	3	2	0	0	2	0	1	0	1	0
オオバサルスベリ	4	2	2	0	0	0	10	2	4	1	1	2
パンヤノキ	3	0	0	1	2	0	3	2	1	0	0	0
アメリカネム	なし						15	1	7	3	2	2
オオバマホガニー	なし						84	56	25	2	1	0
計	326	58	36	124	105	3	494	98	84	37	29	246
％（全体に対して）	100%	18%	11%	38%	32%	1%	100%	20%	17%	7%	6%	50%

(出典：筆者調査)

こなかったということであった．つまりは関心を失い，なるがままにしておいた，ということであろう．ビチャ・バナナは，株が大きく，広い空間を必要とする（そのため，ボロコラ ── 大きいバナナ ── とも呼ばれる）．また，他の品種のバナナが 3 ヶ月に 1 回実をつける一方，ビチャ・バナナは年に 1 回（乾季）だけしか実をつけず，さらには種子がたくさんあって食べづらい，などのさまざまな理由から，好まれなくなってきた[3]．

次に，樹齢構成をみてみよう．表 7-4 では，主な樹種につき，樹齢を 5 段階にわけている．なお，樹齢は所有者の申告によるものであり，概数である．20 年以上の樹齢のものは，1988-90 年当時にも植えられていた可能性が高いと考

---

[3] しかし，ビチャ・バナナの実の絞り汁を用いないと，おいしくできないピタ（米粉の菓子）があり，そのピタを作るときには，購入するという．

えられよう。1988-90年と比較し，2006-07年では，20年以上の樹齢の高いもの及び，2年未満のつい近年植えたものの数が多い。樹齢の高いものはビンロウジュが大部分を占めており，現在屋敷地内にみられるビンロウジュの大半は更新されず，以前植えられたものがそのまま残っているようである。ビンロウジュが減少したのも，前述のビチャ・バナナと同様に，放っておいたら枯れてしまったということかもしれない。ビンロウジュは，1988-90年当時は村の成人が軒並み好む嗜好品であったが，2006-07年には，主に年寄りが好むもの，となってしまった。ビンロウジュを噛むときに混ぜる生石灰が健康に悪いといわれるようになったことや，口の中や唇が赤くなり見た目が良くないなどの嗜好の変化が影響している。

その他タケも樹令が高いが，これは父祖の代に植えたものを引き継いで利用しているからである。その他マンゴーやパラミツにも樹齢の高いものがみられるが，この2種は，次々と新たに栽植もされている。一方，近年顕著に植えられるようになっているのは，オオバマホガニーであり，木材としての需要の高さがうかがわれる。

次に，近年の動向をみるために，樹齢5年未満の植物に限り，栽植者の特徴をみてみよう。全体的には男性の方が多く栽植しているが，その種数は限定的であり，男性の植えた植物の半数をオオバマホガニーが占めていた。その他，男性は，バナナやカボチャなどを集約的に栽培していた（表7-5）。一方，女性は果樹，野菜をはじめとして多様な植物を栽植していた。

これら植物の入手先については，野生植物は樹齢がわからないものが多かったため，野生植物を除いた分でみている。自家調達が約半数を占め，購入が約3割であった（表7-6）。樹齢5年未満の植物は，5年以上の植物よりも，女性の親戚ネットワークの割合がやや低く，自家調達と購入の割合がやや高かった。

2　新しい屋敷地を造る動き

1988-90年から2006-07年までの間に，世帯数は80％増加し，村内の屋敷地面積は30％拡大した。事例とした4世帯が属するバリでも，当該バリの隣接部への移動が4世帯，バリから離れての移動が4世帯あった。このうち4世帯

表 7-5　事例 4 世帯における植物グループ別にみた樹齢 5 年未満の植物の栽植者 (2006 年)

植物グループ			栽植者別本数	
			男性	女性
栽培・食用・多年	植物数	156	103	53
	植物種数	25	19	20
	主な種名と本数		バナナ(33)	ビンロウジュ(13)
			インドナツメ(14)	バナナ(4)
			ココヤシ(9)	ココヤシ(4)
			ビンロウジュ(7)	パパイヤ(4)
				パイナップル(4)
栽培・非食・多年	植物数	108	85	23
＋野生・管理	植物種数	15	12	7
	主な種名と本数		オオバマホガニー(53)	オオバマホガニー(15)
野菜・スパイス	植物数	65	25	40
	植物種数	13	1	13
	主な種名と本数		カボチャ(25)	トウガラシ(20)
				ツルムラサキ(4)
				ユウガオ(3)
				フジマメ(3)

(出典：筆者調査)

表 7-6　事例 4 世帯における樹齢階層別にみた植物の入手先 (2006 年)

入手先	樹齢階層			
	4 年以下		5 年以上	
	本数	(%)	本数	(%)
自家調達	36	(47)	30	(42)
女性の親戚ネットワーク	3	(4)	7	(10)
男性の親戚ネットワーク	1	(1)	2	(3)
購入	29	(38)	24	(34)
苗を購入	21		10	14
その他	7	(9)	8	(11)
プロティベシ（近隣世帯）	0		2	
グラムバシ（村内）	3		0	
開発援助機関等から	2		5	
その他	2		1	
計	76	100	71	100

(出典：筆者調査)

は耕地をつぶして新しく屋敷地を造っている。1988-90年の調査時は，同じバリの他の世帯とのいざこざの末はじき出された形で，やむを得ず耕地に新しくバリを作った世帯が多かったが，図2-4のY地区に移ってきた2世帯は自らが望んで耕地に移ってきている。それは，以前の屋敷地があまりに狭すぎ，樹木も野菜も植える場所がない，あるいは暗いために育たない，という状況だったからである。また，両隣に挟まれ風が通らない，という居住性の悪さも一因であった。氾濫がないためD村ほどにではないが，K村でも，雨季にも水の浸からない高さまでには屋敷地を土盛りする必要があり，そのために掘った土のあとを池にした。両隣に挟まれた以前の状態と違い，将来の子らの独立時には隣接した耕地を屋敷地として広げていけることも，移動を決心させた重要な要因であった。

　もとの屋敷地は，一つの世帯（第2章表2-8のG家）は長男に譲り（他の子らは一緒に移動），もう一つの世帯（同，H家）は兄弟の耕地と等価交換している。この2世帯で新しく植え込んだ植物は，マンゴー，パラミツ，グアバ，パパイヤ，インドナツメ，バナナ，ココヤシ，ビンロウジュ，タケ，オオバマホガニー，koroi (*Albizia* sp.)，アカシアであり，ほとんど共通していた。植物は，新しく購入したもののほかに，もとの屋敷地からもらってきたり（G家のタケ），村の人たちから分けてもらったりしたもの（H家のバナナ6品種）もあった。

3　生産物の利用の変化 —— 果物に注目して

　第2部で述べたように，屋敷地の植物の利用は，食用，薬用，木材用，道具類の材料，燃料，飼料，遊びの素材等，実に多岐にわたる。また，自家用，贈与用，販売用など用途も異なる。

　本節では，果物の用途に関する聞き取り結果から，生産物の用途の変化について述べる。まずは販売の割合について，表7-7をみてみよう。1988年の全世帯の用途をみると，多くの果物は，自給が目的となっている。次に，両期間の調査で対応のある4世帯についてみてみると，ごく少数の事例なので単純な比較はできないが，2006年では販売に回す世帯が増えているようにみえる。しかし，いずれの年も，大半は自給のみにしか利用されていない。

表 7-7　果物の販売割合とその変化

	全事例世帯 (1988)			4世帯[1]					
				1988			2006		
	販売なし	販売は半分未満	半分以上販売	販売なし	販売は半分未満	半分以上販売	販売なし	販売は半分未満	半分以上販売
マンゴー	23 (88%)	3	0	3	1	0	4	0	0
パラミツ	18 (67%)	2	7	2	1	1	3	0	0
インドナツメ	11 (92%)	1	0	2	0	0	1	2	0
ビンロウジュ	17 (61%)	9	2	2	0	1	1	0	2
ココヤシ	9 (75%)	2	1	2	0	0	1	1	1
バナナ (shagor)	5 (56%)	2	2	0	0	1	0	0	3
バナナ (bicha：種あり)	12 (52%)	8	3	1	2	0	0	0	1
グアバ	18 (95%)	0	1	2	0	0	1	0	0
rose apple	6 (100%)	0	0	2	0	0	2	0	0
計	119 (73%)	27 (17%)	16 (10%)	16 (70%)	4 (17%)	3 (13%)	13 (59%)	3 (14%)	6 (27%)

注1) 4世帯とは，1988年，2006年の両年に調査を行った世帯である．
(出典：筆者調査)

　次に，果物の用途についてもう少し詳細にみてみよう．図7-1は，結実する各果樹の販売の割合及びその他の利用先(対象世帯は表2-10のA～F家)について，調査対象6世帯から2006年に聞き取ったものを示している．これをみると，シャゴール・バナナ(栄養価はあまり高くないと考えられているが市場性が高いため主に販売用に栽培される)などの例外を除き大半の果樹は販売には回されておらず，販売されない果物は，自家消費のためだけでなく親戚や近所の人たちへのおすそ分けに用いられているものも少なからずあることがわかる．K村でも自家生産の果物は，婚出した娘の家や，父や母のきょうだいの家にもっていったり，あるいは親戚が来たときに振舞ったりする"みやげ物"としての役割を果たしている．
　また，ビンロウジュは，今日でも，来客の時にお客さんが求めれば振舞うべきものであり，用意しておく必要がある．家族が食べる分に加え，家を訪ねる人たちの消費量も考え，確保されている．また，商品的な価値があまり高くないもの(グアバ，インドナツメなど)，あるいは果実がぽろぽろと落ち，まとまって収穫することが困難なもの(rose appleなど)は，K村でも近隣の人たちが自由に取ったり拾ったりして食べることが容認されている．インドナツメなどは，その季節になると，子どもらが，他の家のものを勝手にもいで食べている姿が

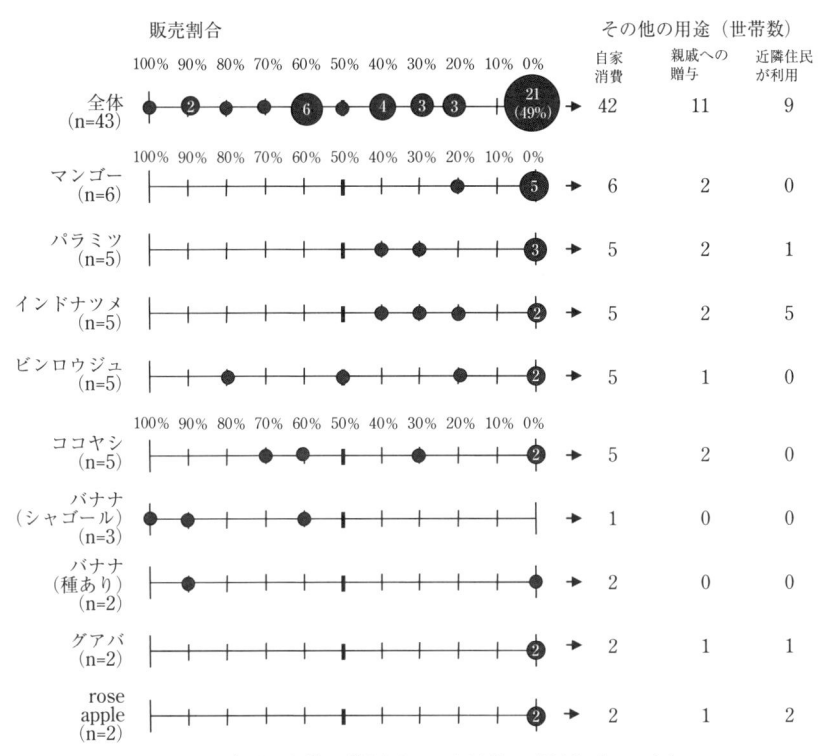

図7-1 事例6世帯の種類別にみた果物の利用先（2006年）
注）黒丸の中の数値は，回答した世帯数を示す。数値がない場合は，回答数右は1である。

よく見受けられる。

4　食の変化と屋敷地の生産物

本節では，1988-89年及び2006-07年に実施した食事調査より，両調査期間に対応のある4世帯（C～F家）の，両期間における12月16日から2月15日まで（1988-89年は2月8日まで）の食の変化と屋敷地生産物の役割について検討する。この季節は，ベンガル暦の冬季（*shit kal*）[4]に該当する。なお，第2章

---

4) 第3章でも触れたように，主要なイネであるアマン稲の収穫が終わり，晴天が続く，穏やかな季節である。

表 7-8　事例 4 世帯が用いたレシピ

レシピ	主要食材	出現率 (%)	
		1988-89 (n = 112)	2006-07 (n = 211)
dal (豆スープ)		44	40
torkari (カレー)	魚	56	53
	魚の頭 (Murighanda)	4	3
	干し魚	13	10
	肉	19	6
	卵	10	1
	野菜 (nilamish)	7	14
bhorta (マッシュ)	魚	4	9
	干し魚	2	2
	ダル豆	0	0
	野菜	11	34
bhaji (フライ)	魚	13	18
	卵	22	28
	肉	3	0
	葉菜	24	28
	その他野菜	15	42
bhona (揚げ物)	魚	0	6
	肉	0	6
	卵	0	3
	干し魚	0	1
	ダル豆	0	0
野菜の bora (天ぷら)		0	7
chacchori (魚を油とスパイスで料理したもの)		0	1
puri (小麦粉と豆の粉を原料とする揚げパン)		0	1
chicken kolma (ローストチキン)		2	0
詳細の記載無し		13	21
計		261	337

(出典：筆者調査)

「調査の方法」でも述べたように，1988-89 年は，筆者が前日の食事を聞き取る方法，2006-07 年は，調査対象世帯の世帯員による自記式の形を取った。当該期間中の，総調査日数 (4 世帯分を全て合算したもの) は，1988-89 年は 112 日，2006-07 年は 211 日であった。

表 7-8 では，両期間の調理法の変化についてみている。一日における各レシピの出現の状況について，全調査日数を全 4 世帯分，合算したものである。1988-89 年調査では，魚と野菜の入ったトルカリと豆スープ (ダル) がメインであり，半分 (2 日に 1 日) は食卓に上っていた。次いで，菜っ葉の炒め物 (バジbhaji)，卵焼き (bhaji)，肉のトルカリが続いている。2006-07 年には，一つ一

つの出現割合は少ないながらも，1988-89年の調査にはあらわれていなかった多くのレシピが，登場していた。これらは，*bhona*（ボナ　材料を一度炒めた後で少なめの水で煮込むトルカリ，通常の汁が多いトルカリより，同じ人数で食べるとき材料を多く必要とする）や，*bhora*（ボラ　天ぷらのようなもの），*puri*（プーリー　コムギ粉とマメの粉を練って揚げたもの），*chacchori*（チャッチョリ　魚をさまざまなスパイスと油と混ぜ合わせたもの）など，材料や油を多く必要とし，またいろいろなスパイスも使うような料理である。調理法に変化が出てきたことがうかがわれる。しかし，零細な農業世帯であるF家では，このような料理はほとんど登場せず，魚のトルカリ，野菜や卵のバジなど，1988-89年と同じようなレシピで食材が調理されていた。

1988-89年にもあった料理のうち，2006-7年にもみられるものでは，豆スープと魚のトルカリは相変わらず頻度が高い。顕著に増えたのは，野菜を用いた料理で，野菜の*borta*（ボルタ　米の上に載せて一緒に炊くなどし，蒸した野菜をつぶしながらスパイスや少量の油と混ぜ合わせたもの）や野菜炒め（*bhaji*）が顕著に増えている。なお，出現した全レシピを合算すると，1988-89年は261％，2006-07年は337％であり，2006-07年には，一日の食卓に上るレシピのバラエティが増加している。

次に，食材についてみてみよう（表7-9，表7-10，図7-2）。図7-2は，表7-9の情報の中から，大きな分類ごとの出現頻度及び入手先について，図示したものである。1988-89年には，15種の野菜，9種の魚，4種の家畜肉，4種の果物が食材として供せられた。一方，2006-07年には，24種の野菜，13種の魚，3種（部位も合わせると6種）の家畜肉，3種の果物が利用されている。なお，2006-07年の一年分では，60種の野菜，31種の魚，6種の家畜（及び野生動物）肉（部位も合わせると10種），6種の果物が利用されていた。乾季は，野菜の盛期ではあるが，果物，魚は雨季の方が盛期であり，そのために，魚や果物は利用種数が少なく出ているものと思われる。

ダル豆は両期間とも全て購入されており，牛乳も同様であった。K村でも牛乳は，ルジナとして近隣の雌牛を飼っている世帯より毎日購入することが多い。牛乳については，4世帯のいずれもウシを飼養していなかったが，出現頻度は大きく増加していた。

野菜は，上に述べたように種類が大きく増え，また野菜全体の出現頻度も，170％から273％へと大幅に増えた。具体的に，食材として利用された野菜を

第7章　都市近郊化と屋敷地林の変化　| 233

表7-9 事例4世帯で利用された食材とその入手先の変化

	1988-89							2006-07							
	世帯数	出現日数（延べ）		入手源				世帯数	出現日数（延べ）		入手源				
	利用あり	自給あり	日数	%	自家生産・採取	(うち屋敷地)	購入	不明	利用あり	自給あり	日数	%	自家生産・採取	(うち屋敷地)	購入	親戚より	近隣世帯より	不明
1 ダル豆	4	0	50	(45%)	0%	0%	100%	0%	4	0	91	(42%)	0%	0%	100%	0%	0%	0%
2 野菜 17種（うち8種に自給あり）									31種（うち19種に自給あり）									
	4	4	190	(170%)	22%	17%	73%	5%	4	4	588	(273%)	18%	13%	71%	4%	0%	7%
3 魚 9種									13種									
	4	4	66	(59%)	42%	42%	58%	0%	4	4	159	(74%)	75%	71%	16%	1%	0%	8%
4 干し魚	3	1	16	(14%)	6%	6%	94%	0%	4	2	29	(13%)	10%	10%	86%	0%	0%	3%
5 卵 1種（鶏卵）									2種（鶏卵，アヒル卵）									
計	4	4	40	(36%)	85%	85%	13%	3%	4	4	77	(36%)	90%	90%	4%	0%	0%	6%
6 肉 4種（牛肉，鶏肉，ヤギ肉，ハト肉）									3種（牛肉，鶏肉，アヒル肉）									
計			34	(33%)	30%	30%	57%	14%	4	2	49	(27%)	27%	27%	61%	0%	0%	12%
7 果物	3	2	20	(18%)	55%	55%	40%	5%	2	2	36	(18%)	44%	44%	56%	0%	0%	0%
8 牛乳	3	0	12	(11%)	0%	0%	100%	0%	4	0	121	(56%)	0%	0%	100%	0%	0%	0%

（出典：筆者調査）

　みてみよう（表7-10）。1988-89年には，だいたいトルカリの付け合わせ等はジャガイモで済ませ，ユウガオやナスを時々使い，その他の野菜はたまにしか使わない，といった単純で低調な野菜の利用であったといえよう。2006-07年には，利用される野菜の種類は確かに増えたが，そのうち1988-89年の調査期間で利用されていなかったものは，出現頻度が低いものに多く，購入のみあるいは自給の比率の低いものが大半であった。これを見ると，"ときどき食卓に上る野菜"のバラエティは確かに増えてはいるが，それよりはむしろ，1988-89年にもときおりは使っていたジャガイモ以外の野菜を，日常的に利用するように変わってきた，という方がより実態に近いだろう。野菜の消費の増加については，野菜の摂取増大を勧めてきたテレビなどによる政府の啓発番組や，その他バングラデシュ農業大学やNGOなどによる啓発の取り組みが奏功したといえるかもしれない。

　全体の自給－購入比については，図7-2が示すように，魚の自給割合が増えているほかは，あまり顕著な変化はない。両期間を通じて高い出現頻度を示し，多くの料理に用いられるジャガイモ，ナスは，いずれの年も大半が購入品であった。この2種を除くと，自給の割合は，1988-89年には47%，2006-07年には29%となった。さらに，ツル性の野菜及びタロ，バナナ，パラミツと

表 7-10　頻度別にみた野菜の種類と自給の割合

表 7-10-1　1988-89 年に利用された野菜

出現頻度	自給または贈与による入手割合				
	75％以上	50％以上	25％以上	それ以下	なし
50％以上					ジャガイモ
20％以上		ユウガオ			ナス
10％以上			フジマメ		
10％未満	ユウガオの葉，バナナの花，パラミツの幼果，*Butoa shak*（野草）	ダイコン葉，ヒユナ			ダイコン，カリフラワー，フダンソウ，トマト，ヒユナ（赤），カボチャ，タロイモ

表 7-10-2　2006-07 年に利用された野菜

出現頻度	自給または贈与による入手割合				
	75％以上	50％以上	25％以上	それ以下	なし
50％以上			フジマメ	ジャガイモ	
20％以上				ナス，カリフラワー	
10％以上	<u>ユウガオの葉</u>	<u>ユウガオ</u>，ヒユナ	ヒユナ（赤），アブラナ	トマト，キャベツ	フダンソウ，オクラ，ダイコン葉，ニンジン，ダイコン茎，タマネギ葉
10％未満	<u>パパイヤ</u>，<u>パラミツの幼果</u>，<u>カボチャ</u>，<u>ユウガオの花</u>，カクロル（spinny bitter gourd）の葉，<u>バナナ</u>，<u>タロイモの茎</u>，<u>バナナの花</u>	タロイモ		ダイコン	オクラ，ニガウリ，ナンバンキカラスウリ，ポトル（pointed gourd）

注）下線は 1988-89 年でも利用されたもの，網掛けは主に耕地で栽培される / 採れるもの

　いった，屋敷地で主に栽培される野菜についてのみ自給の割合をみたところ，1988-89 年は 7 種，55％，2006-07 年は 16 種，38％であった．野菜の自給の割合は低下したが，屋敷地由来の野菜については，2006-07 年においても，約 4 割が自給されている．また，1988-89 年にはジャガイモに次いで最も利用されていたユウガオは，その出現頻度が大きく低下したが，自給の割合に大きな変化はなく，6 割近い．またユウガオの葉は，全て購入以外の方法で入手されていた（なお，1988-89 年は全て自給，2006-07 年には，隣の世帯よりもらっている世帯があった）．

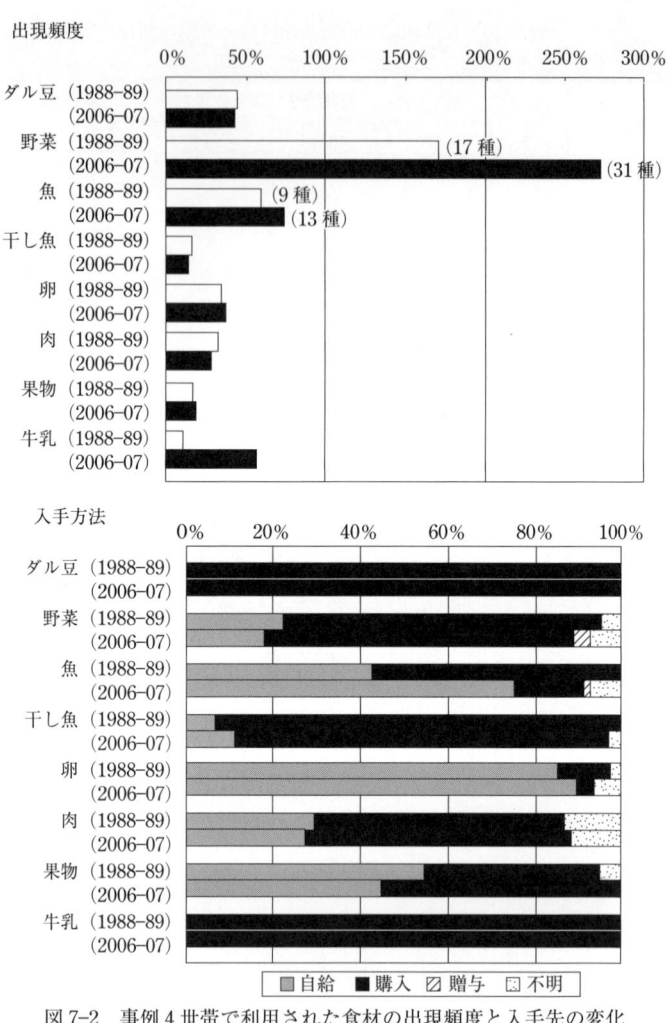

図 7-2　事例 4 世帯で利用された食材の出現頻度と入手先の変化
（出典：筆者調査）

　魚は，野菜に次いで出現頻度の高い食材であり，1988-89 年は 60％，2006-07 年は 70％の出現頻度をみせた。ただ"魚"とのみ記録／聞き取った回答も多かったが，種名までわかったものをみてみると，1988-89 年には，エビ（野生）が最も多く，ルイ（*ruoi*: *Labeo ruhita*）やカトール（*katol*: *Catla catla*）といった在来の養殖魚種が挙げられていた。2006-07 年には，ルイが最も多く，ショ

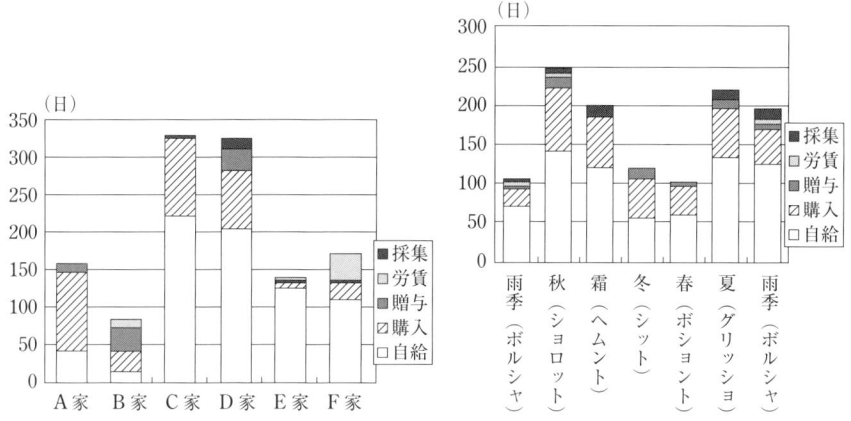

図 7-3 世帯別，季節別にみた，事例 6 世帯の生魚の入手先（2006-07 年）
（出典：筆者調査）

ルプティ（*shorputi* 野生）が次いでいた。パンガス，ティラピアなどの，新しく導入されてきた養殖種（配合飼料で高密度に養殖する）も消費されていた。これは，対象世帯のうち 2 世帯が養殖事業に携わっているとともに，市場でも手に入りやすいことが影響していよう。一方，エビの出現頻度は，大きく減少しており，獲れにくくなってきたとの声が聞かれていた。

　魚は，自給の割合が高いが，大きくは池等での養殖と，沼沢などのオープンアクセスな内水面からの漁獲（採集）の二つの経路があった。また近年の養殖池の増加に伴い，養殖池でのさまざまな労働提供の報酬として魚をもらってくる，という入手の経路も出てきており，生魚の入手ルートは多様である。図 7-3 は，生魚の入手経路について，さらに詳しく，食事調査の全対象世帯 6 世帯の世帯別及び季節別の入手先を表している。すべての対象世帯は池を所有しており，加えて C 家は養殖専用の池を所有している。土地なし農家である B 家は自給の比率が少ないが，それは，所有している池が共同所有で自由な漁獲ができない上に，B 家の持ち分が少ないためである。その代わりに B 家では，購入のほか，村内の養殖池での見張り番の労賃として魚を得たり，自家の池で魚を養殖している隣家の裕福な A 家（世帯主同士が父系のいとこにあたる）から分けてもらうなどの入手ルートがみられる。B 家では，さまざまな食材を A 家より分けてもらう一方で，娘が調理などの手伝いを日常的にしている。A 家

で購入比率が高いのは，イリシュ (*Tenualosa ilisha*)[5]など，沼沢や池からは入手できない魚を頻繁に購入するからであった。E家，F家でみられるのは，村内にあるガジャリアビール（沼沢）からの魚の漁獲である。乾季にあたる冬季及び春季を除き，日常的に行われている。とくにF家では，世帯主と息子が頻繁に沼沢に行き，4分の1ほどの出現率で沼沢からの魚が食卓に上がっている。個人の資源が不足する世帯にとって，内水面などのオープンアクセスな空間の重要性が浮かび上がってくる[6]。季節的な変動が激しい生魚と異なり，干し魚は，年間を通じて比較的安定的に利用されていた。なお干し魚は大半が購入によっていた。

卵は大半が自給，肉は自給が3割ほどであった。いずれの品目も，両期間における出現頻度はほとんど変化がなかった。また，果物についても，出現頻度，主な産品に大きな変化は見られなかったが，自給の割合がやや減少していた。

このようにみてみると，事例世帯では，レシピの変化，野菜の消費の増加及び魚の自給度の増加がみられた。しかし，全般的に各食材の出現頻度や入手先に大きな変化がなかったことは興味深い。その理由の一つとして，当該4世帯で若干の世代交代はあったものの，当時調理に携わっていた妻，あるいは手伝っていた若嫁が現在も調理に携わっており，そのために，市場の発達等の外在的な変化はあったものの，それは女性たちが身につけてきた食材の選択や身の回りでの生産の形に，さほど大きな影響を与えなかったということも考えられよう。

最後に，世帯ごとの変化についてみてみよう（具体的な数値は，図表集358頁表7-11を参照されたい）。1988-89年調査では，野菜の出現頻度については，世帯間の相違は少なく2回[7]/日前後であり，自給の割合もいずれの世帯も3割前後であった。耕地からの野菜はほとんど利用されていなかった。魚についてはC家 (1.0回/日)，F家 (0.69回/日) が多く，当時池をもっていなかったD家 (0.05回/日) ではほとんど出現していなかった。卵については，C家，E家が0.5回/日前後であった一方，D家とF家の利用が少なかった (0.2回/日前後) が，F家では卵は多くを販売（卵のまま，あるいは雛に孵して）していたからである。

5) バングラデシュの国魚。基本的に海に住むが，産卵期に大河の本流に上がり，そのときに漁獲される。油分が多く美味で，贅沢な食材とされている。
6) 最も自己所有の資源に乏しいB家で沼沢からの採集がみられないのは，唯一の男性である世帯主が高齢かつ病弱であるためである。
7) 複数の種類がある場合，別にカウントするため，1を超えている。

2006–07年になると，野菜の利用種類数や出現頻度が，D家及びF家で顕著に増加した。D家では屋敷地内に積極的に畑を作り，F家では屋敷地外の畑に野菜を作付けしている。またC家では，新しくビジネスとして始めた養殖池の周りに野菜を栽培するようになったが，E家では，屋敷地が暗いことなどもあり，世帯主の妻の野菜の栽培への関心は低下していた（世帯主の母はそれでも，いろいろと植えていた）。D家では新しく池を掘削したため魚の摂取が増え，全ての世帯で，平均2日に1回以上，魚が食卓に上っていた。C家とD家ではその一方で肉の出現頻度が減少し，1988-89年にはほとんど肉を食べていなかったF家での消費が増えた。卵については，E家ではニワトリを飼わなくなったため卵の出現頻度が減少し（0.1回/日），ニワトリを飼っている他の世帯では卵の出現頻度は増えていた（0.31〜0.6回/日）。牛乳は，決まった世帯から毎日購入しているC家とD家で，出現頻度が大きく増加している。果物は全体的に出現頻度は低かったが，また世帯によっても異なり，1988-89年はE家で多く，2006-07年にはD家で多かった。果物の利用は，それぞれの世帯の嗜好にも影響される。E家では，1988-89年当時，世帯主の母が積極的に果樹などを植えており，D家では，世帯主の妻を筆頭に子どもたちが果物好きであり，いろいろな果樹を栽植し収穫を楽しんでいた。

　このようにみると，世帯の生産の増減に関係なく消費が増えていたのは，牛乳のみであった。そのほかの食材は，畑の耕作，池の掘削，家畜の飼養など，何らかの生産状況の変化によって，消費が変化していた。また，野菜，果物，魚，卵，肉の重要な入手先は屋敷地及び池であり，屋敷地が自給にとって果たす重要性が維持されていることが示唆された。

　屋敷地からの生産物の販売についてみると，卵が重要な役割を果たしている。C家では，卵は妻が子どもたちに市場に売りに行かせ，収入は自分が管理している。F家でも，卵を近隣の世帯に売った収入は妻が管理している。これらは，子どもの文房具や装飾品，あるいは鍋などの調理用具を買うときなどに，気兼ねなく使うことができる重要な収入源となっている。また，この調査時期には販売されなかったが，D家では中小家畜は子らが飼養し，その売り上げを自分たちの小遣いにしている。E家でも，グリーンココナツなどの果物を行商人が買いに来たときの売り上げや，自身で枯れ枝などを集め燃料の束にしたものの売り上げは娘の小遣いとしていた。屋敷地の生産物は，女性だけでなく，自分の裁量で買い物をしたくなってきた年頃の子どもたちの小遣い源ともなっ

ていた。

5　暮らしの変化と女性

　1988-90年から2006-07年の間に，村の暮らし，女性の暮らしはどのように変化しただろうか。

　大きな変化として，先に述べたような農外就業の増加に加え，自給的に行われていたさまざまな作業の外部化が進行したことが挙げられよう。かつては，稲の収穫後の調製作業は，非常に労力を費やすものであった（第3章1を参照）。男性の作業者を雇い，人力及びウシで脱穀させると，それから後は女性の仕事となる。ワラにまだ残っているモミを拾い上げる作業，モミの中のごみを取り除ける作業，モミを大きなカマドで蒸す作業（パーボイル），パーボイルしたモミを庭に広げて干す作業と，収穫後の作業は延々と続く。また，人を雇う際には，食事の提供，報酬としての精白米の用意も必要であった。米の精白は，足踏み脱穀機を用い人力でやるしかない。これらは，全て女性の役割であった。これら全てを家人だけで賄うことは不可能であり，人を雇える余裕のある世帯（つまり，稲作関連の作業も多い）では，女児を住み込みで雇うなどして家事も含め作業全般を手伝わせていた。

　現在，この収穫後の一連の作業は精米所に外注できる。また，精白も精米所で頼めるため，労働量は大きく減っている（ただ精米所では，米を干している最中に雨が降っても取り込まないため味は落ちるという認識が，女性たちの間にはあった）。

　その一方で，縫製工場やその他，さまざまな就業機会が増えたため，一日中拘束される家事手伝いの人手は大変見つかりづらくなっており，現在，人を雇うとしたら，かなりの賃金を払う必要があるだろう，ということであった。そのため，家事手伝いを雇用している世帯はほとんど見あたらない。家事手伝いにさせていた諸々の家事は，家人で賄うこととなる。

　他方，娘たちも含め，子どもたちの就学率が初等，中等，高等教育全般にわたり向上しているため，もっぱら主婦の肩にその負担がかかるようになった。このような状況の中で次に外注されたのが，スパイスのペースト作りの作

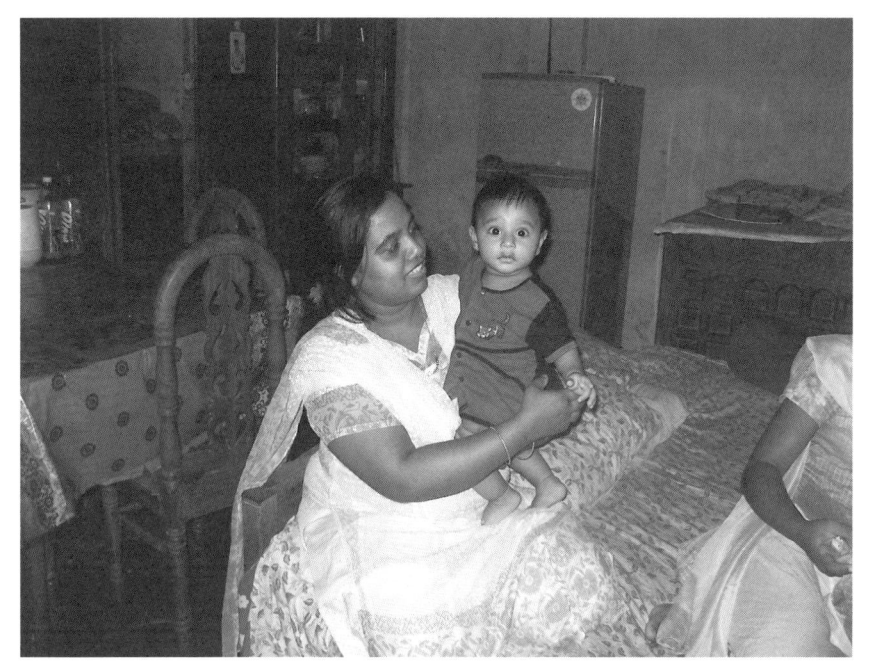

写真3　村に冷蔵庫が登場した（2006年11月）

業であった。スパイスのペースト作りは，4，5種類のスパイスを，粒からなめらかなペースト状になるまでつぶしていくため，2時間ほどはかかる最も大変な家事の一つである（コラム3参照）。冷蔵庫のない時代（現在，K村では裕福な世帯では冷蔵庫を所有している（写真3）。なお，対象6世帯のうち，2006-08年時点で，2世帯が所有していた），その日に作ったものをその日に食べる，ということが基本であるため，常に新鮮な生スパイスで料理が作られていた。現在では，K村の世帯の大半が粉スパイスを用いている。マーケットでスパイスを粉に挽いてもらうことが多いが，挽いてもらう時には，常に誰か家人が見張りをつけていないと，砂などの異物を混入されるおそれがある。夫に買い物のついでに頼むというのでは心許ないという。食品の購入の割合が増えるにつれ，夫に頼んで買いに行ってもらうことへの不便や不満（"夫は良いものを見極められない"，"傷んだものを売り手の言われるままに買ってくる"等）が妻の中で大きくなり，自ら買いに行く女性も見られるようになってきている。

　女性の仕事は，家の外に出る機会は少ないものの，雇い人など家族外の人を

も含めて農家経営をともに切り盛りするという役割から，家族の衣食住を管理するという役割へと縮小している。消費生活の進展とともに，消費者として，夫任せではなく自分の手で家族が使うものを選びたい（買いたい）と考える新しい女性たちの姿がうかがわれる。その一方で，働き手としての女性の役割が見えづらくなり，「うちの母さんは，のんびり休んでばかり」という発言が，息子の口（F家の息子）から聞かれたりもするようになっている。

　家計の切り盛りについては，聞き取りのできた5世帯6生計（D家には親夫婦と娘夫婦の2つの生計がジョイントで切り盛りされており，食事も一緒であった。）のうち，妻が全てを切り盛りしている世帯が3，夫が管理している世帯が2，必要な生計費を妻が夫に言って渡してもらっている世帯が1であった。夫が管理している世帯のうち，一つの世帯は幼少時よりきょうだいのように一緒に育った夫妻で，お互いの親密度の高さが日頃の振る舞いからも感じられ，妻の裁量権がないと一概にはいえない。また，「自分がお金を持つと，借金の無心への対処など心労も多い」と考え（彼女の母がその対処に苦労しているのをみて育った），自分ではサイフをもちたくない，と考えていた女性もあった。村全体の傾向としても，世帯の収入全部ではないとしても，家計費として女性が管理し，やりくりしている世帯が多いという話であった。

6　屋敷地林の伐採と補充

　事例世帯における屋敷地林の伐採と栽植の状況及びその理由から，屋敷地林の樹木に対する村人の意識についてみてみよう（表7-12）。4年前に新しく屋敷地を作ったA家を除いた5世帯の1990年以降の伐採と栽植の状況をみると，全体で17種55本（食用となる栽培植物5種，食用とされない栽培植物4種，野生植物8種）の樹木が伐採されていた。伐採の理由としては嵐による倒木や，田んぼが暗くなるためなど，伐採自体が目的ではなかったものもみられた。植物側の理由によるものもあった。C家のパラミツは，その材をすぐ利用する予定はなかったが，虫がついて実が付かなくなったため，木材としての価値があるうちに伐採し，利用する時まで池に沈めてある。

　樹木の伐採からの収入は治療費や娘の結婚といった臨時の出費のためにも役

表7-12 事例6世帯における樹木の伐採状況，伐採の理由と伐採後に植えた樹種

世帯名	伐採年	樹木名	本数	価格(タカ)	伐採の理由	伐採後に植えられたもの
B家	2006	アメリカネム	1	5,000	隣人に売却を強要された	アメリカネム，アカシア
	2005	アメリカネム	1	5,000	世帯主の治療費のため	アメリカネム，アカシア
	2004	アメリカネム	2	7,000	娘の結婚費用のため	アメリカネム，アカシア
	2000	アカシア	1	1,300	世帯主の治療費のため	
		bon gojari	1	4,000	同上	アメリカネム，パラミツ
		パラミツ	3	6,000	同上	
	1997	マンゴー	1	1,200	同上	アメリカネム，ビンロウ
		オオバサルスベリ	1	1,000	同上	ジュ，オオバマホガニー
		kharajora	1	1,200	同上	
C家	2006	red ceder			養殖池の建設のため	ココヤシ
		パラミツ	2	8,000	木が腐りかけたので，木材の価値がなくなる前に伐採（現在は水中に沈め保管）	
	2002	pitraj	6	7,000	住居建設に利用	
		ベンガルガキ	1		同上	アメリカネム，オオバマホガニー
		オオバサルスベリ	1		同上	
		オウギヤシ	1		同上	
D家	2008	ユーカリ				
		パラミツ	5	10,000	政府の道路拡張計画のため	
		アメリカネム				
	1996	オウギヤシ	1		住居建設に利用	
	1988	ビンロウジュ	1		嵐で倒れた	
		マンゴ	1		同上	
E家	2006	ビンロウジュ	10		柵のために	ビンロウジュ
	2002	pitraj	1	5,000	生計費のため	
		karoi	1	5,000	同上	オオバマホガニー
		マンゴー	5	10,000	同上	
		オオバサルスベリ	2	10,000	同上	
		パンヤノキ	1		同上	
	1990	パラミツ	1		家具に利用	
		ゴレンシ	1		不明	
F家	—	ビンロウジュ			家畜小屋に利用	
	—	クジャクヤシ			燃料として	

(出典：筆者調査)

立っていることがわかる。とくに，屋敷地は大きいものの，耕地をもたず世帯主が病気がちであるB家では，治療費や娘の結婚などの経費捻出のために樹木が伐採されていた。しかし2006年に近隣の世帯に販売したアメリカネムは不本意なものであった。安値での購入の申し出に，軽口で「わかった」といったところ，力づくで本当に伐採され，もっていかれてしまったという。これは，

B家の，地域における社会経済的な弱さが，大きく影響しているといえよう。

　樹木は，家や小屋を建てるための建材としても利用されている。屋敷地も広く，また現金収入も潤沢であるC家では，樹木はそのような目的のために，屋敷地林として蓄財されているようであった。

　次に，伐採した後に植えた植物をみてみよう。樹種としては，食用となる栽培植物が3種，食用とされない栽培植物が3種の計6種が植えられていた。圧倒的に多いのが，木材としての需要が高いオオバマホガニーとアメリカネムであった。屋敷地の植物は，「嵐の時，風から守ってくれ，果実や，燃料，建材を提供してくれる」(E家の母)，「果物，野菜，そして燃料を提供してくれる」(F家の夫)。「娘たちのためにマンゴーやパラミツ，アメリカネムを植えたい」(B家の妻)，「お金になる木を植えたい」(E家の妻)，「5人の娘たちのために5本（それぞれ1本ずつ）のザボンの木を植えた」(D家の妻)。「自分や息子は木を植えるのが好きだけれど，夫は下手で，すぐ枯らしてしまう」(C家の妻)。屋敷地の植物への思いは，それぞれである。が，屋敷地の植物を増やしたい，という思いは共通していた。

7　小括

　K村では，世帯あたりの屋敷地は小さくなったものの，依然，全国平均よりもはるかに広い面積をもつ。屋敷地の植物の栽植への関心は高く，とくに，木材用のさまざまな樹種が積極的に栽植されるようになっていた。事例世帯でも植物数は増えており，全体的に樹齢が上がるなか，マンゴー，パラミツ，オオバマホガニーが好んで植えられていた。男性も積極的に栽植しており，とくにオオバマホガニーを多く栽植していた。一方，屋敷地内での野菜の栽培は，栽培できる面積が減少してきた。そのため，養殖池を導入している世帯では，池周りの肥沃で日照の良い土地で栽培するようになってきていた。

　このような栽植の志向の変化は確かにみられたが，具体的な食生活における食材の利用や，果物の利用用途をみてみると，そこでは，依然自給をベースに組み立てられており，市場の発達には必ずしも影響されない部分を多く含んでいた。

近郊農村のK村では非農化がすすみ，女性たちは，生産から分離されたところでの，消費生活の担い手としての「近代家族」的な[8]"主婦"に変容しつつあるように見受けられる。しかし，そのような中においても，屋敷地の植物の栽植への関心は低くはなっていない。屋敷地の生産物は日々の食卓に供せられ，また果物は利用する楽しみに加え，村内外での社交に用いられ，収入源としての役割ももっている。また，木材は生計の維持や不測の支出（木材としての現物支給も含む）に重要な役割を果たしてきた。人々は，伐採したあとには新しいものを植えるという活動を怠らない。その樹種は，かなり限定的ではあるが，K村は，屋敷地面積が大きく，叢林もD村と比較すると格段に大きい。その空間の中で，自然実生から大きくなった野生の樹種も比較的維持されている。

　交通利便のよい近郊農村として農業離れが進む中，かつては主要な農業生産の作業の一翼を担う作業場としても重要であった屋敷地は，現在，生活の場としての役割が大きくなり，快適さがより意識されるようになってきているように思われる。「マンゴーの季節，大風の時に，マンゴーの実が屋根の上に落ちる音を聞くと嬉しくなる」（D家の15才の娘の言葉），「私は村の暮らしが好き。静かで快適だから」（E家の18才の娘の言葉）という次世代を担う少女たちの声は，自分たちの手で整えていった樹木や植物に囲まれた，村の暮らしの楽しみを物語っている。ただこれは，立地の良さに加え，K村が屋敷地の広さの面でも恵まれていることも大きく作用していよう。K村でも，世帯間での屋敷地面積における格差，二極化の傾向がみえている現在，このような快適さを享受できる世帯とできない世帯の分化もより鮮明になっていくことだろう。後者の人たちはどのような選択を取るか，はるかに密集した集落をもつ近隣村との比較も，今後重要となっていこう。

---

[8] 生産及び生活を営む共同体である「家」の一員として多様な活動を担う位置づけから，産業化の進行により，生産と生活が分離し，女性は「消費」を中心とした生活の場の担い手（すなわち"主婦"）となっていく。この，近代の産業化の中で生まれてきた家族の形を「近代家族」と呼ぶ（落合1989）。

【コラム5　家族，家計，屋敷地林：村の女性の語りから】
（2006～07 年）

—— A家の主婦，40歳で5人の母 ——

　ショングラム（パキスタンからの独立，1971年）のときは2，3歳だったわね[1]。私は学校には行っていない。夫は，私の姉の義母（夫の母）の甥（姉妹の息子）なの[2]。年は10歳以上離れている。私が家のマンゴーを食べていたところに，夫が私を見に来たのを覚えているわ。結婚して3年目に長女が生まれた。子どもは全部で5人。そのうち二人の娘を結婚させたわ。結婚してもう23年経つわね。

　夫の家は，もともとは2.5エーカー（約1ヘクタール）の土地をもっていたんだけれど，夫の祖父の病気の治療のために土地を売ってしまって，今は屋敷地しかもっていない。夫は魚の養殖場で餌をやる仕事をしたり，見張り番をしたり。それから果物の小商いをしている。果物を仕入れて，村のモール（数軒の店が並んでいて人々が集まってくるところ）で売るの。私は，月300タカの賃金で村にある私立の幼稚園の用務員をしている。夫は，1992年に病気で入院して，また，その後も入退院をくり返している。夫の見舞いや薬をもらいにマイメンシンの町に行くときには，一人で出かけるわ。

　屋敷地の植物は重要な財産。12年前には，木を2本売って2000タカで隣り合う屋敷地を少し買い足したわ。8年前には夫の病気の治療のために木を5本売って，1万1300タカを工面した。このとき，よく実がつくカタール（パラミツ）の木も切ってしまった。2年前には，娘の結婚資金のためにレインツリー（アメリカネム）2本を7000タカで売った。1年前にもレインツリー1本を5000タカで売っ

---

1) 中高齢層では学校にも行っていない人も多いため，自分の年齢がはっきりしない人も少なくない（いつ聞いても"40歳"，ということもある）。村の人々にとって大きな出来事であった1971年の独立のときに何歳くらいだったか，という問いは，大体の年齢を把握するのに有効な方法である。

2) バングラデシュは親戚関係を非常に大切にし，親戚の関係を示す言葉が大変発達している。たとえば，同じ"おじさん"でも，父のきょうだいならばカカ，母のきょうだいならばママとなる。このように，父系か母系かで単語が異なってくるため，数十をこえる親戚に関する単語があり，それらを覚えるのは大変難しい。その一方で，日本語のような，きょうだいの上下を区別する独立した単語はなく，たとえば男きょうだいのうち兄ならばボロ・バイ（boro bhai 直訳すると大きい男きょうだい），弟ならばチョト・バイ（choto bhai 同じく小さい男きょうだい）となる。この親戚関係の単語は，血縁や婚姻関係のない親しい者同士でも援用され，どの語を選んで用いるかによって当事者同士の関係性も映し出す。

た。これは薬代や生計費のため。今年もレインツリーを1本5000タカで売ったのだけれど，それは売るつもりはなかった。隣の人に「5000タカで売って」と言われたのを，夫が軽口で「売るよ」と答えたら，本当に切って持って行ってしまったの。良い木だったから5000タカは安すぎた。

グラミンバンクには，1年前から入っている。最初に借りた2000タカのローンは夫のマンゴーの商いの資金にした。毎週46タカ，48週で返すことになっている。グラミンバンクは，隣のミナやミナの兄嫁も入っているよ[3]。孫が生まれたときにも費用がかかったので，8000タカのローンをもらった。月100タカの年金積み立てにも入っているわ。

夫の果物の小商いや野菜や薪を売ったお金は夫が管理している。私のお金は，幼稚園の賃金の他に，屋敷地にあるココヤシの葉でつくるほうきやニワトリ，ハトを売ったお金。

―― C家の主婦，40歳で4人の母 ――

私が生まれたのは，ムクタガサ[4]。パルダが厳しい村だった。父は，若いころはイスラムを学び，今は小学校の先生をしている。兄が一人いて，私はきょうだいの2番目。そして弟が4人，妹が5人。自分の上に2人兄が，下にもあと2人きょうだいがいたけれど，小さいころに亡くなってしまった。一番下の妹はまだ勉強しているわ。

結婚したのは，1980年。それまで勉強を続けていたけれど，SSC[5]の試験を受ける前に結婚してしまった。近くの村に従姉妹が嫁いで，そのつながりで結婚したの。夫は4歳の時に父親が亡くなったので，土地はあったけれど苦労して育ったそうよ。夫は一人っ子だったので，母親と一緒に従兄弟の家に暮らさせてもらっていた。結婚の時には，オロンカール（夫からのプレゼント）もなく，家はあばら屋で，大変なところに嫁に来てしまったって，とても悲しくなったわ。結婚の翌年，81年に従兄弟の家から分かれて自分の家をもったけれど，羽振りが良くなってきたのは，ようやくこの5年くらい。

この村は，私が生まれた村より戒律がずいぶん緩くて，最初のうちは女性が自

---

3) 隣のミナの家は，非常に裕福な世帯である。
4) ムクタガサは，マイメンシンとタンガイルを結ぶ幹線道路沿いにある町で，マイメンシンからは30分ほどの距離である。
5) Secondary School Certificate（中等教育修了資格試験）の略。SSCは10年生までの課程を修了したことを証明するもの。12年生までの過程の終了を証明する資格は，High School Certificateと呼ばれ，大学に入るには，HSCが必要となる。さらに8年生を終了後に職業訓練学校に進む教育ルートもある。(BANBEIS 2012, online)

由すぎて嫌だな，と思っていたけれど，今になるとこちらの方が楽で良いね。

夫は，マイメンシンの街の貸し店舗で雑貨店を開いていたけれど，その後，村の辻で雑貨店を始めた。その後，2002年に魚の養殖を始めて，そちらが忙しくなったので，2006年から店は他の人に貸すようになった。夫は，新しいビジネスを始めるときには，必ず私に相談してくれる。自分は，やってみたら良いんじゃないかっていつも答えている。

私は木を植えるのが好き。妹が病気になったときに，生家のバリに住むベティ（女性の伝統的治療師）に治してもらった。このベティは，夫も，夫の父もコビラジなの。その後，息子が病気になったときにも治してもらった。その時に植物のことをいろいろと教えてくれた。見込まれたのか，ベティの知識を教えてやろうか，と言われたのだけれど，それは断った。時間も無いしね。

息子たちは私に似て，植物を育てるのが好きだけれど，夫はダメね。植えてもすぐに枯らしてしまう。私は家畜を飼うのも好き。ニワトリ，ヤギは自分で買って育てて売っている。息子らに市に行って売ってもらっているわ。昨年（2005年）は1万4000タカ売り上げがあって，これでチュリ（腕輪）などを買ったわ。それから，私は新しいパティール（鍋）を買うのが大好きなの。ぴかぴかしたパティールをもった鍋売りが来ると，十分あるのにまた買いたくなってしまう。夫には，「パティールは足りなくないだろう？」って言われるんだけれど。

家計のやりくり全般は夫に任せている。日常の食料の買い物も夫。でも，魚は池で養殖しているし，野菜は池の横の畑で育てているからほとんど買わないですむ。日常的に買うのはスパイスくらい。私は，2，3カ月に一回程度，息子と一緒にマイメンシンの街にサリーなどを買いに行くわ。私はお金を扱いたくないのよ。私の母はまとまった自分のお金をもっていたんだけれど，借金を申し込む人などもいて，その対応に苦労していたわ。そういうのをみていると，お金はもちたくないと思うわね。

—— D家の主婦，40歳で8人の母 ——

私の人生？　私の人生は波瀾万丈よ（笑）。私はきょうだいの一番上で，下に3人の弟と4人の妹がいるわ。父と母は元気よ。1974年に夫の父が亡くなったんだけれど，夫は一人っ子だったので，家族が母一人子一人になってしまった。家族が少なくてさびしいというんで，私はその2年後，9歳のとき，小学校3年生で嫁いできたの。夫は14才だった。まだ幼かったし，夫とはきょうだいのように育ったのよ。そのうちに夫が自分のベッドに入ってこようとしてきた。最初のうちは「何するのよ」って肘鉄を喰らわせてたわ（笑）。夫は，SSCをパスして，1979年に今の仕事（裁判所の職員）についたの。夫はとても良い人だよ。穏やか

で優しい人。

　夫の父は，生まれつき手が悪くて仕事につくことができなかった。それで，夫の祖母（夫の父の母）は，オアリッシュ（相続権）[6]でもらった土地（9エーカー（約3.6ヘクタール）の土地を1人の兄弟と6人の娘で分配した）を切り売りして，やりくりしたそうよ。

　一番上の娘は私が13歳の時に産んだの。すごく早いわよね。うちは娘が6人，息子が2人。でも，3番目の娘は，交通事故で亡くなってしまったので，今は娘は5人。長女が生まれたときに，夫は木を植えたわ。私も5人の娘のために，ジャンボラ（ザボン）の木を5本植えたよ（笑）。

　家計は夫が管理している。夫は，子どもたちにはお小遣いをあげるけれど，私にはくれないわ（笑）。果物は息子に売ってもらってその売り上げは私が使っている。ヤギやニワトリは娘らが世話していて，やっぱり息子らに売ってもらって自分たちの小遣いにしているね。

　── F家の主婦，45才で7人の母 ──

　独立の時は，10才くらいだったかしら。私のきょうだいは15才離れた兄だけ。その兄と私の間には，2人の兄と3人の姉がいたんだけれど，小さいときにみんな亡くなってしまって，私はモッリ（molli 年の離れた末っ子）なのよ。それで，私はとても両親に大事にされて育ったの。「事故などに遭わないように」って外にもあんまり出してもらえなかった。学校にも行っていないわ。

　私が結婚したのは14歳の時。夫は25歳くらいだったと思う。夫の父が亡くなったので，急いで結婚させたのね。夫には兄が2人いるんだけれど，一番上の兄は，母方の従姉妹と結婚して，そちらの家に住んだので屋敷地を下の弟たちにくれたの。それを夫とすぐ上の兄とで分けたのよ。結婚して1，2日は夫の兄の家族と一緒に料理して食べたけれど，その後はすぐに別々になって。でも，その後も義姉さんがいろいろ助けてくれた。

　それで，結婚以来うちの家計は私が管理している。買い物の時には，夫にお金を渡して，買いたいものを伝えて買ってきてもらうのよ。

　家は15年前にようやく建て替えたの。それまでは3人の兄弟の名義のトタン屋根の小屋が一つだけだった。トタンを売ったお金を三つに分けて精算して，そのあと自分の家を建て直したの。

　私はモッリで大事に育てられてきたし，生家のボイロール村は屋敷地のジョン

6）　*oarish* 相続権のこと。村では，とくに女性が相続権を行使して土地を相続したときなどに，オアリッシュで手に入れた，ということが多いように思われる。

ゴル（叢林）が小さいので，この家の広いジョンゴルは怖い。ヒルもいるし。私はジョンゴルには入らないの。木を植えるのは夫や息子。葉っぱや枝はジョンゴルにたくさん落ちているけれど，燃料は全部結婚したときから買っているわ。

　私の兄は，子どもができる前に奥さんが亡くなってしまって，それ以来ずうっと一人暮らしなの。ゆとりのある暮らしをしているんだけれど，お金を使う家族がないので私たちのことをいつも助けてくれる。次男をサウジに出稼ぎに出すときにも，ずいぶん資金援助をしてくれたわ。

写真1　嫁入りの時に持ってきたモトカ

——　E家の母，70歳で5人の母　——

　結婚するときには，モトカ（motka きれいに装飾した木の櫃）をもってきたね。私が娘のころは，ダウリー（婚資）はなかったけれど，貧乏な家から来た嫁にはご飯をあんまり食べさせないで，金持ちの家から来た嫁にはたくさん食べさせた，なんていう意地悪いことはあったね。財産があって兄弟がない，そんな娘が嫁としては最高。そんな娘を探したものだよ。

　夫は8人兄弟の7番目で，結婚したときはまだみんな一緒，6番目の兄が結婚するまで一緒に食べて，その後，世帯が分かれたよ。使用人は男も女もいたね。土地もたくさんもっていたから，自分たちで作るのと貸し出すのと両方で。

　米を自分のところでシッド（パーボイル）していたころは，女の人も結構小遣いは作れたんだよ。落ちた稲穂やモミを集めたり，モミの一部をちょっと自分のところに分けて置いておいて，それを買いに来る行商人に売るのさ。モミをデキ（足踏み脱穀機）で精米してちょっとずつ売ったりね。ニワトリやアヒルも売るね。それから，私は少しストックビジネスもやってたよ。米や砂糖を買っておいて，村で少しずつ売るのさ。資金はニワトリとかを売ったお金で。夫も資金援助してくれた。うちの嫁さんも，ストックビジネスをやってるよ。

　私は植物が好きでねえ，屋敷地の木の大半は私が植えたのよ。夫からは『我が家のフォレストリー・オフィサー』って呼ばれてたね（笑）。

第 8 章
屋敷地林の植生の変化が映し出す村の暮らしの変容

ドッキンチャムリア村の事例から

第1章でも述べたように，屋敷地林の利用の変化に関するこれまでの報告では，どちらかというと，市場経済の浸透や情報へのアクセスなどに反応し，居住者が意識的に屋敷地の利用の形態を変えたというものが中心であった。

　屋敷地林は，営農体系や地域の資源利用の一つの要素であり，他の資源利用の変化の結果により，連動的に引き起こされる変化もありえよう。実際，屋敷地林の植生の変化の理由は単純ではないだろうし，とくに意図しない原因による変化は，その理由や，その変化が村人たちにもつ意味は簡単には理解しづらいだろう。

　本章及び続く第9章では，1992-93年（以下，1992年と略）及び，2004-05年（以下，2004年と略）の，ドッキンチャムリア村のチャクラAにおける植物悉皆調査の結果をベースに屋敷地及び屋敷地林の変化とその意味について検討する。本章では，この間の屋敷地林の植生の変化が村人の生活にとってもつ意味について，その変化自体を目的とした"意図された変化"と，意図はしていなかったが他の資源の利用の変化（ライフスタイルの変化も含む）により，結果として起こった"意図されなかった変化"という二つの視点から検討する。

1　営農体系の変化

　第2章でも述べたように，この間にD村では，国内の経済の好況に後押しされた村内の機織りの好景気，村内インフラ整備に伴う小商いの活性化，さらに首都ダカや海外などへの出稼ぎ等，非農化の動きがさらに進展した。

　また，夏季/雨季の伝統的な作物であるアウス稲やジュート，冬季/乾季のナタネ，コムギやマメ類の顕著な減少と乾季のHYV（高収量品種）稲の栽培の顕著な増加という，営農体系の大きな変化があった。ジュート，ムギ類，ナタネ等は，その植物残渣が重要な燃料源であり，マメはウシの重要な飼料であった。前述（第6章）のように，貧困な世帯の女性たちは収穫時期に村内の他家に働きに出，報酬として麦ワラやナタネの茎葉などのような農業副産物をもらったものであったが，そのような機会も激減した。また，堤防や道路等の建設により洪水位が下がるようになったことが，これまでは伝統的な深水稲を作っていたアマン稲においても短稈のHYVの導入を可能とし，ワラの生産量

の減少にもつながった。

　ウシの飼養は，その飼養形態が大きく変化した。マメ類の栽培の減少はウシの飼料の減少を意味する。1992 年には，村人たちは，マメ類の茎葉や実を食べさせ，休耕地や道ばたで草を食べさせていた。しかし，2004 年には，自家飼料の減少及び在来種から改良種への変化により，改良品種のウシが，屋敷地の中で購入飼料によって飼養される形に変わってきた。そして，これは，道ばたや休耕地での放置された牛糞の量を減少させた。

　6 章で述べたように，ナラ（刈り残された稲わらと稲株）や道ばたに落ちた牛糞は，誰でも持ち去って良いことになっている。しかし，そのナラが減少し，獲得競争は熾烈になっている。燃料源に事欠く世帯では，田んぼの持ち主が持っていく前に，収穫のすぐ後にナラを持ち去るようになっている。資源量が減少してもなお「落ちているものは誰が拾っても良い」というオープンアクセスの原理は維持されているわけで，困窮が分かち合われているとも言えるだろう。

2　植生の変化

(1)　全体的な変化

　1992 年と 2004 年のチャクラ A の世帯の屋敷地で確認された植物種と本数の概要を表 8-4 に示している。具体的な植物ごとのデータは図表集 360 頁〜364 頁の表 8-1〜8-3 に掲載している。なお，多年生の栽培植物及び野生植物（表 8-1 及び表 8-2）については，自分の屋敷地をもつ世帯数を意味する「屋敷地数」を分母に，一年生の野菜・スパイス（表 8-3）については，独立した生計の単位である世帯数を分母にしている。このように 2 つの異なった数値を分母としているのは，チャクラ A 内のいくつかの屋敷地は，屋敷地の相続過程にあり，まだ息子らによって分けられておらず，複数の世帯が一つの屋敷地に共住しているからである。このような場合，通常父が屋敷地を所有し，父，あるいは父と母が屋敷地の樹木の処分の権利をもつ。同居する他の世帯には処分の権利はないが，一年生の野菜などは，屋敷地で栽培することができる。そのため，食

表 8-4　事例世帯の植生の変化

	1992		2004		2004/1992
	数	標準偏差	数	標準偏差	
屋敷地数	16		12		0.75
世帯数	19		21		1.11
土地所有 / 世帯 (m²)	2,670	2,878	2,696	3,853	1.01
屋敷地面積 / 世帯 (m²)	503	273	654	238	1.30
屋敷地面積 / 世帯 (m²)	424	291	374	319	0.88
人口					
全体	100		91		0.91
既婚	41		55		1.34
未婚	59		36		0.61
1. 食用となる多年生の栽培植物					
全植物種数	27		24		0.89
植物種数 / 屋敷地	13.9	4.5	10.8	4.7	0.78
全植物本数	804		473		0.59
植物本数 / 世帯	42.3	32.8	22.6	27.2	0.53
2. 食用とされない多年生の栽培植物					
全植物種数	17		19		1.12
植物種数 / 屋敷地	3.8	2.1	5.3	2.3	1.39
全植物本数	170		106		0.62
植物本数 / 世帯	8.9	8.9	5.0	5.3	0.57
3. 野生で管理を受ける植物					
全植物種数	10		7		0.70
植物種数 / 屋敷地	3.8	2.3	3.5	2.0	0.92
全植物本数	131		67		0.51
植物本数 / 世帯	6.9	7.6	3.2	4.5	0.46
4. 食用となる野生植物					
全植物種数	6		5		0.83
植物種数 / 屋敷地	2.4	1.5	2.2	0.9	0.90
全植物本数	179		77		0.43
植物本数 / 世帯	13.3	12.8	3.7	2.6	0.28
5. 食用とされない野生植物					
全植物種数	16		10		0.63
植物種数 / 屋敷地	8.3	3.6	1.8	2.1	0.21
全植物本数	253		41		0.16
植物本数 / 世帯	13.3	12.8	2	3.5	0.15
6. 食用となる一年生の栽培植物					
全植物本数	22		17		0.77
植物本数 / 世帯	10.9	5.8	5.5	4.4	0.50
7. 全体					
全植物種数	98		82		0.84
植物種数 / 屋敷地	40.7		15.1		0.37
全植物本数	1537		764		0.50
植物本数 / 世帯	87.8	69.9	39.1	44.5	0.45
植物密度 / ha	2,697.4		1,323.3		0.49

(出典：筆者調査，1992 年は JSRDE)

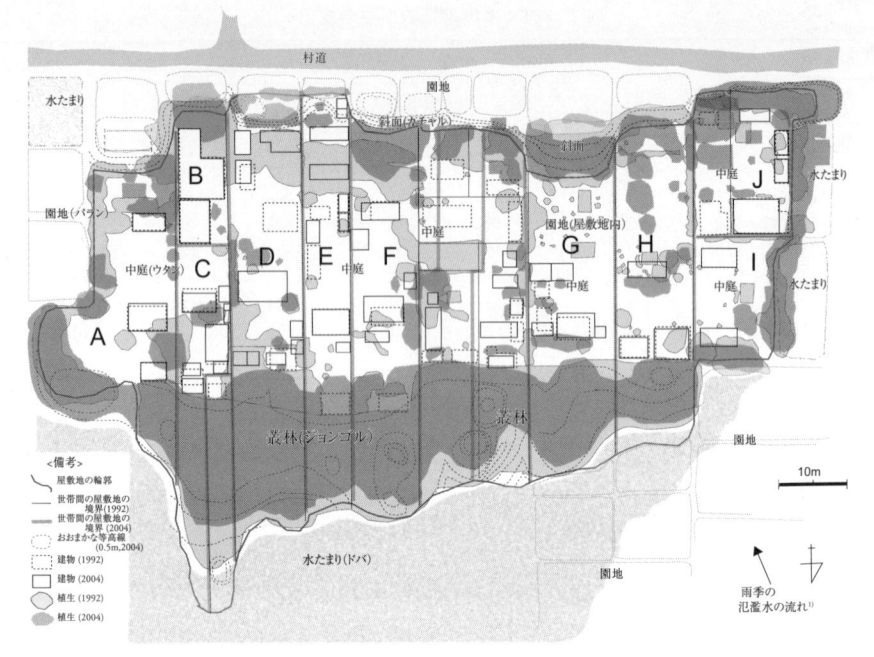

図 8-1　チャクラ A における屋敷地の境界，植物被覆，建物配置の変化
注1）内田・安藤（1995）より
（出典：筆者調査．1992 年は JSRDE）

用となる一年生の栽培植物（野菜・スパイス）のみ，世帯数で除している。また，表 8-1，表 8-2 では，各植物の観察された本数も示しているが，表 8-3 ではそれぞれの植物を栽培している世帯数とその割合のみを示している。

1992 年から 2004 年の間に，G 家，H 家，I 家が屋敷地の狭さのためにこのチャクラから移動し，近隣の 4 世帯がその土地を購入した（図 8-1）。O 家は，タンガイルの町で常勤の仕事を得た後，町に引っ越し，その土地は P 家が購入した。このため屋敷地の数は 16 から 12 に減少したが，世帯数は息子たちの結婚により，19 から 21 に増加した。居住者数は未婚者数の大幅減によりやや減少している。世帯あたりの平均所有土地面積には目立った変化はなかったが，世帯あたりの屋敷地面積は，世帯数の増加により減少した。1998 年以降，新しい建物が 27 棟（うち 9 棟は住居）建てられた。壊されたり使われなくなったものを差し引くと，建物数は 41 から 55 へ，住居数は 16 から 20 に増加している。

1992 年に最も多くみられたのは"食用となる多年生の栽培植物"グループの

植物であり，"野菜・スパイス"グループが次いでいた（表8-4）。植物数は，世帯間での偏差が大きかった。植物種数は，2004年には，1992年から16％減少しており，とくに"食用とされない野生植物"と"管理を受ける野生植物"のグループの植物で顕著であった。全体の植物数はおよそ半減し，とくに"食用とされない野生植物"グループで減少が顕著であった（1992年の16％に激減）。"食用となる野生植物"，"管理を受ける野生植物"グループの植物も半減した。"管理を受ける野生植物"グループの減少は，木材の利用を主な用途とする樹種が"食用とされない多年生の栽培植物"グループに取って代わられたためである。

"野菜・スパイス"グループ以外の植物グループについて，顕著な変化をみせた植物の種名と利用法を表8-5，表8-6に示している。植物種の中で顕著に減少したのは，主に在来種であり，なかでも燃料，薬用や呪いに用いられる"食用とされない野生植物"グループの減少が顕著であった。"管理を受ける野生植物"グループの中では，表に示したカラジョラ（kharajora）以外にも，ピトラズ（pitraj）やオオバサルスベリのように，現地では良質な材を提供すると考えられている種が減少した。村人たちは，これらの植物が洪水や風，あるいは鳥たちによって種子が運ばれ繁殖することを知っていたが，人為的な繁殖（種子を採って発芽させること）はできないと考えていた。そこで，自然の恵みを待つのみであった。1992年当時には，村人たちが，「うちにジャロル（オオバサルスベリ）の芽が3本出た」「うちもピトラズが1本出た」と嬉しそうに語る姿がみられたものであった。彼らは次第に，自然の恵みを待つよりも早く成長する木材用の樹種の苗木を購入するようになっていったのである。

"食用となる多年生の栽培植物"グループの植物は，その大半は，経済性は低いもののごく普通にみられる植物である。なかでも，種子を多く含んだビチャ・バナナ（種ありバナナ），タロやクワズイモは，1992年には3分の2の世帯でみられたが，2004年には大きく減少した。バナナの減少については，このチャクラの住民でもあるフィールドスタッフのアジムッディン氏及びモモタズ・ベグム氏によると，「バナナは，根を広く張り，土壌中の養分を多く吸収するため（ローシュカエ（rosh khae "汁を飲む"）という），他の植物の生育に差し障るために積極的に植えなくなった」ということであった。一方，タロやクワズイモについては，2004年の洪水により枯死したことが大きな原因であるが，その後，女性たちが徐々に再び植え直し始めていた。

"食用とされない多年生の栽培植物"グループで減少した植物は以下のよう

表 8-5 チャクラ A の屋敷地林で減少／増加した植物種数

	減少した種[1]		増加した種[2]		全種	
植物種数	26		10		117	
在来種数	24	（92%）	3	（30%）	97	（83%）
利用用途（一年生野菜を除く）						
食用	8	（31%）	3	（30%）	35	（30%）
薬用	12	（46%）	2	（20%）	38	（32%）
家畜の飼料として	1	（4%）	0		2	（2%）
家畜の薬として	3	（12%）	0		7	（6%）
木材	3	（12%）	6	（60%）	32	（27%）
材料の原料	8	（31%）	0		27	（23%）
燃料	17	（65%）	8	（80%）	62	（53%）
観賞用	0	（0%）	1	（10%）	2	（2%）
子供の遊び	1	（4%）	1	（10%）	11	（9%）
土留め，柵	3	（12%）	0		9	（8%）
平均利用用途／種	3.1		2.1		2.4	

注 1) 1992 年に 9 世帯（47%）以上で確認され，2004 年には半数以下の出現率になってしまった種．または 1992 年に 4～8 世帯（21%-42%）で確認されたが，2004 年には無くなってしまった種．
　2) 本数が増加した種．
（出典：筆者調査，1992 年は JSRDE）

写真 1　波トタンで屋敷地を囲う家が増えた（2006 年 2 月）

表8-6 チャクラAで減少/増加した種とその用途

植物グループ	減少した種[1]	減少した種の用途	増加した種[2]	増加した種の用途	各グループごとの植物種数(全体)
栽培・食用・多年	バナナ グアバ パパヤ キンマ インドナツメ サトウナツメヤシ タロ(品種: *dudh*) クワズイモ	飼料以外の全ての用途	ココヤシ マルメロ インディアンオリーブ[4] ブドウ[4] *amrah* (hogplum)[4]	食用,薬用,木材,道具の材料,燃料	32種
栽培・非食・多年	ジガ シコウカ キダチアサガオ[3]	道具の材料,燃料,土留め/柵	オオバマホガニー *ipilipil*[4] アカシア[4] *neem paiya*[4] *orhor karoi*[4,5] *shil karoi*[4,5] アメリカネム[4,5] ユーカリ[4,5] 花木[4]	木材,燃料,鑑賞	28種
野生・管理	*kharajora*	薬用,木材,燃料,子供の遊び			11種
野生・食用	*khoksha* *pankichunki*	食用,薬用,燃料	タロ[5]	食用	5種
野生・非食	*chhitki* *pitatunga* *boinna* *moilta* ヒマ *bherati*[3]	薬用,飼料,家畜の薬用,木材,道具の材料,燃料	*Ferferi*[4] *pahur*[5]	木材、燃料	18種
野菜・スパイス	ナス ヤマイモ ササゲ トウガラシ[3] ナタマメ ツルムラサキ				23種

注1) 1992年に半分程度(9世帯47%)以上の世帯で見られていたものが,2004年には,その半分以下になったもの,あるいは1992年には5分の1以上(4世帯以上)で見られたが,2004年には1世帯でも見られなかったもの
 2) 1992年よりも栽植世帯数が増えたもの
 3) 1992年には,5分の1以上(21%,4世帯)の世帯で見られたものが,2004年には1世帯でも見られなかったもの
 4) 1992年には見られなかったもの
 5) 一本だけ増えたもの
(出典:筆者調査,1992年はJSRDE)

なものである。幹が切られても再び萌芽できることからジガ (*jiga*) とキダチアサガオは境界木や生け垣として利用されてきた。境界木の減少については，2004年には，隣接する屋敷地との境界として，生きた木を用いることをやめ，波トタンを使うように変わってきたことが大きな要因である (写真1)。

"野菜・スパイス"グループでは，ナスとツルムラサキがその市場性の高さゆえに，屋敷地からより広い耕地への栽培に移行した。ヤマイモとナタマメの栽培が大きく減少したが，これはいずれも食味があまり良くなく，またレシピもあまり多くないことから女性が栽培への関心を失っていったためであった。また，ヤマイモは胃腸にとってあまり良くないという考えが村人たちの間にあり，それも栽培の減少に影響した。

屋敷地内での野菜の栽培については，村人たちは，屋敷地が古くなることに加えて，堆肥の不足 (特に牛糞) による土地の肥沃度の低下による収量の減少を指摘していた。

植物の用途についてみると，薬用及び道具の材料としての利用が減少した。Kubota et al. (2002) によるインドネシアでの調査も，材料としての利用が，市場での代替物が入手できるようになり減少している，と報告している。薬や道具は毎日作るものではなく，また熟練も必要とするため，日常的に利用される食材よりも，その用途での利用は途絶えやすいものかもしれない。

一方，本数が増えた植物[1]は，その大半が木材用の植物 ("食用とされない多年生の栽培植物"グループ) であり，それらの苗は今日では苗木園で購入できる。ココヤシやインディアンオリーブは，その市場性の高さから導入されたものである。数が増えた種のうち，ココヤシとマルメロを除いて用途は限定されており，ほとんどが木材 (と燃料) である。フェルフェリガチュ[2] (*ferferi gach*; *Trema orientalis* 和名はウラジロエノキ) は唯一野生種の中で近年村に新しくあらわれたと考えられている種であり，チャクラAには，1992年にはみられなかった。ウラジロエノキは典型的なパイオニア植物[3]であり，村人たちは洪水が運んで

---

1) 全体的に本数が著しく減っているため，"増加した種"には，1本でも増えていれば挙げてある。新たな種が導入された，ということであれば意味があるが，1992年にもみられていた種が1本増えたことに有意差があるとは考えにくい。
2) フェルフェリ，は燃えると言う意味の"フェラ"を2回繰り返したものであり，この名のとおり，この木は大変燃えやすく，すぐに燃え尽きてしまい，燃料としてあまり良くない。
3) 遷移のはじめに裸地に侵入して定着する植物。一般に陽性植物で極端な乾燥や湿潤，貧栄養に耐える (三省堂 online)

きたと考えている。

(2) 樹齢構成

　次に，樹齢構成の変化をみてみると，1992年では2年未満のものが31％，5年未満のものが78％を占めていた（図8-2）。バングラデシュでは，これまでも触れたように，1987年と1988年に大きな洪水が起きている。1988年の洪水時には，村の中では屋敷地に適した場所に作られていたにもかかわらず，チャクラAの中のLからPの世帯は完全に，その他の屋敷地も一部水没し（第4章図4-3参照のこと），パラミツのような湛水に弱い植物が多く枯死した。洪水の後（1989年），村人たちは，水たまり（ドバ）など近隣の土地から土を運んで屋敷地を土盛りし，新しい屋敷地の表面には新しく植物が栽植されたり，自然に芽生えていった。このような事情は，1992年の植生が樹齢が低いことに，ある程度の影響を与えていよう。

　2004年では，樹齢5年未満の植物は26％になり，その比率は3分の1に大きく減少した。その一方で，10年以上のものが45％を占め，また1992年より個体数も倍増している。村人たちは一般的に，果樹や木材用の樹木が結実する，あるいは利用できるようになるには，10年は必要と考えている。樹齢の上昇は，結実しているものや材として価値があるものが増えていることを意味し，屋敷地における価値／財の蓄積が進んでいることを示している。たとえば，実をつけるマンゴーは，1992年には15本であったが，2004年には47本に増えている。しかし，これは一方で，次の世代への更新が1992年ほどには活発でないことも示唆している。

(3) 植物の生育場所 —— 叢林（ジョンゴル）における植物の顕著な減少

　図8-3は，斜面（カチャル），中庭（ウタン），叢林（ジョンゴル）という，屋敷地内の場所ごとにみた植物の分布を示している。これら三つの生育場所の全てを屋敷地内にもつ図8-1のB家からH家までの世帯を対象とした。図8-3をみると，植物分布の顕著な変化がみられる。2004年には，中庭で生育する植物の比率が上がり，とくに5年未満の植物に顕著である。その反対に，叢林の植物の比率は顕著に低下した。しかし，10年以上の植物については，あまり

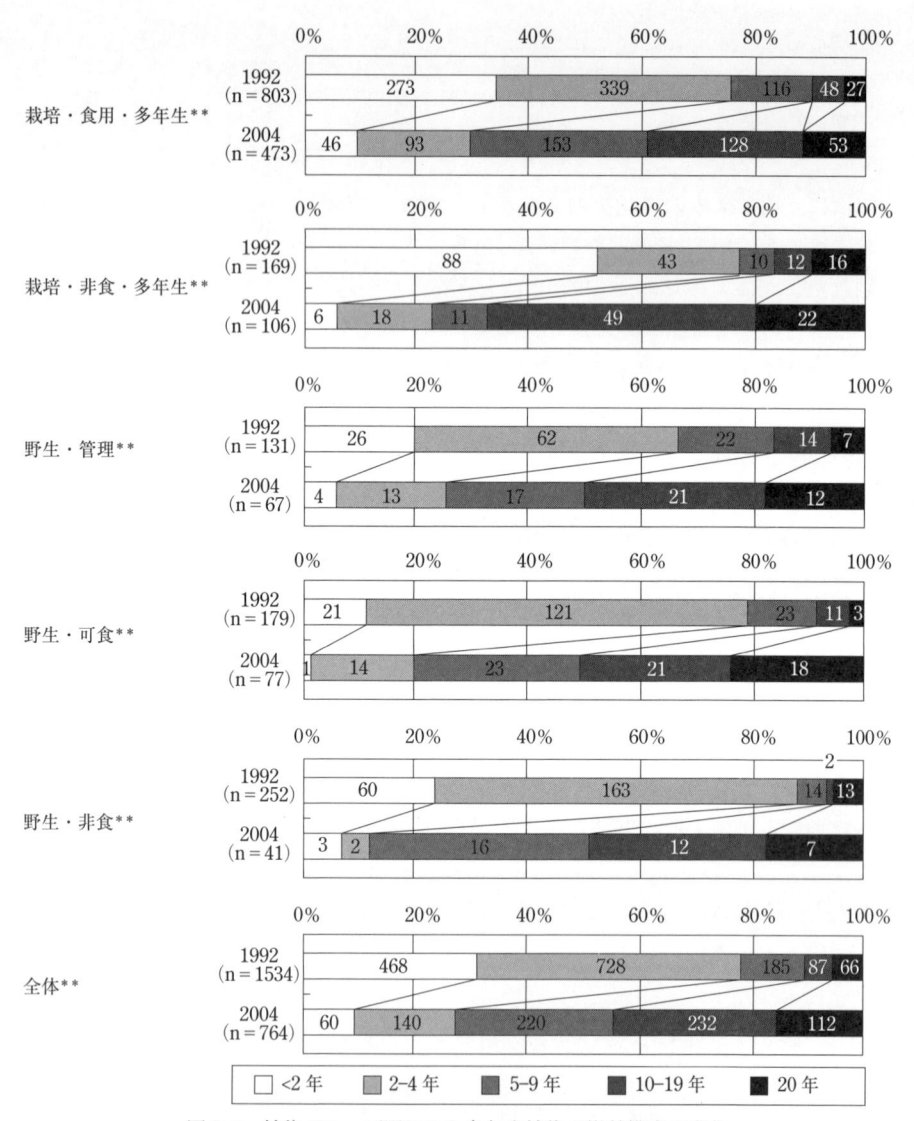

図 8-2 植物グループ別にみた多年生植物の樹齢構成の変化

注）** 1%水準で年度間の有意差あり
（出典：筆者調査。1992年は JSRDE）

変化はみられない。なお，図には示していないが，境界上の植物の数も有意に減少した。これは前述のように，ジガなどの境界木にトタンが取って代わったことが影響していよう。

次に，図8-4は，植物グループごとの生育場所の分布を示している。1992年には，叢林で生育する主要な植物は，食用となる野生植物グループであった。北面する叢林は，日照を必要とするツル性の野菜にとっては生育に適さず，野菜は少なかった。一方，斜面（カチャル）は南面しており，食用とされない好日性の野生の灌木が育っていた。叢林は，2004年においても，野生種にとっての生育場の役割を維持していたが，斜面（カチャル）の植物生育の場としての役割は，"食用とされない多年生の栽培植物"を除いて減少した。これは，斜面（カチャル）のあった場所を土盛りして新しい建物が建てられることが多く，その際に灌木や雑木類が取り除かれたことが大きい。1992年には，叢林はさまざまな野生の植物や果樹を含む多くの幼樹が育ち，暗い空間であったが，2004年には林床には少しの植物しか生育しておらず，うす明るい開けた空間になっていた。

このような叢林における植物数の大きな減少を説明するには，屋敷地の利用に関わる変化をみなければいけない。叢林には，新しく建てられていく屋敷地内の建物の土台を土盛りするために掘られた穴が増え，ある屋敷地では，タケ類の塚を除きほとんどの土地が掘り取られていた。このような状況の中で，叢林の中で植物が生育できる空間が減少した。また，叢林の林床の過剰な落ち葉かきも影響を与えていた。2004年には，女性は燃料源として，叢林により依存するようになっていた。女性がこのように落ち葉に依存しなければならない理由には，営農体系の大きな変化が影響していた。本章1節で示したような営農体系の変化は，女性たちが燃料源として利用していたナラ，牛糞などの農業副産物の確保を困難にし，女性たちは，最も身近で，また唯一樹木の生育する屋敷地に，燃料源の確保の場として，より強く依存せざるを得なくなったのである。

叢林の野生種の減少には，他の変化も影響を与えている。たくさんの樹木があったころ，叢林は暗く，村人たちは叢林に畏れを抱いていた。彼らはパフール（pahur; Ficus lacor），ベンガルガキやシェオラ（sheora; Streblis asper）といった叢林の木には，悪魔や精霊がついていると信じており，これら叢林の木を伐採することはなかった。しかし，木材需要の増加に伴い，それらの木々も徐々

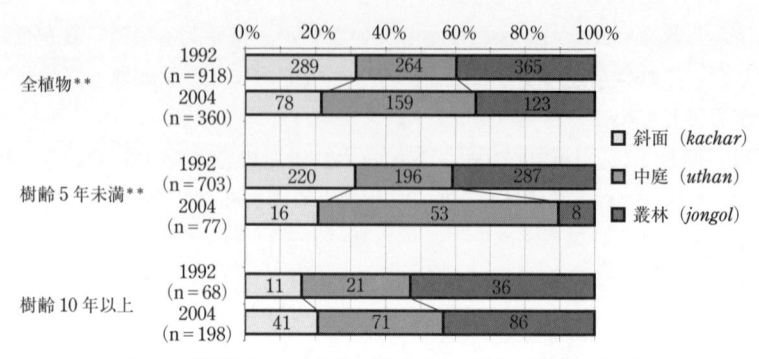

図 8-3　樹齢別にみた植物の生育分布の変化（樹齢構成別）

注）** 1% 水準で有意に生育場所の比率が異なる（χ^2 test）
（出典：筆者調査，1992 年は JSRDE）

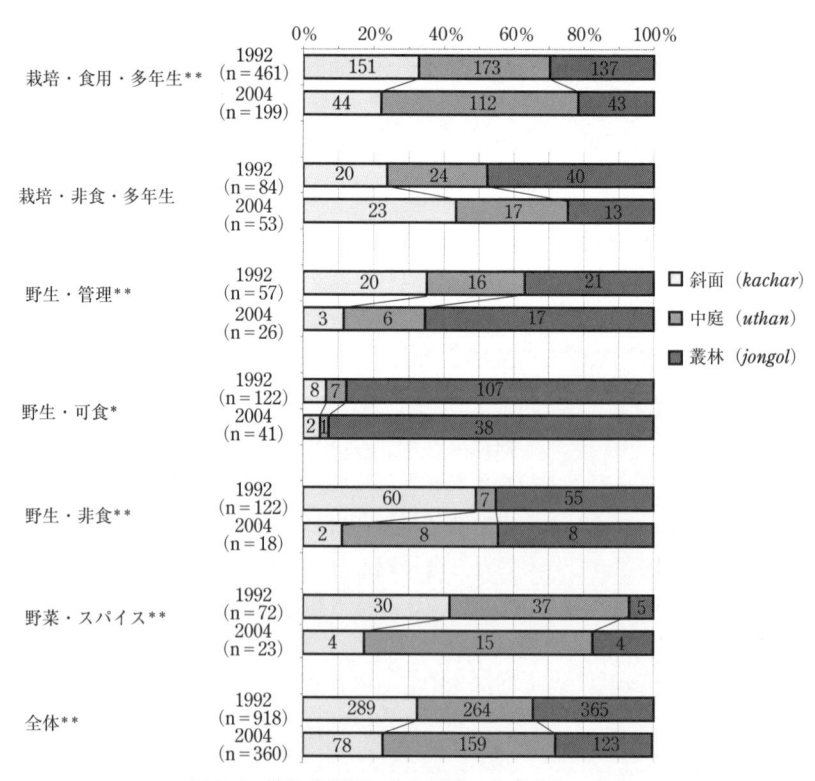

図 8-4　植物分類別にみた植物の生育分布の変化

注）** 1% 水準で有意に生育場所の比率が異なる（χ^2 test）
　　* 5% 水準で有意に生育場所の比率が異なる（χ^2 test）
（出典：筆者調査，1992 年は JSRDE）

に伐採されるようになる。さらに，燃料の不足が，燃料源としての叢林の樹木の落ち葉の重要性を高めた。過剰な落ち葉かきは幼樹の芽生えや成長を妨げた。このようにして，叢林では少しずつ植物が減っていき，暗さも減少し，村人たちの畏れもまた薄れていった。

　村人の"衛生状態"に対する考え方の変化も，影響を与えている。叢林内での開放的な排泄は，近代的な固定されたトイレに変化しつつあり，叢林は住民にとって"衛生的"な空間になってきた。叢林の植物が大きく減少したことについての，筆者のやや残念な面持ちでの問いかけに対し，"*porishikar, na?*（清潔で良いでしょう？）"という，その屋敷地に住む女性の答えは，それを象徴している。これは，言外に「あなたがた開発関係者が，衛生トイレの普及など，"衛生"という考え方を持ち込んだのではないか，叢林もすっきりして，その通りになってきているのに何か文句があるか？」と問いかけているようにも感じられた[4]。野生の植物の減少は，このような村人たちの意識の変化も映し出していた。

3　変化の要因 —— 意図した変化と意図せぬ変化

　これまで確認された屋敷地の多くの変化について，その要因を，"その変化を生じさせることを意図した"要因と，"その変化自体は意図していなかった（副次的に変化が起きた）"要因に分け，表8-7にまとめた。なお，"直接的な関与者"は，それに関わる直接の活動を担った人であり，その活動を行うか否かの意志決定に関与した者を示すものではない。

　栽植空間の減少は，世帯数や建物の増加，建物の新築のための叢林からの土の持ち去りなど，それ自体は屋敷地の植生の変化を意図しない要因によって引き起こされた。さらには，営農体系の変化による農業副産物の減少に大きく起因する燃料の不足も，図らずも屋敷地の植生に影響を与えた。燃料不足の問題

---

[4]　1992年には，チャクラAの中で5世帯がトイレを持っていなかったが，2004年には全ての世帯が，固定的なトイレを造るようになった。その背景には，UNICEFとバングラデシュ政府のDepartment of Public Health Engineeringによる，"衛生的"な固定式のトイレ"sanitary toilet"の普及の活動がある。

表 8-7　屋敷地林の植生の変化とその要因

観察された変化	意図された要因		意図しない要因	
	要因	直接的な関与者	要因	直接的な関与者
＊栽植空間の減少			-建物の増加，建物の土台の土を盛るために土を掘る空間の必要	男性，女性
＊野生植物の顕著な減少（→薬用植物の顕著な減少）	-以前は木材に使われなかった樹種の木材としての伐採（木材の需要の増加）	男性	-叢林（ジョンゴル）及び叢林の木々への畏れの消失	男性，女性
＊野生種の幼樹の顕著な減少			-燃料確保のための叢林（ジョンゴル）の過剰な落ち葉かき（営農体系の変化と深く関係）	女性
＊特定の植物の減少/増加				
−種ありバナナの減少	-栽植意欲の減退	男性		
−野菜種の減少（タロイモの減少）			-2004年の洪水のために枯死（その後，女性が再び植えた）	天災
−野菜種の減少（ヤムイモ及びナタマメ）	-家族の好みと健康を考えて	女性		
−野菜種の減少（ナスとツルムラサキ）	-換金作物として，屋敷地内の小さなプロットではなく，耕地で広く栽培するように。	男性		
−新しい果樹種の増加（ココヤシ，indian olive）	-換金性が高いため	男性		
−栽培・非食・多年生グループの中の境界木の減少	-トタン板に代替された	男性		
＋栽培・非食・多年生グループの中の特定の木材用樹種の増加	-換金性の高さと成長の早さから	男性		

（出典：筆者作成）

に対処するために，伝統的に世帯の燃料確保の責任を担う女性たちは，最も身近で，かつ自由な行動ができる屋敷地に過剰に依存せざるを得なかった。女性は叢林の落ち葉を頻繁に集め，それが植物，とくに叢林を主な生育の場としていた野生種の芽生えや幼樹の成長に影響を及ぼした。屋敷地は，現在も，年間を通じ，何らかの燃料源を提供はできてはいるが，その生産力は低下している。

　限られた空間条件下で，村人たちは，屋敷地を有効に利用するために，選択的に植物を育てている。ビチャ・バナナ（種ありバナナ）のように，他の植物の生育に支障を来す植物は植えられなくなってきた。女性は，家族構成員の好み

や健康を考え，いくつかの野菜の栽培を減らしてきた。男性は，"ショブジ"（換金を主たる目的とした野菜）の栽培地を，屋敷地からもっと広い耕地に移したが，それは野菜が市場でよく売れるためであった。タロやクワズイモが減少したのは洪水のためであったが，その食材としての重要性から女性はまた植え直している。

　民間の苗木園の増加も，村人たちの態度に影響を与えている。村人たちは，木材として優良な野生種の幼樹の偶然の到来を待つのをやめ，生育が早く経済性の高い木材専用の樹種の苗木を買うことにした。

　国の経済成長もまた間接的に屋敷地の植生に影響を与えた。農外就業からの現金収入の増加により，波トタン板は以前よりも購入しやすくなり，とくに，村道に面する斜面で，伝統的な境界木がトタン塀に置き換えられていった。またこれは，女性のパルダを守ることができるようになった，という村人の宗教的な満足を満たすことにもつながった。トタン塀はチャクラの中の個々の屋敷地にも境界を引いていった。

　"意図しなかった"変化により影響を受けているのは主に女性たちであった。女性たちは日々の生活を維持するために，その変化に対処する受け身的な行動を担わされている一方，男性は，より経済的な植物を選択する，という能動的な役割を担う傾向が見られた。

4　小括

　D村の屋敷地の植生をめぐる主要な変化として，植物数の減少と野生種の減少がみられた。これらの変化は，主に，屋敷地内の建物の新築の際の建物を土盛りするための叢林からの土の運び出しによる栽植面積の減少，営農体系の変化による有用な農業副産物が減少したことによる燃料不足による野生種の減少など，意図せぬ理由／変化によるものであった。

　樹齢の高い植物数は増加し，長期的な意味での生産性を維持しており，屋敷地の経済的な価値を高めている。木材用の樹種のような経済的に価値のある植物の栽培は，大きな，あるいは予期せぬ出費のためのリスクの少ない投資の一つでもある。

その一方で，屋敷地の生産性は，野菜栽培や燃料の供給源など，生活に欠かせない重要な資源の供給という面で低下している。木材のようなストックとしての生産は増加したが，野菜や燃料のような日々の暮らしのための生産は減少し，そのことが主に女性に負担を与える結果を招いていた。

ジェンダーの視点からは，女性は意図せぬ変化に最も影響を受け，その対応に追われる一方，男性はより経済的な植物の選択などに能動的に働きかけるという違いがみられた。この相違は，女性が日々の生活を維持する役割を期待されているからであろう。

野生種の減少に対しては，これが意図的な排除ではなく，副次的な影響として起こっていることに留意が必要である。女性は落ち葉を，再生産可能な資源として集めていたが，これは結果的に植物の成長を妨げることとなった。

屋敷地の変化に伴い，村人の認識も変化した。木の伐採による叢林の暗闇の減少は，村人たちの叢林への畏れを失わせ，叢林は"衛生的な場所"に変化しつつある。自然からの恵みを待つ代わりに，人々は苗木園で苗を買うようになった。村人たちの野生種に関する認識も変化している。彼らは今や，野生種に対しあまり重要性を認めていない。野生種は，繁殖のコントロールがしづらいし，またそれらを材料として必要とした道具や薬は簡単に購入できるものとなった。彼らにとっての野生種の意味を見出す必要があろう。Atta-krah et al. (2004) の言うように，"多様性は，村人たちにとって有用でなければいけない"。しかしその"有用性"は経済的な意味とは限らない。野生種を評価することにより，村人たちが自然との関わりをとおし何世代にもわたって培ってきた知恵が思い起こされるだろう。しかし，限られた個々人の屋敷地の空間で，多様な野生種を維持しようとするのは容易ではなく，共有的な空間でそれらの種を維持することを検討した方が現実的ではあろう。

本章では，屋敷地におけるさまざまな変化が確認された。これらの変化は，営農体系を変えようとする中で，あるいは限られた資源を使いながら生計を保とうとする努力の中で生じたものである。その変化自体は意図しなかった変化，あるいは副次的に生じた変化に大きく影響を受けていた。意図された変化は，個人的な選択の結果によるものであるが，このような意図しない変化は，当事者にとっては予期せぬ事態であり，その後の対応に苦慮するような問題を起こす可能性がある。さらには，このような避けがたい変化は，しばしば資源の乏しい人々，とくに女性により強く影響を与える。

屋敷地の生産性，とくに日常生活にとっての生産性を取り戻す手段が求められている。それには，環境保全的な営農体系，現存する資源の所有形態などにも配慮した広範なアプローチが必要であろう。これまでもしばしば紹介したUBINIGは，バングラデシュの農村をベースに，近代農業からの脱却を目的として活動しているが，その活動の中で，農業副産物の価値や在来農法のもつ価値を経済的に評価することにより，農民の理解を求める取り組みも行っている。

　伝統的ではあるが経済的にはマイナーな作物や農業副産物は，単なる余りものではない。有用な資源として，また環境保全の観点も含めて評価されるべきであるし，営農体系は，経済性のみならず，生み出される資源の総量，環境保全性や持続性，労働負荷の適正さ（とくにシャドウワークを担いがちな女性に対して）から検討される必要があろう。

第 9 章
屋敷地の社会経済的役割の変容

ドッキンチャムリア村の事例から

前章では，植物自体に注目し，屋敷地林の変化と，その背景にある村の暮らしの変化を検討した。本章では，植物を管理し利用する主体としての屋敷地住民の行動に注目し，屋敷地及び屋敷地林の変容とその意味を探る。

　生活の基本的な単位は世帯であるが，近接する世帯との相互作用が存在し，また相互扶助を可能とする多様なネットワークも生計の存立にとって重要である。屋敷地での生産は日々の活動に強く結びついており，屋敷地の利用は，各世帯が築き上げる社会的なネットワークと関連させながら分析する必要がある。

　近年の屋敷地林の利用の変化について，市場経済の浸透による換金作物の導入に関する報告は少なくないが，個々の世帯の選択や，その選択の社会経済的な背景にまで注目したものはなく，全体的な傾向ないしは社会階層別の傾向を示す程度である。

　本章では，まず，屋敷地での人々の行動についての大きな変化を捉えるとともに，2007-08年に行った生活時間調査より，人々の具体的な活動を分析する。次に，屋敷地林の植物資源の入手法，栽植者，生産物の利用法に注目し1992-95年からの変化をみることにより，屋敷地の利用に関する世帯構成員の行動及びその背景にある志向性ならびにその屋敷地の居住者が保持する社会的ネットワークの変化を考察する。さらに，個々の世帯の屋敷地の利用を支える，あるいは変容させる社会経済的な要因について分析する。

1　屋敷地の「共」的な利用の変化

　屋敷地の「共」的な利用に関する大きな変化は，前章でも触れたように，チャクラ内の自由な移動が波トタン塀によって制限されるようになったことであろう。1992-95年当時にも，近隣の世帯から家畜が入ってきて野菜などの苗に及ぼす害を避ける対策として，打ち落とした枝で柵を作る世帯もあったが，それに対し，隣家では「何でこんなものを作るのか」と憤っていた。当時は，個々の屋敷地に囲いを作ることへの違和感が強かったといえよう。

　それが2004年になると，ジガ (*jiga*) などの立木や，パタバハル (*patabahar*) などの生け垣によって緩やかに示されていた屋敷地の境界が，波トタン塀に

よってはっきりと線引きされるようになった。波トタン塀はとくに外部からの入り口となる斜面（カチャル）側に，外部からの視線を避けるための塀として，また各バリの境界線として作られるようになった。村人は，"パルダ"を守るため，安全のため，という説明をしており，経済的に波トタンが入手しやすくなったこともそれを促した。しかし，この波トタン塀は屋敷地の境界線上全てに作られているわけではなく，斜面まで，あるいは中庭半ばくらいまでなので，女性の主要な活動領域である中庭や叢林への影響はなく，実生活では自由な往来が継続している。むしろ，住居の増加の方が，チャクラ内の見通しの良さや移動の自由さに対しては影響を与えているといえよう。

　女性の基本的な活動は変化していない。燃料の乾燥などのために大きな空間が必要なときには，隣家の屋敷地にはみ出すこともあるし，また足りなくなったスパイスのやりとりなど，今も屋敷地を跨ぐ女性の往来は続いている。手押しポンプは，依然，個人所有であっても他の世帯が利用できる。時間があるときは，おしゃべりを楽しむ。

　1992年当時は，村内で100人を超える女性たちがタバコの紙巻きの内職をしており，仲の良い女性同士で集まり，おしゃべりをしながらその作業をしたものであった。しかし，2004年にはタバコの紙巻きの内職作業は，前述のようにタバコ産業の衰退もあり，その賃金の悪さから，ほとんどされなくなった。代わって漁網作りが盛んになり，今ではそれが女性の内職の中心になっている[1]。

　図9-1，表9-1は，C，E，M，P家の15才以上の世帯員の2007年6月〜08年5月の生活時間調査[2]の結果をまとめたものである。調査当時，C家は自営農＋土方請負（マティカタ）などの賃労働（2世代の働き手），E家は自営農＋土方請負（マティカタ）などの賃労働，P家は自営農＋NGOでの給与所得者（世帯主及び娘），E家は未亡人で兄の屋敷地に身を寄せる母と息子で，息子は機織りや雇われのトラクター運転手などをしていた。1992-95年の調査では生活時間調査を行っていないため，経年の比較はできないが，近年の屋敷地をめぐる人々の暮らしと仕事のありようを映し出すものなので，以下，村人の生活時間

---

1) 漁網作りは，1992-95年の調査時点もあり，またこれは男性，女性ともに携わっている。漁網作りは，上にひっかけるものが必要でありかつ場所も取るため，タバコの紙巻きのように，材料を持ち歩いてどこでも作業ができる，というわけにはいかず，それぞれの屋敷地で作業を行う。
2) 具体的な調査方法についてはAppendix 1を参照のこと。

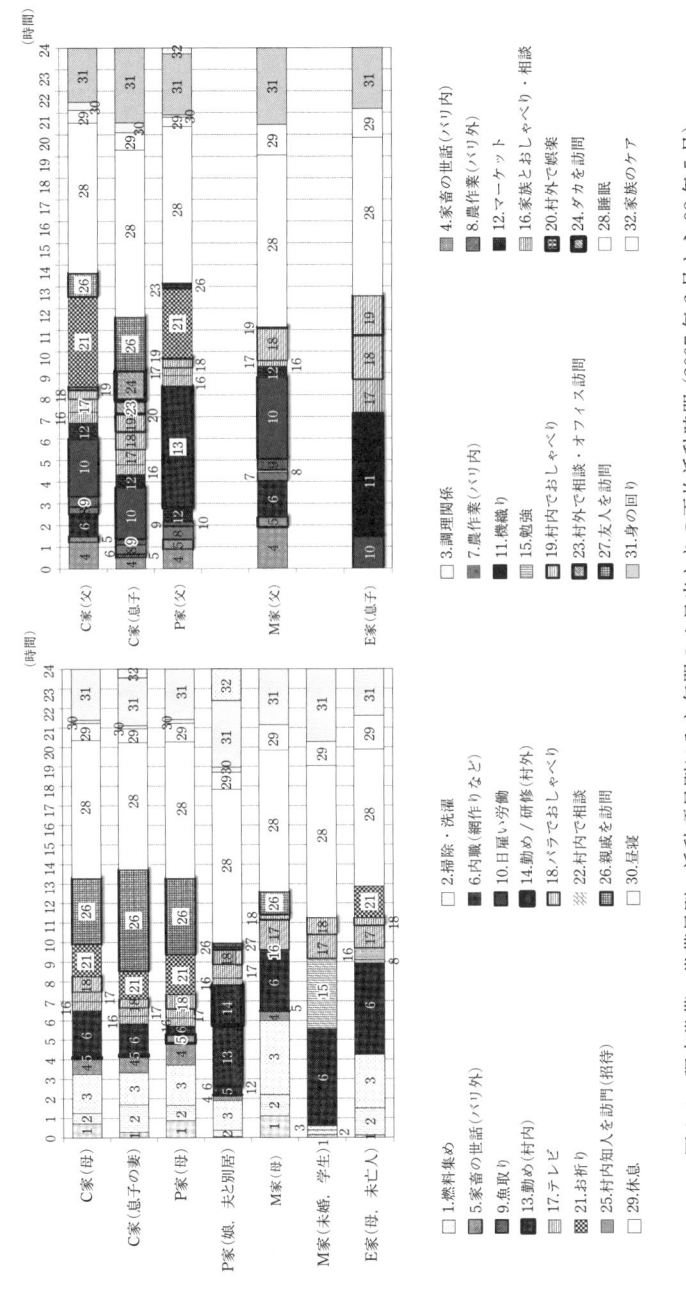

図 9–1 調査世帯の世帯員別, 活動項目別にみた年間の1日当たりの平均活動時間 (2007年6月から08年5月)
(出典：筆者調査)

第9章 屋敷地の社会経済的役割の変容 | 275

表 9-1　世帯別・男女別にみた労働時間（2007 年 6 月から 2008 年 5 月）

(数値の単位は時間)

		燃料集め	掃除・洗濯	調理関係	家畜の世話(バリ内)	家畜の世話(バリ外)	家畜の世話(計)	内職(網作りなど)	農作業(バリ内)	農作業(バリ外)	農作業計	魚取り	賃労働	機織り	マーケット	勤め(村内)	勤め/研修(村外)
女性	C家	1.00	1.94	3.62	1.64	0.17	1.81	4.00									
	P家	0.92	1.11	3.57	1.38	0.48	1.86	0.84								3.11	2.10
	M家	1.24	1.33	4.02	7.93				0.04	0.04	0.08						
	E家	0.13	1.38	2.72	4.68					0.59	0.17	0.77					
男性	C家		0.01		1.72	0.44	2.16	1.02		0.76	0.76	0.73	5.02		1.38		
	P家			0.01	0.87	0.47	1.34			0.60	0.60	0.21			0.65	5.61	
	M家		0.01		1.89	0.47	2.36	1.65	0.11	0.42	0.53	0.51	3.75		0.48		
	E家												1.48	5.64	0.05		
男女計	C家	1.00	1.95	3.62	3.36	0.61	3.97	5.02		0.76	0.76	0.73	5.02		1.38		
	P家	0.92	1.11	3.58	2.25	0.94	3.20	0.84		0.60	0.60	0.21			0.65	8.72	2.10
	M家	1.24	1.35	4.02	2.38	0.47	2.85	9.59	0.15	0.46	0.61	0.51	3.75		0.48		
	E家	0.13	1.38	2.72				4.68	0.59	0.17	0.77		1.48	5.64	0.05		

(出典：筆者調査)

の特徴をみてみたい。

　図 9-1 では，各世帯の各成人が 1 年間に行った多様な活動を大まかに分類し，1 日の平均時間にして示している。図では，現金獲得に結びつかない（燃料については，若干販売している世帯もあるが）生産活動を薄い色で，現金稼得が目的である賃雇いや常勤の就労を濃い色で示している。また，活動場所の屋敷地からの距離に応じて図中の活動時間の枠の太さを 4 段階（バラ内，村内，タンガイル県内，タンガイル県外（ダカなど））に区分して表示している（距離が遠くなるほど枠線が太くなっている）。左右の図を見比べると顕著であるが，女性は，親戚を訪問する以外のほとんどの時間を屋敷地内で過ごし，くつろいで楽しむ時も，家族とのおしゃべりやテレビを見たりチャクラの中や近隣のバリを回っておしゃべりすることが中心であった。一方男性は，おしゃべりするのも，チャクラや集落内だけでなく，バザール，茶店等，人々が集まる場所に出向くことが多く，農作業や賃労働が行われるのも，主に屋敷地の外であった。

　図 9-1 のうち，生活維持のために必要な活動 —— 燃料集めから勤めまでの部分（いわゆる労働時間） —— を抜粋したものが表 9-1 である。いわゆる"家事労働"のうち，燃料集めは，当時は兄家族と一緒に煮炊きをしていた E 家を除きほぼ 1 時間，掃除・洗濯は 1 時間強，調理は 4 時間ほどと，各世帯でほぼ共通していた。K 村では，調理の中で最も時間がかかる生スパイスをペーストにする作業を省くための粉スパイスが使われるようになっていたが，D 村では依

表 9-2 事例世帯の自家生産物販売の状況（2007 年 6 月から 2008 年 5 月）

	販売総額 (タカ)	屋敷地生産物			女性が販売		
		販売額 (タカ)	%	販売物 (金額の大きい順)	販売額 (タカ)	%	販売物 (金額の大きい順)
C 家	10,244	2,700	26.4%	牛乳，卵，タケ，乾燥牛糞	325	3.2%	卵，乾燥牛糞，米ぬか
E 家	0	0			0		
M 家	2,717	437	16.1%	牛乳，卵，タケ	42	1.5%	卵
P 家	32,358	13,469	41.6%	牛乳，ウシ，薪，乾燥牛糞	620	1.9%	薪，乾燥牛糞

（出典：筆者調査）

然女性が生スパイスのペースト作りをしていたため，このように調理の時間が長い。家畜の飼養に関連した労働時間は，ウシを飼養していない E 家以外は 1 日に 3 時間ほどであったが，男女の関わり方については，世帯によって違いがあった。農作業についてみると，経営耕地のない E 家以外は，各世帯とも 0.5 時間～0.7 時間程度であった。なお，E 家は農業はしていないが，兄世帯の農作業を手伝う形で，E 家の母は屋敷地内での収穫後作業に積極的に関わっていた。賃労働は，勤めをもつ P 家以外はいずれも従事していたが，その労働時間は世帯によってまちまちであった。

市での売買はいずれの世帯も行っていたが，農産物を販売する C 家が最も頻繁に近隣の市を回っていた。一方，成人した女性は，屋敷地を出た場での販売には関わらないが，屋敷地内で卵や自家製の燃料（乾燥牛糞など）を販売していた[3]。表 9-2 は調査世帯の同時期の自家生産物の販売状況をまとめている。E 家では販売はなかったが，C 家では世帯全体の生産物販売の 26％が屋敷地由来であり，3.2％は妻が販売していた。M 家では同じく 16％が屋敷地由来，総額の 1.5％を妻が販売，P 家では同じく屋敷地由来が 42％，妻の販売は 1.9％であった。E 家を除く 3 世帯では牛乳を販売しており，屋敷地生産物の販売額のうち，C 家では 83％，M 家では 64％，P 家では 51％を牛乳が占めていた。なかでも P 家では，牛乳の販売量が多かったことに加え，ウシを 1 頭販売したため，屋敷地由来の占める割合が半分近くになっていた。

再び図 9-1 に戻り，各世帯ごとに活動の状況をみてみたい。C 家では，当時，

---

[3] 生活時間調査では，ある程度まとまった時間として費やした活動のみが拾い上げられたため，そのような，時間をあまり費やさない活動については十分把握することができなかった。

息子の海外出稼ぎについてのやりとりが調査の1年間にわたり継続しており，息子は多くの時間を，エレンガ，カリハティ（郡レベルの役所がある），タンガイル（県レベルの役所がある），ダカなどの町にある関連の事務所や役所周りに費やしていた[4]。また，村にいるときも茶店やバザールでおしゃべりをしている時間が多く，息子が自家での仕事をあまりしないため，父の労働時間の方が長かった。海外渡航の件について婚出した娘たちや息子の妻の生家などとの相談事も多く，家族4人ともに，親戚の家の訪問に費やす時間が他の世帯と比較して大変多かった。

P家は，父と娘がNGOで働き，賃金を得ている。娘は，研修のために遠く離れた地に1人出かけたこともあった。また，休日には，D村から5キロほど離れたエレンガの街に住む友人宅を，自分の娘を連れて数度訪問している。P家では女性の働き手が2人いるため，母は，娘に仕事を任せ親戚の家を訪問する時間もかなり多い。子どもらに時間があれば同伴するが，子どもたちもそれぞれに仕事や勉強で忙しいため，生家へは1人で出かけることも少なくないという。しかし，親戚を訪れる以外は，ほとんどの時間を屋敷地内で過ごし，自由になる時間の大半は集落でのおしゃべりに費やされていた。

自家及び賃雇いでの農作業や土方請負を主要な現金収入源とし，働き手が実質2名のみのM家の世帯主と妻の労働強度が，4世帯の中で最も高かった。かろうじて得ているくつろぎの時間は，隣の家でテレビを一緒にみせてもらうことに加えて，たまに近隣の家を回っておしゃべりをすることであり，集落の外に出ることもほとんどなかった。

E家は，主に機織りで現金収入を得る息子と，兄の家族を手伝いながら屋敷地で暮らす母の世帯である。息子は，機織りの時間以外は，集落やバザールを回りおしゃべりをすることで時間の多くを費やしていた。一方，母は，漁網作りの仕事，兄の家族の調理の手伝い等をし，時間があれば，テレビを見たり集落を訪問して話をすることを楽しみにしている。

かつては屋敷地を越えた女性の行動が大きく制限されていたバングラデシュの村でも，市場経済が浸透し，外部の文化との接点が増えたことにより，女性の行動範囲が広くなってきたと言われる。たしかにP家の娘の行動は，その変化を如実に映し出している。しかし，村の女性たちの暮らしは，現在も実質

---

[4] この後，ドバイに渡ったが，仕事の内容が良くなかった（日雇い仕事だった）ため，3カ月ほどで帰ってきた。

的には屋敷地をベースに行われており，屋敷地を陸続きに結ぶチャクラを中心とした隣近所の社会関係（訪問やおしゃべり）が，依然女性たちにとって重要であることを示唆している。

2　屋敷地林の植物と人々の関わり方の変容

(1)　全体的な変化

　村人たちの屋敷地林の植物に対する行動の変化を鮮明にみるために，各調査時期に近い年代に植えられた，あるいは芽生えた植物（樹齢5年未満の植物）に注目し，分析を行った（表9-3）。

　樹齢5年未満の植物数は，2004年には1992年の20％に減少した。六つの植物グループについては，"野菜・スパイス"グループが最も増え，"食用とされない多年生の栽培植物"グループはやや減少，"食用となる野生植物"グループと"食用とされない野生植物"グループは大きく減少している。栽植者の性比は，1992年と2004年ではちょうど反転し，1992年には男性が3分の2を栽植していたが，2004年には女性が3分の2を栽植していた。

　1992年には，主な栽植者は世帯主であり，息子が次いでいた。2004年には，妻が主となり，夫が次いでいた。植物入手源[5]については，どちらの年も野生と自家資源が主であった。各入手源の構成比が，1992年と2004年でほとんど相違がないことは注目に値する。市場経済の浸透にもかかわらず現金を通さない資源の入手が中心であり，個人的なネットワークや地縁関係も依然機能していた。

(2)　栽植者の変化

　図9-2では，植物グループごとの栽植者の属性（世帯主との関係）を示してい

---

5)　入手先の分類は，7章と同様である。

表 9-3　チャクラ A の屋敷地林の植栽者及び入手先の変化（樹齢 5 年未満の植物）

	1992 年				2004 年			
	植物数		植物数/屋敷地		植物数		植物数/屋敷地	
	値	(%)	値　標準偏差	（レンジ）	値	(%)	値　標準偏差	（レンジ）
1. 栽植者の性別（野生植物を除く）								
1. 男性	511	64	31.8　23.8	(5-87)	65	37	5.3　9.3	(0-33)
2. 女性	291	36	18.3　18.2	(1-70)	110	63	9.3　12.3	(1-47)
計	802	100			175	100		
2. 栽植者と世帯主の関係（野生植物を除く）								
1. 世帯主本人	340	42	21.3　17.4	(2-54)	37	21	3.1　6.6	(0-22)
2. 妻	148	18	9.3　11.3	(0-43)	90	51	7.5　12.9	(0-47)
3. 母	73	9	4.6　9.7	(0-32)	9	5	0.8　2.6	(0-9)
4. 息子	162	20	10.1　18.7	(0-71)	22	13	1.8　3.6	(0-11)
5. 娘	67	8	4.2　4.4	(0-12)	4	2	0.3　0.9	(0-3)
6. その他の男性	9	1	0.6　2.3	(0-9)	6	3	0.5　1.2	(0-4)
7. その他の女性	3	0	0.2　0.5	(0-2)	7	4	0.6　1.5	(0-5)
計	802	100			175	100		
3. 植物の入手先（入手先不明の植物を除く）								
1. 自家調達	369	29	23.1　25.2	(0-86)	64	32	5.8　7.7	(0-27)
2. 女性の親戚ネットワーク	118	9	7.4　8.4	(0-33)	25	12	2.3　5.4	(0-18)
3. 男性の親戚ネットワーク	48	4	3.3　2.1	(0-9)	5	2	0.5　0.7	(0-2)
4. 購入	167	13	10.4　10.5	(1-44)	28	13	2.6　4.3	(0-13)
5. その他の入手源	97	8	5.8　5.8	(0-18)	17	8	1.6　1.6	(0-5)
6. 野生	484	38	30.3　30.3	(2-94)	73	36	6.6　8.7	(0-30)
計	1,283	100			212	100		

（出典：筆者調査．1992 年は JSRDE）

る。1992 年には，世帯主が主な栽植者であったが，息子，妻，母，娘などの他の世帯員も活発に栽植していた。

　植物グループごとにさらに詳しくみてみると，"食用となる多年生の栽培植物" グループの植物は主に世帯主が植えており，息子が次いでいたが，女性のメンバーも栽植していた。"食用とされない多年生の栽培植物" グループについては，世帯主が主要かつ優占的な栽植者であった。"野菜・スパイス" グループの主な栽植者は妻であったが，世帯主も植えていた。これまでも何度も述べたように，村人たちは，野菜を "トルカリ"（伝統的な野菜で，ツル性のものを主体とする）と "ショブジ"（新しく導入された野菜で，主に販売を目的とする）の二つのカテゴリーに分けて理解している。世帯主は，ショブジの他に，トルカリ

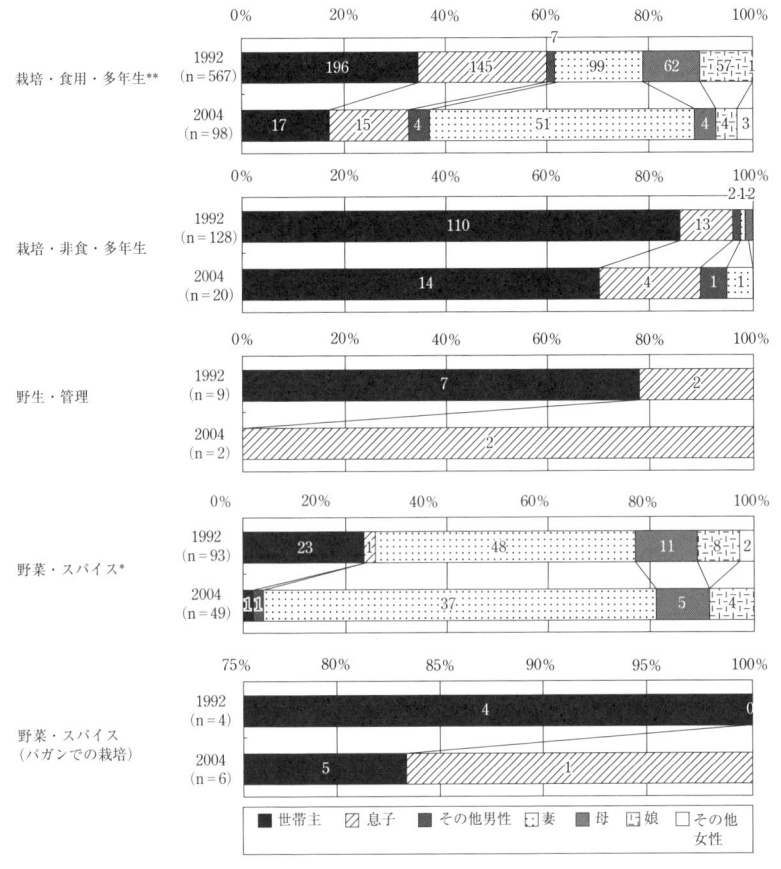

図9-2 植物分類別にみた植栽者の変化（樹齢5年未満の植物個体数とその割合）
注) *植栽者が5%水準で有意に異なる（χ^2 test）
　　**植栽者が1%水準で有意に異なる（χ^2 test）
（出典：筆者調査．1992年はJSRDE）

であるナスやスパイスのトウガラシなど，伝統的だがツル性でない種を主に販売用に集約的に栽培していた。

次に，栽植者の属性別に植物栽植の実態をみてみると，1992年には，世帯主は"食用となる多年生の栽培植物"グループを最も多く植え，"食用とされない多年生の栽培植物"グループが次いでいた。妻は"食用となる多年生の栽培植物"グループを最も多く植え，"野菜・スパイス"グループ，なかでも伝統的なトルカリの類が次いでいた。購入苗は一つもなかった。母は，"食用となる多年生の栽培植物"グループと"野菜・スパイス"グループの植物しか植えて

いない。息子は"食用となる多年生の栽培植物"グループを最も多く植えていた。いくつかの"食用とされない多年生の栽培植物"グループの植物も植えていたが，それらの中には，シコウカのように爪や手を染めて楽しむものや，観葉植物など，自分の屋敷地になかったものが含まれていた。娘の植えるものは，息子と同じような傾向であったが植物数が少なかった。先に述べたように，土地は伝統的に息子たちに均分相続されるため，息子は基本的に生まれた屋敷地に居住する一方，娘たちは婚出しなければならず，そのような違いが，屋敷地への植物の栽植への意識にも影響を与えているのだろう。

一方，2004年には妻が主な栽植者となった。世帯主と息子が次いでおり，他の世帯員の関わりは非常に少なくなった。妻たちは1992年と同様に"食用となる多年生の栽培植物"グループと"野菜・スパイス"グループの植物を植えていた。世帯主は，主に"食用とされない多年生の栽培植物"グループの植物を植えており，全ての苗は購入苗であった。

このような男性の栽植数の減少には二つの理由が考えられる。一つには，栽植空間の減少のために換金性の高い植物を植える空間が減少する一方，空間を節約的に利用するツル性の野菜など，女性が伝統的に管理してきた植物の需要が高まったことがある。第2に，前章で述べたように，屋敷地の境界が，生きた境界木からトタンの塀に置き換えられたことがある。男性が1992年に植えていた"食用とされない多年生の栽培植物"グループの大半は，ジガ (*jiga*) などの境界木であり，この顕著な減少が影響している。

次に表9-4は，栽植者の属性別にみた栽植した植物の種数を示している。1992年には，"食用となる多年生の栽培植物"グループは，全ての属性の栽植者によってほぼ同数の植物種が植えられていたが，"食用とされない多年生の栽培植物"グループは主に男性が植えていた。"野菜・スパイス"グループは主に世帯主と妻の手によっていた。1992年には，男性世帯員が植えた植物種数の方が多かった。男性は，"食用とされない多年生の栽培植物"グループの植物を多種植えている一方，"食用となる多年生の栽培植物"グループと"野菜・スパイス"グループについては，女性の方が栽植する植物種数が多かった。2004年は，栽植する植物数も植物種数も，男女に大きな違いはなかった。1992年には，女性も"食用となる多年生の栽培植物"グループと"野菜・スパイス"グループの外来種をいくらかは植えていたが，2004年には，外来種の栽植が減少している。男性は世帯や地域にとっての新しい植物の導入者としての

表9-4 植物分類及び栽植者別にみた，栽植された植物種数（樹齢5年未満の植物）

植物グループ	年	世帯主との関係					性別にみた植栽種数				全種
		本人	妻	母	息子	娘	男性全体	男性のみが植栽	女性全体	女性のみが植栽	
1. 栽培・食用・多年生	1992	16	15	15	16	14	19	6	20	6	24
	2004	4	9	2	4	2	6	2	10	6	12
2. 栽培・非食・多年生	1992	9	2	0	7	2	15	12	2	0	16
	2004	4	1	0	3	0	7	6	1	0	7
3. 野生・管理＋野生・非食	1992	2	0	0	2	0	3	2	0	0	3
	2004	0	0	0	2	0	2	2	0	0	2
4. 野菜・スパイス	1992	5	6	3	1	1	5	2	8	5	11
	2004	6	7	3	1	0	7	4	8	5	12
全グループ	1992	32	23	18	26	17	42	22	30	11	54
	2004	14	17	5	10	2	22	14	19	11	33
その立場の世帯員のみが植栽した種数	1992	11	2	1	7	2	22	−	11	−	−
	2004	6	4	0	5	0	14	−	11	−	−
新規に導入された種[1]	1992	4	2	3	3	1	6	4	5	3	−
	2004	3	0	0	0	0	6	5	2	1	8

注1）バングラデシュ独立後に導入された種
（出典：筆者調査，1992年はJSRDE）

役割を主に担い，女性は，在来種の保持者としての役割を主に担っているといえるだろう。

次に，いずれの属性の世帯員も栽植に関わっている"食用となる多年生の栽培植物"グループの植物を取り上げ，主な栽植者の年代的な推移をみてみよう（図9-3）。1992年に樹齢が10年以上であった植物（大まかに1980年以前に栽植されたとみなす），樹齢が5年未満のもの（1990年前後に栽植されたとみなす），及び2004年に樹齢5年未満のもの（2000年前後に栽植されたとみなす）の三つの時期別に栽植者をみてみた。

樹齢10年以上（1980年以前に栽植）の植物の栽植者の男女比は，女性が5割を超え，主な栽植者は母であった。当時，現在の世帯主の妻たちは，まだ若いか婚入しておらず，おそらく屋敷地の所有者は親世代であっただろう。一方，1990年ころは，男性が屋敷地に植物を植えるピーク時であったといえよう。当時は，1980年代から推進されはじめた社会林業プロジェクトが盛んであり（Asadujjaman 1989），それに呼応するように民間の苗木園も近隣に作られていった時期でもあった。この流れに反応し，男性が植林に積極的に参入していた時

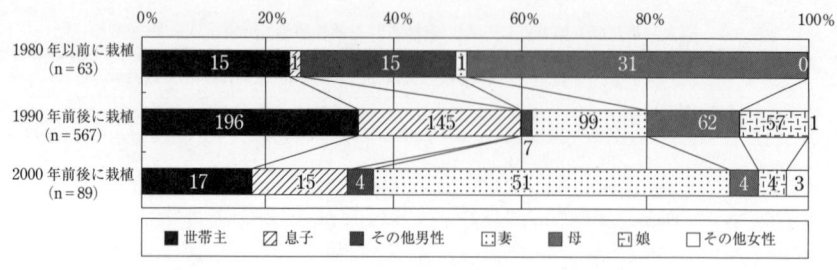

```
                         0%        20%       40%       60%       80%       100%
1980年以前に栽植         |  15  |   |  15  |1|      31      |          0          |
  (n=63)
1990年前後に栽植         |   196   |  145  |   99   |  62  | 57 |1|
  (n=567)                                           7
2000年前後に栽植         | 17 |15| 4 |    51    |       4    |4|3|
  (n=89)
```

■世帯主　▨息子　■その他男性　⋯妻　■母　⊞娘　□その他女性

図 9-3　"食用となる多年生の栽培植物"の栽植者の推移
(出典：筆者調査，1992 年は JSRDE)

期であるといえよう。

　D 村のデータを第 7 章表 7-4 の K 村の栽植者と比べてみよう。D 村の 2004 年と K 村の 2006 年のデータを比較すると，K 村では男性の関与が大きい。彼らが栽植したものは，"食用とされない多年生の栽培植物"，"食用となる多年生の栽培植物"，"野菜・スパイス"グループにまたがっているが，最も多いのは"食用とされない多年生の栽培植物"グループのオオバマホガニーである。この K 村の状況は，むしろ 1992 年の D 村に似ており，K 村ではまだ屋敷地に空間的余裕があるため，生産地（現金獲得源）としての屋敷地への男性の関心が高いということであろう。

(3)　入手経路の変化

　第 6 章でも述べたように，1992 年には，7 割を超える"食用とされない多年生の栽培植物"グループと，約 4 割の"食用となる多年生の栽培植物"グループ及び"野菜・スパイス"グループの植物資源は，自家調達されていた。"女性の親戚ネットワーク"は 9% を占め，"食用となる多年生の栽培植物"グループと"野菜・スパイス"グループでは，その比率が他のグループよりも高かった。
　次に，1992 年と 2004 年の変化をみてみよう（図 9-4）。"食用となる多年生の栽培植物"グループの植物は，1992 年には自家調達が最も重要であったが，2004 年には野生のものが多く，女性の親戚ネットワークと自家調達が次いでいた。"食用とされない多年生の栽培植物"グループについては，1992 年には自家調達が 4 分の 3 を占めていた一方，2004 年には，購入が最も多くなっており，42% が購入されていた。"野菜・スパイス"グループについては，1992

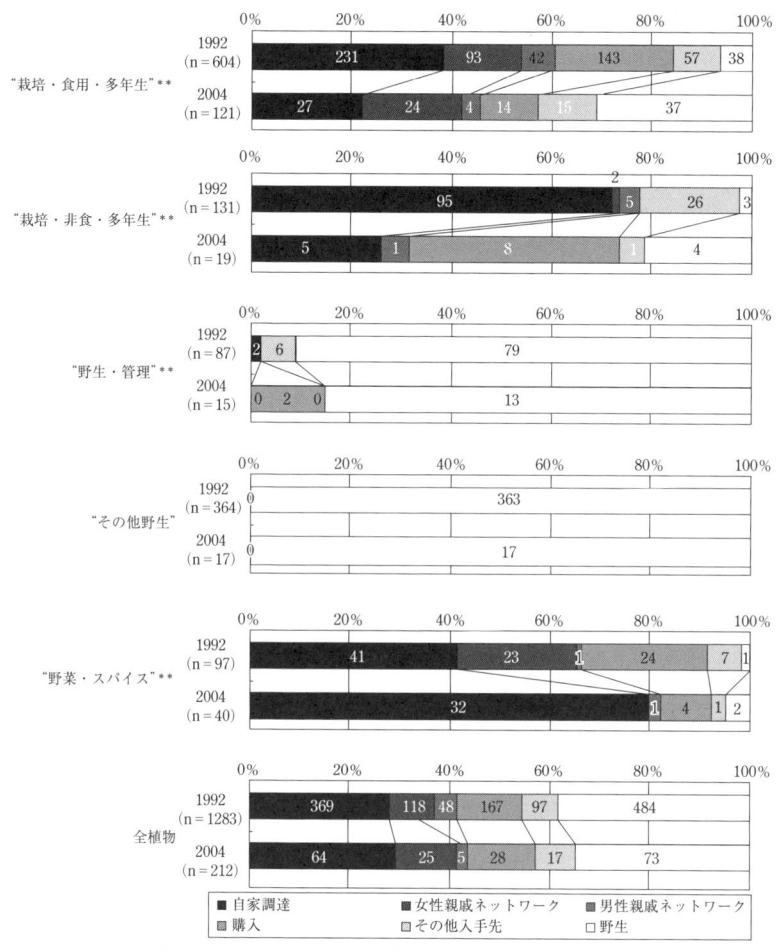

図9-4 植物分類別にみた植物資源の入手先の変化（樹齢5年未満の植物個体数とその割合）

注) ** 入手先が1%水準で異なる（χ^2 test）。
（出典：筆者調査，1992年はJSRDE）

年はさまざまな入手経路があったが，2004年には自家調達が優占的になっていた。

購入によるものの具体的な内容としては，1992年には，購入された果物（主に"食用となる多年生の栽培植物"グループ）から種子を採って播いたというものが主であった（152本）。苗の購入については，"野菜・スパイス"グループの

第9章　屋敷地の社会経済的役割の変容 | 285

24本が最も多かった。一方, 2004年では購入苗が多く (24本), 購入苗の中では"食用とされない多年生の栽培植物"グループが最も多かった (8本)。

　樹齢を考えず全植物についてみてみると, 1992年には29本の購入苗, 2004年には81本の購入苗が利用されていた。1992年には, 購入苗を利用したのは4世帯だけであったが, 2004年には11世帯 (全屋敷地のうち一つの屋敷地を除くだけ) に増えた。この期間のうちに, 購入苗の利用が一般的になってきたといえよう。なお, 2004年にみられた購入苗から生育している44本の木材用の樹木のうち, 32本は10年以上前に植えられたと記憶されている一方, 1992年にはそのような樹木は1本しかなかったため, 1992年以降の, 早い時期にこれらの多くが植えられたと考えられる。1992-95年の調査期には, 村内のいくつかの先進的な世帯が, オオバマホガニーのような木材用の樹木を植えるようになっていた。チャクラAの人たちも, これらをみてすぐに追随して植えるようになり, そのころがまた植樹のピークでもあったといえよう。

　その他の入手先のうち, 2004年に隣近所等から入手された植物は, 7本のライムや4本のワサビノキなど, 1992年と同様, 長年D村に存在するごく普遍的な種であり, 日々の食事などを賄うのに役立ち, かつ栄養繁殖ができるものであった。また, 先に述べたように, 入手源の構成比が1992年と2004年でほとんど変わっていないこと, 稲やショブジ (新しく導入された野菜) の種子が無償で分かち合われることはないことを考え合わせると, 屋敷地の植物のもつ自給的 (サブシステンス) な特徴を明確に示していると言えるだろう。

　次に, 入手経路と性別の関係をみてみると (表9-5), 1992年には, 自家資源は男性, 女性, 双方にとって主要な入手経路であったが, 男性は購入 (苗) が次ぎ, 女性は"女性の親戚ネットワーク"が次いでいた。2004年には, 男性はほとんど購入したものばかりを植え, 女性にとっては自家資源が優占的であった。

　入手先についても, 前出のK村のデータと比較してみよう (表9-6)。K村では, 野生の植物については樹齢がわからないものが多く, 樹齢5年未満の植物を抽出することができなかったため, 表9-6では野生種は除外してある[6]。そこで, D村のデータについても野生植物を外して構成比を再び算出すると, 全

[6) 　樹齢がわからないというのには, インフォーマントによるところもあるだろうが, 村人の関心の薄さもあるだろう。植物全体については, D村 (2004年) では36％が, K村 (2006年) では38％が野生であり, ほぼ同じような割合になっている。

表9-5　植栽者の性別でみた植物資源の入手先とその変化（樹齢5年未満の植物）

入手先	1992年 植栽者の性別				2004年 植栽者の性別			
	男性		女性		男性		女性	
	植物数	％	植物数	％	植物数	％	植物数	％
自家調達	235	(47)	133	(46)	11	(22)	52	(60)
女性の親戚ネットワーク	51	(10)	65	(22)	3	(6)	22	(26)
男性の親戚ネットワーク	31	(6)	15	(5)	3	(6)	2	(2)
購入	123	(24)	43	(15)	24	(47)	3	(3)
その他入手源	64	(13)	33	(11)	10	(20)	7	(8)
全植物	505	(100)	289	(100)	51	(100)	86	(100)

注）男性と女性の間で両年とも1％水準で，各性別の年度間でも1％水準で有意差がみられた（χ^2test）。
（出典：筆者調査，1992年はJSRDE）

表9-6　2村の植物資源の入手先（野生植物を除く樹齢5年未満の植物）

入手先	D村（2004年）		K村（2006年）	
	本数	（％）	本数	（％）
自家調達	64	(46)	30	(42)
女性の親戚ネットワーク	25	(18)	7	(10)
男性の親戚ネットワーク	5	(4)	2	(3)
購入	28	(20)	24	(34)
その他	17	(12)	8	(11)
計	139	100	71	100

（出典：筆者調査）

139本中，自家調達が46％，購入が20％，女性の親戚ネットワークが18％の順になった。K村と比較すると，購入の割合が低い一方，女性の親戚ネットワークやその他の入手先の比率が高い。D村はK村ほど植物資源の入手についての市場化が進んでいない，ということがいえよう。

次に，類似の調査を行ったSunwar et al. (2006)によるネパール西部（丘陵地域及び平原部）の農村での屋敷地林の植物資源の入手先の調査結果と比較してみよう。Sunwar et al. は，果物や野菜，飼料用の植物の入手先を，自家調達，購入，相互供与及び森林由来の4項目で分類している。全体では78％が自家調達であり（おそらく野生も含む），購入16％，相互供与5.4％，森林由来が1.4％であった。果樹は自家調達が90％以上，野菜は自家調達が58％，購入（特に改良品種）が36％を占めている。飼料用の植物では，自家調達の85％に加え，7％

が森林由来で，屋敷地林内に移植されていた。D村と比較してみると[7]，D村では果樹は自家調達と野生を合わせると63％，相互供与が25％を占め，購入は11％であった。野菜については自家調達が85％，購入が10％，相互供与が5％となっている。D村における，購入の比率の低さと相互供与の比率の高さが目立っており，自給性の高さと屋敷地の植物資源をめぐる社会的ネットワークの重要性がうかがわれる。一方，Sunwar et al. の報告の森林にあたる入手先はD村にはない。個人の所有地ではなく共有地，あるいは誰でもアクセスできる空間となると，D村の場合，道ばたや学校の敷地など，ごくわずかなオープンアクセスなエリアに限られてしまう。そのため，そこから入手される資源はあまり多くはないが，自家資源の乏しい世帯にとっては，それもまた有用な植物資源の入手先の一つである。

図9-5は，図6-1をベースに，2004年における入手先を加えたものである。1992年と同様，2004年でも女性は同じチャクラ内の世帯から入手している比率が男性よりも明らかに高い。また，1992年はE家とL家が，2004年はF家とL家が[8]重要な植物資源のソースとして複数の世帯から依存されており，依然として，資源が豊富な特定の世帯から近隣の男女が分けてもらっている姿が浮かび上がる。

3　屋敷地林からの生産物の利用

(1)　果物の利用

2004年の植生調査では，17種157本の果樹と7種52本の野菜が，「果実をつける」との回答を得た。その利用について，果樹のうち，6種99本（バンレイシ，ゴレンシ，サトウナツメヤシ，ライム，グアバ，パパイヤ）は販売されることがなく，他の58本についても「売るとしても余剰があれば」との回答であっ

---

[7]　Sunwar et al. との比較のため，全樹齢の植物を対象とする。
[8]　この間にE家は5人の息子が結婚し別棟を建てたため，建物の占める面積が大きく増加し，植物数が大きく減少してしまった。

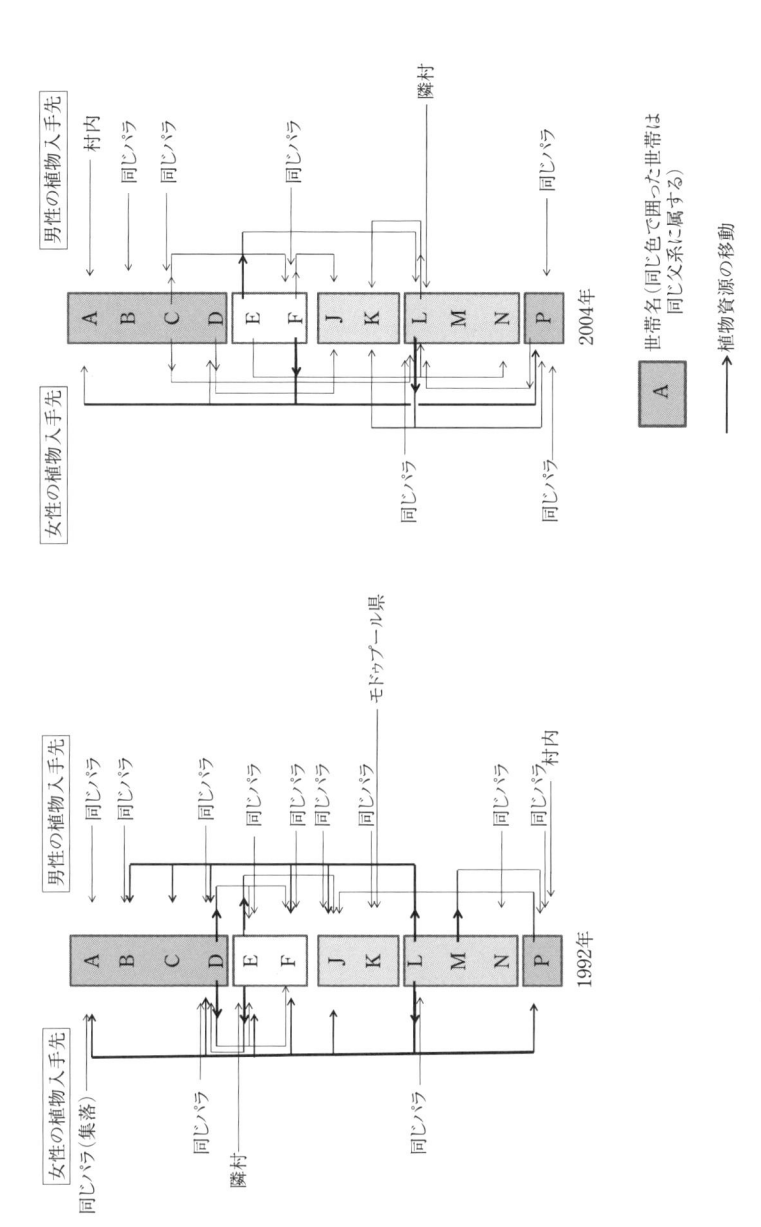

図 9-5　男女別にみた植物資源の入手先の変化

（出典：筆者調査。1992 年は JSRDE）

第 9 章　屋敷地の社会経済的役割の変容　289

表9-7 チャクラAでのマンゴー及びパラミツの収穫数と用途別にみた利用数（2006-08年）
表9-7-1 マンゴー

		2006		2007		2008		3年間	
収穫のあった世帯数		8		12		12		12	
収穫された果実数		1,060		1,384		1,228		3,672	
収穫の利用用途									
家族で利用	世帯数	8	(100%)	12	(100%)	12	(100%)	12	(100%)
	果実数	697	(66%)	828	(60%)	888	(72%)	2,413	(66%)
販売	世帯数	0	(0%)	3	(25%)	2	(17%)	3	(25%)
	果実数	0	(0%)	236	(17%)	108	(9%)	344	(9%)
親戚に贈与	世帯数	8	(100%)	11	(92%)	10	(83%)	12	(100%)
	果実数	363	(34%)	320	(23%)	232	(19%)	915	(25%)

表9-7-2 パラミツ

		2006		2007		2008		3年間	
収穫のあった世帯数		10		12		12		12	
収穫された果実数		99		236		225		560	
収穫の利用用途									
家族で利用	世帯数	12	(100%)	12	(100%)	12	(100%)	12	(100%)
	果実数	60	(61%)	99	(42%)	101	(45%)	260	(46%)
販売	世帯数	1	(8%)	7	(58%)	6	(50%)	7	(58%)
	果実数	10	(10%)	108	(46%)	94	(42%)	212	(38%)
親戚に贈与	世帯数	7	(58%)	9	(75%)	6	(50%)	12	(100%)
	果実数	29	(29%)	29	(12%)	23	(10%)	81	(14%)

た。販売されることのある果物は，マンゴー，パラミツ，ベンガルガキ（柿渋として販売）などであった。一年生の野菜のうち販売されたことがあったのは3種13本であった。

　具体的な果物の利用先について，マンゴーとパラミツを取り上げ，2006年，2007年，2008年の収穫物の用途についてインタビューを行った（表9-7）。この3年間で，マンゴーは3600個あまりが，パラミツは560個が収穫された。なお，2006年はどちらも（特にパラミツが）不作であった。

　マンゴーは，D村では収穫前の樹上にあるうちに虫がついてしまうことが多く，販売には回しにくい，と考えられている。収穫物の約7割が自家消費に，2～3割が親戚におすそ分けされ，販売の割合は1割程度であった。一方パラミツは，4割強が自家利用，4割弱が販売され，残る1～2割が親戚におすそ分けされていた。また，不作年の2006年にも販売したのは1世帯のみであった。

マンゴーを販売した3世帯はパラミツも販売していた。ある世帯は，2007，2008年には収穫されたパラミツの3分の2以上を販売し，2006年も不作ながら販売にも回していた。マンゴーについても2007年，2008年ともに収穫量は多くないが，その半分以上を販売に回していた。このように販売を優先することにより，この世帯では，マンゴー，パラミツ以外も含めて，屋敷地の果物から2007年は合計1624タカ，2008年は1563タカを得ていた。

　全ての世帯はいずれかの（あるいは両方の）果物を親戚に分けていた。親戚へのおすそ分けの数は，不作，豊作にかかわらず変化が少なく，一定の量が優先的に割り当てられていることが推察される。収穫量が少なかった世帯では自家利用のみで終わってしまっている世帯もある。一方で，パラミツ，マンゴーのいずれも，隣近所には分配されていなかった。これは，パラミツ，マンゴーの村人にとっての重要性が影響していよう。フィールドスタッフのアジムッディン氏が教えてくれた，"妻は夫にマンゴーとピタ（米粉を用いた伝統的な菓子）を食べさせないといけない"という村の言い習わしは，日常の食事だけでなく，季節の楽しみも含め，家族に食事を提供せねばならない妻の責任を端的に示している。前述したように，1992年においても，婚出した娘や親戚のバリを訪ねるときに，自分のバリの収穫物を持参するのはよく見られる光景であった。婚出した娘やその他の親戚が訪れたときには，みやげに持たせたり，来られないときには世帯員の誰かに運ばせたりするのも一般的であった。このように屋敷地の果物は婚出した女性たちと生家を結びつけるだけでなく，また贈答品となった果物が種子を運ぶこととなり，結果として屋敷地の植物資源を移動させてきた。

　これらの結果からは，果物は所有する家族と親戚のみに利用されているようにみられるが，実際には，例えばある家でマンゴーを収穫するときに，集まってきた近隣の子供らも，いくらかの分け前をもらうことは普通である。また前述のように，グアバやインドナツメヤシのように換金性の低い果物については，所有者以外の村人も自由に取って食べることができる。またベンガルガキはその果実が柿渋の材料として販売されるが，もともと野生種であることから，他の村人たちが取っていっても仕方ない，と持ち主は鷹揚である。さらに何度も述べているが，地面に落ちたものは誰でも持って行くことができる，という原則はいまだ保持されているため，落ちている果物であれば持ち去っても問題は

ない[9]。

　屋敷地内の叢林の落ち葉も，まだ十分にあったころには"落ちているもの"に分類され，隣近所の女性たちが集めて持って行くことも黙認されていた。しかし，燃料の不足に伴い，他の人の叢林で落ち葉を集めることは許されなくなっていった。しかし現在でも，屋敷地が広く経済的にもゆとりのある世帯の叢林には，近隣の資源の乏しい女性たちが何も言わずに落ち葉を集めに来るという。

(2)　木材としての利用

　1984年から1993年にかけては，10本の樹木が伐採され，木材として販売された。そのうち3本はレンガ工場に販売された。当時レンガ工場へは木材が燃料として高く売れたためである（表9-8）。1996年から2005年にかけては11世帯の屋敷地で27本が伐採された。樹木は，その半分ほどが自家用に利用されていた。3世帯では，その植物がある場所に建物を建てるために伐採している。27本中13本は販売され，得られた現金は日々の生計を補うため（5世帯の5本），肥料を買うため，屋敷地を土盛りするための労賃，新しいビジネスのための資金などとして利用された。自家用に利用された14本は建材や家具の材料，燃料などに利用された。総販売額は2万1100タカであり，自家消費分の見積もり金額は2万3325タカであった。最も多くの木（4本）を切った世帯では，販売により5000タカを手に入れるとともに，自家用に5000タカに相当する木材を利用した。両者を合計すると1万タカになるが，これはその世帯の10カ月分の収入（2006年）に相当する。植樹は，将来の出費を減らしたり将来の出費のために蓄える一つの長期的な戦略であった。

---

9)　耕地や道ばたに落ちている牛糞やワラも，量は減少しながらも，オープンアクセスな資源としての重要性は変わっていない。また，JSRDEプロジェクトで実施された村道の植樹活動は，村内の数少ない共的な資源の増加に結びつき，自家の燃料資源に乏しい世帯の女性たちが日々落ち葉を集めるようになっている。

表9-8 チャクラAで伐採された樹木,その理由と販売額

	1984-1992		1993-2004		
	伐採本数	販売額	伐採本数	販売額	換金価値 (自家利用分も含める)
樹木を伐採した世帯数	3		11		
伐採された本数	10	3,125	27	21,110	23,325
伐採の理由					
生計費の補填のため	10	3,125	4	6,995	
家業への投資のために	0		2	4,300	
土盛りの費用確保のため	0		5	2,000	
新しい建物の予定地にあったため 　　(伐採後は販売)	0		2	5,375	
新しい建物の建材として	0		9		19,675
家具の材料として	0		1		3,000
燃料として	0		3		650
不明	0		3	2,440	

(出典:筆者調査,1984-93年はJSRDE)

4 世帯の社会経済的状況による屋敷地利用の態度の相違

　表9-3で示したように,植物の栽植数は,標準偏差,レンジともに大変大きく,また主な栽植者や入手経路も世帯ごとに相違があった。そこで本節では,世帯ごとの違いに注目し,社会経済的状況と植物の栽植や利用の志向性との関わりを分析する。ここでは,1992年と2004年の間で,屋敷地の位置や面積でほとんど変化のなかった10世帯を分析の対象とする。

　10世帯を,1992年の植物群の構成をもとにクラスタ分析したところ,大きくは野生種の多寡で二つのグループに分けられた。さらに,野生種の少ないグループは,"食用となる多年生の栽培植物"のみが多いグループと,"食用となる多年生の栽培植物"と"食用とされない多年生の栽培植物"の双方が多いグループに分けられ,最終的には,グループ1(野生種が多いグループ,図8-1のA家,D家,及びE家),グループ2(野生種が少なく"食用となる多年生の栽培植物"が多いB家,G家及びF家)及びグループ3(野生種が少なく,"食用となる多年生の栽培植物"と"食用とされない多年生の栽培植物"が多いL家,M家,N家及びP家)

に分けられた（表9-9）。

　なお，植物数と屋敷地面積は，1992年には0.05％水準の高い相関（相関係数＝0.695）を見せたが，2004年には相関は弱まり，有意差はみられなくなった（図9-6）。所有土地面積，あるいは年収と屋敷地面積には，いずれの年にも有意な相関はみられなかった。

　グループ1の1992年の特徴をみると，屋敷地，耕地ともに平均と比較して大きな面積を保持しており，これは他の世帯よりも燃料に恵まれていることを示唆する。さらに，彼らは耕地を自作し，ウシも飼っており，牛糞も手に入る。植物の密度は平均程度であるが，植物種数が多い。このグループで野生種が多い理由としては，屋敷地の面積が広いこと，上記のことから叢林の落ち葉の燃料源としての需要が少なかったことなどが考えられる。息子の関与の高さも，このグループの特徴である。D家とE家では，息子のライフステージがちょうど結婚の適齢期に達していたことも，将来の自分たちの財産を殖やすという意識に影響しよう。

　1992年と2004年の間に，D家では4人，E家では5人が結婚し，親世代と生計を別にしたが，屋敷地は分配せず，依然，親世代の所有である。息子たちがそれぞれの住居を建てたため，屋敷地内の建物は増加し，植物の栽植可能な空間は大きく減少した。一方A家には息子が2人しかおらず，また屋敷地や耕地面積が他の2バリよりも大きいことから，屋敷地への利用圧力はD家，E家ほどではなかった。

　2004年になると，D家とE家の植物数は顕著に減少し，また全ての世帯の屋敷地で野生の植物数は減少した。A家以外は，5年以内に新しく栽植した植物数は非常に少ない。主な栽植者は，いまだ息子が栽植しているA家以外の世帯では妻に移った。A家では屋敷地に男性が関心を寄せるような経済的な生産性がまだ残っている一方，屋敷地の栽植可能空間が顕著に小さくなったD家とE家では，男性が関心を失ったということができよう。E家では，夫との死別後生家に戻った女性が（1992年には"娘"，2004年には"その他の女性"として位置づけられている）"食用となる多年生の栽培植物"と"野菜・スパイス"グループの植物を変わらず栽植しているのが注目される。

　グループ2で"食用となる多年生の栽培植物"植物が優占している理由として，二つの理由がみいだされた。一つはB家，C家のような屋敷地の小ささであり，もう一つは，成人男性の不在（F家）である。限られた屋敷地の空間

表 9-9 各世帯の屋敷地林の植栽状況の違いによるグループ化と特徴

世帯名	年	屋敷地面積 (m²)	植物種数	植物密度 (本/a)	植物の構成比 (%) 食用栽培	栽培非食	野生管理	ほか野生	野菜	樹齢5年未満の植物数	主な植栽者 (樹齢5年未満) (%)	主な入手先 (樹齢5年未満) (%)	果樹本数（販売）実数	屋敷地以外の土地面積 (a) 所有	経営	ウシ	年収 (千タカ)
A	1992	850	56 (40)	23 (13)	35 (65)	10 (5)	11 (13)	41 (16)	3 (2)	146 (29)	夫 (50), 息子 (25)	野生 (54), 自家 (24)		63 (76)	45 (61)	有	11 27
	(2004)		55 (38)	38 (12)	46 (52)	5 (16)	6 (5)	38 (21)	5 (5)	193 (10)	妻 (39), 息子 (39)	野生 (44), 自家 (24)	5 (21)	38 (28)	43 (27)	有	29 21
D	1992	648									息子 (72), 夫 (17)	野生 (49), 購入 (23), 自家 (20)				有	
	(2004)		56 (38)	26 (6)	39 (48)	9 (4)	4 (15)	41 (19)	6 (15)	94 (8)	妻 (80)	自家 (78)	3 (20)	45 (13)	28 (13)	有	13
E	1992	486									息子 (68), 娘 (24)	野生 (47), その他 (19)				無	
	(2004)		44 (20)		63 (48)						他の女性 (71)	女性 N (50), 野生 (33)	0 (7)			無	24
B	1992	121	26 (16)	45 (33)	63 (67)	4 (19)	6 (0)	22 (11)	6 (4)	29 (3)	夫 (70), 息子 (20)	女性 N (32), 購入 (21)		107 (158)	6 (9)	無	48 96
	(2004)		31 (15)	44 (17)	58 (50)	4 (21)	0 (7)	16 (14)	23 (7)	25 (3)	夫 (50), 息子 (24)	－[3]	0 (12)	31 (34)	27 (42)	有	4
C	1992	121														有	18
F	(2004)	648	44 (39)	17 (13)	57 (57)	5 (13)	10 (6)	21 (18)	7 (6)	81 (22)	母 (64), 夫 (18)	野生 (38), 購入 (19), 女性 N (40)	0 (5)	40 (60)	32 (34)	無	8 26
L	1992	526	55 (34)	34 (12)	52 (54)	4 (28)	17 (8)	17 (7)	11 (2)	148 (11)	夫 (39), 妻 (38)	自家 (59), 野生 (24)	17 (29)	15 (22)	15 (22)	有	8
	(2004)	809	43 (30)	20 (7)	51 (65)	16 (7)	11 (12)	17 (4)	6 (12)	133 (20)	夫 (56), 妻・母 (20)	野生 (50), 女性 N (30)	12 (22)	7 (19)	5 (9)	無	12 8
M	1992	243	46 (26)	50 (24)	57 (60)	15 (19)	7 (7)	14 (7)	7 (7)	103 (17)	夫 (100)	野生 (52), 自家 (40)	15 (15)	2 (4)	18 (16)	有	12
N	(2004)										夫 (51), 息子 (29)	自家 (32), 野生 (26)				無	7
P	1992	202 (283)	53 (50)	89 (64)	46 (56)	12 (9)	14 (9)	14 (12)	14 (13)	124 (114)	夫 (71), 妻 (25)	購入 (50), 女性 N (21)	14 (21)	22 (51)	35 (79)	有	50 20
	(2004)										夫 (58), 妻 (28)	女性 N (28), 自家 (26), 野生 (25)	13 (38)			有	46
世帯平均	1992	465	47 (31)	30 (15)	48 (58)	10 (12)	8 (9)	25 (14)	8 (8)	108 (34)	夫 (43), 息子 (20), 妻 (18)	野生 (38), 自家 (29)		37 (46)	25 (31)		16 33
	(2004)	473									妻 (51), 夫 (22)	自家 (35), 自家 (30)					

1) カッコ内は結実する果樹本数。実数は果実を販売する本数
2) 植物数自体が少ないため、算出せず。
3) 女性 N: 女性の親戚ネットワーク

第9章 屋敷地の社会経済的役割の変容 295

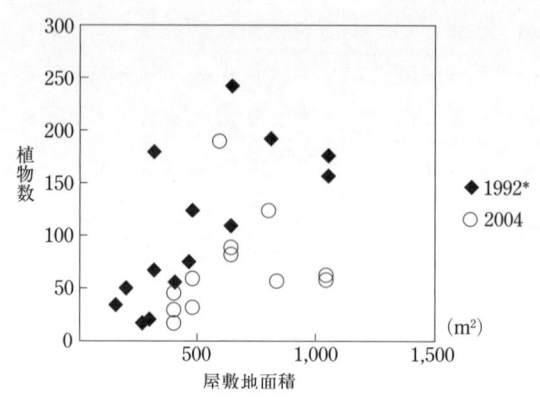

図 9-6　屋敷地面積と屋敷地内の植物数の相関（1992 年及び 2004 年）
注）＊1％水準で有意に相関あり．
（出典：筆者調査，1992 年は JSRDE）

において，B 家と C 家では必要性の高い限られた種を選択的に植えるしかなく，"食用となる多年生の栽培植物"の比率が高くなっている。F 家については，世帯主が早くに亡くなり，未亡人となった妻が屋敷地の植物を管理している。母としての食の提供の役割と女性としての移動の制限から，彼女は有用な果樹を積極的に栽植してきた。広い面積があるので植物数は少なくはないが，密度は高くはない。これは，大人の男手がいなかったこの世帯では，早くから叢林の落ち葉が燃料として重要であり，落ち葉かきが他の世帯よりも多かったことに起因するものと考えられる。

　1992 年から 2004 年の間に，C 家ではさらに建物が増えた一方，B 家はタンガイルの市街部に本拠を移した。

　2004 年には，C 家では栽植空間がさらに減少したため，植物数は顕著に減少し，空間を節約する伝統的なツル性の野菜が中心となった。B 家は依然屋敷地は所有しており，C 家の息子の妻に頼み，ツル性の野菜の栽培をしてもらっている。F 家では，母がまだ主要な栽植者であり，"食用となる多年生の栽培植物"と"野菜・スパイス"グループの植物を栽植している。収穫物は収入源としても考えられている。とくに F 家の広く日陰がちな湿った屋敷地で育つパラミツは，果汁が多くおいしいと評判であるという。また，全ての世帯で，"食用とされない多年生の栽培植物"の植物の割合が増加していた。

　1992 年におけるグループ 3 の 4 世帯は，所有土地面積が比較的小さく，ま

た現金収入も低い傾向がある．そのために，他のグループよりも屋敷地の生産物を収入源としてみる傾向が強いところにグループ3の特徴がある．屋敷地の面積は世帯によって異なり，LとMは大きな屋敷地をもつ一方，N家とP家は平均の半分ほどである．N家とP家は叢林をもたず，西側の傾斜部分が叢林の代替の役割を果たしている．

　1992年，L家とM家は集約的な野菜畑 (*bagan* バガン) を屋敷地の中庭に作り，その生産物を販売していた．世帯主が主な栽培者であったが，母も当時は健在で積極的に植物を植えていた．植物の入手先としては，P家では，その多くを大きな屋敷地をもつ妻の生家に依然していた．このような女性の貢献は，屋敷地の植物，とくに"食用となる多年生の栽培植物"と"野菜・スパイス"グループの植物種を豊かにすることに役立っていた．

　1992年から2004年の間に，L家及びM家の世帯主の母であった女性が亡くなった．また，P家は隣接したO家の屋敷地を購入するとともに，南西側に隣接する土地を土盛りし，屋敷地を広げた．

　2004年には，他の世帯が植物数を減少させるなか，P家では妻と世帯主が新しく土盛りした土地に，積極的に植物を植えることにより，植物数を唯一維持した．N家を除き，2004年には，主な栽植者は妻に移った．N家では，"食用とされない多年生の栽培植物"のオオバマホガニーを植えた世帯主が，依然主な栽植者であった（なお，N家では，"食用とされない野生植物"植物は1本もなくなった）．グループ3の世帯は，依然，屋敷地の収穫物を他のグループと比較して販売に回す傾向があり，現金収入源としての位置づけも高い．

　このように，屋敷地面積，農業への関与（耕地面積やウシの有無など），収入源，活発な栽植者の有無などが屋敷地林の植生に影響を与え，また，世帯員の特徴（家族構成，息子の数，家族のライフステージ，女性の親戚関係など）も屋敷地林の植物構成に大きく影響していた．

5　小括

　屋敷地利用の変化について，社会経済的な側面に注目し分析を行った．主な栽植者は，世帯主から妻に移ったが，世帯によってそれは異なり，次の世代の

所有者である息子たち，母やその他の女性メンバーも屋敷地の植生を豊かにする重要なエージェントであった。さらには，妻の生家などの近い親戚の屋敷地の植物資源の状況も影響を与えていた。

D村において，屋敷地は女性の領域に戻ってきたようである。1992年には，男性の植物栽植に関する関心はかなり高く，換金性の高い樹木や野菜が男性によって導入される一方，女性は，伝統的な植物管理を続け（多目的な果樹の栽植，トルカリの野菜の栽培），食べることのできるさまざまな在来の植物の栽植を維持していた。伝統的には，木材は，果樹のような多目的樹種か，あるいは野生の植物を管理することによってのみ調達されていたが，外来の早生樹の苗の購入が1990年代半ばころから広がっていった。政府やNGOなどによる植林プログラムの開始と普及に伴い，民間の苗木園も増え，男性の関心を高めた。しかし，屋敷地内の栽植空間の減少，その他の農外収入源の増加などにより，男性の屋敷地の植物への関心は低くなったが，女性にとって屋敷地は食材と燃料の確保の場として依然重要であった。

トタンの塀によって，屋敷地内の自由な移動がある程度は妨げられたが，女性は屋敷地の「共」的な利用を維持した。なぜならば，屋敷地は女性にとって重要な活動の場であるからである。換金性の高い植物資源を購入する機会が増加したにもかかわらず，屋敷地の植物資源の入手先とその割合には変化がなく，現金を伴わない植物資源の入手が中心であり続けたことは注目に値する。また，隣近所などのネットワークを通じて，地域に普通にみられ，かつ日々の生活に役立つ植物が無償で分配され続けていることは，特に貧困な世帯にとって利用できる資源を増やすことに役立ってきた。屋敷地の植物のもつ自給的（サブシステンス）な性格がこのような無償の分配を可能としていた。

生産物の利用についてみると，果物は，自家利用と親戚への贈与が主であり，いくらかは近隣の子供たちにも分け与えられていた。木材については，伐採された樹木の半分が自家用に利用されていた。

村での日々の生活に欠かせない重要な野菜や燃料を提供し，家族に楽しみを与える果物を提供する，という屋敷地の基本的な役割は今も変わっていない。そして，このような資源の管理主体は女性であり，屋敷地は女性の主要な活動領域であることも変わらない。屋敷地林の植生は大きく変化し，種苗産業がめざましく成長したにもかかわらず，屋敷地の植物入手の経路にはあまり影響を与えなかった。また，市場経済の浸透も，屋敷地の収穫物（主に果物）の利用

にあまり大きな影響を与えなかった。これは，担い手である女性が堅固にその特質を守り果してきたというよりも，むしろ屋敷地が，男性が期待するほどの経済性をもっておらず，男性が撤退したということを示しているのかもしれない。たとえば，消費者層の増大による市場の要求の増加により，男性による野菜の集約的な栽培が狭小な屋敷地から耕地に移動したように。しかし，屋敷地生産物の販売が家計にとって持つ意味は決して小さくはない。また，屋敷地外でのマーケティングでの機会をもたない女性にとっては，屋敷地の生産物は，内職と並び重要な現金収入源のひとつである。

しかし，このような女性の活動の持つ特質が，女性の貢献の不当な評価につながっていないかが懸念される。なぜならば彼女らの日常的な自給的活動は，男性が屋敷地の外で生み出すほどには現金収入は生み出さないためである。花婿側からの不当な婚資の要求は，バングラデシュを含む南アジアで一般的になっており[10]，これはD村でも確認されている。村の古老によると，このような風習はパキスタン時代にはみられず，花婿側が結納金を払うものであったという[11]。Califield and Johnson（2003）は，バングラデシュでの婚資の浸透を女性の経済的な依存性と絡めて分析しているが，筆者もこの仮説に同意するところが大きい。

---

[10] もともとヒンドゥー教徒の間で行われていた婚資（結婚持参金）は，現在では広くイスラム教徒の人々の間でも取り入れられるようになっている。バングラデシュでは，1960年代末ころから，貧困層の間に，イスラームが定めた「デンモホル（新郎から新婦に支払う婚資）」に代わり，新婦側が新郎に支払うダウリーの慣行が広まり，1980年代に，急増したといわれる（村山2003）。婚資は，"今日では汎アジア的な現象であり，とくにここ10〜20年の間に，全ての階級，宗教，カースト，さらには平等主義的であった少数民族の社会にもみられるようになってきている"（Srinivasan 2005）。貧しい人々にとって娘を嫁に出すことは，最も大きな経済問題の一つとなっており，また，婚資の額への不満が，嫁に対する夫や婚家の暴力につながる事例も少なくない。このような現象に対し，Anderson（2003）は，インドにおいてはカースト制が社会的地位の決定に重要な役割を保持しているからであると説明している。

[11] バングラデシュ独立時に多くの青壮年男性が亡くなったことも影響しているのではないかと彼は語っていた。

【コラム6　村の女の居場所】

　D村に通うようになってから20年ほどになるが，いくつかの忘れられない光景や会話がある。

　ホセインさんは，私がD村で滞在していた村の家の二軒隣に住むおじいさんだった。私はそのころ（1992～95年），アクションリサーチプロジェクトで，あたふたと日々を送っていた。

　ホセインさんは，もうおじいさんなので，軒先の部屋で過ごし，たいていは，軒下に座って景色をみたり，おしゃべりをして一日を過ごしていたと思う。赤ちゃんの子守くらいはしていたかもしれないが。私は，アクションリサーチにも，開発プログラムにもたいして興味なさそうに，のんびりと過ごしているホセインさんの佇まいにほっとすることが多く，時間の合間をみては，何となく訪ねていって，おしゃべりをするでもなく一緒に時を過ごすことがあった。

　日本はどれくらい遠いんだ？　というようなたわいもない話ばかりだったが，あるとき，家族の話になった。ホセインさんは，「いい子どもらに恵まれた」と言ったあとで，自分よりも早く亡くなった妻について「いいカミさんだった」としみじみとした顔で思い出すように語っていた。そのことが，今でもずっと忘れられない。

　そのころ，「プロジェクトは，お前は村の"開発"，"発展"のために何ができるんだ？」という村の男たち女たちからの有言無言の圧力の中で，大したアイディアも出せない私は，かなり追い詰められた気持ちになっていたと思う。しかし，ホセインさんは，それを全く超越したような面持ちで，日々を過ごしていた。

　当事，宿舎にしていた村の家の家事をこまごま手伝っていたレナという名前の女の子と，プロジェクトのスタッフの娘でなぜだか私になついていたジャスミンというおませな女の子がいた。プロジェクトの終了後，いずれも早々と（あちらでは順当な年齢に）結婚し，子どもを生んだ。年齢は私と15歳くらいは違うだろうが，子どもの年は私の子らとあまり違わない。

　2006年，5歳の男の子の母となったレナは，嫁ぎ先で暴力をふるわれ，ときどき実家に戻ってきていた。暴力は子どもが生まれたころからだという。どちらかに非があるのか，レナの話しを聞いただけでは真相はわからないが，彼女が言うには，「何しろ自分のことが気に入らないようで，ことあるごとに義理の姉たちがたたく」とのこと。夫もその姉たちに加勢するようになってきたので救いがないらしい。彼女は，帰りたくないと言いながらも，何日か実家にいて少し気が休

左：写真1　小さな弟をだっこして子守する（1993年12月）
下：写真2　村に来た花嫁のお披露目の日（1994年8月）

コラム6　村の女の居場所

まると，また夫の家に戻っていく。

　一方，ジャスミンは，村ではまだ少ない恋愛結婚をし子どもをなしたのだが，妊娠中に夫がシンガポールに出稼ぎしてから音信不通になってしまった。もともと親のあずかり知らぬところで話がすすんだ恋愛結婚であり，相手方の家族は同意していなかった。同じ村内なのだが家族間の行き来はなく，ジャスミンは実家に暮らしたままだ。夫はシンガポールからたまに帰省しているのではないか，と思われる節があったのだが，彼女の元には顔を見せなかった。（その後，結局，彼女は離婚し，そのまま両親とともに暮らしている）。単身で（あるいは子連れで）生家に戻ってくるということは，父母が健在なときにはまだ良いが，兄弟の代になると，それぞれが結婚し子どももできて，という状況でどのような扱いをされるか，不安要素が大きい。そんなジャスミンに，嫁ぎ先で暴力をふるわれているレナが，「まだ私は良いよね。帰る家（婚家のこと）があるんだから」とつぶやく。

　村の女の生き方には選択肢が少ない。自由に動き回れる少女の時代（それでも，家の手伝いは山ほどある）はあっという間に終わり，娘として結婚の機会を待ち，見知らぬ屋敷地に"嫁"として去って行く。女たちは，屋敷地の木々のように，新しい自分の"家"に根付いていく。根付いていくほかないのである。

　村に暮らすということ，あるいは人間が生きるという自体が，本質的に，逃れられないものと対峙していかなければならないものではある。資本主義社会で主張される"多様な選択肢"は，持続可能性の観点からみると一種の幻想，様々な条件がたまたま揃ったときにのみ出現可能となるごく一時的なものに過ぎないだろう。しかし，女性が引き受けてきた"逃れられなさ"は全てがやむを得ないことなのだろうか，という疑問は浮かぶ。私たちの暮らす社会は，モノだけでなく人も"消費"されるようになっている。女性が，人が"消費"されず，自尊と安心感をもって暮らしていける社会を創っていけないものかと強く思う。

第 10 章
21 世紀における屋敷地林の意味を考える

本書では，これまで9章にわたり，水文環境の異なる二つのバングラデシュの農村をとりあげ，ベンガル・デルタという特徴的な水文環境に暮らす人々が作り出す屋敷地のあり方をみてきた。そこには，地域の水文環境を知悉し，適応しつつ最大限利用する知恵，暮らしのニーズに基づいた生産体系が存在し，女性が重要な役割を担っていることが明らかとなった。また，経時的にみてみると，変わったものと変わらぬものが浮かび上がり，生活の場であり，かつ生産の場でもある屋敷地の持つ意味が浮かび上がってきた。

　本章では，1章から9章までの議論を整理し，バングラデシュ農村の人々にとっての屋敷地の意味を再検討する。その上で，グローバリゼーション，市場経済の浸透のもと，大きく変容する「途上国」農村における，さらには私たち「先進国」社会における「開発」のあり方について，屋敷地と在地の知の視点から考えていく。

　第2部の第3章から第6章にかけては，本書のベンチマークとなる，1988年から1995年にかけての2村におけるi）屋敷地の成り立ち（第3章，第4章），ii）屋敷地林の植生（第3章，第5章），iii）屋敷地での人々の営み（第3章，第4章，第6章）に注目し人々の活動が作り上げる屋敷地の役割を検討した。調査手法として，慣行的な調査分析手法に加え，農村開発のための小規模なアクションプログラムに参加することにより，村人たちとの動的な関わりの中で，屋敷地の持つさらに深い意味を探ることができた（第4章，第6章）。第2部では，屋敷地の生活の拠点としての重要性と女性の貢献，そこで紡ぎ出される多様な植物利用とその高度な管理の技が明らかとなった。またその自給的な性格は，屋敷地に「共」的な特徴を付与していた。

　第3部では，2004年〜2008年にかけて実施したフォローアップ調査の結果と比較し，屋敷地林の植物の構成とその利用の変化をみることにより，市場経済の浸透など，社会経済的な変化を経ながらも変わらなかった屋敷地の特質についての考察を行った（第7章，第8章，第9章）。ここからは，屋敷地の，生活に根ざした特性が基本的に変化せず，「共」的な機能も依然維持していた一方，D村では，営農体系の変化が，屋敷地の植生に大きな影響を与えていたことが明らかとなった。

　以下に，さらに詳しくみてみよう。

1　屋敷地の成り立ち —— 水文環境への適応

　図10-1は，両村の屋敷地の造成のプロセスを模式化して示している。自然堤防上に位置し，雨季にも湛水しないK村は，自然の叢林を開いて屋敷地を造るという形が中心であった。そのため，叢林を中心に，未開墾の森林被覆があった時からの遺物である野生植物が多く残り，うっそうとした感がある。また，世帯当たりの屋敷地面積は，全国平均と比較して大変大きい。K村は湛水しない代わりに，水に困る地域であったため，用水源も兼ねた池の造成が，屋敷地の造成と対になって進められてきた。

　一方D村では，比高の高い土地から優先して屋敷地が造成されてきたが，いずれにしろ湛水しない土地を作るためには，周囲の耕地から土を運ぶ必要があった。土を掘った後は，水たまり（ドバ）として乾季の水浴びや洗濯の場として利用されてきた。屋敷地は人工的に土盛りしたまっさらな空間であるため，住民が自分たちの手で植物を増やしていった。屋敷地の植物は，氾濫水からの波当たりや水の浸透から屋敷地の崩壊を守るための土留めとして必要不可欠であった。さらに，屋敷地の崩壊を防ぐため，そして屋敷地に肥沃度を提供するため，定期的に水たまりの底から粘土質の土を掘り出して屋敷地を補修する必要がある。

　先に述べたように，バングラデシュの農民の大半は，高床式ではなく，地床の住居を選択する[1]。そのため，土盛りという多大な労力と出費を強いる作業を求められ，とくに雨季に湛水するD村では，世帯当たりの屋敷地の面積はK村と比較すると格段に小さくなる。限られた空間に生育する一つ一つの植物に期待される役割は大きく，一つの植物に多様な利用の可能性が探られた。比高の高い土地が利用し尽くされるにつれ，人々は低い土地にも屋敷地を広げていった。低い土地に作られた屋敷地は，洪水の年には得てして浸水の憂き目にあう。しかし，そのすぐ後にまた土盛りを加えることにより，徐々に成熟した屋敷地となっていくのである。

---

1)　アラカン山脈をはさんだ隣国のミャンマーや，その他東南アジアの国々が高床式の住居であることと対照的である。

K村　　　　　　　　　　　　　D村

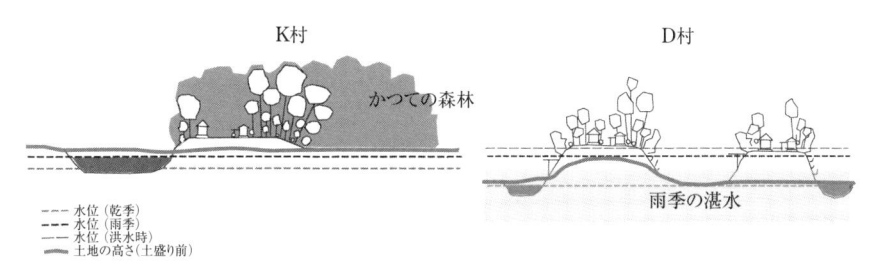

かつての森林　　　　　　　　　　　　　　雨季の湛水

--- 水位（乾季）
--- 水位（雨季）
--- 水位（洪水時）
── 土地の高さ（土盛り前）

図10-1　二つの調査村の屋敷地の形成の違い

　表10-1では，2村で観察された植物の特徴を対比して示している[2]。栽培される植物（食用となる多年生／一年生の栽培植物及び食用とされない多年生の栽培植物）の種数は，両村ともに類似した数値を示している。また，食用となる多年生の栽培植物は，主要な種はかなり共通していた。一方，種数が大きく異なるとともに，両村で共通に見られる種が少なかったのは野生植物であった。種数としては，K村の方が圧倒的に多い。一方，D村で特徴的な種の名前についている"*jol*"という接頭語は，"水辺"を意味する。D村では，氾濫原という水文環境のもとで，水辺に生育する（湛水に耐える）多様な野生植物が生育していた。

　次に2村で共通する種が多い"食用となる多年生栽培植物"が屋敷地の中でどのような空間に配置され，栽植されているかを比較してみよう。この分類に属する植物は，大半が一般的に"果樹"として認識されているものである。図10-2は，第3章の図3-4-1及び第6章の図6-2-1を再掲したものである。種は共通しているが，栽植されている場所は2村の間でかなり異なることがわかる。その特徴的なものはオウギヤシとバナナである。

　K村では，堅くて大きな果実が落ちてくる危険性及びヤシ類は池の日照への影響が少なく（日陰をつくらない）魚への影響が少ないことから，池周り周辺に多く植えられているのに対して，D村では，"日陰に耐える"として叢林の中に植え込まれていた。また，バナナ類は，屋敷地の土留めとして，D村では波当たりのする叢林側の北側斜面に多く植え込まれていたが，K村では日当たりの良い池周りが好まれていた。また，全体的にD村の方がK村よりも庭以外の空間（叢林や斜面）で栽植されているものが多い。図10-3は，それぞれのグ

---

[2]　Appendix 2をもとに作成。両期間の植物を合わせて一つの表とした。

表10-1　両村の屋敷地林の植物の特徴

	K村	D村
食用となる多年生の栽培植物	42種	38種
〈主要な種〉(4分の3以上の世帯でみられたもの)	バナナ，マンゴー，パラミツ，ビンロウジュ	バナナ，マンゴー，パラミツ
〈特徴的な種〉	フトモモ，ビワモドキ malta (*Citrus*.sp)	キンマ，gondo bhadail (*Paederia foetida*)
食用とされない多年生の栽培植物＋管理される野生植物	44種	41種
〈主要な種〉(半分以上の世帯でみられたもの)	タケ，pitraj (*Aphanamixis polystachya*)	タケ，lannea wodier tree kharajora (*Litsea monopetala*)
〈特徴的な種〉	mandar (*Erythrina* spp.) ナンバンサイカチ	トウ pati bet (*Clinogyne dichotoma*)
その他野生植物	75種	28種
〈主要な種〉(半分以上の世帯でみられたもの)	クジャクヤシ sheora (*Streblus asper*) chagol ledi (*Erioglossum rubiginosum*)	sheora khoksha (*Ficus* sp.) pitatunga (*Trewia polycarpa*)
〈特徴的な種〉	タマゴノキ，クジャクヤシ burmese grape, star berry 多様な草本	湛水に耐える種 hijol (*Barringtonia acutangula*) jol boinna (*Salix* sp.) jol dum guta (*Ficus racemosa*)
食用となる一年生の栽培植物	28種	28種
〈主要な種〉(4分の3以上の世帯でみられたもの)	ユウガオ，カボチャ トカドヘチマ，トウガン	ユウガオ，フジマメ ナス
〈特徴的な種〉	ウコン，サトウキビ ※野菜は耕地でも一般的に栽培。	ナタマメ アケビドコロ

ループの植物が，平均するとどのような場所に植えられているかをプロットしたものである。○は食用となる多年生の栽培植物，◎は食用となる一年生の栽培植物，△は食用とされない栽培植物，□は野生植物（全体）を示しており，D村の方が，同じ形でも色を濃く示している。これをみると，D村の方が，いずれのグループも庭よりも叢林や斜面に多く生育している。これは，D村の屋敷地の小ささからくる空間的制約（日当たりの良い中庭にはあまり植える空間が得られない）も影響していよう。

　ただ，その一方で，パパイヤやグアバは，両村で似たような場所に植えられている。どちらも耐陰性に乏しいものであるが，両村の村人の認識も同様であるために，日当たりの良い中庭周辺での栽植が多いのである。

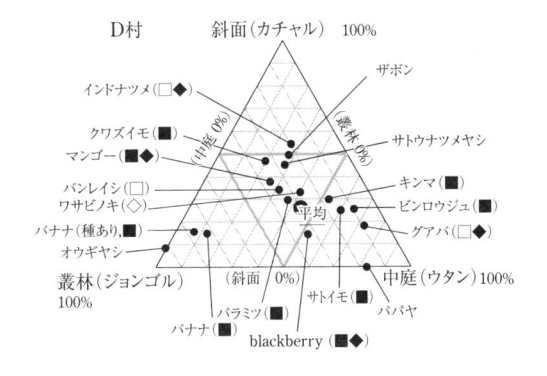

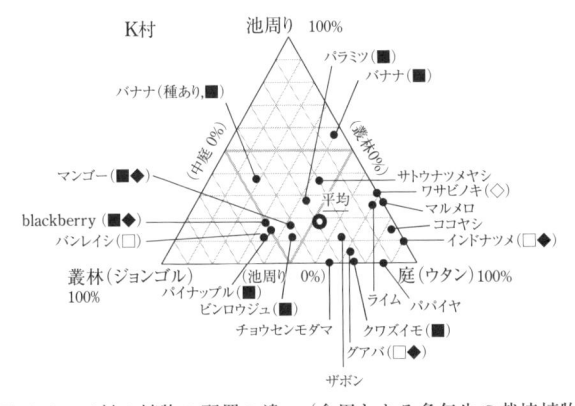

図 10-2　二村の植物の配置の違い（食用となる多年生の栽培植物）

注1）図中の記号は，以下の特性を示す。
　　■耐陰性がある
　　◆湛水に耐える
　　□好日性であり耐陰性がない
　　◇乾燥を好む
（出典：筆者調査）

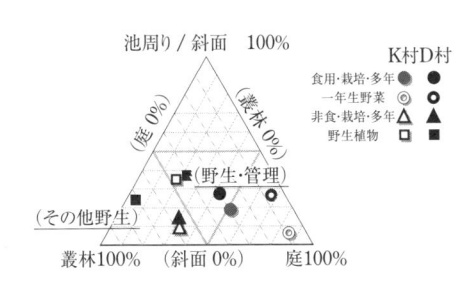

図 10-3　2村での，各植物グループの平均的栽植場所
（出典：筆者調査）

第 10 章　21世紀における屋敷地林の意味を考える | 309

このように，屋敷地を取り巻く水文環境，屋敷地内の微地形と植物の生育特性への理解をベースにした，まさしく「在地の知」による栽培の形がそれぞれの事例地で見出されている。

2 植生の多様性

表10-2は，これまで比較してきた2村の屋敷地の特徴についてまとめたものである。水文環境の違いから，両村の屋敷地はその造成のしかた，大きさに大きな違いがあった。K村の屋敷地では，果樹や野菜等の栽培植物の他に，多くの野生植物が生育していた。日常的な屋敷地林の管理や生産物の利用は女性が担っていたが，空間的な余裕が残されていたため，男性の植樹の意欲も依然高かった。D村では，新たな樹木を植えるスペースは枯渇しつつあり，男性の植樹への意欲は低下し，女性の領域へと戻ってきていた。また，耕地などでの作付体系の変化が屋敷地の植生にも影響を与えていた。新しい植物資源の入手の経路としては，D村の方が血縁や地縁関係などを介した無償のやりとりへの依存度が高かった。冷蔵庫などの高価な家財の保有状況，粉スパイスへの転換等を含め，消費社会化はK村の方で先んじて進展しており，D村の方がより伝統的な農村社会の暮らしを映し出しているといえようか。

次に，両村の屋敷地の植生の多様性をみてみよう。同表の最下段に示している数値は，屋敷地林の多年生の植物のみを対象に算出した，2種の多様性指数（SimpsonのD'と，ShannonのH'）を測定した結果である。D'はゼロから1の範囲で算出され，1に近い方が多様性が高いとされる。一方，H'はゼロから上限がなく，数値が大きい方が多様性が高いが，通常では，1.5から3.5の間の数値を示し，4.5を越えることはまれであるとされる（Khan 2012, online）。

ここでは，K村，D村ともに，同様な植物の観察法を採った[3] 2004-06年のデータから算出した値を示しているが，1992年時点よりも植物の種数，本数ともに著しく減少したD村の方が，屋敷地が大きく植物種も多いK村（2006年）よりも高い数値を示している。なお，D村の1992年の値は，さらに高かった

---

3) K村の1988-90年の調査では，一年生の植物及び灌木類について，記録しそこねたものが多い。

表10-2　2村の屋敷地の特徴の比較

K村		D村
氾濫原の自然堤防 比較的高地（Medium high land） 湛水しない （乾季には水不足気味）	水文環境	氾濫原 雨季には湛水
叢林（ジョンゴル）を開拓	屋敷地の造成	比較的高い土地を，さらに耕地などからの土を盛って造成
大きい面積，多様な野生植物を含む，植物の多さ（潤沢な燃料源）。 女性の高い関与（食材，燃料の確保，屋敷地の手入れ） 野生以外の植物入手先は，自家調達と購入（苗）が主（2006年）。	屋敷地の利用	小さい面積，高度の植物配置 女性の高い関与（食材，燃料の確保，屋敷地の手入れ） 野生以外の植物入手先は，自家調達が主。購入，親戚ネットワークが次ぐ（2004年）。
面積はやや減少，植生に大きな変化なし（マホガニーの増加）。 男性もまだ関心あり	変化	栽植可能な面積の顕著な減少，植生の減少（過剰な落ち葉かき。営農体系の変化） 男性の関心低下。
高い　　D'=0.858, H'=4.026	植物の多様性 （2004-06年）	大変高い　　D'=0.922, H'=4.601

（D' = 0.958, H' = 5.098）。

　同じ南アジア内の他の調査での多様性指数を見てみよう。Motiur et al. (2005) による，バングラデシュ国内のシレット県での調査では H' が 3.1 であり，また，Peyre et al. (2006) によるインド，ケララ州の調査では，6タイプある屋敷地林の中で，D' が最も高かったグループの値が 0.86，同じく H' は 1.24 であった。K村，D村ともに，いずれの事例よりも高い値を示しており，両村の屋敷地の植物の多様性の高さを示している。シレット地方はバングラデシュにわずかにある丘陵地域で森林の被覆が同国内では高い地域であり，またインドケララ州は，屋敷地林の集約的な植物利用が名高い地域であるが，K村，D村の数値は匹敵し，あるいは上回る数値となっている。とくに，面積拡大に大きな制約があるにもかかわらず，多くの植物を屋敷地林に取り込み，自分たちの森を一から造っていこうとしてきたD村の人々の努力がうかがわれる。

　表10-3 は，アジアを中心とした熱帯，亜熱帯地域の屋敷地林研究から，その規模や植物種数などについて抜き出してみたものである。それぞれの研究ごとに植物の数え方など調査法が異なるため，単純な比較はできないことに留意

表 10-3 熱帯・亜熱帯地域における屋敷地林の植生比較

国	地域	地域の特徴	屋敷地の特徴	調査世帯数	屋敷地面積 (m²) レンジ	屋敷地面積 (m²) 平均	植物種 全体	植物種 世帯当たり	調査方法	データ源
(アジア)										
インド	Kerala	全域	小農 (<0.4ha)	87		2,163		21	樹木のみ	Kumar et al. 1994
			中農 (0.4-2.0ha)	123		6,783		26		
			大農 (>2.0ha)	42		16,401		20		
	Palghat (ケララ州の中心地域)						127		全植物をプロット (植物数は多年生植物のみ)	Peyre et al. 2006
			近代型 (1)	8		7,200		27.1		
			伝統型 (1)	11		4,000		28.7		
			原初的な近代型	4		2,400		17.7		
			伝統型 (2)	4		1,400		27.5		
			適応的伝統型	1		8,100		51		
			近代型 (2)	2		1,010		24		
ネパール	Rupandehi 郡	タライ平原		92	68-1,693	434	122	27.1	全ての有用植物をプロット	Sunwar et al. 2006
	Gulmi 郡	丘陵地域		42	63-763	402	131	38.7		
インドネシア	ジャワ (Bandung 近郊)			6	612-702	674	133	66.0		小合 1982
	北スマトラ (Medan 近郊)			14	350-1,000	882	88	33.1		
	南スマトラ (Palembang 近郊)			8	500-2,000	1,025		30.0		
ベトナム	Ninh binh 省	紅河デルタ		30	500-3,200	1,408		38.6		Trinn et al. 2003
	Nghe An 省	中高地		30	200-10,000	2,772		23.4		
	Binh Duong 省	低地		35	800-7,200	2,823		50.3		
	Can Tho 省	メコン・デルタ		21	2,000-22,000	7,500		53.9		
タイ	Srisatchanalai	チャオプラヤ川 (上領域)		1		864		53.0	全ての種をプロット	Gajaseni & Gajaseni 1999
	Sukhotai			1		1,671		45.0		
	Ayudhaya			1		2,284		26.0		
	Nonthaburi	同上 (下流域)		1		1,546		36.0		
パプアニューギニア		平地から山岳地域まで		6	200-800	441	50	13.0	同上	同上
ガダルカナル諸島				5			28	12.0		
(中南米・アメリカ)										
メキシコ	Balzapote	熱帯雨林		71	225-3,400		338			Roces et al. 1989
ニカラグア	Masaya	山の斜面		20	200-14,000	3,240	324			Mendez et al. 2001
タンザニア	キリマンジャロ山周辺		Chagga 族	30			111	70		Millat-e-Mustafa et al.1996
バングラデシュ	北西部	乾燥地帯		20			67	16.4	多年生植物をプロット	Ali 2005
	中西部	平原部		20			46	25.3		
	南西部	氾濫原		20			54	30.1		
	東部	丘陵地域		20			56	18.1	世帯主へのインタビュー	
バングラデシュ	Kishorganj	湛水、乾燥		8	700-1,100		63			
	Satkhira	汽水、乾燥		8	1,200-2,200		91			
	Nawabganj	乾燥		8	100-300 (+400-1,700 outside)		83			
	Dhaka	湛水		8	600-1,000		61			
バングラデシュ (本書)	K 村 (1988)	氾濫原の自然堤防		40	283-4,209	1,059	114	25.0	一年生野生植物を除き全ての植物を図面にプロット	本書
	K 村 (2006)	氾濫原の自然堤防		6	162-4,209	1,202	153	63.8	全植物をプロット (植物数は多年生植物のみ)	同上
	D 村 (1992)	氾濫原		19	200-1,052	424	87	40.7		同上
	D 村 (2005)	氾濫原		21	121-1,052	374	81	15.1		同上

しつつ参照してみよう。

　屋敷地の面積は地域によってかなり異なり，また同じ地域にあっても，世帯によって大きく異なっている。平均面積を比べてみると，D村の屋敷地はかなり小さく，またK村も決して大きいとはいえない[4]。

　次に，屋敷地林の植物種数をみると[5]，中南米の2事例[6]では植物数が突出して多いが，それ以外の地域では100種前後の報告が多い。前述の，K村とD村の植物グループ別に見た栽培植物の種類数の合致具合も考え合わせると，人間が暮らしを成り立たせるにあたって認識し，利用管理できる植物の多様性には共通するものがあるのかもしれない[7]。

　次に，類似した水文環境下にあると思われる他のデルタ地域の屋敷地と比較してみよう。ベトナムの紅河デルタも，バングラデシュと同様に，地床式の住居の広がる地域であるが（布野 2005），紅河は，比較的人為による制御可能なスケールの川（表1-1参照）であり，12世紀より堤防の建設が始まり（春山・Phai 2002），堤防の内側は基本的に湛水を免れるようになっている。そのためか，Trinh et al. (2003) のデータでは，紅河デルタの事例地の屋敷地の面積は，30世帯の平均で1408 m^2（500-3200のレンジ）とK村より若干，D村よりはかなり大きい。また，この事例地では，屋敷地が世帯の所有土地面積の27%を占めており，2村よりも，かなり大きい比率を示している。ここでは，事例2村よりもさらに零細な農業が営まれており，屋敷地の生産地としての役割がさらに高そうである。一方，近代的な工学的手法により環境改変が進められてきたメコン・デルタの河口部に位置するCan Tho省の事例地では，屋敷地の面積は広大であり，かつ所有土地面積の47%を占め，生産物の大半（88%）が販売に回されている。ここで

---

[4]　バングラデシュの他の事例と比較すると，D村は，同じような規模の面積を保持し，K村はやはりやや広い。

[5]　植物種数については，対象となった植物の種類やその方法が，それぞれの研究により異なるので，単純な比較はできない。あくまで参考としての値である。

[6]　メキシコの事例は，熱帯雨林地域での調査である。ニカラグアの報告では明記されていないが，熱帯雨林の被覆度が高い国であるので，その可能性が高いと思われ，この数値は熱帯雨林の植物の多様性を示しているものかもしれない。

[7]　インターネットのSNSの分野での進展にかかわらず，人間の大脳は150人程度までしか友人として認識できないという（ダンバー，2011）。関係性が日々変化する人間同志と，人間―植物間では，当然認識のあり方は異なるだろうが日々の関わり合いの中で深く理解していけることの容量として，何らかの関連性があるのではないか，とも思われ興味深い。

は，屋敷に隣接した園地での商業的な農業が進んでいるようである。

　一方，チャオプラヤ川の河川域下部に位置する Nonthaburi (Gajaseni and Gajaseni 1999) も，1861年以降の運河掘削を契機に開拓が進んだ地域であるが（高谷1982），K村よりもやや広い屋敷地で栽培される植物種数は（事例数が1だけであるが）格別多くはない。

　同じデルタといいながらも，それぞれに規模や開拓の状況が異なり，単純な比較は困難であるが，築堤や近代的な工学的手法による水文環境の積極的な改変を通してではなく，個々の村人が湛水しない土地を人力で作り出すことによって居住を拡げてきたベンガル・デルタにおいて，非常に多様性の高い植生をもつ屋敷地が作り上げられてきたことは注目に値しよう。第1章で述べたように，ベンガル・デルタが凹凸に富んだ微地形をもち，乾季でも豊富な水源となる川や沼を提供する氾濫原の占める割合の大きいこともそれを可能にしてきたのであろうし，また人々の屋敷地や植物に対する情熱もうかがわれる。ここに，非常に広大な氾濫原をもつベンガル・デルタにおける屋敷地の特徴が如実に浮かび上がってこよう。

3　暮らしのニーズに基づいた生産体系

　両村での屋敷地林の植生の多様性は，暮らしの直接的なニーズに基づいた利用を主たる目的としていることに起因していると言えよう。野菜は日常の食材として重要であり，そのため女性たちのもつレシピに合致した伝統的な作目の確保が重視される。その一方で，政府によるテレビでの栄養プログラムなど，新しい情報も採用され，K村の食事調査からは野菜の摂取の顕著な増加が見られた。また，屋敷地脇の池からの魚や，ニワトリやアヒルの卵も，日々の食材として重要な役割を果たしていた。このような日々の食材に関わる野菜や家畜の管理は，女性の役割であった。

　一方，果樹は，食の楽しみを提供する役割を果たしていた。それは家族内だけでなく，親戚と分かち合われる。姻族との結びつきを強めるために，また他出した娘を慰め，楽しませるために，果物は家々を行き来する。これは両村に共通であった。

住民の暮らしのニーズを満たすためには，屋敷地内にできるだけ多種の有用な植物を確保することが重要となる。また，バイオマスの確保や土留めのために，格別有用度は高くなくても，人々の活動や他の植物の邪魔にならない限りは，野生の植物をそのままに生育させておく。そのような，積極的には管理されない野生の植物についても，植物の特質を見極めながらさまざまな利用の可能性が探られてきた。

　その結果，屋敷地林には，栽培植物と野生植物がところ狭しと生育することになり，それぞれの植物にとっては，必ずしも最良の望ましい生育環境とは限らない。むしろ，生育や結実が可能となるぎりぎりの条件が探られることになる。つまり，個々の植物は，住人にとっての重要度と，その植物の生育特性（特に耐陰性と湛水への耐性）から屋敷地内での配置が決定される。高みにある庭，低く暗い叢林，明るい池周り，明るいが湛水の危険のある斜面，といった屋敷地内の微地形に加え，屋根の上や樹冠上も含めた垂直的な空間利用も考え合わせ，限られた空間をより広く使う工夫がなされていた。

　とくに湛水を避けるため高く土盛りする必要があるD村では，屋敷地の面積が制約される中で，高度な空間の垂直利用，水位の季節的な変化を利用した時差による空間利用が見出された。それぞれの植物からの収穫は，最も望ましいとされる栽培環境と比較したら当然低くならざるを得ず，単一の作物から"最大限"の収穫を得るのではなく，多種多様な植物から，"そこそこ"の収穫を得られる生産の体系が取られてきた。そしてそれは，屋敷地をとりまく水文環境，屋敷地内の微地形，植物の特性への深い理解という総合的な「在地の知」を体現している。

　また，屋敷地林の資源の確保には親戚や隣近所など各世帯の社会ネットワークも大きく役立っていた。婚出・婚入する女性が作り上げる婚姻ネットワークは，屋敷地林に新しい資源を提供することに大きく貢献していた。また，村に"普通に"存在し，かつ有用な資源の入手先としては，現金を介さない地縁関係が役立っていることが明らかとなった。現金の獲得を第一の目的とはしていない屋敷地林の生産の特徴が，このような，資源の融通，資源の「共」的な利用を可能とさせていた。

　有用だが人為的には繁殖ができないと考えられていた樹種もあった。これらの樹種は，風や洪水などで運ばれ，運良く自分の屋敷地に根付くのを待つのが基本であった。とくにD村では，洪水によって新しい植物資源がもたらされ

るという認識があった。自然からの恵みを喜び，その恵みを最大限に生かすという生活文化が培われていたのだ。

4　屋敷地の変容 ── 変わったものと変わらぬもの

(1)　堅持される屋敷地

　両村において，屋敷地は堅持される傾向がみられた。農外就業は当たり前のことであり，村で"一人前"の世帯として居住するには，耕地を持つことよりもまずは屋敷地をもつことが一大要件である[8]。

　近郊農村に位置するK村では，他部門からの収入が確保されている村人も少なくない中，屋敷地には快適な生活環境を提供してくれる役割が高まっているようにみられた。そのため，屋敷地の植物を伐採し新しく住居を建てるのではなく，耕地を潰して新しい屋敷地を作る方向に展開している。

　一方，湛水をみるD村においては，屋敷地はシェルター的役割が大きい。高く土盛りしなければならず，その盛り土確保のための土地も要するため，多大な費用がかかる。まずは，屋敷地に隣接した土地を保有し，そこをかさ上げしつつ徐々に屋敷地を広げることによって世帯の増加を吸収しようとするが，それも叶わない場合は，新しい土地に一から屋敷地を造成せざるを得ない。近年は，掘り下げられた土地の養殖池としての利潤性が注目されるようになり，耕地を屋敷地に積極的に転換する動きもみられてきた。

---

[8]　日本の近世の村においても，「一軒前の家」というのは，自分名義の屋敷地をもつ農民のことを指し，近世領主たる公儀と村とに対してもつ「資格」，「権利」，「義務」の社会単位として存在した。従属農民は，本百姓を代表名義人とする一軒前の家に「所属する者」として扱われた。「屋敷地」は同じ土地であっても，田畠等の耕地や山野とは全く異なった「意味」を付与されてきた土地なのであった（長谷川 1996）。

（2） 保持される自給的性格

　1990年代，全国的な社会林業などの普及活動や，それに刺激を受けての民間の苗木園の増加により，野菜の苗や，栽培はできないと考えられていた木材用の樹種の苗木が手に入るようになった。D村でも，1995年当時，換金性の高い植物を植えることによる現金収入源としての男性の期待及び男性の関与が高まっていたが，その後，男性の関心はしぼんでいった。屋敷地が細分化されたり，住居が建て込んでいく中，樹木を植える空間はどんどんせばまっていった。つる性でない野菜を植える空間はなおさら限られる。期待するような現金収入が得られない，と男性は撤退していったのだろう。それに対し，女性たちは伝統的な活動領域である屋敷地から大きく出ることはなく，日々の燃料及び食料源を確保する伝統的な役割を維持してきた。屋敷地における女性の基本的な行動圏と担う活動が変わらなかったために，市場経済が浸透するなかでも，植物資源の入手における女性の社会的ネットワークや近隣ネットワークは，依然一定の役割を果たし続けていた。一時期，男性の関与が高まったものの，再び，屋敷地は，自給的領域，女性の領域に戻ってきたといえよう。

　一方，K村では，一世帯当たりの屋敷地面積は減少していたが，それでもまだ屋敷地に空間的余裕があることから，男性もオオバマホガニーなどの樹木を2006年でも積極的に栽植していた。その傍らで，女性が主たる担い手である具体的な食生活における食材や果物の確保は，自家利用をベースに組み立てられていた。近郊農村として農業離れが先行し，女性が農業の担い手から"主婦化"していきつつも，屋敷地は依然女性の主たる活動領域であり，日々の食卓を豊かにするための，屋敷地からの生産物の利用への意欲，生活空間である屋敷地を快適に整えたいという意欲が維持されているからであろう。

（3） 他の生産地の資源利用との関わり

　D村では，叢林の植物が減少し，特に叢林を主な生育の場としていた野生種の顕著な減少がみられた。これは，営農体系の変化によるさまざまな有用な農業副産物の減少，そして農業副産物の中でも，所有者以外の利用が許容されていたオープンアクセスな資源の減少が大きな原因となっていた。

D村では，営農体系の変化により，在来アマン稲のワラ，牛糞，ジュート芯，ナタネの茎葉など，優良な燃料源であった農業副産物が大きく減少した。貧しい世帯の女性が収穫後の調製作業を手伝うと，燃料源として植物残渣をもらってくるものであったし，アマン稲の刈り残された部分や道ばたに落ちた牛糞は誰でも拾って利用することができた。これらは自家資源の乏しい世帯にとって非常に重要な役割を果たしていた。これらの資源の減少により，女性は，燃料源を得るために屋敷地の植物への過度な依存を余儀なくされている。女性は，"従来と同様に"落ち葉を利用しているのであるが，過剰な落ち葉かきは，叢林の下草の生長を妨げる結果となってしまった。また，牛糞の減少は，屋敷地の野菜の収穫にも影響を与えている。
　このように，屋敷地以外の生産活動の変化が，屋敷地利用に意図せぬ影響をもたらしている。屋敷地の植物の樹齢は高まり，木材としての資産価値も高まった。屋敷地のストックとしての価値は増加したが，日々の生活をまかなうためのフローの生産力は低下し，結果的に女性への負担を増加させている。
　図10-4は，1992年当時のD村の資源利用を図示したものである。すでに，稲作へのモノカルチャー化は進行しつつあったが，まだ多様な植物種が存在し，それぞれの特質と利用の方法に関する智恵が生きた形で存在していた。しかし，現在では，多くの流れが断ち切られつつある。農業副産物やオープンアクセスな資源は，日々の生活に間に合うように，現金を通さず直接的に利用されている部分が多いため，政府や援助機関のみならず，村人自身（特に男性）にもその重要性が十分気づかれていないように思われる。それは，貧困な世帯の存立を助けるとともに，女性が確保の役割を担っているものも多く，資源量の減少が女性や貧困層の負担を強化する結果につながっている。

(4) 2村で共通する変化，異なる変化

　これまで述べたように，両村ともに，二つの調査期間の間に，非農化が進行し，また農業においては営農体系のモノカルチャー化が進行した。世帯の生計における現金経済の占める割合がより高くなってきているといえよう。しかし，そのような農業，経済における変化の中にあっても，両村において屋敷地は堅持される方向にあり，また自給的な性格が維持されていた。
　2村の屋敷地林において，やや時間差をみせながらも共通していた変化は，

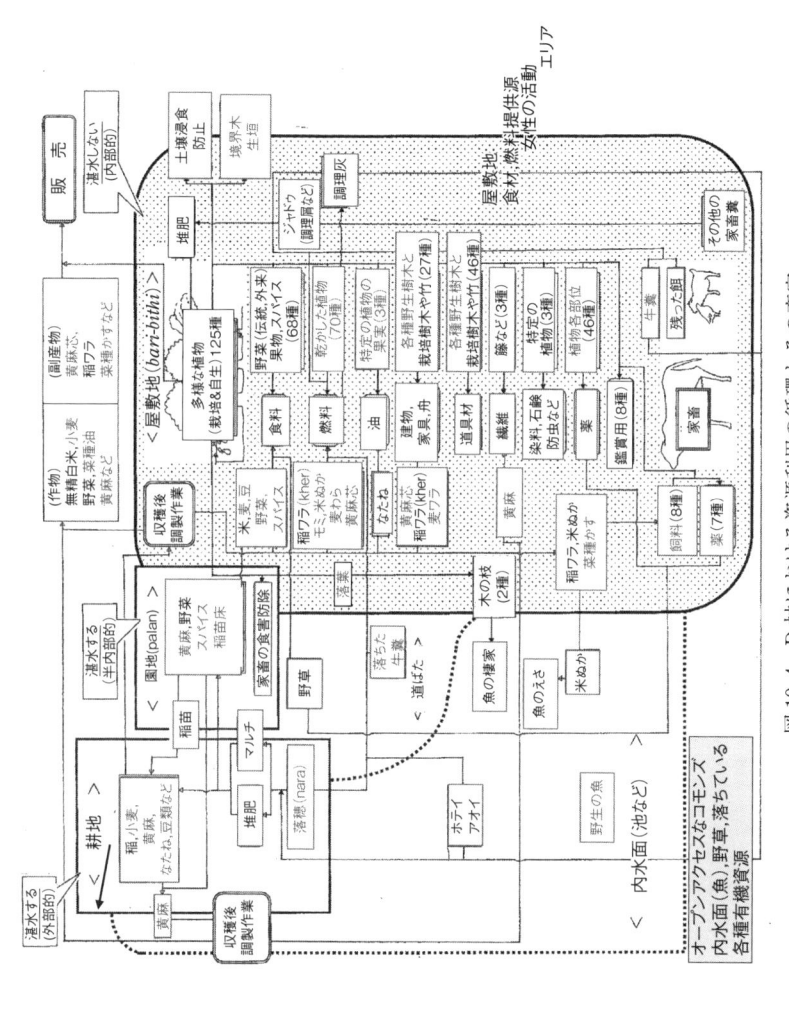

図10-4 D村における資源利用の循環とその変容
※薄字のものは、1992年から2004年の間に資源量が大きく減ったもの
(出典：吉野2008を改図)

第10章 21世紀における屋敷地林の意味を考える | 319

木材用の外来樹種の導入，単一の作物による屋敷地の園地化であった。これらは，ともに現金獲得の可能性を探った男性の働きかけによるものであった。外来の樹種の導入は，両村とも，1990年前後に，村内の先進的な世帯から始まり，次々に，多くの世帯がそれを屋敷地内に植え込むようになっていた。しかし，その後D村では，氾濫原の屋敷地という空間的な制約のもと，栽植可能な面積の減少から新たな栽植の動きが滞る一方，K村では，まだ空間的余裕があることから，その動きは継続している。

屋敷地内での単一の作物による園地の耕作は，両村ともに1990年前後には見出されたが，その後，K村ではむしろ屋敷地を離れ，耕地を潰すことによって集約的な養鶏や養殖池の導入などの動きに関心が移行した。D村においても，まとまった空間が取れにくくなったことから，屋敷地での換金を主要な目的とした集約的な野菜の栽培は減少している。また，事例世帯にはみられなかったが，集約的な野菜の栽培に現金収入を求める世帯は，耕地での栽培に移行した。

経済的な立地に恵まれ脱農化，近郊農村化が進行するK村，零細な所有土地面積のために多角的な収入源が模索されてきたD村と，社会経済状況の異なる両村で市場経済的な試み —— 屋敷地からの現金収入の可能性を探る試み —— が図られ，そしてその多くは屋敷地から撤退した。

その一方で，屋敷地をベースに，日々の暮らしを切り盛りする女性の手による，現金化に直接には結びつかない，生活に役立つ資源（とくに食料と燃料源，さらにはD村においては屋敷地を守る土留めとして）を獲得するための営みも両村で維持されてきた。そこには，女性たちからすれば，「これまでやってきたように，これからもやっていく」という，とくに気負いもない営みである。女性は，慣習的に屋敷地を中心とした村にある意味"閉じ込められて"きた。しかし，それは他方，自分を取り巻く地域の資源を見つめ続け，今日のために，そして次の季節の収穫のために，将来のために，資源を管理し，利用する存在であり続けたともいえよう。

一方，両村で大きく異なったのは，野生植物の植物種及び植物被覆の変化である。K村では，もともと自然の叢林を切り開いて作られた屋敷地も多い上に，叢林部分の植生が比較的手を入れられずに維持されていることから野生植物が多く残されていたが，D村ではもともと更地に屋敷地をつくることが多い上に，何度も述べたように，営農体系の変化からの影響を受け，野生植物が顕

著に減少していた。稠密な人口を保持するためには，地域に賦存する各資源を最大限に利用する必要があり，またそれに応じた高度な利用体系が培われていた。近代農法の導入に起因する耕地における資源利用体系の変化は，屋敷地林にも影響を与えずにはいられなかったといえよう。K村でも，同様に営農体系の変化が進行したが，屋敷地の植生に対し明らかな影響はもたらさなかった。これは，K村では屋敷地に比較的潤沢な燃料源などの資源があり，もともと牛糞や耕地に残された稲ワラなどの燃料源としての利用がきわめて少なかったことや，経済的な状況（購買力）の違いも影響していよう。

5　屋敷地と女性

　バングラデシュ農村の屋敷地と屋敷地林を，ミース（2003）のサブシステンス・パースペクティブから考えてみよう。そこでの営みは，第1章の図1-2からみると，完全に〈不可視の経済〉に含まれる（バングラデシュ農村での営み自体が，その大半は〈不可視の経済〉であるが）。なかでも屋敷地は，女性が暮らしを成り立たせるために多様な活動を執り行う場であり，農民のサブシステンス労働（屋敷地での野菜や樹木管理や家畜飼養，収穫後調製作業などの生産活動），家事労働（食材の確保，燃料の確保，住居の手入れ含む）に加え，家内労働（タバコ巻き，網作りなどの内職）が営まれている。生産活動と家事労働は，屋敷地をとりまく自然への働きかけの中で実現されているものであった。

　また，屋敷地は，社交の場でもあり，それはとくに女性にとって重要性が高い。女性にとっては，生家の屋敷地と婚家の屋敷地が生きる場であった。婚出後は，婚家の屋敷地で，同じように嫁としてやってきた近隣の女性たちと，ときには諍いもしつつも，生活に必要なものを融通し合ったり，ともに作業をしたり，忙しい合間におしゃべりしてひとときのくつろぎを得たりする。訪ねてくる親戚をもてなし，村外からの行商人の相手をする。

　セン（1988）やヌスバウム（2005）は，ケイパビリティ理論により"豊かさ"を再考している。ケイパビリティ理論では「達成しうる機能のさまざまな組み合わせ」に注目し，現金収入はそれを可能にするための財の一つにすぎない，とする。人間にとって必要な"豊かさ"を実現するために求められる中心的な機

能について，センはその具体的なリストアップを避けているが，一方，ヌスバウムは，現在考えられる「人間の中心的な機能的ケイパビリティ」として，以下の10の項目を挙げている。

①生命，②身体的健康，③身体的保全（自由に移動できること），④感覚・想像力・思考（これらの感覚を使えること），⑤感情（自分自身の周りの物や人に対して愛情を持てること），⑥実践理性（良き生活の構想を形作り，人生計画について，批判的に熟考することができること），⑦連帯（他の人々と一緒に，そしてそれらの人々のために生きることができること，自尊心を持ち屈辱を受けることのない社会的基盤を持つこと），⑧自然との共生，⑨遊び，⑩環境のコントロール（政治的選択に効果的に参加できること，他の人々と対等の財産権を持つこと）[9]。自然との共生や遊びなど，一般的には，二次的なニーズと捉えられがちな要素も含まれていることが興味深い。

屋敷地における，女性を中心とした活動が，どのようにこれら「中心的な機能的ケイパビリティ」と結びついているか，検証してみよう。

②身体的健康：安全な住居を確保し，必要な栄養源を提供することは女性の重要な役割である。屋敷地の土盛りは男性の手によるが，泥土で土面の亀裂を埋め（レプ），崩壊につながっていくことを防ぐための日常的な管理は，女性が担っている。男性も作物を栽培し，現金を稼ぎ，市で食料を買ってくるが，具体的な日々の食材及び調理のための燃料の調達と調理，かまどの手入れは女性の役割である。

④感覚・想像力・思考：屋敷地外，村外での活動圏をもつ男性と比較し，屋敷地は，女性の裁量が大きく働く活動空間である。

⑤感情：屋敷地での女性の活動は，家族の生活の維持，向上のために直接的に働きかけるものである。

⑦連帯：屋敷地林での，村に普通にみられる植物資源のやりとりや日常的なスパイスの貸し借りなど，現金を介さない営みは，地縁関係での社会ネットワークを機能させてきた。そしてその担い手は女性であった。

⑧自然との共生：デルタ，氾濫原という水文環境，屋敷地を取り巻く微地形，各植物の特性を熟知した「在地の知」に根ざした屋敷地での暮らしと生産の

---

[9] ヌスバウムは，このリストの作成にあたり，インドの人々との議論に影響を受けたことを注記しており，とくに身体的保全及び自分自身の環境を自分で管理することについて強調するようになった，としている。

体系は，まさしく自然との共生である．自然の恵みを喜び，自然からの恵みを最大限生かそうとする人々の生活思想がその背景にある．また，なかでも女性は，慣習から屋敷地を中心とした村の暮らしに強く結びつけられてきたため，身の回りの資源の有限性をひしひしと感じつつ，地域の環境に働きかけてきた．

⑨遊び：屋敷地林は，果物などの収穫の楽しみ，食べる楽しみ，分け合う楽しみに満ちている．また子供たちにさまざまな遊び道具を提供し，また自家のものではなくても，野生あるいは村に普通にみられる果樹の実を自由に食べる楽しみを提供している．また，屋敷地は，女性たちが自由に行き来できる空間であり，心身の休息や自由な時間を楽しむ重要な場でもある．さらに，生家の屋敷地との行き来は，伝統的なバングラデシュ農村の女性にとって唯一に近い，外出の機会であった．

このように，屋敷地をベースとした諸活動は，女性自身及び世帯の"豊かな"暮らしに直接結びつき，女性はそれを実現するための重要な役割を担う者であった．また，屋敷地は女性のケイパビリティを実現する場として，感覚・想像力・思考をフルに働かせることのできる場であり，また自然との共生，遊びを実現できる場でもあった．一方，「③身体的保全」，「⑩環境のコントロール」は，女性の現状について，客観的な視点から，また女性自身がどのように判断するか疑問が残る部分ではある．1990年ころより，女性たちの行動範囲は確実に広がっている．K村の女性も，D村の女性も，必要に応じ，現在では一人で村外に外出することができる．かつてよりは，「③身体的保全」のケイパビリティは高まったと言えよう．「⑩環境のコントロール」については，女性は，土地に対する法的な権利をもっていないことが多い．屋敷地は夫との共有資産であるという意識は強いようであった．女性が実質的な屋敷地の管理者であり，屋敷地からの生産物を用いて，日々の生活に必要な食を整える役割を担っているからであろう．しかし，これはAkhtar（1990）も指摘したように，夫との良好な関係性を前提にしており，夫が新しい妻を迎えたり[10]，あるいは離婚を申し出たりした場合などには，容易に揺らいでしまうものである．

筆者は，この点につき，ヌスバウムが女性の交渉力を強化するための要素としてあげた三つの重要な視点のうち，「貢献を認められること」そして「自分自

---

10) イスラム教では，「妻らを平等に愛し，扱うことができるならば」という条件つきで，夫は4人までの複数の妻をもってよいことになっている．

身の価値に対する意識」に注目する[11]。屋敷地などでの，現金収入として，容易には可視化できない諸活動における女性の貢献が自他共に認められた後，これらの項目がどのように認識されるようになるかが重要であろう。

　当事者である女性にとっても，屋敷地での活動はごく当たり前の活動である。むしろ，屋敷地の現金収入源としての役割は期待したほどではなく，積極的な関心（特に男性の関心）は薄くなってきたともいえよう。留意されるべきは，このような女性の役割が，家族や地域社会，さらには当人自身に十分認識されているかである。女性たちによる自給的な活動は，男性が屋敷地の外で生み出しているほどには現金収入を生み出さない。第9章で触れたように，花婿側からの不当な婚資の要求は，バングラデシュを含む南アジアで一般的になっており，これは調査村でも認められている。このような現象にたいし，前述のように，Califield and Johnson (2003) は，女性の経済的な依存性と絡めて分析している。さまざまな見解はあるだろうが，外への移動が自由にできず，現金を稼ぐ機会が限定されている女性は，その貢献がシャドウワーク化し，依存的な存在として位置づけられ始めているのではないかという懸念は否めない[12]。

6　バングラデシュ農村の"経済"と屋敷地

　玉野井 (1990^a) は，アダム・スミス以降の経済学史を概観して次のように要約している。「商品経済は古代，中世のむかしから行われているけれども，その商品経済がひとつの社会の支配的な原理となって現れたのは，17, 8世紀からであり，それはまた地域的には地中海世界ではなくて，アルプス以北の西ヨー

---

11)　もう一つは，「選択肢があること」である。ここでは，屋敷地の存在及び屋敷地での諸活動を所与のものとして検討したため，「選択肢があること」については念頭に置かなかった（選択肢としては，農村を離れ都市に居住すること，あるいは，自給せずに購入することとなろう）。

12)　この点では，グラミン銀行が村々に広がったとき，女性が，家にまとまった金をもってくる，ということは，世帯にとっては注目するべき大きな変化であったし，近年では，村の未婚の娘たちが，ダカなどの都市での縫製工場に働きに出るようになっている。このような女性が外で働くことに対し，村山 (2003^b) は，外で働いて得る収入が婚資（ダウリー）の代わりになるとして請求されない場合と，外で働くことが花嫁としての価値を下げる，としてより多くの婚資が請求される場合の双方があるというが，いずれにしても，婚資が前提とされた対応であることに変わりはない，としている。

ロッパ，とりわけイギリスにおいてであった。」「アダム・スミスは18世紀後半のイングランドとスコットランドの社会に生み出されつつあった市場と工業の潜在的発展性に着目して，分業と交換の経済システムをはじめて理論的に体系化したが，同時にまた当時の社会の基礎構造には非市場と非工業の世界，すなわち農村と農業の世界がひろがっていたことをも確認して，それを分析の主要視座の一つとしていた」。さらに玉野井は，スミスの経済学を継承したリカードゥを取り上げ，「アダム・スミスの『国富論』は，『富』と『価値』の概念が混同していると非難した。人が富んでいるか貧しいかは，その人が支配する秘術品や便益品の豊富さによって定まるものであって，これらのものが貨幣との割合でどれだけの交換価値をもつかによって定まるものではない，というのである。リカードゥの論理は，経済学的にはたしかに正しいが，その後，古典経済学の理論が発展するにつれて，『富』と『価値』との混同が解き放たれるとともに，『富』ではなくて『価値』（なかでも「交換価値」[13]）……を主題とする理論が体系化されていった」としている。

市場経済が生み落とされた西ヨーロッパにおいても，ブルンナー (1974) によると，18世紀に至るまでは，〈経済〉は"エーコーノミーク"として，「家父の書」として存在していた。この「家父の書」では，農耕，家畜飼養，林業，狩猟，食品加工，副業，家父及び家母の役割（家母の役割として，娘の教育，調理・加工，医術等を含む），教育，水と動力（水車）等，「全き家」を切り盛りするためのあらゆる活動が取り上げられており，「農民的意味における『経済』の学であ」った。世界中の社会のあり方さえも規定しようとしている今日の狭義の「経済学」は，西ヨーロッパという一地域でごく最近生まれたものに過ぎない。

このようにして，狭義の「経済学」において絶対的な意味をもつに至った「交換価値」について，渡植 (1996) は，資本主義経済では，もの（商品）の価値が本来の使用価値ではないことに注目し，そのものが持っている経済的な効用が生産者と消費者の間で行き来するだけにすぎず，必ずしも人間の存在を豊かにするものではない，と批判している。

資本主義が，市場経済を独立した存在として位置づけていることに対して，Polanyi (1944) は，人間の経済は社会関係に埋め込まれていると主張し，再分配と互恵に加え，ハウスホールディング（自分で利用するための生産）を人間の

---

[13] カッコ内は筆者が加筆。

活動の重要な要素として取り上げている。しかし，先の渡植は，実際には近代経済学のモデルに「人間の現実の生活の方が接近し」つづけており，「非商品的経済活動が日々に窒息死しつつあることを物語る以外のものではない」としている。

　もちろん，バングラデシュの事例村の人々は，自給自足の生活をしているわけではない。屋敷地の生産物にしても，定期市やバザール，あるいは屋敷地内で販売され，世帯の生計の少なからぬ部分を担っている。とくに畜産物（牛乳や卵）は日常的な現金収入源として，また，樹木は不意の支出に対応するために重要であった。バングラデシュの農村は，その稠密な人口のために，零細農民や土地なしの世帯が多く，大半の世帯で何らかの農外就労が必要である。機織りやタバコ工場などの在村産業，小商い，そしてデルタで地床住居を選んだバングラデシュ農村に固有といえる屋敷地や道路などを土盛りするための土方（マティカタ）など，さまざまな農外就労の場が作られてきた。

　第1章でも触れたように，バングラデシュ（ベンガル地方）は，イギリスの植民地とされる前より，全国的に数多くの定期市が開設された商業的な地域であったといわれる (van Schendel 1991)。黒田 (2003) によると，18世紀末のバングラデシュ（ベンガル）では，定期市で小農や農村商人がもっぱら集い交易をする場で用いられる超零細額面貨幣（貝貨）と，大口で先物契約を通して地域間を往復する銀貨の2種類があったという。すなわち，地域社会内部での生産物の交換を促す「内部貨幣」と，供出される穀類やジュート等，地域社会と外部社会をつなぐ交易に用いられる「外部貨幣」[14]の2種類の貨幣が存在していたということである。

　このように，バングラデシュでは古くより定期市などでの商業が活発であったが，それは地域社会内をベースとしたものであった。石原 (1987) は，1986年にタンガイル県ミルジャプールの定期市を調査し，売り手及び買い手の大半が地域の農民であることを見出した。そしてバングラデシュでは，定期市本来の，農民的取引の場としての機能が発揮されていると述べている。近年でも，なお，地域社会をベースとした経済活動が活発であったことを示していよう。さらに機織りなど，在村産業の存在がある。これは稠密な人口を維持してきたバングラデシュのデサコタ[15]的特質を映し出していよう。そして，人々に生活

---

[14]　「内部貨幣」と「外部貨幣」については，玉野井 (1990b) を参照のこと。
[15]　農業と農業以外の生業が併存ないし融合する特徴をもち，都市と農村の両方の特徴をもってい

の場を提供し，また食・住の基本的な資源を提供する屋敷地は，そのデサコタ的なバングラデシュ農村に住む者たちにとって，村での"一人前"の暮らしを可能とさせる足場であり，不可欠なものである。

　グローバル経済化の流れに絡め取られ，「少しでも今の地点からテイクオフし，周囲の者より，現在より"豊かな"暮らしをしたい」という思いで，村の生活は浮き足立っている感がある。しかし，バングラデシュ農村で形成されてきた，地域社会を軸とした経済のあり方—生活の場及び暮らしの基本的な資源を提供する屋敷地，屋敷地を取り巻く土地での農耕や採集，屋敷地や地域の定期市での農民間での必需品の交換と小商い，在村産業での多様な労働と雇用の形—は，玉野井（1990[b]）が，これからの人間の経済のあり方として提唱した，命を育む土と水といった地域の自然環境，生態系（エコロジー）をベースとした，生活する人間の身体空間としての「地域等身大の生活空間」の一つのあり方を示しているのではないか。資源の枯渇，地球規模の環境問題という大きな課題の中で，むしろこれからあるべき持続可能な社会の組み立て方の検討にとっての良い参考となるのではないだろうか。

7　近代技術と屋敷地林

　「緑の革命」は，バングラデシュ農村の営農体系を大きく変容させた。その功罪については，長い間の議論とさまざまな評価がある。「緑の革命」はたしかに，穀物の収量を増加させた。バングラデシュでも，コメの総収穫量は1971/72年の977万4000トンから2005/06年の2653万トンへと3倍近く増加している。しかし，その一方で，種の多様性の減少（Gain 2002）や，農薬散布によるウンカなどの害虫のくり返されるリサージェンス（誘導多発生：害虫防除を行ったにもかかわらず，防除を行わなかった圃場や防除前よりも，その害虫や他の害虫の個体数や被害が多くなること）の問題（寒川 2010）を指摘する声もある。また，「緑の革命」によるローン，灌漑，改良品種の種子，化学肥料，農薬などの近代的技術の導入がもたらした新たな貧富の格差問題（灌漑施設を設置し，

　る地域を指す語である（MacGee, 2008）。

地主ならぬ"水主"となった農民階層に関する議論など）への批判（絵所 1997）もある。そのような批判に対し，藤田（2005）は詳細な事例調査に基づき，少数の富裕層の独占による"水主"の問題は，ごく初期にみられた問題に過ぎず，灌漑施設（バングラデシュでは管井戸）が広く普及するに従って，その問題は解消され，結果的には農業部門の経済成長が農村非農業部門にも波及し，貧困層を含む農村住民の所得と生活水準の向上をもたらした，としている。その一方で，外部資源，外部資本への農民の生活の依存をもたらしたとする近代技術自体への批判もある（シヴァ 1994; UBINIG 2006）。また，バングラデシュでは，地下水のくみ上げが，地中の砒素の飲料水への混入という深刻な健康被害の問題を全国レベルでもたらしている。

　このように，現在もその評価が大きく分かれる「緑の革命」であるが，筆者が問いたいのは，その技術の地域性の欠落である。改良種の種子，農薬，化学肥料と灌漑があれば，"まあまあ"の収穫が得られるようになるという汎用性のある技術は，結局は，どこで誰が作っても変わりがないということに結びついていく。本書で述べてきた，屋敷地林で培われた技術が，各植物の生育特性に加え，屋敷地を取り巻く水文環境，屋敷地内の微地形という，多角的な在地の知に支えられ，それだけに地域の固有性（さらには屋敷地ごとの固有性）に依拠していることと比較すると，大きな違いである。

　「緑の革命」に代表される近代技術は，地域の個性を捨象してしまった。その技術が向かう先は，生産者というよりは，その生産物を購入するマーケットの先にいる不特定多数の消費者である。地域にどのような資源があり，それらをどのように回していけば，（資源と住民の双方が）「生かされるか」という人々の深い洞察による「在地の知」の入る余地がない。アグロフォレストリー等で紹介される"best practice"のインベントリーや，シンデレラツリーといった単品の技術の導入にも，同様の危うさを感じる。それは，いずれかの地域にとっては「在地の知」であるかもしれないが，他の地域にとっては外来の技術である。ローコスト，ローテクで導入が比較的容易である技術を紹介することは，地域住民にとって，技術の選択肢を増やすという観点からはたしかに意味はあろう。しかし，重要なのは，それらを地域の人々がどのように地域の気象，水文環境，地形，そして自分たちのニーズと照らし合わせながら自分たちの意志で取捨選択し，アレンジし，内部化していくかである。K村とD村では，同じ植物であっても，それぞれの土地の要請から，異なる環境で栽培されていた。

その内部化のプロセスが地域の視点に根ざしたものになっているかが重要だろう[16]。

　地域に根ざさない技術を用いる限り，その地域で暮らすことの積極的な意味は見出しがたい。ダカへ海外へと動き出す人々の姿は，それを映し出している。近代化は外向きの動きを急速に加速していった。安価な労働力を自由に使いたい資本主義経済にとっては，それもまた狙いの一つではあったのだろうが。

　在地の知は地域に固有のものであり，人々が長い年月にわたり自然との交渉をつうじて培ってきたものである。「在地の知」での自然の捉え方は，多分に擬人的である。それは，日々の自然との関わりの中から培われ，自然の力への恐れや畏敬，恵みの喜びに裏付けられているからである。自然実生の苗が芽吹いたことを喜ぶ姿，パラミツの木が湛水に弱いため，種子を水の中で泳がせて"水に強くしてやる"呪い等々。これが，"小農は非合理的だ"という言説に結びついていったのだろう。

　エチオピア高地で，エンセーテ（エチオピアバナナ）を主食かつ多様な素材を提供してくれる有用な作物として栽培するアリ人は，多様に存在する品種の一つ一つを，人の名前を覚えるようにそらんじていたという。集落の外れには，野生種の自生地があるが，人々はこの野生種は神様が植えたものであると考え，手をつけずにきたという（重田1992）。重田は，調査を通して，その野生種が栽培種の多様性を実現させてきたことを知る。その神様が植えた野生種が，どのような機能を果たしているかを村人たちが具体的に把握していたかどうかはわからない。しかし，日々のエンセーテとの関わりの中で，その重要性が何らかの形で理解されていたのだろう。

---

16) たとえばラオスでは，現在FAOやJICAが，"タンパク質摂取量の増大"を目標に，農村住民への淡水魚の養殖プロジェクトを進めている。そのプロジェクトの一つに参加している日本人専門家の話が興味深い。養殖の専門家たちは，より多くの収穫が得られ，栄養改善のみならず現金獲得源としても役立つようにと養殖技術を農民たちに熱心に指導する。しかし，農民としては，稲の収穫が忙しい時期に養殖池があって食材としての魚が確保できると楽である，という程度の意識しかないという。それでも，身近なところにいつでも収穫できる魚があれば，確かに農民の暮らしにとって役に立つのである。天然魚の方を好むので，雨季の氾濫期にメコン・デルタから堤防を越えて天然魚が入ってくると，養殖魚を食べてしまう魚種であったとしても，それはまた嬉しいことであるという。もともと魚には親和度が高いので，魚を育てること自体が楽しいし，さらに収穫が楽しい。池の水を干し上げて魚を全て収穫する時には，近隣の人たちを招き，飲んだり食べたりしながら，魚を捕って皆で楽しむ。ラオ人にとって養殖とはそんなものなのだという理解をもてないと，普及はしていけない，という。

吉田（2007）のキューバの報告も興味深い。必ずしも役立ってもいないとも思われる多数の品種を地域の農民たちが保持している理由を質問した専門家に対し，農民のひとりは，「私には家族がある。子どもの何人かは出来が良いが，出来が悪い子もいる。だが，みんな私の子どもなんだ。私は彼らを養わなければならない。それは，品種だって同じことだ」と答えたという。それら"出来が悪そうな"品種が，良い収穫に図らずも役立っていることもあった。また"出来が悪い"というのは，ある人々の嗜好性と合致していないだけで，他の人たちにとっては良いところがあるかもしれない。適地を見つければ良いだけだ，と農民たちは考えている，という。

　在地の知は，地域の自然環境への理解，資源の特質の理解，その理解を踏まえて，恵みを最大限生かすための智恵，さらに，今後も継続して利用していけるような配慮等，多角的で総合的な視点からなる。また，それは，交換して換金するためではなく，住民自身が自分の手で利用することを通して体現されたものである。それらは，単品の技術の組み合わせではなく，自然に寄り添い，自然のリズムに生活，生産のリズムを合わせていく中で培われてきた暮らしのありようそのものであるといえよう。まさしく，安藤（2012a）の述べるとおりに"現在進行形"の関係である。宇根（2007）は，百姓「仕事」にあって"近代"の農業「技術」にないものとして伝統，情念，情愛，経験，人間関係，自然関係，天地有情，カミ，伝承，こども，祭り，民俗……とさまざまな要素を列挙している。そして，近代化を超えていく技術思想の構築のために，かつて「仕事」から抽出された「技術」を，再び「仕事」の中に埋め込むことを提案している。

　農村開発に関わる地域の外部者は，このような「在地の知」に出会うとき，何ができるのか。それは，おそらく，地域に"普通に"ある「在地の知」を外部者という第三者の鏡を通して映し出し，地域の人々に再評価する機会を提供すること，膨大に存在する「在地の知」を地域の人々の価値の基準に沿うことに努めつつ整理し，地域に再提示することから着手されるべきであろう。さらには，近隣の「在地の知」との交流の場を作ることも重要だろう。筆者が参加したプラントブックの取り組みはその試みでもあった。

　さらに，宇根（2007）は，「草に言づてできる」[17]農業を作り上げていきたい

17）宇根は，石牟礼道子（1995）の講演の文章より，足が悪くなって蜜柑山に農作業に行けなくなってしまったおばあさんに対し，蜜柑山に「何かことづけはないか」という隣人の問いかけに対し，

と述べる。科学的な表現ではないが，"非合理的"と簡単に片づけて良いものだろうか。このような自然と一体化した眼差しを失ったために，現代の科学技術はあちこちで環境の破壊を起こし，私たちの暮らしの持続可能性に危機をもたらしてきたのではないか。「在地の知」は，村の暮らしのあらゆる場面に存在し，そして急速に失われつつある。一つ一つの技術の合理性や有効性を議論することも必要ではあろうが，科学技術が学ぶべきことは，自然をみつめ，自然の威力を知りながらも倦むことなく働きかけ続け，自然とともに暮らしてきた人々の暮らしの価値観であろう。「在地の知」がもつ生活に根ざした思考を，私たちは謙虚に学ばなければいけない。

8　バングラデシュの農村開発と屋敷地林

　事例村の女性たちは，人生のほとんどの時間を屋敷地で暮らすことを積極的に選んできたわけではないだろう。慣習により行動が制限される中，自分たちに与えられた役割を全うするには，自分たちの周りの資源を使いこなす他なかった。それは男性も，伝統的な経済においては同様であっただろう。しかしそこには，その地域に住み続け次の世代に繋ごうとする，暮らしに根ざした意志，覚悟がある[18]。これも，もちろん積極的な選択ではなく，ごく静かな運命論的な（ロジャース（1969）の指摘する小農の下位文化そのものであるが）もの，あるいは，もしかすると意識化もされていないものであるだろう。日々の暮らしを成り立たせようとする中から——それは，自家資源に乏しい貧困世帯にとっては日々の生存のための戦いでもあり，生半可なものではない——，身の周りの資源の有限性をひしひしと感じ，十分認識した上での利用の智恵である。また，そのような認識と覚悟が，植物資源を隣近所で分かち合うような共的な関係性を作っていったのだろう。

　藤田（2005）は，バングラデシュでの自身も参加した農村開発の実践研究[19]

　　「草によろしゅう言うてくれなぁ」と答えた，という箇所を紹介している。
18)　安藤（2012）[a] も，「その土地で暮らしていこう，生きていこうとする覚悟や自覚」である「在地の自覚」をもつことの重要性を訴えている。
19)　筆者も参加したJSRDEプロジェクトにおいて，藤田は長期専門家としてD村及びボグラ県の

を検証し，バングラデシュ社会は，社会資本の蓄積が妨げられる形で歴史的に進化してきた典型例といえるのではないかとしている。筆者も，この藤田の見解に賛同するところが大きい。

バングラデシュの農村は，もともとが"elusive village（捉えどころがない村）"(Bertocci 1970) といわれるような，求心性が緩やかな地域社会である。そのような地域で，これまで実施されてきた屋敷地林の生産向上などに関する活動はもっぱら個人の資源を増やすことが目標にされてきた[20]。屋敷地のプログラムに限らず，農村開発の現場では，近代技術への個人的な投資を促し，個人的な技術トレーニング，ローン貸与をとおした個人の利益拡大の支援をしてきた。さらにはグラミン銀行では5人組などの相互監視制度を設定したが，この制度は村の負債者たちの関係性を損ねた，という報告もある（上西 2007）。このように，個人的な利益追求に向けて誘導する支援策が主流であり続けてきた。その代表例であるグラミン銀行が農村にもたらした功罪については，前述の上西の他にも，大橋・長畑（2002），藤田（2005）などに詳しい。ここでは，その中身にまでは立ち入らないが，いずれにせよ，ローン＆トレーニングという支援は個々人の利潤の増大を目的としており，またその支援団体にしてみれば，自分の団体がターゲットとして設定し便益を受けることになった人たちが経済的に成功すれば，そのプログラムはとりあえずは成功とされる。

人々の関心が，個々人の利益にのみ向かう限り，資源は囲い込みの方向に進み，資源に乏しい世帯はより困窮していくだろう。資源に乏しい世帯の生活の存立を支援するには，日々の生活に役立つ多様な有用資源を，現金の介在しない形で豊かにしていくアプローチが求められているのではないか。それには，個人所有の土地に限らず，村道，学校の敷地など（その面積は限られてはいるが）「共」的な空間のより積極的な活用も有効であろう。これは女性の日々のサブシステンスな活動の負担を軽減するだけでなく，資源の乏しい貧困世帯のセイフガードとしても機能し得る。さらには，女性によって維持されてきた，在来種の保持の営みなどを力づけることにより，多様性が高く，また持続性も高い環境保全的な生産システムに向かうことができるのではないか。

バングラデシュの農村には，コモンズと呼べる空間はほとんどない。地域的

アエラ村で実践研究を行った。

20) そのような地域だからこそ，開発関係者は，地域へのアプローチに困り，ターゲット・アプローチと呼ばれる個々人に向かってアクションを取っていかざるを得なかったという点もあろう。

上：写真1　UBINIGでは在来種子の交換ネットワークを運営している。UBINIGの活動に参加する農民（有機農業に取り組みたいと宣言した農民）は，この種子バンクを利用できる（2007年3月）

中：写真2　UBINIGで在来の薬草についてのトレーニングを受けた地域の伝統的産婆（ダイ）が，薬草園を運営し，地域の人々に提供している（2010年7月）

下：写真3　農業をテーマにした自作の歌を歌い，楽しむ村人たち（2010年7月）

にわずかに残る森林も国有林として管理され，地域住民の利用が制限されている。調査村でも，コモンズと呼べる空間はほとんどなく，道路，学校，モスク，市場などのいくつかの公共の空間をのぞき土地は全て私有されている。しかし，完全な私有を主張せず収穫物の一部を提供すること（たとえば植物資源の分配や落ちている資源 —— 地面に落ちた時点で無主物となる —— の利用など）により，資源を持たない世帯に対するアクセスを許してきた。屋敷地も，私有地でありながら，資源の入手や利用，空間の利用という面で「共」的な空間としての特徴を保持していたが，これは，屋敷地が基本的にサブシステンスの場であり，村での生活の存立を図ることを第1の目的としているからであろう。

　第6章で示したように，D村でも，さまざまな農村開発の取り組みが実施された。バングラデシュ農業普及局による家庭菜園プログラムは，野菜の栽培や摂取に関する村人の考え方や行動と合致せず，普及に至らなかった。また，屋敷地に何らかの変化を与えることが目的とされたわけではないが，「緑の革命」を契機に，反収の増加や現金収入に大きく舵を切った営農体系の変化は，耕地からの収穫物（農業副産物も含む）の多様性を大きく減少させたばかりでなく，屋敷地の利用や女性の労働負荷に対しても大きな影響を与えている。

　その一方で，JSRDE のプログラムの中で，村道など村の共有地への植樹活動で植えられた木々は生長し，資源に乏しい女性たちの燃料確保に役立っている。村人たちが培ってきた植物に関する知識を聞き書きの形で集めるプラントブックの取り組みでは，知識が蓄積されるにつれ，当初「つまらないことをする」と言いたげであった村のスタッフたちの態度が大きく変化していったことが印象的であった。果樹の挿木 / 取り木プログラムでは，村人たちの間には分かち合いの関係が保持されていることが確認され，そこへの働きかけの重要性が認められた。

　これまでも何度か紹介してきた UBINIG は，近代農法（灌漑，農薬，化学肥料，ローン）からの脱却を図る新農民運動を展開している（吉野 2008）。灌漑の否定には，皆の財産である水を独占し，販売する権利を誰が持つのか，という思いが込められている。UBINIG は，その活動の中で，村に賦存する，換金性だけでは測ることのできない多様な有用資源（野生の果物や野草，農業副産物，内水面で漁獲できた天然魚，人々が培ってきた在地の技術や知恵など）に注目し，それのもつ役割や豊かさを村人たちに提示し再評価を図ると共に，その利用を活性化しようとしている（写真1〜3）。さらに，村の各世帯で自家採種され，維持

されてきた野菜などの種子を農民たちの間で交換できるネットワークづくりも行っている。単に技術的，あるいは経済的な取り組みとしてではなく，この活動を通して，人々のつながりを強めコミュニティの再構築を図っていこうとする意図がある。

　稠密な人口の故に"わずかな資源の奪い合い"（Jansen 1986）と評されるバングラデシュ農村でも，これまで述べたように他者のために残しておく部分があり，それは特に自己の資源をもたない人々の生活の存立に役立ってきた。面積や資源の減少（特にD村）のために，その収容力を低下させながらも，屋敷地もそのような特質を保持してきたのである。

9　おわりに ── バングラデシュの屋敷地林が私たちに問いかけること

　本書で紹介したのは，バングラデシュ農村の居住空間である屋敷地を舞台とした村の暮らしと，生活の論理に根ざした屋敷地林での生産の在りようである。巨大なデルタに屋敷地を構えたバングラデシュの村の人たちは，時には大きな災害をもたらす雨季の洪水と向き合いながら，屋敷地を守り，屋敷地に森を作ってきた。屋敷地は一年をとおして湛水を免れる貴重な土地であり，暮らしの拠点である。そこでは，「在地の知」に根ざした，暮らしに必要な資源をさまざまな社会関係や自然とのかかわりの中から獲得する努力，資源を最大限利用するための深い知識，それぞれの資源の特性を見極めた管理の形が紡ぎ出されてきた。"捉えどころがない村"，"わずかな資源の奪い合い"と評されてきたバングラデシュ農村にあっても，屋敷地と，屋敷地を舞台とする女性の活動からみてみると，各世帯の中で経済は完結するようでありながら，それぞれの暮らしはゆるやかに助け合っていた。

　「在地の知」に根ざした伝統的農業のあり方では，増えていく人口を養うための食料需要に対応できないではないか，という批判は強い。このような批判に対しては，たとえば，既存の報告の丁寧な精査をもとにした，伝統的な農法を生かした「小農経営の有機農業は世界の人口を養える」というBadgleyら

(2007)の報告[21]があるが,ここでは,別の視点から,"人々を養う"ことを考えている前出のUBINIGの姿勢を紹介しよう。UBINIGでは,農村における農業を,増大する都市人口を養うべき食料生産の術とは考えていない。むしろ,地域に賦存するさまざまな資源の非換金的価値に焦点をあてることにより,これまで換金できる資源の乏しさから農村から離脱せざるを得なかった貧困世帯をも包含した農的な地域社会を築いていきたいと考えているという。一体それが現実可能なことなのかは,バングラデシュの農村に住まう"彼・彼女ら"だけでなく,いわゆる「先進国」に住まう"私たち"が,どのような暮らし方をしたいと考えるかによっても大きく左右されるだろう。むしろそれが実現可能なものとなっていくためには"私たち"の変化こそ求められていよう。

バングラデシュに限らず,持続可能な社会の構築を目指すには―構築できるという考え自体が,年々現実離れしてきているとの思いもあるが,それでも目指していかなければならないだろう―,今日のような,"カネになる"ごく少数の資源を枯渇するまで奪い合いながら利用し尽くすのではなく,"カネにならない"と打ち捨てられてきたさまざまな資源を有効に活用していくことが肝要であろう。それらは,地域の環境に裏付けられた地域固有なものも多く,大量生産・大量消費のシステムにはそぐわない。その利用の体系の裏付けとなるものは,これまでの外延的かつ要素主義的に展開してきた知識と技術の在り方とは,全くベクトルが異なる。地域の自然環境を深く見つめていく中から感知される,自然の反応のパターンへの理解や自然との関係性が核となろう。そこでは自然と人の区別もなくなり,命をもつ者同士の,さらには,生命活動の有無へのこだわりも超えた,同じ空間を共有する者同士としての共感がある[22]。その営みは,一人,あるいは世帯で完結しておらず,資源や知識の共有や助け合いが支えている。

換金経済がバックボーンにあるからそんなことを言っていられるのだ,とい

---

21) Badgleyら (2007) は,developed worldとdeveloping world (global south) にわけ,反収を調査し,有機農業は,Developed worldでは慣行農法の 92.2%,developing worldでは180. 2%の反収を得ることができる,と算出した。これに対しては厳しい批判もあるが,足立 (2009) は提示されたデータを再検証し,Badgleyらの試算が大きくは間違っていないとしている。
22) 生業としての農がもつ,換金化できない多様な価値は,先進国でも注目を集めるようになってきている。教育や福祉の分野でも評価され,食農教育,障碍者や高齢者が参加できる福祉農園 (石井,2008) や,地域の再興を目指したアメリカ等でのCommunity garden, Edible Schoolyardなど,世界の各地で,農のもつ力を生かす試みが実践されている。

う批判もあろう。堅調な経済成長が続く中，その波に乗り遅れまいと，バングラデシュの村の人々は急いでいる。人々の生活の必要から培われた多様で豊かな「在地の知」の一端を記した本書は，過去の遺物，郷愁の対象となってしまうのかもしれない。ただの郷愁から免れるためには，今そこで暮らす人たちにとって意味のあるものでなければいけない。D村よりも消費社会化が進んだK村のように，現金収入が安定化していく中で，かえって屋敷地は堅持され，快適な居住空間たるべく，位置づけ直されていくのかもしれないが。

　しかし，私たちは一体いつまでこのような消費社会を続けていけるのだろうか。2011年3月11日の東日本大震災とそれにより引き起こされた原発震災は，都市と地方の関係のありようとそのいびつさ（それは「先進国」と「途上国」の関係のアナロジーでもある）を如実に映し出し，今日の資本主義，消費社会化が本質的にもっている特質を顕わにした。都市はまるで自己目的的に膨張し，地方からのさまざまな資源をできるだけ安価で手に入れ，意のままに消費しようとする。都市の意向のままに消費される地方は，担い手を奪われ，地域固有の文化を失い，活力を奪われていく。都市による消費は，あらゆる地域での資源の荒廃と資源の搾取を引き起こしているが，都市に住む人間自身もまた社会の中で"消費"されてしまっているのだ。

　私たちは，それぞれの地域の自然の理に根ざした「共棲みの作法」，一方的に消費し消費されることにはならない関係性を実現する「共棲みの作法」を，私たちの手で再構築していかなければならないだろう。村の女性たちは，その地に根付いた者，生活者としての立場から，「共棲みの作法」が衰退していく中で，家族や地域のために保持しようとしてきた。これは，バングラデシュだけでなく，日本でも同様である。農村女性たちは，"儲からないわりに手がかかる"自給部分を男たちがどんどん切り捨てていく中で，家族や親戚，さらには友人知人と分かち合う喜びのために自給畑や農産加工を細々と続けてきた。自給品は，親戚や隣近所にお裾分けされ，また種子などの資源や作り方などのさまざまな情報は活発に交換されてきた（吉野・片山・諸藤2008；Yoshino2010；Yoshino2011）。そこでも，バングラデシュの屋敷地と同様に，自然への働きかけの喜び，作る喜び，分かち合う喜びがあった。そのような女性たちの個別的な営みは，農山漁村の閉塞感の中で，社会的起業的な性格の強い農村女性起業や地産地消運動へと展開し，現在では地域活性化の担い手として，国や行政などから期待されるに至っている（吉野2008, online）。しかしその一方

で，社会的に注目されることにより，再び経済の論理（"男の論理"）に巻き込まれていくことも少なくない（Yoshino 2011）。

　世界中の地域社会が急速に変容している中，在地の知が，断片化されながらも何とかかろうじて地域に残存している今は，その最後のチャンスかも知れない。バングラデシュで，日本で，それぞれの地域で，"土と水"に根ざした「地域等身大の生活空間」（玉野井 1990^b）をベースとした暮らしを模索していかなければならない。肝要なのは，ミース（2003）のいうように，自分たちの生命維持に関わることに決定権，支配権を持ち，基本的に必要なものに対し，（市場に頼る部分があるとしても）全面的には頼ることをしない暮らしを目指していくことではないか。それは，目指す"べき"ものではあるかもしれないが，生活の論理，共棲みの生命の論理をベースとした，自律的で豊かな，目指し"たい"世界につながっていくはずだ。そして，その決定権，支配権の根幹には，自分たちの身体による働きかけを通して，それぞれの「在地の知」が，体に刻み込まれ，しっかりと位置づいていくのであろう。バングラデシュの屋敷地を核とした，自然との関わりをベースとした，人々の智恵にあふれる暮らしのあり方から，私たちが学ぶべきものは大きい。

図 表 集

表 5-2 ドッキンチャムリア村で観察された植物とその用途

現地名	学名	食材	薬用[2]	家畜用	木材その他材料として[3]	燃料[4]	その他	現地名の意味
1　食用となる多年生の栽培植物								
Kola-bicha	Musa ABB[9]		眼病 (Pith, Fl)、天然痘 (Fr)			△	土留め (Wp)	種ありのバナナ
kola-batta, dimkobi, gimitha	Musa spp.	Fl, Fr, Pith：生食、調理			柵 (Lf)、容器／皿 (Lf)、灰を洗剤として (以前は利用)	△	レンガ工場の煙突として (子供の遊び)	dimkobi：卵のような形。gimitha：ギーのように甘い。種なしバナナ
kola-nihaila	Musa AA (?)		皮膚病 (呪いとしてタマリンドの葉と一緒に)	乳量増加 (Fr)		△		
kola-shobri	Musa AAB					△		
kola-shagor/ jahadi	Musa AAB	Fr：生食				△		大きいバナナ
kola-anaija	Musa ABB	Fl, Fr：生食、調理						調理バナナ
kanthal	Artocarpus heterophyllus	Fr, Sd：生食、調理		飼料	建物、ドア、家具	○	お札として (子供の遊び)	
am	Mangifera indica	Fr：生食、調理	下痢 (Bark: A, Y)、胃腸の腫瘍 (Lf: A)		建物、ドア、テーブル、椅子、ベッド、ドア、鎌の柄 (Rt)	○	ピンロウジュの支柱	
peyara	Psidium guajava	Fr：生食	歯ブラシ (Br)			○		
pepe	Carica papaya	Fr：生食、調理	皮膚病 (Fr-juice)、juice: A, Y)、腹痛 (Fr			○		
shajna	Moringa oleifera	Lf, Fl, Fr：調理	心臓疾患 (Lf: (a, y)			△		
pan	Piper betle	Lf：生食	歯痛 (Lf: Y)		鎌の柄、筏の背板	○		
ataphal	Annona squamosa	Fr：生食	食欲不振 (Fr)			○		
baroi	Zizyphus mauritiana	Fr：生食、調理			建物、家具、舟、柵 (Br)	○		
jam	Eugenia jambolana	Fr：生食			建物、家具、舟、足踏み脱穀機	○		

(表5-2つづき)

現地名	学名	食材	薬用[2]	用途[1] 家畜用	木材その他材料として[3]	燃料[4]	その他	現地名の意味
khejur	Phoenix sylvestirs	Juice, Fr：生食, 調理	歯ブラシ (Rib of leaf)		楠, マット (Lf)	○		
tal	Borassus flabellifer	Fr, Juice：生食, 調理			建物, 団扇 (Lf)	○		
kachu (dudh)	Colocasia sp.	Tb, St, Lf：調理	神経痛 (St)					
shupari	Areca catechu	Fr：生食				○	子供の遊び用ボール (Fr)	
jambura	Citrus grandis	Fr：生食				○	子供の遊び用ボール (Fr)	
kachu (fen)	Alocasia indica	Tb, St：調理	神経痛 (St), 吐き気 (Lf)			△		美しいタロ
lebu	Citrus spp.	Fr, Lf：生食, 調理				○		
narikel	Cocos nucifera	Fr：生食, 調理	下痢 (Fr juice: Y)		団扇 (Rib of Lf)	○		
bel	Aegle marmelos	Fr：生食	寄生虫 (Lf, A, Y), 下痢 (Fr: A, Y), 体力消耗 (Fr: A)		足踏み脱穀機	△		
kamranga	Averrhoa carambola	Fr：生食	風邪 (Fr)		建物, 家具			
anarash	Ananas sativus	Fr：生食, 調理	下痢 (Leaf juice), fever (Fr)			○		
dalim	Punica granatum	Fr：生食	fever (Fr: A)			○		
lichu	Litchi chinensis	Fr：生食						
ganda-bhadhail	Paederia foetida	Lf：調理	食欲不振 (Lf: A, Y)					匂いのある葉
kachu (ol)	Amorphophallus campanulatus	Tb：調理				○		
2. 食用となる一年生の栽培植物								
sheem	Lablab purpureus	Fr: Sd：調理	虫さされや皮膚病 (Lf juice: (a))					

現地名	学名	用途[1]					現地名の意味
		食材	薬用[2]	家畜用	木材その他材料として[3]	燃料[4]	その他
deshi lau	Lagenaria siceraria	Fr, Lf, Vn：調理	子供のポックス (Fr)	飼料		○		地元のウリ
kumra	Benincasa hispida	Fr, Lf：調理				△		
goija alu	Dioscorea sp.	Tb, Artb：調理				○		
begun	Solanum melongena	Fr：調理				○		
dhumba	Luffa sp.	Fr：調理				○○		
shibchoron	Trichosanthes dioica	Fr：調理				○○		
misti lau	Cucurbita maxima	Fr, Fl, Vn, Fl, Sd：調理				○		甘いウリ
shosha	Cucumis sativus	Fr：生食、調理				×		
puishak	Basella alba	Vn, Lf：調理				×		
barbati	Vigna sinensis	Fr, Sd：調理				○		
morich	Capsicum spp.	Fr：生食、調理				—		
deu sheem	Canavalia gladiata	Sd：調理				○		大きいフジマメ
danta	Amaranthus tricolor	St, Lf：調理		飼料		—[5]		
tomato	Solanum lycopersicum	Fr：生食、調理						
ful kopi	Brassica oleracea	Fr：調理				○		花のキャベツ
jinga	Luffa actangula	Fr：調理		体重減少のとき (dried Fr)				

表 5-2　ドッキンチャムリア村で観察された植物とその用途

（表5-2 つづき）

現地名	学名	用途 食材[1]	薬用[2]	家畜用	木材その他材料として[3]	燃料[4]	その他	現地名の意味
karola	Momordica charantea	Fr, Lf：調理	下痢(Fr), 腹痛(Fr, Lf, A, Y), 寄生虫(Lf juice：(y)), ポックス(Fr)			△		
tin pata alu	Dioscorea pentaphylla	Tb, Artb：調理				○		三枚の葉っぱの豆
badha kopi	Brassica oleracea	Lf：調理						
shitol alu/kisher alu	Pachyrrhizus tuberosus	Tb, Artb, Sd：調理				○		
bangi	Cucumis melo	Fr：生食				△		
roshun	Allium sativum	Tb：調理	—	—	—	—		
soj	Coriandrum satibum	Lf, Fr：調理	—	—	—	—		
tishi	Linum usitatissimum	Fr：調理	—	—	—	—		
peyaj	Allium cepa	Tb：調理, 生食	—	—	—	—		
alu	Solanum tuberosum	Tb：調理	—	—	—	—		
misti alu	Ipomoea batatus	Tb, Lf：調理	—	—	—	—		甘いいも
rai sharisha	Brassica juncea	Tb：調理	—	—	—	○		

3 食用とされない多年生の栽培植物

現地名	学名	食材	薬用	家畜用	木材その他材料として	燃料	その他	現地名の意味
jiga	Lannea coromandelica				足踏み脱穀機（生きたまま使用）, 柱(boura), 家具, かご, Langla（土壌整地）(ora), 櫛, 管井戸の管I, ほうき	△	土留め(Wp), キンマの支柱	
bansh-tola, ora, boura	Bambosa spp.					○		
mendee	Lawsonia inermis				手や髪の染料(Lf)	○		死なない木

表5-2 ドッキンチャムリア村で観察された植物とその用途

| 現地名 | 学名 | 用途[1] ||||| 現地名の意味 |
		食材	薬用[2]	家畜用	木材その他の材料として[3]	燃料[4]	その他	
dhol kalmi (nal kalmi/nal bera)	Ipomea fistulosa					○	土留め (Wp)	
bet (kata bet)[6]	Calamus viminalis	Fr：生食			かご、椅子 (Vn)	○		とげのある籐
bish jar	Justicia gendarussa		身体の痛み (Wp: A)			○	生け垣	毒のある
pati bet	Clinogyne dichotoma				マット (Fiber of St)		マット用の籐	
allad shaper gach	Opuntia sp.		ぜんそく (Lf juice: Y)				家畜小屋への蛇の侵入防止	へびにまつわる木
borachkkor	Sansevieria trifasciata		体力消耗、神経痛 (Lf fiber 呪いとして)、子供の下痢 (Lf juice)				生垣	ミルクのような樹液から
dudhraj	Pedilanthus tithymaloides					○	櫛 (Wp)	
kaisha	Saccharum spontaneum				屋根材 (Lf)		観賞用	バナナの葉のような葉っぱから
kola ful	Canna indica				建物、家具	○		
mahogani	Swietenia macrophylla					○		
tula	Gossypium harbaceum			コピラジ[7]が使用	綿 (Sd)	○		
aora gach	Cactus sp.		腹痛 (Lf juice)				生垣	
bashonti malti ful	unknown					—	観賞用	春の花
lonka joba ful	Malvaviscus sylvestris		痔 (Lf juice)		—	—	観賞用	
ulur rajar gach	unknown				—	—	シロアリ退治	シロアリの王様
ipil ipil	Leucanea leucocephala				—	—		
gandharaj ful	Gardenia jasminoides				—	—	観賞用	香りのある花

表 5-2　ドッキンチャムリア村で観察された植物とその用途

(表 5-2 つづき)

現地名	学名	用途[1]					現地名
		食材	薬用[2]	家畜用	木材その他材料として[3]	燃料[4]	その他	の意味

現地名	学名	食材	薬用[2]	家畜用	木材その他材料として[3]	燃料[4]	その他	現地名の意味
kamini ful	Murraya paniculata	—	—	—	—	—	観賞用	
chilchila ful	unknown	—	—	—	—	—	観賞用	
genda ful	unknown	—	—	—	—	—	観賞用	
shada ful	unknown	—	—	—	—	—	観賞用	白い花
3 管理を受ける野生植物[5]								
tentul	Tamarindus indica	Fr：生食, 調理	食欲不振 (Lf), 皮膚病 (Shobri kola と一緒に呪い的に使用)	孔量増加 (Fr)	楠 (Br)	○		
pitraj	Aphanamixis polystachya	Sd oil：調理油	皮膚病, 虫さされ (Sd oil)		建物, 家具	○	子供のビー玉遊び (Fr)	
kharajora	Litsea monopetala		体力消耗 (Lf juice)		建物, 家具, (舟)	○	タケの鉄砲の弾 (子供の遊び)	まっすぐな木
shimul	Bombax ceiba		頭痛 (Sd oil)		綿 (Sd), 家具, 箱, 調髪油 (Sd oil)	○		
ful kadam	Stephegyne diversifolia				建物, 家具, 楠 (Br)	○		花のきれいなコドムの木
karoi	Albizia sp.				建物, 家具	○		
neem	Azadirachta indica		きず (Lf, A.Y.), 歯ブラシ (St), 歯磨き粉 (Ash)		建物, 家具	○		
jarul	Lagerstroemia speciosa				建物, 家具, 舟, 楠, 魚の隠れ場 (br)	○		
paiya	Toona ciliata				建物, 家具	○		
shilkaroi	Albizia sp.				建物, 家具	○		
krisna chura	Delonix regia			—	—	—		
dewa	Artocarpus lacucha	Fr：生食		—	—	—		
jal boinna	Salix sp.		(コビラジンが使用)		建物, ボート, 鎌の柄 (Br)	△	花輪	水辺のボイシナ
4 食用となる野生植物								
gab	Diospyros peregrina	Fr：生食			防腐剤 (fr), 建物, 家具, 足踏み脱穀機	○		

表 5-2 ドッキンチャムリア村で観察された植物とその用途

現地名	学名	食材	薬用[2]	用途[1]				現地名の意味
				家畜用	木材その他材料として[3]	燃料[4]	その他	
sheora	Streblis asper	Fr：生食				○		水辺の丸い実がつく木
joldum guta	Ficus racemosa	Fr：生食、調理	歯ブラシ (St)、歯痛 (Fr)、泌尿器系疾患 (Fr: A, Y)		柱	△		ヤギの糞のような実の付く木
chagol nadee	Erioglossum rubiginosum	Fr：生食			建物、家具	○		
panki chunki	Polyalthia suberosa	Fr：生食				○		
pipel	Piper longum	Lf：調理	口内炎 (Rt)	—	—	—	—	
kachu (jad)	Colocasia esculenta	Tb, St, Lf：調理						
5 食用となる一年生植物								
bhul khuli shak	Amaranthus lividus	Shoot：調理		飼料				
denkhi shak	Pteris longifolia	Lf：調理	慢性的下痢 (Rt)					
gima shak	Glinus oppositifolia	Shoot：調理						
karkon shak	Typhonium trilobatum	Lf：調理						
murog ful ghash	Celosia argentea	Shoot：調理		飼料				おんどりのトサカのような花
6 食用とされない多年生の野生植物								
khoksha	Ficus sp.		咳 (Lf)			○	この木の花を見た人は金持ちになると言われている	
chhitkee	Phyllanthus reticulatus		子供の下痢 (Lf. A)、子供の下痢（呪い的使用）		楠 (Br)	○	子供の遊び	小さい花
pitatunga	Trewia polycarpa				建物、家具	○	染料（子供の遊び）	
boinna	Crataeva nurvula		頭痛 (Lf)		楠 (Br)	○		

(表5-2 つづき)

現地名	学名	食材	薬用[2]	家畜用	木材その他材料として[3]	燃料[4]	その他	現地名の意味
moilta	Glycosmis pentaphylla		妊娠中絶(St)、歯ブラシ(Br)、腹痛(Br)	難産(Br)		○		
hijal	Barringtonia acutangula		歯ブラシ(St)、腹痛(Fr: A, y)		建物、(boat)、柵、魚の隠れ家(Br)	△	花輪、果汁を使った子供の遊び	水辺の植物
kachu (bish)	Steudnea visora		神経痛(Tb)	食欲不振		○		毒のあるタロ
atsi gach	Clerodendrum inerme		皮膚疾患(Lf juice)					
kachu (jum)	Lasia spinosa					○		実が集まっているタロ
bhuibolla/kuni guta	Ficus heterophylla		爪先の腫れ(Fr)			○		爪先の腫れ(に効く)実
pahur	Ficus lacor				建物、ベッド	○	被陰樹(Wp)	
bol guta	Cordia dichotoma				のりの代用(Fr)	○		丸い実
kaika, ferferi	Trema orientalis							

7 食用とされない一年生の野生植物

現地名	学名	食材	薬用[2]	家畜用	木材その他材料として[3]	燃料[4]	その他	現地名の意味
bherenda/Benna	Ricinus communis		虫さされ(Seed oil: (a))、眼の疾患及び婦人病(呪い的使用)			○		
berati 1	Mikania cordata			飼料		○		訪れてくるツル
berati 2 gha pata/Berati	Vitis sp. Stephania japonica		けが(Lf: A)、下痢(Lf: A)			○		けがに効く葉
bish katalee	Polygonum orientale		身体の痛み(Wp: A)、ジアル(魚の一種、とげに毒を持つ)の毒消し	身体の痛み(Wp)		○		とげがあり毒に効く
jomka ful	unknown					—		

表5-2 ドッキンチャムリア村で観察された植物とその用途

現地名	学名	用途[1]						現地名の意味
		食材	薬用[2]	家畜用	木材その他材料として[3]	燃料[4]	その他	
alok lota	Cuscuta reflea		寄生虫 (Vn:Y)	—	—	—	—	お日様に向かって伸びるつた
kaker kanthaler gach	Coccinea cordifolia		けが (Lf)	飼料			子供の人形遊び	カラスのジャックフルーツ
takagol gach	Centella asiatica			飼料				

注1) 英語の頭文字の意味：Fr: Fruit, Fl: flower, Lf: Leaves, Tb: Tuber, Artb: Aerial tuber, St: Stem, Br: Branch, Rt: root, Wp: Whole plant.

2) A, a, Y, y は，その使用法が，アユルヴェーダやユナニ（ギリシャを起源としたイスラム療法）でも認められていることを示す。また、小文字の (a)，(y) は，異なる部位で、同様の効能が認められていることを示す。アユルヴェーダとユナニの薬効は、Kirtikar and Basu (1933) を参照した。

3) 格別な用途が書いていないものは、木材としての利用を示す。

4) ○燃料として適しているもの。△あまり適していない。×燃料としては利用されない

5) —は当該使用の有無が不明であることを意味する。

6) kata bet は食用可能であるが、繊維をとるために栽培されているため、このグループとした。

7) コピラジは伝統的治療師で、薬草や呪いを用いる。

8) ここの植物はすべて多年生である。

9) AA, AAB, ABB はゲノムタイプである。

表5-2 ドッキンチャムリア村で観察された植物とその用途

表6-1 D村で利用されている食材と調理法

分類	食材名	主な生産場所	利用部位	主食系 主食として/主食に準じて(に準じて)	主食系 主食に混ぜて(キチュリ等)	主食系 その他	おかず系 ダル系 ダルと煮て	おかず系 ダル系 ダルといれて	おかず系 トカリ(小町粉)と和して	おかず系 ボルダ	おかず系 炒めて	おかず系 食事に添えて	おかず系 生やタレとして	おかず系 その他	生で	御飯・はぜと米粉などと一緒に	デザート系 塩トウガラシと(ポルタ)	デザート系 お菓子の材料	デザート系 漬け物/保存食	その他	数用 そのまま/煮て	数用 砂糖・水と混ぜて詰めて	嗜好品 噛んで	植物学名
穀類	イネ	耕地	米、米粉	○		はぜ米などをつくり食事時や間食として食べる												○							Oryza sativa
	コムギ	耕地	ムギ、粉砕粒、小麦粉	○	○	はぜさせたものをおやつとして												○							Triticum aestivum
	オオムギ	耕地	ムギ、粉砕粒	○	○																				Hordeum vulgare
	トウモロコシ	耕地	トウモロコシ粒			はぜさせたものをおやつとして	○																			Zea mays
いも類	サツマイモ	耕地	イモ、ツル	○	○				○																Ipomoea batatas
	ジャガイモ	耕地	イモ	○					○																Solanum tuberosum
	ヤムイモ(テインバタ)	屋敷地	イモ、ムカゴ					○	○																Dioscorea sp.
	ヤムイモ(野生)	屋敷地	イモ					○	○																Dioscorea sp.
	クワズイモ	屋敷地	イモ				○																			Alocasia indica
	サトイモ(ドウド)	屋敷地	葉柄、葉、イモ					○	○																Colocasia sp.
	タロイモ(ナリケン、ショラ等)	屋敷地	葉柄、葉、イモ					○	○																Colocasia sp.
	ソウコンニャク	屋敷地	イモ							○																Amorphophallus campanulatus
まめ類	クズイモ	屋敷地	青さや、イモ						○																Pachyrhizus tuberosus
	ガラスマメ	耕地	マメ、マメのさや				○				粉を米粉などと混ぜて揚げる														Lathyrus sativus
	モトルケライ	耕地	マメ、マメのさや				○				粉を米粉などと混ぜて揚げる														?
	レンズマメ	耕地	マメ、マメのさや				○				粉を米粉などと混ぜて揚げる														Lens culinaris
	ケツルアズキ	耕地	マメ、マメのさや				○				粉を米粉などと混ぜて揚げる														Vigna mungo
油糧食物	ナタネ	耕地	種子油、若葉				○				調理油として														Brassica campestris
	ライシュロリ	耕地	種子油、若葉				○				調理油として														Brassica juncea
	ヒマ	屋敷地	種子油								調味油として														Ricinus communis
	ピトラス	耕地	種子油								炒め物の油として														Aphanamixis polystachya
野菜類	ワサビノキ	屋敷地	葉、花、果実																						Moringa oleifera
	ナス	屋敷地	果実				○																		Solanum melongena
	フジマメ	屋敷地・畑	青さや、マメ				○																		Lablab purpureus

分類	食材名	主な生産場所	利用部位	主食系 主食として/主食に準じて	主食系 主食に混ぜて(キチュリ等)	主食系 その他	ダル系 ダルにして入れて	ダル系 トルカリ(少量の副食材として)	ダル系 ボルタ	おかず系 炒めて	おかず系 食事に添えて	おかず系 生サラダとして	おかず系 その他	生で	御飯(はぜ米などと一緒に)	デザート系 塩・トウガラシ	デザート系 お菓子の材料として	漬け物/保存食	飲用 そのまま/煮て	飲用 砂糖水と混ぜて	嗜好品 噛んで	植物学名
野菜類(つる性)	ナタマメ	屋敷地	青さや					○	○	○												Canavalia gladiata
	ササゲ	屋敷地	青さや					○	○	○												Vigna sinensis
	ユウガオ	屋敷地	葉、未熟果					○		○			米粉で包んで揚げる									Lagenaria siceraria
	カボチャ	屋敷地	葉、花、果実、種子		○			○		○			米粉で包んで揚げる									Cucurbita maxima
	トウガン	屋敷地	果実					○		○								牛乳、砂糖と煮る					Benincasa hispida
	トカドヘチマ	屋敷地	果実					○		○													Trichosanthes dioica
	ヘチマ	屋敷地	果実					○		○													Luffa cylindrica
	キュウリ	屋敷地	果実									○		○									Cucumis sativus
	マクワウリ	屋敷地	果実											○									Cucumis melo
	ツルムラサキ	屋敷地	葉、茎							○													Basella alba
	クズイモ	屋敷地	果実															砂糖と煮る					Pachyrhizus erosus
	オクラ	畑地/屋敷地	果実					○		○													Abelmoschus esculentus
	トマト	屋敷地	果実						○	○		○											Solanum lycopersicum
	ニガウリ	屋敷地	葉、新芽、果実							○													Momordica charantia
	コンドロイダル	屋敷地	葉										潰してダル/米粉と混ぜて焼く										Paederia foetida
	カリフラワー	畑地	葉、花らい					○		○			小魚と炒めた後で米粉で包んで焼く										Brassica oleracea
	キャベツ	畑地	葉					○		○			小魚と炒めた後で米粉で包んで焼く										Brassica oleracea
	ヒユ	畑地	葉、茎		○		○			○													Amaranthus tricolor
	ダイコン	畑地	葉、茎、根		○					○		○											Raphanus sativus
	ホウレンソウ	畑地	葉							○													Spinacia oleracea
	チンゲンサイ	畑地	葉							○													Brassica sp.
	コールラビ	畑地	塊茎							○													Brassica oleracea
	ニューテ	耕地	若葉							○													Corchorus sp.
香辛料系	トウガラシ	屋敷地/畑地	果実								○		ご飯の付け合わせとしても食さ										Capsicum spp.
	タマネギ	畑地								○													Allium cepa
	コリアンダー	屋敷地	葉、種子										葉は香り付けにも利用される										Coriandrum sativum
	ベイリーフ	屋敷地	葉																				Pimenta racemosa
	シナモン	屋敷地	樹皮																				Cinnamomum zeylanicum
野草	ツマキクナ	耕地	新芽							○													Eulydra sp.

表6-1 D村で利用されている食材と調理法

(表6-1つづき)

表6-1 D村で利用されている食材と調理法

分類	食材名	主な生産場所	利用部位	主食系 主食として/主食に準じて	主食に混ぜて(キチュリ様)	その他	ダル系 ダルとして	ダルにいれて	トゥルカリの副材料として	ボルタ	おかず系 炒めて	食事に添えて	生でサラダとして	その他	生で	御飯、はぜ米などと一緒に	デザート系 塩トッピング(ポリ)	お菓子の材料として	漬物/保存食	その他	飲用 そのまま	砂糖/煮水と混ぜて詰めて	嗜好品 噛んで	植物学名
	イヌビユ	屋敷地周辺	新芽								○													*Amaranthus lividus*
	プルノシャク	耕地	新芽								○													*Alternanthera sessilis*
	コウサイ	耕地	新芽								○													*Ipomoea aquatica*
	ホテイアオイ	水面	花			米粉で包んで揚げる																		*Eichhornia crassipes*
	ミツデハンダ	耕地	葉								○													*Typhonium trilobatum*
	テファンシャク	屋敷地周辺	若葉								○													?
	ギマシャク(サダロンタ科)	屋敷地周辺・未耕地	新芽								○													*Gliuus oppositifolius*
	カルコンシャク(サトイモ科)	耕地	葉					○																*Typhonium trilobatum*
	バイタガス	耕地	新芽																					?
	ノテイトウ	屋敷地周辺	新芽				○																	*Celosia argentea*
果樹類	マンゴー	屋敷地	未熟果、熟果											○	○	○							*Mangifera indica*
	バナナ	屋敷地	茎の髄、花、未熟果、熟果				○		○	○				○	○								*Musa* spp.
	パラミツ	屋敷地	未熟果、熟果、種子											○										*Artocarpus heterophyllus*
	パパイヤ	屋敷地	熟果											○										*Carica papaya*
	グアバ	屋敷地	未熟果、熟果											○		○							*Psidium guajava*
	ビンロウジュ	屋敷地	果実																				○	*Areca catechu*
	インドナツメ	屋敷地	果実					○						○			○							*Zizyphus jujuba*
	ジャム	屋敷地	熟果											○										*Eugenia jambolana*
	ココヤシ	屋敷地	果汁、果肉	○																	○			*Cocos nucifera*
	チョウセンモダマ	屋敷地	熟果							○														*Tamarindus indica*
	ベルメロ	屋敷地	熟果、果汁																					*Aegle marmelos*
	サボン	屋敷地	熟果						○															*Citrus grandis*
	ライム	屋敷地	果皮、果汁、果実																	○				*Citrus* spp.
	ナトウナメヤシ	屋敷地	樹液、果実																			○		*Phoenix sylvestris*
	バンレイシ	屋敷地	熟果											○										*Anona squamosa*
	ザクロ	屋敷地	熟果											○										*Punica granatum*
	ライチ	屋敷地	熟果											○										*Litchi chinensis*

表6-1 D村で利用されている食材と調理法

分類	食材名	主な生産場所	利用部位	主食系：主食として/主食に準じて(キチュリ等)	主食系：その他	ダル系：ダルとしていれて	ダル系：ダルにいれて材料として	ダル系：トルカリやバジ料理として	ダル系：その他	おかず系：炒めて/揚げて	おかず系：食事に添えて	おかず系：生でサラダとして	おかず系：その他	デザート系：生で	デザート系：砂糖、はちみつなどと一緒に	デザート系：塩、トウガラシと一緒に(ボルタ)	デザート系：お菓子の材料として	デザート系：漬け物/保存食	デザート系：その他	飲用：そのまま/煮詰めて	飲用：砂糖水と混ぜて	嗜好品：噛んで	植物学名
果樹類（ハツ類）	オウギヤシ	屋敷地	熟果											○									*Borassus flabellifer*
	パイナップル	屋敷地	熟果											○			○						*Ananas sativus*
	ベンガルガキ	屋敷地	熟果											○									*Diospyros peregrina*
	ショウ	屋敷地	熟果											○									*Streblus asper*
	パンキチュンタ	屋敷地	熟果											○									*Pouzolzia suberosa*
	トウ	屋敷地	未熟果、熟果					○													○			*Ficus racemosa*
	シャナベナディ	屋敷地	未熟果、熟果														○							*Calamus ruminalis*
	ミツマタ	屋敷地	葉																					*Eragrostis raigrasum*
嗜好品	キンマ	屋敷地	葉																				○	*Piper betle*
家畜	ウシ	屋敷地	肉、乳					○																
	ヤギ	屋敷地	肉、乳？					○																
	ニワトリ	屋敷地	肉、卵					○		○														
	アヒル	屋敷地	肉、卵					○		○														
	センジ	屋敷地	肉					○																
水産物	生魚、干魚	沼、川、池	肉										米粉などと混ぜて揚げる											

（出所）D村での聞き取り調査及び資料［Ando et al. 1988］[5]より作成。なお、米とその他の野菜やダルを混ぜていたもの、この共同調査研究は、Azim uddin, Md. Salim, 安藤和雄及び筆者らによって現在も継続中の調査であり、本表はその途中の段階で試みにまとめたものである。

注 1) キチュリ：米とその他のおかず系やダルを混ぜて炊いたもの
2) ダル：重要な副食として利用されるマメ類の総称。ダル・スープとして飲むか、ダル・ヌープと共に飲食の基本であった。
3) ボルタ：ポテト、野菜などを茹でた後に（通常ご飯と一緒に飲かれる）、塩、トウガラシ、タマネギ、ナタネ油等で練って作る副菜。
4) トルカリ：野菜、肉、魚などをターメリック、トウガラシ、コリアンダー、ニンニク、ショウガなどの香辛料で煮込んで作る汁気の多い炒め煮のこと（ベンガル語）。
5) Ando, K. M. M. L. Ali, and M. A. Ali. 1989. Oral Records on Farmers' Cropping Technology at Dakshin Chamuria Village: A Village of Flood Plain in Bangladesh: From British Period to the Present. pp202, JSARD Project Mimeograph Series 4. Dhaka.

表 7-1　1988 年と 2007 年における調査対象世帯の屋敷地での植物種の変化

植物名	出現頻度(%)	
	1988 (n = 40)	2007 (n = 96)
1. 食用される多年生の栽培植物グループ		
バナナ	100	98
（bicha/baisha/boro）	83	59
（champa）	53	65
（shagor）	30	63
（shafa）	25	61
（shobri）	15	67
ビンロウジュ	98	78
マンゴー	93	97
パラミツ	85	82
ライム	70	80
ココヤシ	68	68
サトウナツメヤシ	58	51
ザボン	58	68
グアバ	55	60
パイナップル	50	55
インドナツメ	48	80
blackberry	45	65
オウギハシ	40	47
バンレイシ	33	41
マルメロ	30	40
ベンガルガキ	25	53
インディアンオリーブ	23	52
ワサビノキ	23	50
アムラタマゴノキ	20	38
パパイヤ	20	66
ザクロ	18	30
ライチ	18	39
roseapple	13	38
ゴレンシ	10	43
starberry	3	36
2. 食用されない多年生の栽培植物グループ		
タケ	65	88
choroi（Albizia sp.）	30	68
patabahar（Euphorbia spp.）	30	55
karoi（Albizia sp.）	20	52
mandar（Erythrina variegata）	20	49
jiga（Lannea coromandelica）	13	53
チーク	5	38
オオバマホガニー	3	58
mandar（kata）（Erythrina ovalifolia）	3	43
シコウカ	3	41
ユーカリ	3	42
egyptian rose	3	33
royal poinciana	3	28
3.　野生植物グループ		
pitraj（Aphanamixis polystachya）	60	61

植物名	出現頻度(%)	
	1988 (n=40)	2007 (n=96)
クジャクヤシ	55	69
オオバサルスベリ	45	65
red ceder	33	46
チョウセンモダマ	30	45
sheora (*Streblus asper*)	25	55
パンヤノキ	25	59
bubi (*Baccaurea ramiflora*)	23	51
chagoler ledi (*Eriogrossum rubiginosum*)	15	66
タマゴノキ	15	51
kadam (*Trewia polycarpa*)	13	39
dumur (*Ficus* sp.)	8	63
ニーム	5	56
kharajora (*Litsea monopetala*)	3	40
bandar lati (*Cassia tistula*)	3	41
4. 食用される一年生の栽培植物グループ		
(1) 屋敷地での栽培		
ユウガオ	93	42
フジマメ	66	36
クワズイモ	47	36
ウコン	30	9
ツルムラサキ	27	28
オクラ	23	23
トウガラシ	23	30
サトウキビ	13	14
サトイモ	10	38
ヒユナ	10	30
spiny bitter gourd	10	33
ナス	10	39
キュウリ	5	35
トマト	5	26
サツマイモ	5	23
コリアンダー	5	26
ダイコン	3	26
(2) 耕地での栽培		
ダイコン	47	65
トマト	47	64
ジャガイモ	41	31
トウガラシ	34	60
ナス	28	65
サトイモ	6	69
ウコン	3	45
ユウガオ	3	85
フジマメ	3	78
サツマイモ	3	44
ヒユナ	3	59

(出典：筆者調査)

表7-1　1988年と2007年における調査対象世帯の屋敷地での植物種の変化

表 7-2 事例 4 世帯における屋敷地林の植物種と個体数の変化（1988 年-2006 年）

植物名	各植物を保有する世帯数と本数				比率 (2006/1988)
	1988		2006		
	世帯数	本数	世帯数	本数	
食用となる多年生の栽培植物					
バナナ	4		4		
品種：bait	0		1		
bicha	4		2		
champa	3		2		
jait	1		1		
nihaila	1		1		
shafa	1		1		
shagor	1		4		
shobri	1		2		
ビンロウジュ	4	203	4	286	1.4
マンゴー	4	40	4	34	0.9
パラミツ	4	14	4	35	2.5
サトウナツメヤシ	3	12	2	4	0.3
インドナツメ	3	5	4	10	2.0
グアバ	3	5	4	7	1.4
ザボン	3	4	3	6	1.5
ライム	3	4	3	12	3.0
rose apple	2	8	4	12	1.5
ココヤシ	2	5	4	22	4.4
ベンガルガキ	3	6	4	6	1.0
パパイヤ	2	3	2	6	2.0
オウギヤシ	2	2	4	15	7.5
golapjam	2		1	2	
バンレイシ	1	2	0	0	0.0
mewaphal	1	2	1	1	0.5
マルメロ	1	1	2	3	3.0
ゴレンシ	1	1	2	2	2.0
ワサビノキ	1	1	2	3	3.0
ベイリーフ	1	1	1	1	1.0
ブドウ	0	0	1	1	
インディアンオリーブ	0	0	2	2	
ライチ	0	0	2	3	
オレンジ	0	0	1	1	
titi jam	0	0	1	2	
小計		329		482	1.5
食用とされない多年生の栽培植物					
タケ	4		4		
karoi (Albizia sp.)	2	2	2	2	1.0
mandar (Erythrina sp.)	1	3	1	2	0.7
ユーカリ	1	1	1	3	3.0
loha khat (Xylia dolabiformis)	1	1	0	0	0.0
shisso	1	1	2	6	6.0
choroi (Albizia sp.)	0	0	2	2	

オオバマホガニー	0	0	4	73	
シコウカ	0	0	3	3	
レインツリー	0	0	4	16	
チーク	0	0	1	1	
花木	1	4	1	2	0.5
野生植物					
クジャクヤシ	3	15	4	8	0.5
オオバサルスベリ	3	12	3	21	1.8
sheora (Strablus asper)	3	12	3	3	0.3
pitraj (Aphanamixis polystachya)	2	12	4	20	1.7**
bubi (Baccaurea ramiflora)	2	6	2	5	0.8
チョウセンモダマ	3	4	1	1	0.3
パンヤノキ	2	3	3	4	1.3
red ceder	1	4	1	1	0.3**
ニーム	1	1	1	2	2.0**
Egyptian mimosa	0	0	1	2	
bandar lati (Cassia fistula)	0	0	3	3	
小計		74		177	2.4
計		407		661	1.6

(出典：筆者調査)

表7-2　事例4世帯における屋敷地林の植物種と個体数の変化（1988年-2006年）

表 7-11　事例 4 世帯の，世帯別にみた食材利用と入手先の変化

C家 土地[1]：1.11 ha, 全て貸出。養殖池オーナー		1988-89					2006-2007				
		全体	自給品				全体	自給品			
			屋敷地 から	池・池 周りから	耕地 から	オープンアクセ スな空間から		屋敷地 から	池・池 周りから	耕地 から	オープンアクセ スな空間から
野菜	種数	7	2				13	1	3		
	出現頻度/日	1.94	0.35 (18%)				1.95	0.02 (1%)	0.36 (18%)		
果物	種数	1	1				0				
	出現頻度/日	0.06	0.03 (50%)				0				
生魚	出現頻度/日	1.00		0.35 (35%)			0.67		0.67 (100%)		
干し魚	出現頻度/日	0					0.02				
肉	出現頻度/日	0.29					0.11	0.05 (46%)			
卵	出現頻度/日	0.45	0.45 (100%)				0.60	0.60 (100%)			
牛乳	出現頻度/日	0.03					0.98				
生産物の販売		なし					868 タカ 鶏卵 (868)				

D家 土地：0.15ha, 世帯主は給与所得者		1988-89					2006-2007				
		全体	自給品				全体	自給品			
			屋敷地 から	池・池 周りから	耕地 から	オープンアクセ スな空間から		屋敷地 から	池・池 周りから	耕地 から	オープンアクセ スな空間から
野菜	種数	11	5				24	12			
	出現頻度/日	2.15	0.35 (16%)				3.64	0.76 (21%)			
果物	種数	2	1				2		1		
	出現頻度/日	0.1	0.05 (50%)				0.42	0.25 (56%)			
生魚	出現頻度/日	0.05		0.05 (100%)			1.04		0.67 (64%)		
干し魚	出現頻度/日	0.2					0.44		0.04 (9%)		
肉	出現頻度/日	0.8	0.15 (19%)				0.45	0.02 (4%)			
卵	出現頻度/日	0.2	0.05 (25%)				0.31	0.24 (77%)			
牛乳	出現頻度/日	0					0.98				
生産物の販売		280 タカ		米(280)			なし				

E家 土地：2.83 ha, 全て貸出。		1988-89 全体	自給品 屋敷地から	自給品 池・池周りから	自給品 耕地から	自給品 オープンアクセスな空間から	2006-2007 全体	自給品 屋敷地から	自給品 池・池周りから	自給品 耕地から	自給品 オープンアクセスな空間から
野菜	種数	13	3		1		11	1			
	出現頻度/日	2.00	0.24 (12%)		0.07 (3.5%)		2.15	0.02 (1%)			
果物	種数	4	3				1				
	出現頻度/日	0.55	0.31 (56%)				0.15				
生魚	出現頻度/日	0.41		0.17 (41%)			0.62		0.60 (97%)		
干し魚	出現頻度/日	0.03		0.03 (100%)			0.08		0.02 (25%)		
肉	出現頻度/日	0.38	0.28 (74%)				0.35				
卵	出現頻度/日	0.55	0.45 (82%)				0.10	0.10 (100%)			
牛乳	出現頻度/日	0.28					0.25				
生産物の販売		240タカ		米(240)			なし				

F家 土地：0.11 ha, 借地で農業		1988-89 全体	自給品 屋敷地から	自給品 池・池周りから	自給品 耕地から	自給品 オープンアクセスな空間から	2006-2007 全体	自給品 屋敷地から	自給品 池・池周りから	自給品 耕地から	自給品 オープンアクセスな空間から
野菜	種数	10	2			1	14	2		6	
	出現頻度/日	2.09	0.22 (11%)			0.16 (8%)	3.43	0.35 (10%)		0.43 (13%)	
果物	種数	0					2	2			
	出現頻度/日	0					0.04	0.04 (100%)			
生魚	出現頻度/日	0.69		0.34 (49%)			0.67		0.16 (24%)	0.12 (18%)	
干し魚	出現頻度/日	0.34					0				
肉	出現頻度/日	0.03	0.03 (100%)				0.20				
卵	出現頻度/日	0.19	0.19 (100%)				0.37	0.37 (100%)			
牛乳	出現頻度/日	0.09					0				
生産物の販売		1,569タカ 卵,バナナヒヨコ(122)		米(1,447)			565タカ		米(565)		

注1）土地所有面積は2006年。
（出典：筆者調査）

表7-11 事例4世帯の，世帯別にみた食材利用と入手先の変化

表 8-1 チャクラ A で確認された植物と保有率，個体数の変化（多年生の栽培植物）

植物名		1992 所有する屋敷地[1] (n=16)	本数		2004 所有する屋敷地[1] (n=19)	本数	
一般名・現地名	学名	数	数	平均本数/世帯[2]	数	数	平均本数/世帯[2]
1. 食用される多年生の栽培植物							
マンゴー	Mangifera indica	14	174	9.2	12	146	7.0
ビンロウジュ	Areca catechu	10	97	5.1	9	59	2.8
パラミツ	Artocarpus heterophyllus	16	71	3.7	11	75	3.6
バナナ (ビチャ)	Musa sp.	13	38	2.0	5	5	0.2
バナナ (シャゴール)	Musa sp.	4	5	0.3	0	0	0
バナナ (ショブリ)	Musa sp.	2	3	0.2	0	0	0
バナナ (バッタ)	Musa sp.	1	1	0.1	0	0	0
グアバ	Psidium guajava	14	31	1.6	8	18	0.9
キンマ	Piper betle	13	43	2.3	6	9	0.4
ワサビノキ	Moringa oleifera	13	31	1.6	9	24	1.1
jam	Eugenia jambolana	12	49	2.6	9	17	0.8
インドナツメ	Zizyphus mauritiana	12	24	1.3	5	8	0.4
パパヤ	Carica papaya	11	44	2.3	6	10	0.5
サトウナツメヤシ	Phoenix sylvestris	10	33	1.7	5	8	0.4
ザボン	Citrus grandis	10	23	1.2	9	18	0.9
タロ		10	18	1.1	2	3	0.1
タロ (dudh)	Colocasia sp.	10	18	1.1	2	2	0.1
タロ (shola)	Colocasia sp.	0	0	0	1	1	0.0
クワズイモ	Alocasia indica	9	18	1.1	2	3	0.1
ライム	Citrus spp.	5	14	0.7	4	14	0.7
ココヤシ[3]	Cocos nucifera	5	13	0.7	7	14	0.7
バンレイシ	Annona squamosa	4	33	1.7	4	9	0.4
マルメロ	Aegle marmelos	4	6	0.3	6	7	0.3
ゴレンシ	Averrhoa carambola	3	4	0.2	4	4	0.2
パイナップル[3]	Ananas Sativus	1	1	0.1	0	0	0
ザクロ	Punica granatum	1	1	0.1	0	0	0
ライチ[3]	Litchi chinensis	1	1	0.1	0	0	0
オウギヤシ	Borassus flabellifer	1	1	0.1	0	0	0
gando bhadail	Paederia foetida	1	1	0.1	0	0	0
アムラタマゴノキ[3]	Spondias pinnata	0	0	0	1	1	0.0
ブドウ[3]	vitis vinifera	0	0	0	1	1	0.0
インディアンオリーブ[3]	Elaeocarpus robustus	0	0	0	2	2	0.1
2. 食用されない多年生の栽培植物							
jiga	Lannea coromandelica	15	105	6.6	7	19	0.9
タケ (tola)	Bambosa sp.	5	12	0.8	2	5	0.2
タケ (boura)	Bambosa sp.	6	9	0.6	5	6	0.3
タケ (ora)	Bambosa sp.	4	5	0.3	1	1	0.0
シコウカ	Lawsonia inermis	9	9	0.6	1	1	0.0
キダチアサガオ[3]	Ipomea fistulosa	4	5	0.3	0	0	0
トウ	Calamus viminalis	3	3	0.2	1	1	0.0
pati bet	Clinogyne dichotoma	2	3	0.2	1	1	0.0
bishjar	Justicia gendarusa	3	3	0.2	0	0	0
dudhraj	Pedilanthus tithymaloides	1	2	0.1	0	0	0

ワセオバナ	*Saccharum spontaneum*	1	2	0.1	0	0	0
alladshaper	*Opuntia* sp.	1	1	0.1	0	0	0
boracchokkor	*Sasevieria trifasciata*	1	1	0.1	0	0	0
ful（*dupurer ful*）	unknown	1	1	0.1	0	0	0
カンナ	*Canna indica*	1	1	0.1	0	0	0
ful（*genda*）	unknown	0	0	0	1	1	0.0
ハイビスカス	*Hibiscus rosa-sinensis*	0	0	0	1	1	0.0
ゲッキツ	*Murraya paniculata*	0	0	0	1	1	0.0
オオバマホガニー	*Swietenia macrophylla*	1	1	0.1	10	41	2.0
ワタ[3]	*Gossypium harbaceum*	1	1	0.1	0	0	0
neem paiya[3]	*Toona* sp.	0	0	0.0	6	9	0.4
イピルイピル[3]	*Leucanea leucocephala*	0	0	0.0	3	5	0.2
akasimoni[3]	*Acacia moniliformis*	0	0	0.0	3	3	0.1
patabahar	*Euphorbia* spp.	0	0	0.0	2	2	0.1
アメリカネム	*Samanea saman*	0	0	0.0	1	1	0.0
orhor koroi	*Albizia* sp.	0	0	0.0	1	1	0.0
ユーカリ[3]	*Eucalyptus* sp.	0	0	0.0	1	1	0.0

注1）世帯が分かれていても屋敷地は分かれていないケースもあり，その場合，分割されていない屋敷地を単位とする。
 2）D村では，近年（バングラデシュ独立後），存在が確認されるようになった。
（出典：筆者調査。1992年はJSRDE）

表8-1 チャクラAで確認された植物と保有率，個体数の変化（多年生の栽培植物）

表 8-2 チャクラAで確認された植物と保有率，個体数の変化（野生植物）

植物名		1992			2004		
一般名・現地名	学名	所有する屋敷地[1] 数	本数 数	平均本数/世帯[2]	所有する屋敷地[1] 数	本数 数	平均本数/世帯[2]
1. 野生で管理を受ける植物							
kharajora	Litsea monopetala	13	54	3.4	6	8	0.4
チョウセンモダマ	Tamarindus indica	10	18	0.9	7	11	0.5
パンヤノキ	Bombax ceiba	9	15	0.9	5	9	0.4
karoi	Albizia sp.	8	24	1.5	7	9	0.4
ful kadam	Stephegyne diversifolia	8	18	1.1	5	17	0.8
ニーム	Azadirachta indica	7	12	0.8	7	11	0.5
pitraj	Aphanamixis polystachya	2	4	0.3	0	0	0
shil karoi	Albizia sp.	1	2	0.1	0	0	0
オオバサルスベリ	Lagerstroemia speciosa	1	1	0.1	0	0	0
paiya	Toona ciliata	1	1	0.1	0	0	0
jol boinna	Salix sp.	1	3	0.2	0	0	0
リンゴパンノキ	Artocarpus lacucha	0	0	0	1	1	0.0
2. 食用される野生植物							
ベンガルガキ	Diospyros peregrina	12	93	5.8	10	39	1.9
sheora	Streblis asper	11	63	3.9	8	17	0.8
chagol nadee	Erioglossum rubiginosum	5	11	0.7	4	4	0.2
jol dumguta	Ficus racemosa	6	6	0.4	4	6	0.3
pankichunki	Polyalthia suberosa	4	6	0.4	0	0	0
kochu (deshi)	Colocasia sp.	2	2	0.1	3	3	0.1
3. 食用されない野生植物							
khoksha	Ficus sp.	16	68	4.3	3	6	0.3
chhitki	Phyllanthus reticulatus	14	29	1.8	1	2	0.1
pitatunga	Trewia polycarpa	12	49	3.1	1	3	0.1
boinna	Crataeva nurvala	9	30	1.9	2	3	0.1
moilta	Glycosmis pentaphylla	9	24	1.5	2	2	0.1
ヒマ	Ricinus communis	9	10	0.6	0	0	0
bish kachu	Steudnera visora	4	5	0.3	0	0	0
berati	Mikania cordata	4	4	0.3	0	0	0
hijol	Barringtonia acutangula	4	7	0.4	2	2	0.1
atshi gach	Clerodendrum inerme	3	6	0.4	0	0	0
jum kachu	Lasia spinosa	3	6	0.4	2	3	0.1
bhuibolla	Ficus sp.	2	2	0.1	0	0	0
pahur	Ficus lacor	2	2	0.1	2	3	0.1
bishkatali	Polygonum orientale	1	1	0.1	0	0	0
jomkaful	unknown	1	1	0.1	0	0	0
bot	Ficus sp.	0	0	0	1	1	0.0

| *ferferi*[3] / ウラジロエノキ *Trema orientalis* | 0 | 0 | 0 | 5 | 10 | 0.5 |

注 1) 世帯が分かれていても屋敷地は分かれていないケースもあり，その場合，分割されていない屋敷地を単位とする。
 2) D 村では，バングラデシュ独立以降に存在が確認されるようになった。
（出典：筆者調査。1992 年は JSRDE）

表 8-3 チャクラ A で確認された植物と保有率,個体数の変化(野菜・スパイス)

植物名		1992 所有する世帯数 (n=19)	2004 所有する世帯数 (n=21)
現地名	学名		
(1) 雨季＋乾季			
カボチャ	*Cucurbita maxima*	11	9
ツルムラサキ[1]	*Basella alba*	10	2
(2) 乾季			
フジマメ	*Lablab purpureus*	18	15
ユウガオ	*Lagenaria siceraria*	14	15
ナス	*Solanum melongena*	14	4
トウガラシ	*Capsicum* spp.	8	0
ヒユナ	*Amaranthus tricolor*	5	2
トマト[1]	*Solanum lycopersicum*	5	1
カリフラワー[1]	*Brassica oleracea*	3	3
ダイコン	*Raphnus sativus*	2	0
チンゲンサイ[1]	*Brassica rapa*	1	0
キャベツ[1]	*Brassica oleracea*	1	1
ニンニク	*Allium sativum*	0	1
(3) 雨季			
トウガン	*Benincasa hispida*	13	9
ヤマイモ	*Dioscorea* sp.	13	1
ヘチマ	*Luffa cylindrica*	13	13
ヘビウリ	*Trichosanthes dioica*	12	10
キュウリ	*Cucumis sativus*	11	11
ササゲ	*Vigna sinensis*	9	1
ナタマメ	*Canavalia gladiata*	7	0
トカドヘチマ	*Luffa aucutangula*	2	1
アケビドコロ	*Dioscorea pentaphylla*	1	0
ニガウリ[1]	*Momordica charantea*	1	0

注1) D村では,バングラデシュ独立以降に存在が確認されるようになった。
(出典:筆者調査。1992年はJSRDE)

Appendix

Appendix 1　調査の方法

1　カジシムラ村での調査方法

　現地調査は，1988年11月〜2月（3ヶ月半），1989年11月〜1月（2ヶ月），2006年1月27日〜2月1日（6日間），2006年11月8日〜23日（16日間），及び2007年3月20日〜23日（4日間）おこなった。さらに，カウンターパートに監督を依頼し，食事調査及びマーケティング調査の記録を2006年3月より，1年6ヶ月おこなった。

　同村では，1980年より，バングラデシュ農業大学（Bangladesh Agricultural University，以下BAUと略）がCropping System Research and Development Programme. を開始し，筆者が1988年に滞在した当時は，Farming Systems Research and Development Programme（以下，FSRDPと略）として，営農体系に関する調査研究と普及活動をおこなっていた。その後も，名称や目的を変えながら，BAUのプロジェクトは1998年まで継続された。1988-90年調査における全戸データは，FSRDPプロジェクトのものを利用している。

（1）　1988-90年の調査

　調査は調査村から10 kmほど離れたBAUの宿舎から毎日バイクで通う形（90年には，1週間ほど初年度のアシスタントの女性の家に滞在）でおこなった。通訳として，初年度は村内の18歳の女性を，2年度はバングラデシュ農業大学において実験アシスタントの経験を持つ25歳の女性を伴い調査を行った。

1）村全体の調査
　村の状態を把握するためと，重点的に調査をするサンプル世帯を選出するための予備調査として以下の調査を行った。
①村内の地形
　村人からの聞き取りにもとづいて地図を作成した。村人の分類に合わせて，低地（ナマ：*nama*），高地（カンダ：*khanda*），とその中間の（バイダ：*baidar*），及び中高地（カンダとバイダの中間の高さ）の4類型に村内の土地を分類した。また土壌に関しても砂質土壌（*bal mathi*），粘土土壌（*etel mathi*）及びその中間のドアシュマティ（*doash mathi*）の3種に分類した。
②世帯主調査
　村内の屋敷地の分布と，それぞれの屋敷地に居住する世帯の系譜を聞き取った。バリの位置，大きさ，そのバリに住んでいる世帯，各世帯同士の関係，バリの歴史（何年前に，誰が，どこから来て，どのような場所に屋敷地を作ったか，そのバリから出ていった世帯，新しく入ってきた世帯があるか）およびバリの外観（建物，池，井戸などのおおまかな配置と，植物の栽植の状態など）を調査した。

2）事例世帯における調査
①基礎データの収集
　各世帯の家族構成，所有及び耕作土地面積，農外収入源，所有家畜数を世帯員から聞き取った。
②建物及び植生のリストアップ
　屋敷地内の建物の配置図と植えられている植物の栽植図を，物差しと歩測で500分の1のスケー

ルで作成した。それと同時に，それぞれの植物の樹齢，果樹の場合結実の有無，植えた人及び利用方法を世帯員に聞き取り調査した。
③果樹の収穫と利用
　果樹については，樹種ごとに，調査年の前年度（1987年）に収穫した果実概数と各々の果実の利用用途を，自家消費用と販売用の割合を聞き取った。
④池の利用
　インタビューにて各池の持ち主，造成年代，造成者，利用用途（洗濯・水浴・炊事用など），養殖について（稚魚を放すか・餌は与えるか・魚の収穫はどのように行っているか）を聞き取った。
⑤食事及びマーケティング調査
　本文にも記したとおり，事例世帯中，8バリ，21世帯で，食事とマーケティングの調査を行った。食事調査については，各世帯に前日の食事内容（調理名と材料名）及び，食材の入手先（屋敷地や池の生産物か，自家の田畑の生産物か，購入したか）を，調理担当者（主に世帯主の妻）に直接インタビューする方法でおこなった。このようにして1988年12月17日から1989年2月8日まで，可能な限り毎日訪問し，データを集めた。さらに，自家生産物の販売につき，販売場所，品目，販売量，金額を聞き取った。販売についての調査期間は，1988年11月23日から翌年2月8日までである。また，卵に関しては，毎日，自家利用した数，販売数，孵化用の数をあわせて質問した。

4）参与観察
　屋敷地における日々の生活の様子と，またアマン稲の収穫盛期であったので，稲の収穫後の調製作業のプロセスを観察した。

(2)　2006年～2008年の調査

1）村の全世帯の基本的データ収集（2006年）
　村内のバリ，屋敷地の位置（増加や減少），世帯については世帯主名（とその父の名，1988-90年調査との照合のため）と年齢，家族員数（男女別18才未満と18才以上に分けて），所有土地面積，経営面積，米の自給度，農業以外の収入源について，筆者と，カウンターパートであるバングラデシュ農科大学講師，ラシェドゥール・ラーマン氏及びFSRDPの元サイエンティフィックオフィサーのジブン・ネサ氏との3人で，各世帯を訪問し，把握した。

2）1988-90年調査で調査対象となった全世帯に対する主な植生の調査（2007）
　1988-90年調査で観察された主要な植物種につき，村に暮らし，職業訓練校で学ぶ15才の少年に依頼し，1988-90年に調査をおこなった全世帯を対象に，それぞれの世帯員に聞き取る形で，それらの植物種の有無の確認をおこなった。さらに，牛の飼養の有無についても調査した。

3）事例世帯6世帯への詳細調査（2006-07）の具体的な調査内容
・対象6世帯への基礎データ聞き取り（土地面積，経営内容，収入等）
・屋敷地内の植生マッピング
　　世帯員（主に妻と子供）に同行してもらい，全ての植物につき，植物名，おおよその樹齢，植えた人，植物資源の入手先，果樹の場合収穫の状況について聞き取った。
・食事及びマーケティングの記録

2006年3月より2007年7月まで自記式でデータを記録した。一日の食事の内容（調理の有無，調理者，調理名，食材名及び食材の入手先，燃料，食べた人数）及び，マーケティング（販売及び購入，その他の収入や物品の贈与も含む）につき，各世帯の中学，高校クラスで学ぶ子供（娘5人，息子1人）たちに，記録を依頼した。週に1回ほど，カウンターパートのジブン・ネサ氏が回り，データの不備についてチェックした。なお，当初，記録の不備が多く，2006年8月より主に分析に用いることとした。
・屋敷地生産物の主な利用先インタビュー
　　果樹について，世帯の妻より，大まかな利用用途を聞き取った。また，果物や小家畜の販売について，その売り上げの管理の形態などについて聞き取った。
・屋敷地の樹木の伐採についてインタビュー
　　伐採した年，樹木の種類，伐採の理由，用途，金額，その後植えた植物について，世帯の妻より聞き取った。
・主婦及び世帯主への屋敷地に対する意識のインタビュー
　　主婦のライフヒストリー，主婦の仕事，世帯の経営の管理，屋敷地の植物に対する認識について聞き取りを行った。

4）村の変化に関する情報，参与観察
　村の形成，社会構造等に関するモロビ（物知り）へのインタビューを行うと共に，村人たちの活動につき，参与観察をおこなった。

2　ドッキンチャムリア村

　調査は，JSRDEのプロジェクト期間中には，1992年11月〜1993年6月（7ヶ月），1993年12月〜1994年2月（2ヶ月），1994年6月〜11月（6ヶ月），及び1995年11月〜12月（1ヶ月）の計4回滞在し，調査及びアクションプログラムをおこなった。その後，個人的なフォローアップ調査として，1996年6月，1999年6月，2004年12月，2006年2月，2007年3月に，いずれも1週間から10日間ほど訪問し，さらに，フィールドスタッフによる調査を実施した。

（1）　JSRDEプロジェクトにおける調査（1992-1995）

1）村の基本的な情報
　筆者が参加していたJSRDEプロジェクトにおいて，全世帯への悉皆調査がおこなわれ，家族構成と職業，所有土地面積，経営土地面積，経営内容，家畜，所有農具，財の所有，屋敷地内の主要な植物の有無，農業副産物の利用，生産物の販売及びその他収入，米の自給状況などにつき，詳細なベースライン調査が実施されている。また，第2章でも述べたように，同村では，1985-86年にはJSARDプロジェクトにより，2006-07年には「ブラマプトラ科研」により，同様の全戸悉皆調査がおこなわれている。

2）村全体の屋敷林の植生把握
　4つの集落のそれぞれより，本文第2章，表2-5の分類で，中農〜大農，小農，土地なし世帯より1世帯ずつ選び（土地なし世帯からは，屋敷地しかもたない世帯3，わずかに農地をもつ世帯1を選定），屋敷地の植物名と入手法について聞き取り調査を行った。

3）事例チャクラでの栽植マッピングによる詳細な調査

　事例チャクラを選定した後，当該チャクラの住人でもある，JSRDE プロジェクトのフィールドスタッフのアジムッディン氏とともに，1992年12月（野菜については，1992年12月から1993年9月にかけて）にチャクラ内の植物の位置を図面に落とすとともに，各植物について樹齢，植えた人，入手先等を世帯員より聞き取った。

4）屋敷地内で見られた植物の利用法，栽培法についての聞き取り

　詳細調査を行ったチャクラの各世帯及び村全体の屋敷林の実態把握の調査をおこなった世帯に対し，アジムッディン氏とともに，それぞれの植物の利用法，栽培法を聞き取った。

5）屋敷地の移動の把握

　現存する村内の世帯について，何年前に，どこから移動してきたか，JSRDE プロジェクトのフィールドスタッフにより把握した。

6）屋敷地の造成について

　5年以内に新しく屋敷地を造成した世帯を対象に，アジムッディン氏とともに，土地の入手や造成の方法及び，栽植した植物と栽植時期について聞き取りをおこなった。

7）世帯の燃料源及び農業副産物の利用についての調査

　農地の大小，農業への関与，織り元であるか（燃料を大量に使用），バリの大小という視点から，対象世帯14世帯を選定した。JSRDE プロジェクトのフィールドスタッフであるモモタズ・ベグム氏により，1993年に，月ごとに利用する燃料（採集者，種類，入手方法）について聞き取り調査を行った。

8）樹木の伐採及びその利用について

　事例チャクラの全世帯について，筆者及びアジムッディン氏により，過去のイベントを思い出す形で，伐採年，樹種，価格（販売しない場合は，その推定経済価値）及び用途について聞き取りをおこなった。

(2) 1996–1999 の調査

　年1回ほどの訪問ごとに，屋敷地の利用や村の暮らしについて，アジムッディン氏とともに，補足的なインタビューや参与観察をおこなった。

(3) 2004–2009 の調査

　フォローアップ調査として，1992年におこなった調査と同様の，屋敷地の植生調査などを当時のプロジェクトのフィールドスタッフの協力を得，実施した。

1）事例チャクラの屋敷地林の植生調査及び果実の有無について

　2004年12月～2005年1月にかけて，1992年調査と同一チャクラの世帯について，屋敷地林の植生のマッピングを行った。また，果樹及び野菜については，収穫の有無及び販売の有無を一本ごとにつき確認した。

2) 事例チャクラでの屋敷地の果樹の利用について

　主要な果樹であるパラミツ及びマンゴーについて，対象チャクラの全世帯に対し，2006 年～2008 年にかけての各年の収穫数及び，その利用先について聞き取り調査をおこなった。

3) 事例チャクラ内の 4 世帯を対象にした生活時間調査，食事調査，生計費調査

　2007 年 5 月から 2008 年 6 月にかけて，事例チャクラの経済状況や家族状況の異なる 4 世帯〔① 自営農＋日雇い，2 世代同一世帯，②自営農＋日雇い 1 世帯，③自営農＋給与所得，④未亡人＋息子（賃労働)〕を対象に，生活時間調査，食調査，生計費調査をおこなった。生活時間調査については，各月の第一週の 7 日間，世帯の成人男女全員から前日の活動についてフィールドスタッフが聞き取る形を取った。食調査についても各月の第一週の 7 日間，前日つくった料理と食材，各食材の入手先について聞き取った。

　生計費調査は，毎週 1 回，販売したもの，購入したもの，贈与したもの，贈与を受けたもの，得た賃金等について聞き取りをおこなった。

4) 村内での屋敷地の移動の把握

　踏査及びフィールドスタッフへの聞き取りより，村内の屋敷地の移動（何年に，どの屋敷地から出て，新しく屋敷地を作ったか）についての把握をおこなった。

5) 世帯の燃料源及び農業副産物の利用について

　1993 年と同様な基準と方法で，8 世帯を対象に（うち 7 世帯が 1993 年と重複，残り 1 世帯は，新しく作られた屋敷地の世帯），2006 年に調査をおこなった。

3　統計分析

　データの統計的な分析は，SPSS12.0 を用い行った。また，第 9 章におけるクラスタ分析は，シティブロック距離，群平均法を用いた。

Appendix 2　2つの調査村で観察された全植物リスト

現地名	学名	和名	英名	K村	D村
1. 食用となる多年生の栽培植物					
am	*Mangifera indica* L.	マンゴー	mango	●	●
amrah	*Spondias pinnata* (L.f.) Kurz	アムラタマゴノキ	hogplum	●	●
anarosh	*Ananas sativus* Shult.f.	パイナップル	pineapple	●	●
angur	*Vitis vinifera* L.	ブドウ	grape	●	●
ataphal	*Annona squamosa* L.	バンレイシ	sugarapple	●	●
baroi	*Zizyphus mauritiana* Lam.	インドナツメ	jujube	●	●
bel	*Aegle marmelos* (L) Corr. Serr.	マルメロ	marmelo	●	●
chalta	*Dillenia indica* L.	ビワモドキ	elephant apple	●	
dalim	*Punica granatum* L.	ザクロ	pomegranate	●	●
dostor kachu	*Colocasia* sp.	サトイモ	taro	●	
dudh kachu	*Colocasia* sp.	サトイモ	taro		●
fen kachu	*Alocasia indica* (Roxb.) Schott	クワズイモ	giant taro	●	●
golapjam	*Eugenia jambos* L.	フトモモ	rose apple	●	
ganda bhadail	*Paederia foetida* L.				●
holud	*Curcuma longa* L.	ウコン	turmeric	●	●
jam	*Eugenia jambolana* Lam.		blackberry	●	●
jambura	*Citrus grandis* (L.) Osbeck.	ザボン	pomelo	●	●
jolpay	*Elaeocarpus robustus* Roxb.	インディアンオリーブ	indian olive	●	●
kamranga	*Averrhoa carambola* L.	ゴレンシ	star fruit	●	●
kanthal	*Artocarpus heterophyllus* Lam.	パラミツ	jackfruit	●	●
kola	*Musa* sp.	バナナ	banana	●	●
(bicha)	*Musa paradisiaca* L. (ABB)			●	●
(shagor)	*Musa paradisiaca* L. (AAB)			●	●
(shobri)	*Musa paradisiaca* L. (AAB)			●	●
(nihaila)	*Musa paradisiaca* L. (AA)			●	●
(champa)	*Musa paradisiaca* L. (AAB)			●	
(anaj)	*Musa* sp.				●
(jait)	*Musa paradisiaca* L. (ABB)			●	
(risha)	*Musa paradisiaca* L. (ABB)			●	
(bait)	*Musa* sp.			●	
(batta)	*Musa* sp.				●
(ghimita)	*Musa* sp.				●
(dimkobi)	*Musa* sp.				●
khejur	*Phoenix sylvestirs* (L.) Roxb.	サトウナツメヤシ	date sugar palm	●	●
lebu	*Citrus* spp.			●	●
(kagoji)	*Citrus aurantiifolia* (Christm.) Swingle	ライム	lime	●	
(elach)	*Citrus limon* (L.) Osbeck	レモン	lemon	●	
(deshi)	*Citrus* spp.			●	●
lichu	*Litchi chinensis* Sonn.	ライチ	litch	●	●

（Appendix 2 つづき）

現地名	学名	和名	英名	K村	D村
malta	Citrus sp.			●	
mewa phal	unknown			●	
narikel	Cocos nucifera L.	ココヤシ	coconut	●	●
ol kachu	Amorphophalus campanulatus (Roxb) Bl. ex Deche.	ゾウコンニャク	elephant foot yam		●
pan	Piper betle L.	キンマ	betelleaf		●
pepe	Carica papaya L.	パパイヤ	papaya	●	●
peyara	Psidium guajava L.	グアバ	guava		●
shajna	Moringa oleifera Lam.	ワサビノキ	drumstick		●
shola kochu	Colocasia sp.	サトイモ	taro		●
shupari	Areca catechu L.	ビンロウジュ	betelnut		●
tal	Borassus flabellifer L.	オウギヤシ	palmyra palm	●	
tejpata	Pimenta racemosa (Mill)	ベイリーフ	bay leaf	●	

2. 食用とされない多年生の栽培植物

現地名	学名	和名	英名	K村	D村
akasimoni	Acacia moniliformis Griseb	アカシア	acacia	●	●
alladshaper gach	Opuntia sp.				●
babla	Acacia nilotica (L.) Willd. ex Del.		egyptian Mimosa	●	
bansh (kantai)	Bambusa arundinacea (Retz.) Willd.	タケ	thorny bamboo	●	
bansh (borak-K, boura-D)	Bambusa balcooa Roxb.	タケ	bhaluka bamboo	●	●
bansh (tola)	Bambusa longispiculata Gamble ex Brandis	タケ	mahal Bamboo		●
bansh (ora)	Bambusa vulgaris Schrad. ex J. C. Wendl.	タケ	golden bamboo		●
bansh (meral)	Bambusa sp.	タケ		●	
bishjar	Justicia gendarusa L.				●
boracchokkor	Sansevieria trifasciata Prain.	アツバチトセラン	snake plant		●
choroi	Albizia sp.			●	
dudhraj	Euphorbia tithymaloides L.	ダイギンリュウ			●
dupuler ful	unknown				●
eukalyputas	Eucalyputus citriodora Hook.		eukalyputas	●	
genda ful	Tagetes sp.			●	
golap ful	Rosa spp.	バラ	rose	●	
gondraj ful	Gardenia jasminoides Ellis	クチナシ	cape jasmine	●	
ipil ipil	Leucaena leucocephala (Lam.) de Wit.		ipil ipil	●	●
jiga	Lannea coromandelica (Houtt.) Merr.		lannea wodier tree	●	●
joba ful	Hibiscus rosa-sinensis L.	ハイビスカス	rose of china		●
kamini ful	Murraya paniculata (L.) Jack.	ゲッキツ	orange jasmine	●	●
kata bet	Calamus viminalis Willd.	トウ	rattun		●
kata mandar	Erythrina ovalifolia Roxb.			●	
kola ful	Canna indica L.	カンナ	canna		●
Lonka joba ful	Malvaviscus sylvestris L.				●

(Appendix 2 つづき)

現地名	学名	和名	英名	K村	D村
mahogani	*Swietenia macrophylla* King	オオバマホガニー	mahogany	●	●
makal ful	unknown			●	
mandar	*Erythrina variegata* L.	デイゴ		●	
mehedi	*Lawsonia inermis* L.	シコウカ，ヘナ	henna	●	●
nal kalmi/ahol kalmi	*Ipomoea fistulosa* Mart. ex Choisy	キダチアサガオ			●
neem paiya	*Toona* sp.				●
orhor koroi	*Albizia* sp.				●
patabahar	*Euphorbia* spp.		euphorbia	●	●
pati bet	*Clinogyne dichotoma* (Roxb.) Salisb.				●
peyaj ful	unknown			●	
raintree	*Samanea saman* (Jacq.) Merr.	アメリカネム	raintree		●
shegun	*Tectona grandis* L. f.	チーク	teak	●	
shon, kaisha	*Saccharum spontaneum* L.	ワセオバナ	kans grass	●	●
shondha maloti ful	*Mirabilis jalapa* L.	オシロイバナ	the four o'clock flower	●	
sishu	*Dalbergia sisoo* Roxb.	シッソーシタン	indian rosewood	●	
taimu ful	*Portulaca* sp.			●	
tula	*Gossypium herbaceum* L.	ワタ	cotton	●	●
ulur rajargach	unknown				●
3. 管理を受ける野生植物					
boddiraj	unknown			●	
bon gojari	unknown			●	
dewa（食べられる）	*Artocarpus lacucha* Buch.-Ham. ex D. Don	リンゴパンノキ	monkey jack	●	●
ful kadam	*Stephegyne diversifolia* Hook. f.			●	●
jarul	*Lagerstroemia speciosa* (L.) Pers.	オオバサルスベリ		●	●
jol boinna	*Salix* sp.			●	●
karoi	*Albizia* sp.			●	●
kharajora	*Litsea monopetala* (Roxb.) Pers.			●	
kadam	*Trewia polycarpa* Benth. & Hook. f.			●	
krishnochura	*Delonix regia* (Bojer ex Hook.) Raf.	ホウオウボク	royal poinciana	●	●
loha khat	*Xylia dolabiformis* Benth.			●	
lohajari	unknown			●	
neem	*Azadirachta indica* A. Juss.	ニーム，インドセンダン	neem	●	●
paiya/rongi (K)	*Toona ciliata* M. Roem.		red ceder	●	●
pitraj（食べられる）	*Aphanamixis polystachya* (Wall.) R. Park.			●	●
shil karoi	*Albizia* sp.				●

(Appendix 2 つづき)

現地名	学名	和名	英名	存在の確認 K村	存在の確認 D村
shimul	*Bombax ceiba* L.	パンヤノキ	capoc	●	●
tetul (食べられる)	*Tamarindus indica* L.	チョウセンモダマ	tamarind	●	●

4. 食用となる多年生の野生植物

現地名	学名	和名	英名	K村	D村
bubi	*Baccaurea ramiflora* Lour.		bumese grape	●	
chagol nadee/ chagler ledi	*Erioglossum rubiginosum* (Roxb.) Blume			●	●
defol	*Garcinia xanthochymus* Hook. f.	タマゴノキ	eggplant		●
deshi kochu	*Colocasia esculenta* (L.) Schott	タロイモ	taro		●
gab	*Diospyros peregrina* Gürke	ベンガルガキ	bengal persimmon	●	●
jol dumguta	*Ficus racemosa* L.				●
nishinda	*Vitex negundo* L.			●	
orboroi	*Phyllanthus acidus* (L.) Skeels.		star berry		●
pankichunki	*Polyalthia suberosa* (Roxb.) Thwaites				●
pipel	*Piper longum* L.	ヒハツ	Long pepper		●
sheora, shora koshkosha(k)	*Streblus asper* Lour.			●	●
titi jam	unknown			●	

5. 食用となる一年生の野生植物

現地名	学名	和名	英名	K村	D村
bhul khuli shak	*Amaranthus* sp.				●
denki shak	*Pteris longifolia* L.		long-leaved brake	●	●
gima shak	*Glinus oppositfolius* (L.) Aug. DC				●
karkon shak	*Typhonium trilobatum* (L.) Schatt				●
murog ful ghash	*Celosia argentea* L.	ノゲイトウ	feather celosia		●

6. 食用とされない野生植物

現地名	学名	和名	英名	K村	D村
alok lota	*Cuscuta reflexa* Roxb.				●
amm ada	*Curcuma amada* Roxb.			●	
amro panee	unknown			●	
atkajoli	unknown			●	
atsi gach	*Clerodendrum inerme* (L.) Gaertn.			●	
bahoz bikla	unknown			●	
bait	unknown			●	
bandar lati	*Cassia fistula* L.	ナンバンサイカチ	golden shower tree	●	
bazna	*Zanthoxyllum rhetsa* (Roxb.) DC			●	
beli	*Jasminum sambac* (L.) Aiton			●	
berati 1)	*Mikania cordata* (Burm.f.) B. L. Rob.			●	●
berati 2)	*Vitex* sp.				●
bhag	unknown			●	
bherenda, benna	*Ricinus communis* L.	ヒマ	castor oil plant	●	●

(Appendix 2 つづき)

現地名	学名	和名	英名	K村	D村
bhuibolla	Ficus heterophylla L. f			●	●
bimshakla	unknown			●	
bishkatali	Polygonum orientale L.			●	●
bish kachu	Steudnera visora Prain			●	●
boinna	Crataeva nurvala Buch.-Ham.			●	●
bol guta	Cordia dichotoma G. Forst.				●
bonchutra	unknown			●	
bot	Ficus sp.			●	●
chau shupari	Caryota urens L.	クジャクヤシ	jaggery palm	●	
chhitki	Phyllanthus reticulatus Poir.			●	●
choguta	unknown			●	
dhondlash	unknown			●	
dim gach	unknown			●	
dowel	unknown			●	
dubla	Cynodon dactylon (L.) Pers.			●	
dumur, kodura	Ficus sp.			●	
durmanik (k), takagol (D)	Centella asiatica (L.) Urb.	ツボクサ	indian pennywort	●	●
ferferi	Trema orientalis (L.) Blume.	ウラジロエノキ			●
fuit	unknown			●	
fulkhori	Ageratum conyzoides L.			●	
ghash	unknown			●	
gha pata	stephania Japonica (Thunb.) Miers	ハスノハカズラ			●
ghogra	Xanthium indicum J. Koenig ex Roxb.			●	
gona	unknown			●	
gunari	unknown			●	
hijol	Barringtonia acutangula (L.) Gaertn.			●	●
Jawa	Holigarna longifolia Buchanan-Hamilton ex Roxb.			●	
joinna	Schleichera oleosa (Lour.) Oken			●	
jomkaful	unknown				●
jum kachu	Lasia spinosa (L.) Thwaites			●	●
kaker kanthaler gach	Coccinia cordifolia (L.) Cogn.				●
kaijakurni, kanaidhinga	Oroxylum indicum (L.) Kurz			●	
kalai	unknown			●	
kalashuta	Eclipta alba (L.) Hassk.			●	
kata begun	Solanum sp.			●	
Keka	unknown			●	

（Appendix 2 つづき）

現地名	学名	和名	英名	存在の確認 K村 D村
kharman	unknown			●
khoksha	*Ficus* sp.			● ●
koiryauja	*Mallotus* sp.			●
kolaboti ful	unknown			●
kumari lota	*Smilax zeylanica* L.			●
lengra	*Chrysopogon aciculatus* (Retz.) Trin			●
lot ful kuri	unknown			●
lotapata	unknown			●
modhu	unknown			●
moilta	*Glycosmis pentaphylla* (Retz.) DC.			● ●
monkata	*Randia dumetorum* (Retz.) Lam.			●
motira	unknown			●
mutha	*Cyperus rotundus* L.			●
nalta	*Thunbergia grandiflora* Roxb.			●
nilful	unknown			●
pahur	*Ficus lacor* Buch. -Ham.			●
paloi shak	unknown			●
panna lot	*Derris trifoliata* Lour.			●
pargacha	*Hoya parasitica* Wall. ex Wight			●
pathor kuti	*Kalanchoe pinnata* (Lam.) Pers.			●
pipai, morich gach	unknown			●
pitatunga	*Trewia polycarpa* Benth. & Hook. f.			● ●
pithari	unknown			●
poddogunchi	unknown			●
sheal moti	*Vernonia patula* (Aiton) Merr.			●
shoitaner chura	unknown			●
telakatura	unknown			●
tripoi	unknown			●
tulshi	*Ocimum sanctum* L.			●
uhut lengra	*Achyranthes aspera* L.			●

7. 食用となる一年生の栽培植物

現地名	学名	和名	英名	存在の確認 K村 D村
ada	*Zingiber officinale* (Thunb.) Roscoe	ショウガ	ginger	
akh	*Saccharum officinarum* L.	サトウキビ	sugarcane	●
banda kopi	*Brassica oleracea* L.	キャベツ	cabbage	● ●
bangi	*Cucumis melo* L.	ウリ	melon	●
bati shak	*Brassica rapa* L.	チンゲンサイ	pak choi	● ●
begun	*Solanum melongena* L.	ナス	eggplant	● ●
barbati	*Vigna sinensis* (L.) Savi et Hassk.	ササゲ	yard long bean	● ●
botta	*Zea mays* L.	トウモロコシ	corn	

(Appendix 2 つづき)

現地名	学名	和名	英名	存在の確認 K村	存在の確認 D村
chichinga/rega (K)/*shibchoron* (D)	*Trichosanthes dioica* Roxb.	ヘビウリ	snake gourd		●
danta	*Amaranthus tricolor* L.	ヒユナ	amaranth	●	●
deu sheem	*Canavalia gladiata* (Jacq.) DC.	ナタマメ	sword bean		●
dherosh	*Abelmoschus esculentus* (L.) Moench	オクラ	lady's finger	●	
dhonia	*Eryngium foetidum* L.	オオバコエンドロ	spirit weed	●	
dhundul	*Luffa cylindrica* (L.) M. Roem.	ヘチマ	smooth gourd	●	
ful kopi	*Brassica oleracea* L.	カリフラワー	cauliflower	●	
goincha alu	*Dioscorea* sp.	ヤマイモ	yam	●	
gor roshun	*Allium sativum* L.	ニンニク	garlic	●	
jninga	*Luffa auctangula* (L.) Roxb.	トカドヘチマ	ribbed gourd	●	
kakrol	*Momordica dioica* Roxb. ex Willd.		spiny bitter gourd	●	
Karola	*Momordica charantia* L.	ニガウリ	bitter gourd	●	●
kumra, chal kumra	*Benincasa hispida* (Thunb.) Cogn.	トウガン	ash gourd	●	●
lal shak	*Amaranthus tricolor* L.				●
lau (*deshi lau*)	*Lagenaria siceraria* (Molina.) Standl.	ユウガオ	bottole gourd	●	●
misti alu	*Ipomoea batatas* (L.) Poir.	サツマイモ	sweet potato	●	
misti kumra, misti lau	*Cucurbita maxima* Duchesne ex Lam.	カボチャ	sweet gourd	●	●
morich	*Capsicum* spp.	トウガラシ	chilli	●	●
motor	*Pisum sativum* L.	エンドウ	pea		●
mula	*Raphanus sativus* L.	ダイコン	radish	●	●
peaj	*Allium cepa* L.	タマネギ	onion		●
puishak	*Basella alba* L.	ツルムラサキ	Ceylon spinach	●	●
podina	unknown			●	
rai sharisha	*Brassica Juncea* (L.) Czern.	ナタネ			●
sheem	*Lablab purpureus* (L.) Sweet	フジマメ	lablab bean	●	●
shitol alu/kisher alu	*Pachyrhizus erosus* (L.) Urb.	クズイモ			●
soj	*Coriandrum Sativum* L.	コリアンダー	coriander		●
shorisha	*Brassica juncea* (L.) Czern.	セイヨウカラシナ	brown mustard	●	●
shosha	*Cucumis sativus* L.	キュウリ	cucumber	●	●
tin pata alu	*Dioscorea pentaphylla* L.	アケビドコロ			●
Tishi	*Linum usitatissimum* L.	アマ			●
tomato	*Solanum lycopersicum* L.	トマト	tomato	●	●

注) 学名の表記法は，Missouri Botanical Garden (2013, online) 及び米倉・梶田 (2013, online) を参照した。

引用文献リスト

Abdoellah O.S. and Marten G.G. 1986. The complementary roles of homegardens, upland fields, and rice fields for meeting nutritional needs in West Java. In: *Traditional agriculture in Southeast Asia.* Westview press, Hawaii. 293–324.

Abedin M.Z., Lai C.K., and Ali M.O (Eds). 1990. Homestead plantation and agroforestry in Bangladesh. Bangladesh Agricultural Research Institute, Regional Wood Energy Development Programme, and Winlock International Institute for Agricultural Development, Dhaka, 170p.

Ahmed I.K. 1984. *Up to the waist in mud: Earth-based architecture in rural Bangladesh.* University Press Limited, Dhaka, 153p.

Ahmad, A.J.M. U., Hossain M.A. Miah M.H. U. and Hossain M.A. 1986. *Energy Crisis in a Bangladesh Village.* Rural Development Academy, Bogra, 55p.

Akhtar F. 1990. *Women and trees: Trees in the life of women in Kaijuri village.* Narigrantha Prabartana, Dhaka, 45p.

Alam M.K., Mohiuddin M., and Guha M.K. 1991 *Trees for lowlying areas of Bangladesh.* Bangladesh Forestry Research Institute, Chittagong, 98p.

Ali A.M.S. 2005. Homegardens in smallholder farming systems: Examples from Bangladesh. Human Ecology 33(2): 245–270.

Anderson S. 2003. Why Dowry Payments Declined with Modernization in Europe but Are Rising in India. Journal of Political Economy 111(2): 269–310.

Ando K., Tanaka K., Keshav L.M., and Mukai S. 1990. Cropping systems in low-lying areas of the Bengal delta: A regional comparison of technological changes and development of cropping systems. Southeast Asian studies 28(3): 24–40.

Ando, K., M.M.L, Ali, and M.A.Ali. 1989. Oral Records on Farmers' Cropping Technology at Dakshin Chamuria Village: A Village of Flood Plain in Bangladesh: From British Period to the Present. JSARD Project Mimeograph Series4. Dhaka. 202p. (in Bengali)

Asaduzzaman M. 1989. Social forestry in Bangladesh. BIDS Research report No115, Dhaka, 31p.

Asahira T. and Yazawa S. 1981. Traditional Methods of Vegetable Cultivation in South India and Sri Lanka. In: Watabe, T. (ed). *Report of the Scientific Survey on Traditional Cropping Systems in Tropical Asia. Part 1: India and Sri Lanka.* Kyoto University, Kyoto. 23–44.

Atta-Krah K., Kindt R., Skilton J.N. and Amaral W. 2004. Managing biological and genetic diversity in tropical agroforestry. Agroforestry Syst 61: 183–194.

Aziz K.M.A. and Malony C. 1985. *Life stages, Gender and Fertility in Bangladesh.* Dhaka. International Center for Diarrheal Disease Research, Dhaka, 231p.

Badgley, Catherine, Moghtader Jeremy, Quintero Eileen, Zakem Emily., Chappell Jahi M., Avilesvazquez, Katia. Samulon Andrea. and Perfecto Ivette. 2008, "Organic agriculture and the global food supply". Renewable Agriculture and Food Syetems VOl. 22(1): 86–108.

Bangladesh Agricultural Research Council. 1991. *National Coordinated Farming Systems research and Development Plan (1991-96).* BARC, Dhaka, 63p.

Bangladesh Bureau of Statistics. 2011. Statistical Yearbook of Bangladesh 2010. Bangladesh Bureau of Statistics Ohaka, 538p.

Bangladesh Bureau of Statistics. 2005. *Yearbook of Agricultural Statistics of Bangladesh 2004.* Bangladesh Bureau of Statistics, Dhaka, 381p.

Bangladesh Bureau of Statistics. 1999. *Census of Agriculture-1996 (National series Vol. -1)*. Bangladesh Bureau of Statistics, Dhaka, 636p.

Bangladesh Bureau of Statistics. 1998. *Statistical Pocketbook of Bangladesh: 1997*. Bangladesh Bureau of Statistics, Dhaka, 419p.

Bangladesh Bureau of Statistics. 1986a. *Small Area Atlas of Bangladesh: Mauzas and Mahallahs of Mymensingh district*. Dhaka.

Bangladesh Bureau of Statistics. 1986b. *The Bangladesh Census of Agriculture and Livestock 1983-84. Volume1*. Bangladesh Bureau of Statistics, Dhaka, 308p.

Bangladesh Bureau of Statistics. 1986c. Small Area Atlas of *Bangladesh: Mauzas and Mahallahs of Tangail district*. Dhaka. 52p.

Begum S. (Ed) 1993. *Report of the seminar on mid-term review of Joint Study on Rural Development Experiment Project*. Dhaka. 110p.

Bertocci P.J. 1970. *Elusive villages: social structure and community organization in rural East Pakistan* (unpublished PhD. thesis) Michigan State University.

Boven K., Morohashi J. (Eds). 2002. *Best Practices using Indigenous Knowledge*. Nuffic The hague, The netherland and UNESCO/MOST, Paris, France. 280p.

Brass T. 2005. The Journal of Peasant Studies: The third decades. Journal of Peasant Studies 32(1): 153-180.

Califield T. and Johnson, H. 2003. Understanding South Asian dowry violence. Journal of South Asian Studies 26(2): 213-228.

Chaudhury R.H. and Ahmed N.R. 1980. *Female status in Bangladesh*. Bangladesh Institute of Development Studies, Dhaka, 176p.

CIRDAP (Centre on Integrated Rural Development for Asia and the Pacific). 1990. *Kitchen Gardening and Homestead Productive Activities*. CIRDAP, Dhaka, 79p.

Cristanty L. 1990. Homegardens in tropical Asia, with special reference to Indonesia. In Landauer K., and Brazil M. (Eds): *Tropical homegardens*. United Nations University Press, Tokyo. 9-20.

Dastur J.F. 1960. *Everybody's guide to Ayuruvedic medicine: A repoetory of theorapeutic prescriptions based on the indigenous medicinal systems of India*, Bombay, 399p.

De Torres A.B. 1989. *Kitchen Gardening and Homestead Productive Activities in Rural Bangladesh*. Center on Integrated Rural Development for Asia and the Pacific, Dhaka, 203p.

FAO and UNDP. 1988. *Agroecological regions of Bangladesh (Land resources Appraisal of Bangladesh for agricultural development Report 2)*. Rome, 570p.

Fernandes E.C.M., Oktingati A. and Maghembe J. 1984. The Chagga homegardens: Multistoried agroforestry cropping system on Mt. Kilimanjaro (Northern Tanzania). Agroforestry Syst 2: 73-86.

FSRDP (Farming System Research and Development Programme) 1987. *Research Activities 1985-1986: Kazirsimla Site*. Farming System Research and Development Programme, Bangladesh Agricultural University, Mymensingh, 110p.

Gain P. 2002. Forests. In Gain, P. (ed): *Bangladesh; Environment: Facing the 21st Century*(Second edition), SEHD, Dhaka. 71-105.

Gajaseni J. and gajaseni N. 1999. Ecological rationalities of the traditional homegarden systems in the Chao Phraya basin, Thailand. Agroforestry Syst 46: 3-23.

Hannan H. and Ferdouse H. 1988. *Resources Untapped: An Exploitation into Women's Role in*

Homestead Agricultural Production System. Bangladesh Academy for Rural Development, Commila,. 71p.

Hocking D. and Islam K. 1994. Trees in Bangladesh paddy fields and homegardens: participatory action research towards a model design. Agroforestry Syst 25: 193−216.

Hooker. J.D. 1897. Flora of British India (Vol. 1−7). Reprinted in 1992 by Bish Singh Mahendra pal shingh. Dehra dun.

Hossain, A, Islam, S, and Salam, M.U. 1990. Evolution of Agricultural Systems in Bangladesh with Special Emphasis on Farming Systems. In: Kaida, Y. (ed). A Review of Related Studies. JICA. Dhaka. 1−35.

Hussain M.S, Abedin M.Z., Quddus M.A., Hossain S.M.M., Banu T., Ara S. and Ahmed D. 1988. *Women's contribution to homestead agriculture production systems in Banlgadesh.* Bangaldesh Academy for Rural Develoment, Comilla. 344p.

Islam S. and Biswas F. 2002. Homestead space planning: A way of implementing homestead agroforestry in SHABGE-EDC project. In: CARE. *Proceedings of 3rd agricultural conference*, Dhaka. 38−47.

Jansen E. 1986. *Rural Bangladesh: Competition for Scarce Resources.* University Press Limited, Dhaka, 351p.

Johnson N. and Grivetti L.E. 2002. Environmental change in northern Thailand: Impact on wild edible plant availability. Ecology of Food and Nutrition 41: 373−399.

Jose D. and Shanmugaratnam N. 1993. Traditional homegardens of Kerala: a sustainable human ecosystem. Agroforest Syst 24: 203−213.

Kazi I. 2007. Health and Culture. In: Mohsin K.M. and Ahmed S.U. (eds) *Cultural History*. Cultural Survey of Bangladesh Series 4. Asiatic Society, Dhaka. 439−471.

Khan M.A.R. 1992. Bangladesher shap (バングラデシュのヘビ)．Bangla Academy 228p. (ベンガル語)

Khan M.S., Hossain M.A. and Abedin M.Z. 1988. Agroforestry and Homestead Plantation Systems in Non-Saline Flooded Plain in Southern Bangladesh. In: *National Workshop on Homestead Plantations and Agroforestry in Bangladesh.* Gazipur. 91−122.

Khan S. 1974. *Flowers and fruits of Bangladesh.* Associated printers, Dhaka, 56p.

Kimber C.T. 1973. Spatial patterning in the dooryard gardens of Puerto Rico. The Geographical Review 63(1): 6−26.

King K.F.S. 1989. The History of Agroforestry. In: Nair, P.K.R (ed.) *Agroforestry Systems in the Tropics.* Kluwer Academic Publishers, Dordrecht. 3−12.

Kirtikar K.R. and Basu B.D. 1933. *Indian medicinal plants* (Second edition). International Book Distributors, Dheradun, 2791p.

Kubota N., Hadikusumah H.Y, Abdoellah, O.S., Sugiyama. 2002. Changes in the performance of the homegardens in West Java for twenty years(2): Changes in the utilization of cultivated plants in the homegardens. Japan J. Trop Agric 46: 152−161.

Kumar B.M. and Nair P.K.R, 2004. The enigma of tropical homegarden. Agroforest Syst 61: 135−152.

Kumar B.M., George S.J., andChinnamani S. 1994. Diversity, structure and standing stock of wood in the homegardens of Kerala peninsular India. Agroforest Syst 25. 243−262.

Leakey R.R.B. & Newton A.C. 1993. Domestication of 'Cinderella' species as the start of a woody-plant revolution. In: Leakey, R.R.B.; Newton, A.C., (eds.)*Tropical Trees: the potential for domestication and the rebuilding of forest resources.* London, HMSO, 3–7.

Leuschner W. and Khaleque K. 1987. Homestead agroforestry in Bangladesh. Agroforestry systems 5: 139–151.

Mahamud F. 2007. Traditional Crafts: Their History, Decline or Development. In: Glassie H. and Mahmud F. (eds) *Living Traditions.* Cultural survey of Banlgadesh Series 11. Asiatic Society of Banlgadesh. 109–138.

Maloney C., Aziz K.M.A., Sarkar P.C., 1981 Beliefs and Fertility in Banlgadesh. International Center for Diarrheal Deseaase Research, Dhaka, 366p.

McGee T.G. 2008. Managing the rural-urban transformation in East Asia in the 21st century. Intergrated Research System for Sustainability Science3. 155–167.

Mendez V.E., Lok R., Somarriba E. 2001. Interdisciplinary analysis of homegardens in Nicaragua: micro-zonation, plant use and socioeconomic importance. Agroforestry Syst 51: 85–96.

Miah M.G., Khair A.B.M.A, Abedin Z., Shahidullah M. and Baki A.J.M.A. 1988. Homestead Plantation and Household Fuel Situation in Ganges Flood Plain of Bangladesh. In: Abedin, M.Z., Lai C.K. and Ali M.O. (eds.) *Homestead Plantation and Agroforestry in Bangladesh.* Bangladesh Agricultural Research Institute, Gazipur. 120–135.

Michon G. and Mary F. 1994. Conversion of traditional village gardens and new economic strategies of rural households in the area of Bogor, Indonesia. Agroforestry Syst 25: 31–58.

Millat-e-Musutafa. 2002. A Review of Forest Policy Trends in Bangladesh – Bangladesh Forest Policy Trends. *Polocy Trend Report 2002.* 114–121.

Millat-e-Mustafa M.D., Hall J.B., and Teklehaimanot Z. 1996. Structure and floristics of Bangladesh homegardens. Agroforestry Syst 33: 263–280.

Ministry of Finance, Government of Bangladesh. 2007. Bangladesh Economic Review 2006. Dhaka. 280p.

Moniruzzaman F.M. 1988. *Bangladesher foler chash (Cultivation of fruits in Bangladesh)* Bangla Academy, Dhaka, 381p. (in Bengali)

Motiur R.M., Tsukamoto J., Furukawa Y., Shibayama Z., and Kawata I. 2005. Quantative stand structure of woody components of homestead forests and its implications on silvicultural management: a case study in Sylhet Sadar, Bangladesh. Journal of Forest Research 10: 285–294.

Nair P.K.R. 2001. Do tropical homegarden elude science, ro is it the other way around? Agroforest Syst 53: 239–245.

Ninez V.K. 1984. *Household gardens: Theoretical Consideration on an Old Survival Strategy.* International Potato Center, Lima, 41p.

Peyre A., Guidal A., Wiersum K.F., and Bongers F. 2006. Dynamics of homegarden structure and function in Kerala, India. Agroforest Syst. 66: 101–115.

Piper J.M. 1992. *Bamboo and Rattan.* Oxford University press, Singapore, 88p.

Polanyi K. 1944. *The great transformation.* Rinehart & Company, Inc, New York, 305p.

Puri S. and Nair P.K.R. 2004. Agroforestry research for development in India: 25 years of experiences of a national program. Agroforest Syst 61: 427–452.

Quddus M.A. and Ara S. 1991. Nutrition in Rural Comunnities: with Seasonal Variations. Bangladesh Academy for Rural Development, Comilla.

Raffles T.S. 1817. *The history of Java.* (reprinted in 1965 by Oxford University press, London, 1110p.)

Rahman M.R and Yoshino K. 2007. Amader boshutobarir gachpala. 41p（ベンガル語）

Regmi P.P. 1982. *An introduction to Nepalese hood plants.* Royal Nepal Academy, Katmandhu, 216p.

Revenue survey map. Plans of Purgunnah Alapsing District Mymensingh. Surveyed in season 1853/54. vol 2.

Roces M.E.A., E. Lazos, and J.R. Garcia-Barrios. 1989. Homegardens of a humid tropical region in Southeast Mexico: an Agroforestry cropping system in a recently established community. Agroforest syst 8: 133−156.

Rogers E.M. 1969. Motivations, values, and attitudes of subsistence farmers: towars a subculture of peasantry. In Wharton C.R. (ed) *Subsistence agriculture and economic development.* Aldine transaction publishers, Newjersy.

Sarkar G., Sultana R., Yasmin N., Alam S., and Hossain A. 2002. Vegetable cultivation by women in homesteads: The experience of Golda. In: *Proceedings of 2nd ANR agricultural conference*, CARE-Bangladesh, Dhaka. 141−144.

Sarker, P.C. 1980. "Dharma-Atmyo: Fictive Kin Relationship in Rural Bangladesh." Eastern Anthropologist 33: 55–61.

Sen, A. 1990. "More Than 100 Million Women Are Missing." The New York Review of Books, (1990-December-20)

Sharifullah A.K., Ali M.E. and Kamruzzaman.K. 1992. *Energy Situation in Rural Areas of Bangladesh: A Case Study of Three Villages.* Bangladesh Academy for Rural Development, Comilla, 40p.

Sinclair F. 1999. A general classification of agroforestry practice. Agroforest syst 46: 161−180.

Srinivasan S. 2005.Daughters or dowries?: The changing nature of dowry ploacticces in South India. World Development(33)-4: 593−615.

Stocking. M.A. 2003. Tropical soils and food security: the next 50 years. Science 302(5649)21: 1356−1359.

Stoler A. 1978. Garden use and household economy in rural Java. Bull of Indonesian Economic Studies14: 85−101.

Storrs A. and Storrs J. 1990. *Trees and shrubs of Nepal and the Himalayas.* Pilrims Book House, Katmandhu, 367p.

Sultana S. 1993. *Rural Settlements in Bangladesh: Spatial Pattern and Development.* Graphosman, Dhaka, 142p.

Sunwar S., Thornstrom C.G., Subedi A., and Bystorom M. 2006. Home gardens in westers Nepal: opprtunities and challenges for on-farm management of agrodiversity. Biodiversity and Conservation 15: 4211−4238.

Swift M.J., and Anderson J.M. 1993. Biodiversity and ecosystem function in agricultural systems. 15−52. In: Shulze E.D. and Mooney. H.A. (Ed) *Biodiversity and Ecosystem Function.* Springer-Verlag, Berlin.

Thaman R.R.. 1990. Mixed hoemgarden in the Pacific islands: present status and future prospects. 41−65. In: Landauer K., and Brazil M. (Eds) Tropical homegardens, United Nations University Press, Tokyo.

Torquiebiau E. 1992. Are Tropical agroforestry homegarnde sustainable? Agricultural Ecosystem Environment 41: 189−207.

Traup R.S. 1921. *The silviculture of Indian trees.* Oxford at the Clarendon Press. (reprinted in 1986 by International Book Distributer, Dehra dun). 1280p.

Trinh L.N. Watson J.W., Hue N.N., De N.N., Minh N.V., Chu P., Sthapit B.R. and Eyzaguirre P.B. 2003. Agrobiodiversity conservation and development in Vietnamese home gardens. Agriculture, Ecosystem and Environment 97: 317-344. (ベンガル語)

UBINIG. 2006. *Nayakrishi andoron*. UBINIG. Dhaka. Pp34.

UBINIG. 1995. *Khonar bochon*. UBINIG. Dhaka. 96p. (in Bengali)

UBINIG. 2000. *Proceeding of uncultivated food and plants*. UBINIG. Dhaka. 120p.

Van Scendel W. 1991. *Three Deltas: Accumulation and Poverty in Rural Burma, Bengal and South India*. Sage publications. California. 344p.

Yoshino, K. 2011. Social meaning of subsistence production: Case study in contemporary Japan. Proceedings of 11th international congress of Asian Planning Schools Association. 627-638.

Yoshino, K. 2010. The role and possibilities for subsistence production: reflecting the experience in Japan. In: Alessandro Bonanno, Hans Bakker, Raymond Jussaume, Yoshio Kawamura and Mark Shucksmith (eds) *"From Community to Consumption: New and Classical Themes in Rural Sociological Research". Rural Sociology and Development Series*. Emerald Publishing. 45-58.

足立恭一郎. 2009.『有機農業で世界が養える』. コモンズ. 東京. 86頁.

安藤和雄. 1987.「ベンガル・デルタ低地部の稲作:バングラデシュ東部地方におけるアウス・散播アマンの混栽培とパーボイルド米に関するノート」. 東南アジア研究25 (1). 125-139頁.

安藤和雄・河合明宣. 2003.「ベンガル・デルタの村落形成についての覚え書」. 海田能宏編著『バングラデシュ農村開発実践研究:新しい協力関係をめざして』コモンズ. 東京. 114-131頁.

安藤和雄, 田中耕司, ケシャブ・ラル・マハラジャン, 向井史郎. 1990.「ベンガルデルタ定置部の作付体系:技術変容と作付体系展開の地域間比較」. 海田能宏(編).『バングラデシュの農業と農村:農村開発のための共同研究』東南アジア研究 (28) 3: 286-301頁.

安藤和雄. 1995.「バングラデシュの農村開発の現状と援助」. 河合明宣編著『発展途上国産業開発論』放送大学教育振興会. 東京. 172-186頁.

安藤和雄・内田晴夫. 1993.「伝統稲作農業の特色」. 臼田雅之・佐藤宏・谷口晋吉編:『もっと知りたいバングラデシュ』. 弘文堂. 東京. 20-36頁.

石井秀樹. 2008.「暮らしと自然がはぐくむ"場のケア力"」. 広井良典編著『「環境と福祉」の統合』. 有斐閣. 139-159頁.

石原潤. 1987.『定期市の研究:機能と構造』名古屋大学出版会, 405頁.

石村真一. 1997.「屋敷林とその利用」デザイン学研究. 特集号5-(1). 6-11頁.

石牟礼道子. 1995.「名残の世」吉本隆明・桶谷秀昭・石牟礼道子『親鸞—不知火よりのことづて』. 平凡社. 131-182頁.

伊東早苗. 1999.「グラミン銀行と貧困緩和」岡本真理子他編『マイクロファイナンス読本』明石書店. 125-134頁

イリイチ, イバン. 1990.『シャドウ・ワーク』. 岩波書店. 東京. 327頁。

岩佐俊吉. 1973.『東南アジアの果樹』. 熱帯農業技術叢書8. 農林水産省熱帯農業研究センター. 筑波. 525頁.

ウィナー・ラングドン. 2000.『鯨と原子炉:技術の限界を求めて』. (吉岡斉, 若松征男訳) 紀伊國屋書店. 東京306頁.

臼田雅之. 1993.「民衆文芸と信仰」. 臼田雅之・佐藤宏・谷口晋吉編:『もっと知りたいバングラデシュ』. 弘文堂. 東京. 100-104頁.

臼田雅之. 2003.「イスラーム教徒が増えた時期」. 大橋正明・村山真弓編著『バングラデシュを

知るための 60 章』．明石書店．東京．25-28 頁．
内田智大．2004.「バングラデシュの経済発展と就業構造の変化」．関西外国語大学研究論集79 号．185-202 頁．
内田晴夫・安藤和雄．2003.「農村水文学」海田能宏編著『バングラデシュ農村開発実践研究：新しい協力関係をめざして』コモンズ．東京．187-204 頁．
宇根豊．2007.「草に言づてできる有機農業を」．日本有機農業学会編『有機農業の技術開発の課題』日本農山漁村文化協会．52-65 頁．
海津正倫．1996.「ベンガル低地の自然堤防」．藤原健蔵編著『地形学のフロンティア』．大明堂．東京．321-342 頁
絵所秀樹．1997.『開発の政治経済学』日本評論社．東京．268 頁．
大塚和夫．2000.『イスラーム的：世界化時代の中で』．NHK ブックス．日本放送出版協会．東京．291 頁．
小合龍夫．1982.『東南アジア及びオセアニアの農村における果樹を中心とした植物利用の生態学的研究（昭和 55 年度　文部省研究費補助金による海外学術調査報告書）』．241 頁．
落合恵美子．1989.『近代家族とフェミニズム』．勁草書房．348 頁．
河合明宣・安藤和雄．1990.「ベンガルデルタの村落形成についての覚え書き」．海田能宏（編）『バングラデシュの農業と農村：農村開発のための共同研究』．東南アジア研究 (28) 3: 92-105 頁
海田能宏編著．2003.『バングラデシュ農村開発実践研究 ── 新しい協力関係を求めて』．コモンズ．東京．350 頁．
香川広海．2003.「ベトナム領メコン・デルタの現状とその影響」．現代社会文化研究26．147-162 頁．
上山美香・黒崎卓．2004.「ジェンダーと貧困」．絵所秀紀・穂坂光彦・野上裕生編『シリーズ国際開発第1巻　貧困と開発』．日本評論社．東京．119-137 頁．
上西栄治．2007.「マイクロファイナンスの意義とその課題—グラミン銀行を事例とした論点整理」．地域政策研究．10 巻2 号 63-75 頁．
久保田尚浩・小合龍夫・宇都宮直樹．1992.「ジャワ島のホームガーデンにおける有用植物の利用」．熱帯農業 36．99-110 頁．
黒田明伸．2003.『貨幣システムの世界史〈非対称性〉を読む』．岩波書店．東京．221 頁．
国際農林業協力協会．1993.『熱帯の雑草』．熱帯農業要覧 19．国際農林業協力協会．東京．319 頁．
国際農林業協力協会．1998.『ココヤシ：その栽培から利用まで』．熱帯農業要覧 13．国際農林業協力協会．東京．74 頁．
小西正捷．1986.『ベンガル歴史風土記』．法政大学出版局．328 頁．
小林正史・谷正和．2005. バングラデシュ西部における炊飯方法とパーボイル方法の関連：広域分布調査をもとにして．北陸学院短期大学紀要 37．183-206 頁．
佐藤宏．1984. ベンガル研究会共訳　コナの格言　解説．コッラニ 9 号．55-59 頁．
シヴァ．ヴァンダナ．1994. 生きる歓び—イデオロギーとしての近代科学批判．(熊崎実訳)．築地書館．東京．268 頁．
重田眞義．1992「ヒトとエンセーテの共生的関係」．季刊民族学 59．100-109 頁．
シューマッハー，E.F. 1986.『スモール　イズ　ビューティフル：人間中心の経済学』．講談社．東京．408 頁．
佐藤宏．1984. ベンガル研究会共訳「コナの格言　解説」．55-59．東京．コッラニ 9 号．
ジョンソン，B.L.C. 1986.『南アジアの国土と経済（第 2 巻）バングラデシュ』(山中一郎訳) 二宮

書店．東京．135 頁．
須田敏彦．2010．「グローバル化するバングラデシュ農村経済：経済構造変化のメカニズムと貧困への影響」．アジア研究51巻11号．2-43頁．
スピヴァク，ガヤトリ．1998．『サバルタンは語ることができるか』．みすず書房．東京．145 頁．
関根康正．1984．「住まい方の比較文化論」．206-126．杉本尚次編『日本のすまいの源流』．文化出版局．東京．
セン，アマルティア．1988．『福祉の経済学：財と潜在能力』．岩波書店．東京．176 頁．
寒川一茂．2010．『緑の革命を脅かしたイネウンカ』．星雲社．東京．191 頁．
高橋麻子．2004．バングラデシュ農村における地下水砒素汚染．アジアアフリカ地域研究 4 巻 1 号 120-121 頁．
高谷好一．1982．『熱帯デルタの農業発展：メナム・デルタの研究』．創文社．東京．392 頁．
大東宏．1996．『熱帯果樹栽培ハンドブック』．国際農林業協力協会．東京．499 頁．
高島四郎・傍島善次・村上道夫．1971．『有用植物』．保育社．東京．178 頁．
竹中恵美子．2004．『竹中恵美子が語る「労働とジェンダー」』．ドメス出版．東京．213 頁．
田中耕司．2000．「自然を生かす農業」．田中耕司編．『自然と結ぶ』．昭和堂．京都．4-21 頁．
谷口晋吉．1993．「デルタの開発と人口増加」．臼田雅之・佐藤宏・谷口晋吉編『もっと知りたいバングラデシュ』．弘文堂．東京．63-72 頁．
玉野井芳郎．1990[a]．『経済学の遺産（玉野井芳郎著作集①）』．学陽書房．東京．359 頁．
玉野井芳郎．1990[b]．『等身大の生活世界（玉野井芳郎著作集④）』．学陽書房．東京．359 頁．
多辺田政弘．1990．『コモンズの経済学』．学陽書房．東京．265 頁．
ダンバー、ロビン．2011．『友達の数は何人？―ダンバー数とつながりの進化心理学』．インターシフト．東京．256 頁．
チェンバース，ロバート．1995．『第三世界の農村開発―貧困の解決　私たちにできること』．明石書店．東京．432 頁．
外川昌彦．1993．「人々の生活とイスラム：人類学者原忠彦のフィールドワークから」．37-50 頁．臼田雅之・佐藤宏・谷口晋吉編：『もっと知りたいバングラデシュ』．弘文堂．東京．
外川昌彦．2003．『ヒンドゥー女神と村落社会：インド・ベンガル地方の宗教民俗誌』．風響社．東京．574 頁．
渡植彦太郎．1986．『仕事が暮らしをこわす：使用価値の崩壊』．農山漁村文化協会．東京．203 頁．
中里成章．2000．「新しい国の古い歴史：英領インドからの分離・独立まで」．大橋正明・村山真弓編著『バングラデシュを知るための 60 章』．明石書店．東京．16-20 頁．
長坂拓也編著．1996．『爬虫類・両生類 800 種図鑑』．ピーシーズ．431 頁．
永原慶二．1996．「古代における家と屋敷地」．69-105．長谷川善計・江守五夫・肥前栄一編．『家・屋敷地と霊・呪術』．早稲田大学出版部．東京．
縄田栄治・内田ゆかり・和田泰司・池口明子．2008．ホームガーデンから市場へ．河野泰之編『論集　モンスーンアジアの生態史―地域と地球をつなぐ：第 1 巻　生業の生態史』．弘文堂．東京．101-123 頁．
ヌスバウム，マーサ．2005．『女性と人間開発―潜在能力アプローチ』．岩波書店．425 頁．
農林水産省熱帯農業研究センター．1980．『熱帯の野菜』．熱帯農業技術叢書 17．農林水産省熱帯農業研究センター．筑波．716 頁．
野間晴雄．1994．「エコ・ヒストリーとしてのベンガルデルタ：開発・農民・村落」．広島大学総合地誌研究資料センター総合地誌研究叢書 23　23-57 頁．
野間晴夫．2003．「バングラデシュ村落社会と村落研究」．海田能宏編著『バングラデシュ農村開

発実践研究：新しい協力関係をめざして』コモンズ．東京．309-325.
長谷川善計．1996.「日本の家と屋敷地」．長谷川善計・江守五夫・肥前栄一編．『家・屋敷地と霊・呪術』．早稲田大学出版部．東京．17-68頁.
春山成子・Phai. V. 2002. 紅河デルタ南部の沿岸域の変化．地学雑誌（111）-1　126-132頁.
福田アジオ．1997.『番と衆―日本社会の東と西』．吉川弘文館．東京．205頁.
藤田幸一．2001.「バングラデシュ：黄金のベンガル復興へみえてきた一条の光」原洋之介編『アジア経済論』NTT出版．東京．426-451頁.
藤田幸一．2005.「バングラデシュ農村開発のなかの階層変動」地域研究叢書16．京都大学学術出版会．京都．287頁.
布野修司編．2005.『世界住居誌』．昭和堂．京都．394頁.
ブルンナー，オットー．1974.『ヨーロッパ―その歴史と精神』．岩波書店．東京．385頁.
堀和明・斉藤文紀．2003.「大河川デルタの地形と堆積物」．地学雑誌112（3）．337-359頁。
堀田満・新田あや・柳宗民・緒方健・星川清親・山崎耕宇編．1989.『世界有用植物事典』．平凡社．東京．1499頁.
松井健．1998.「マイナーサブシステンスの世界」．『民俗の技術』．朝倉書店．東京．247-268頁.
松井健．2004.「マイナーサブシステンスと日常生活：あるいは，方法としてのマイナーサブシステンス論」．大塚柳太郎・篠原徹・松井健（編）．『生活世界からみる新たな人間―環境系』．東京大学出版会．東京．61-84頁.
ミース，マリア．1997.『国際分業と女性：進行する主婦化』．日本経済評論社．東京．382頁.
ミース，マリア．2003.「サブシステンス・パースペクティブの可能性：【女性・環境・反グローバリズム】」．環12号．332-356頁.
ミース，マリア・ヴェルトフ＝トムゼン，ヴェロニカ．1995.『世界システムと女性』（古田睦美，善本裕子訳）．藤原書店．東京．348頁.
南谷猛・浅井宏・松尾範久．2011.『バングラデシュ経済がわかる本』．徳間書店．東京．198頁.
宮本真二・内田晴夫・安藤和雄・ムハマッド・セリム．2009.「洪水の環境史―バングラデシュ中央部，ジャムナ川中流域における地形環境変遷と屋敷地の形成過程」．京都歴史災害研究第10号　27-35頁.
村山真弓．2003[a].「ニュー・リッチと拡大する貧富の差」．大橋正明・村山真弓編著『バングラデシュを知るための60章』．明石書店．東京．144-147頁.
村山真弓．2003[b].「パルダ・開発・ダウリ」．大橋正明・村山真弓編著『バングラデシュを知るための60章』．明石書店．東京．229-233頁.
守野志郎．1994.『農業にとって技術とはなにか』．農山漁村文化協会．東京．276頁.
安室知．2008.「遊び仕事」としての農―前栽畑と市民農園の類似性．農業および園芸83（1），127-132頁.
吉田太郎．2007.「キューバの有機農業のための農民参加型種子開発」国際農林業協力30（4）．19-26頁.
吉野馨子．2008.「氾濫原の恵みを生かした村の暮らしと環境の変容；バングラデシュ農村における伝統的な資源利用と近代化」．草野孝久編『村落開発と環境保全』．古今書院．東京．17-32頁.
吉野馨子・片山千栄・諸藤享子．2008.「住民による農産物の入手と利用からみた地域内自給の実態把握―長野県飯田市の事例調査から―」農林業問題研究44(3)．45-56頁.
米倉二郎．1969.『インドの農民生活』．古今書院．東京．178頁.
レズリー，ブレムネス．1995.『ハーブの図鑑』．日本ヴォーグ社．東京．312頁.

〈インターネット HP より〉

Bangladeh Bureau of Statistics[a]. Population and Housing Census 2011: Bangladesh at a Glance（http://www.bbs.gov.bd/WebTestApplication/userfiles/Image/Census2011/Bangladesh_glance.pdf）(2013-1-5 最終アクセス)

Bangladesh Bureau of Statistics. Preliminary report of Agri Census 2008 http://www.bbs.gov.bd/WebTestApplication/userfiles/Image/AgricultureCensus/ag_pre_08.pdf?page=/PageReportLists.aspx?PARENTKEY=44 (2012 年 4 月最終アクセス)

Bangladesh Bureau of Statistics. CPI report July-2007. http://www.bbs.gov.bd/PageReportLists.aspx?PARENTKEY=145 (2008 年 9 月 1 日最終アクセス)

BANBEIS. Educational Structure of Bangladesh http://www.banbeis.gov.bd/es_bd.htm (2012 年 10 月 15 日最終アクセス)

Goldman Sachs. 2007. The N-11: More Than an Acronym. Global Economics Paper No: 153.23p. http://www.chicagobooth.edu/alumni/clubs/pakistan/docs/next11dream-march%20'07-goldmansachs.pdf. (2012 年 5 月 30 日最終アクセス)

Grameen Bank. 2011. Grameen Bank At A Glance http://www.grameen-info.org/index.php?option=com_content&task=view&id=26&Itemid=175 (2012 年 10 月 19 日最終アクセス)

Huxley P, Cooke R. and Sanchez P.A. 1997. Glossary for agroforestry. The Bugwood Network, The University of Gourgia. Http: //bugwood.org/glossary (2012 年 5 月 30 日最終アクセス)

ICRAF HP (http; //www.worldagroforestry.org/sea/ph/aboutus (2012 年 5 月 30 日最終アクセス)

IMF. 2012. Report for Selected Countries and Subjects (http://www.imf.org/external/pubs/ft/weo/2009/02/weodata/weorept.aspx?sy=1980&ey=2014&scsm=1&ssd=1&sort=country&ds=.&br=1&c=512,941,914,446,612,666,614,668,311,672,213,946,911,137,193,962,122,674,912,676,313,548,419,556,513,678,316,181,913,682,124,684,339,273,638,921,514,948,218,943,963,686,616,688,223,518,516,728,918,558,748,138,618,196,522,278,622,692,156,694,624,142,626,449,628,564,228,283,924,853,233,288,632,293,636,566,634,964,238,182,662,453,960,968,423,922,935,714,128,862,611,716,321,456,243,722,248,942,469,718,253,724,642,576,643,936,939,961,644,813,819,199,172,184,132,524,646,361,648,362,915,364,134,732,652,366,174,734,328,144,258,146,656,463,654,528,336,923,263,738,268,578,532,537,944,742,176,866,534,369,536,744,429,186,433,925,178,746,436,926,136,466,343,112,158,111,439,298,916,927,664,846,826,299,542,582,443,474,917,754,544,698&s=NGDPD&grp=0&a=&pr1.x=55&pr1.y=4 (2012 年 10 月 18 日最終アクセス)

Khan A.R., 2011 (2011-4-8) Imbalanced taxation hitting bidi factories hard. http://arrkhan.blogspot.jp/2011/04/imbalanced-taxation-hitting-bidi.html. (2012 年 5 月 30 日最終アクセス)

Khan S. M. 2012. Methodology for Assessing Biodiversity. Modules of International Training Course on Mangroves and Biodiversity. UNU OpenCourseWare. http://ocw.unu.edu/international-network-on-water-environment-and-health/unu-inweh-course-1-mangroves/Methodology-for-Assessment-Biodiversity.pdf) (2012 年 5 月 30 日最終アクセス)

Ministry of Agriculture. Table 1.03: Production of Rice from 1971-72 to 2005-06 (Seasonwise) "Handbook of Agricultural Statistics, December 2007" http://www.moa.gov.bd/statistics/Table1.03CP.htm (2012 年 5 月 30 日最終アクセス)

Ministry of Foreign Affairs. Country profile.
（http://www.mofa.gov.bd/index.php? option=com_content&view=article&id=46&Itemid=54 2012 年 5 月 31 日最終アクセス)

School of Environmental Studies（SOES）. 2000. Summary of 239 days field survey from August 1995 to February, 2000, School of Environmental Studies (SOES), Jadavpur University. http://www.soesju.org/arsenic/239days.htm?f=dubitious.htm（2012 年 5 月 30 日最終アクセス）

The Institute for Global Labour and Human Rights. 2010. Bangladesh Garment Wages the Lowest in the World—Comparative Garment Worker Wages (2010-8-19). http://www.globallabourrights.org/alerts?id=0297（2012 年 5 月 30 日最終アクセス）

U.S. Army Map Service.1955. India and Pakistan 1: 250,000. Series U502. (http://www.lib.utexas.edu/maps/ams/india/)（2012 年 5 月 30 日最終アクセス）

UNEP http://www.unep.org/IK/ accessed on 26th, Dec. 2008

UNESCO Institute for Statistics, Country and Regional Profiles, http://stats.uis.unesco.org/unesco/TableViewer/document.aspx?ReportId=121&IF_Language=eng&BR_Country=500&BR_Region=40535（2012 年 5 月 30 日最終アクセス）

United Nations, Department of Economic and Social Affairs. Population Division. 2012 World Urbanization Prospects 2011 Revision highlighs. Pp33. http://www.slideshare.net/undesa/wup2011-highlights"（2012 年 5 月 30 日最終アクセス）

United Nations, Department of Economics and Social Affairs, Population Divison, Population Estimates and Projection Section. 2010. Country Profile: Bangladesh http://esa.un.org/unpd/wpp/country-profiles/pdf/50.pdf（2012 年 5 月 30 日最終アクセス）

World Agroforestery Center. 2009. Congress Highlights. http://www.worldagroforestry.org/user_upload/wca/congress_highlights.pdf（2012 年 5 月 30 日最終アクセス）

安藤和雄．2012．「在地と都市がつくる循環型社会再生のための実践型地域研究」矢嶋吉司・安藤和雄編『ざいちのち実践型地域研究最終報告書』1-5p. 291pp）http://www.cseas.kyoto-u.ac.jp/pas/HTMLfile/newsletter.html（2013-1-5 最終アクセス）

安藤和雄．2012．「在地の自覚と実践型地域研究」実践型地域研究ニューズレター NO.2 京都大学生存基盤科学研究ユニット東南アジア研究所．p4．http://www.cseas.kyoto-u.ac.jp/pas/HTMLfile/newsletter.html（2013 年 1 月 15 日　最終アクセス）

大橋正明・長畑誠．2002．「バングラデシュ　農村開発信用事業（国際協力事業団第三者評価）」http://www.jica.go.jp/activities/evaluation/oda_loan/after/2002/pdf/theme_02_smry.pdf（2012 年 5 月 30 日最終アクセス）

外務省．1999．平成 11 年度経済協力評価報告書第 4 章—4「ODA プロジェクト：研究協カ『バングラデシュ農村開発実験』」（online）http://www.mofa.go.jp/mofaj/gaiko/oda/shiryo/hyouka/kunibetu/gai/h11gai/h11gai028.html（2012 年 5 月 30 日最終アクセス）

三省堂『大辞林　第 2 版』．(http://www.weblio.jp/cat/dictionary/ssdjj)（2013-1-10 最終アクセス）

ジェトロ．2011[a]「ジェトロ世界貿易投資報告（各国編）」2011 年版（http://www.jetro.go.jp/world/gtir/2011/pdf/2011-bd.pdf）（2012 年 5 月 30 日最終アクセス）

ジェトロ．2011[b].「バングラデシュ GDP 産業別構成（名目）」『国・地域別情報』（J-FILE）（http://www.jetro.go.jp/world/asia/bd/stat_01/）（2012 年 5 月 30 日最終アクセス）

日本貿易振興機構・アジア経済研究所．アジア動向データベース．バングラデシュ（1972-）．http://d-arch.ide.go.jp/browse/html/BASE/0000301NEW.html（2012 年 5 月 30 日最終アクセス）

吉野馨子．2008．「自給活動の変遷と地産地消の展開」．農と人とくらし研究センター http://www.rircl.jp/file/jikyu.pdf（2012 年 5 月 30 日最終アクセス）

米倉浩司・梶田忠「BG Plants 和名―学名インデックス」（YList）http://bean.bio.chiba-u.jp/

bgplants/ylist_main.html（2013 年 1 月 5 日最終アクセス）
Tropicos.org. Missouri Botanical Garden. "Tropicos (botanical information system)". http://www.tropicos.org（2013 年 1 月 5 日最終アクセス）

あとがき

　出版にあたり，昔の写真を引っ張り出して整理していると，バングラデシュの村でのさまざまな出来事が，風景とともに鮮明に思い出されてきた。濃いミルクを流したような冬の朝靄，その中での布団がしっとりと濡れた肌寒い目覚め。蛍が飛び交う幻想的な風景，稲穂の黄金，稲の緑とナタネの黄色のパッチワーク，中庭に干された籾の色とりどりの美しさ……。目を閉じると，いろいろな音も甦ってくる。機織りのトントンというリズムとそれに交じる歌声，ニワトリがうろつきながら鳴いている声，トタン屋根をダンダンと激しく叩く雨の音。夜のしじま，誰かが「アッラーホー……」とため息をついた声，一人，しみじみと歌う声。テレビの前に近所の人たちがひしめき合ってプログラムの始まりを待つざわめき。子どもたちの歓声，叱られて泣く声，女たちの甲高い喧嘩の声……。とくに二十数年前，調査を始めたころの村は，本当に美しく，今でも思い出すとため息が出る。

　バングラデシュの村は，訪れるごとに著しく変容している。今では，ダカーマイメンシンを結ぶハイウェイ道路沿いには工場が点々と建ち並ぶ。沿線は"都会"と"近郊"だけになってしまったようにさえ感じられ，違うため息が出る。しかし，こんな"ヨソ者"のため息は，そこに暮らす人には，ほとんど関心のないものなのだ。ごまめの歯ぎしりとしか言いようがないが，同じような思いを持つ人々が地元で取り組んでいる姿に，何とか励まされている。

　日本でも，自給は衰えつつある。大地に根ざし大地の恵みをいただく，という暮らしぶりが衰退して久しい。現在の60代，70代の人々が完全に引退したあと，農山漁村は，そして都市はどうなるのか，空おそろしい思いがする。"自給"というテーマは，研究者自身にも刃を向ける。「おまえの暮らしは一体どうなのか？」と。大都会の東京に住み，仕事に追われ，暮らしはついつい置き去りになりがちだ。疲れ果てて夕食が外食になってしまうとき，庭で育てた野菜や果物を，忙しさに紛れて収穫しそびれたとき，収穫はしたものの食べそびれたとき，漬けようと思っていたラッキョウが冷蔵庫で根を伸ばし，味噌づくりの大豆は次年に持ち越しになる……。自己嫌悪に陥りながらの毎日である。昨年

からはチガヤだらけになった耕作放棄の畑を亡き父から引き継いだが，こちらも，ほとんどお手上げの状況で，途方に暮れながらぼちぼちと作業めいたことをしているだけだ。もちろん自分の能力不足も大きいが，かくも日本の社会は農や自給と共存する余裕を与えないものであるか，とも思う。

1988年7月，大洪水の直前にダカの空港に足を踏み入れてから，24年が過ぎた。空港に迎えに来てくれた安藤和雄さん（京都大学）の姿を今も鮮明に覚えている。それ以降，現在に至るまで，バングラデシュ研究のみならず研究ということについて，頼りになり，またおそろしくもある大先輩であり，たくさんの教えをいだいた。その衰えぬバイタリティとバングラデシュへの熱い想いには，頭が上がらない。

バングラデシュの最初のフィールドであるカジシムラの村には楽しい印象しかない。「ケイコ，ケイコ」と言って，子どもから大人まで，珍しがりながら温かく相手をしてくれた。カジシムラ村の子どもたちは，ただただ，もの珍しくて私の後をついて来た。大人たちは「この娘は何なんだろう？」と思っていたに違いないが，そんなことはさておいて，娘のように温かくもてなしてくれた。

バングラデシュの人たちの人なつこさは，群を抜いていると感じる。ダカでも，少し歩くと，ものすごい人だかりになったものであった。彫りの深い顔の差すような視線で皆が睨み付けるので（彼らは"無駄な"愛想笑いはしない），かなりの威圧感であり，辟易するが，こちらが片言のベンガル語を話すと，にわかに空気が和らいで，皆が嬉しそうな顔になる。今では外人にも慣れ，そんな風景も減ってきているが，2006年にマイメンシンの街を訪れたときに，魚屋さんの写真を撮っていたところ，周りの若者たちが，次々に携帯電話のカメラ機能で私ともう一人の連れを撮影し出したのには（これまでは，一方的に"外人"である私が撮るだけだった），時代の変化を感じ，大変面白い経験であった。

一方，ドッキンチャムリア村での調査は，農村開発のプロジェクトのメンバーとして関わったため，かなり厳しいところもあった。村で煮詰まったときには，タンガイルの町に住む青年海外協力隊の人たちのところに転がり込んで，ホッと一息つかせてもらったものであった。ちょっと胸が苦しくなるような思い出もあるが，それだけに村での印象は深い。

実際の調査では現地のフィールドスタッフの方々に大変お世話になった。ドッキンチャムリア村のリーダー，アッケル・アリさん，その妻のモモタズ・

ベグムさん，アジムッディン・ムンシさん，ショヒドゥール・ラーマンさん，ラエズ・ウッディンさん，ハミッド・アリさん（ショヒドゥールさんは，昨年亡くなられた。ご冥福をお祈りする）。なかでも，私の方がずうっと年下なのに，「アパー」（お姉さん）と，親しみ深い笑顔で呼びかけ手伝ってくれたアジム・ムンシは，私の重要な右腕であり，仕事以外でも，家族ぐるみで親しくしてくれた。

　カジシムラ村では，バングラデシュ農業大学のFSRDPのスタッフとフィールドアシスタントの皆さんにお世話になった。FSRDPの部屋は，第二の研究室のような感じであり，和気藹々と楽しい場であった。皆，いずれかに職を得，次々に移動していったため，ほとんど消息がわからなくなってしまったが，今でも連絡を取り合っている友人もいる。得がたい友人である。一方，フォローアップ調査は，カウンターパートのジブン・ネサ氏とラシェドゥール・ラーマン氏（バングラデシュ農業大学）に助けてもらいながらの調査であった。ジブン・ネサ氏は，当時，私と同じように子育てしながら博士論文を執筆中であった。ネサ氏は，バングラデシュ女性としては珍しい，一人で村に調査に行ける自立した研究者で，彼女のおかげで煩雑な食事調査が可能となった。また，フォローアップ調査に当たっては，FASID（国際開発機構）より短期フェロープログラムの助成をいただいた。

　私のバングラデシュでの研究を可能にしてくれたのは，京都大学大学院農学研究科熱帯農学専攻の協力講座である「水文環境論」を担当されていた海田能宏先生であった。大学4回生の卒業研究に"バイオテクノロジー"の走りを研究テーマとしてあてがわれたことに違和感をもち，違う研究の場を求めて戸を叩いたのが海田先生の研究室であった。実験室の中ではなくフィールドで何かをしたいという以上の具体的なイメージもなく，ぼんやりと頼りない学生であったであろう筆者を受け入れ，バングラデシュというフィールドに出会わせてくれた。その後，JSRDEのメンバーとして，ドッキンチャムリア村での調査に参加させていただいた。また，当時，同講座の助教授であった田中耕司先生も，院生のときから現在に至るまで，何か困ったことがあると助けやアドバイスを求める存在である。また，カウンターパートのバングラデシュ農業大学のアルタフ・アリ教授，セリム教授も，バングラデシュでの研究を進めていくにあたって，大変お世話になった。JSRDEのドッキンチャムリア村で，一緒に仕事をさせていただいた安藤和雄さん，内田晴夫さん（農林水産省），藤田幸一さん（京都大学）には，研究，生活の両面で大変お世話になった。

そのほかにも，JSRDEでは多くの日本，バングラデシュの研究者の方々，ロジスティックを担当してくれた方々にお世話になった。紙幅の関係で，皆さんのお名前を挙げられないが，厚く御礼申し上げる。また，勤め先の農村生活総合研究センターが，小泉行革のために育児休業中に閉鎖が決まり途方に暮れていたときに，手を差し伸べてくれたのは黒倉寿先生（東京大学）であった。皮肉にも，この失業が私に，本書のベースとなる博士論文を執筆する時間を与えてくれた。水産学を専門とする黒倉研では，コモンズである海での天然資源の利用をベースとした生業のあり方を学び，研究の視野を大きく広げていただいた。本当にいろいろな人にお世話になってきたものだと思う。そして，やはり，一番には，見も知らずの外人である私を受け入れてくれた，カジシムラ村の皆さん，ドッキンチャムリア村の皆さんに感謝の意を深く表したい。

　本書は先に述べたように，2009年7月に，京都大学大学院農学研究科の縄田栄治先生に主査となっていただき，同研究科に提出した博士号の学位論文『バングラデシュ農村における屋敷地の研究 ─ 屋敷地の植物に注目して』を大幅に加筆，修正したものである。縄田先生にお引き受けいただいてからは執筆ペースに鞭が入り，なんとか提出に至ることができた。深く感謝している。
　原稿の改訂にあたっては，京都大学東南アジア地域研究所の地域研究叢書としての出版にふさわしいものになるように査読してくださった3人の匿名の先生方に，深く感謝している。ご多忙な中，粗いところの多い原稿を辛抱強く読んで下さり，本質的な問題点から細かい表記に至るまで，大変貴重なご指摘をいただいた。ご指摘に十分コメントに応えられたか大変心許ないが，査読の先生方のおかげで，何とか世に出すものになれたと思う。また，地域研究叢書出版の責を負っておられる同研究所出版委員長の速水洋子先生にも，大変お世話になった。
　なお，本書の出版にあたっては，平成24年度の文部科学省科学研究補助金（研究成果公開促進費）の助成をいただいた。出版というものに不慣れで締め切りを遅れがちな筆者に対し，さまざまな可能性を提示しつつ懇切丁寧に導き，出版にまで至らせてくれた京都大学学術出版会の鈴木哲也編集長に厚く感謝したい。

　最後に，家族に，なかでも常に傍らにいて，よれよれで朝起きられなかった

り夕食がおざなりになったりする母を辛抱強く支えてくれた子どもたちに深く感謝したい。

　　　　　　　　　　　　　　　　　　　　　　　　　2013年2月
　　　　　　　　　　　　　　　　　　　　　　　　　吉　野　馨　子

索引（人名 / 生物名 / 事項）

■人名索引

Polanyi, K　326
安藤和雄　18, 330
宇根豊　330
カジ・ノズルル・イスラム（Kazi Nazrul Islam）58-59

セン，アマルティア　43, 321
玉野井芳郎　324, 327, 338
ヌスバウム，マーサ　321-322
藤田幸一　331-332

■生物名索引

◎植物
HYV（高収量品種）稲→稲

アウス（aus）稲→稲
アカシア　229
赤唐辛子　208
アケビドコロ　155
アマン（aman）稲→稲
アメリカネム　243-244, 246-247
稲
　　HYV（高収量品種）稲　74, 253
　　アウス（aus）稲　52, 63, 69, 74, 96, 110, 182, 185
　　アマン（aman）稲　52, 63, 69, 74-75, 93, 97, 110, 115, 146, 190, 231, 253, 318
　　乾季稲（boro 稲）　52, 75, 159, 190
　　深水稲　74, 253
　　ボロ（boro）稲　52, 63, 69
インディアンオリーブ　155, 260
インドナツメ（boroi）　146, 152, 158, 160, 178, 229-230, 291
ウコン（holud）　102, 104, 106-107, 132, 208, 212
ウリ　174
オウギヤシ（tal）　104, 178, 307
オオバサルスベリ（jarul）　104, 152, 257
オオバマホガニー　151, 156, 180, 222, 227, 229, 244, 284, 286, 297, 317

カボチャ（misti lau）　102, 132, 174, 227
カラジョラ（kharajora）　143, 149, 158, 160, 257
カリフラワー　70, 168, 175-176, 183
乾季稲（boro 稲）→稲
キダチアサガオ　130, 154, 260

キャベツ　70, 132, 175-176, 183
キンマ（pan）　143, 155, 180-181, 183
グアバ（peyara）　143, 195, 204, 229-230, 288, 291, 308
クジャクヤシ（chau shupari）　224
クミン　208
クワズイモ（fen kachu）　90, 93, 102, 104, 257, 267
コクシャ（khoksha; Ficus sp.）　143
ココヤシ（narikel）　7, 90, 100, 104, 146, 158, 168, 170, 195, 205, 229, 247, 260
コムギ　70, 74, 233, 253
コリアンダー　176, 208
ゴレンシ（kamranga）　288

ザクロ（dalim）　204
ササゲ（barbati）　174
サトウナツメヤシ（khejur）　104, 109, 146-147, 158, 222, 288
ザボン（jambura）　160, 180, 192, 204, 244, 249
シェオラ（sheora）　132, 160, 263
ジガ（jiga; Lannea coromandelica）　130, 143, 152, 154, 180, 193, 260, 263, 273, 282
シコウカ（mehedi）　154, 162, 193, 282
ジャガイモ（alu）　102, 115, 132, 234-235
シャゴール・コラ（shagor kola）→バナナ
シャゴールナディ（chagol nadee）　160
ジャム（jam; Eugenia jambolana）　160
ジュート　70, 74-75, 88, 90, 124, 159, 168, 177, 253
ショブジ（shobji）　175-176, 267, 280, 286
ショブリ・コラ（shobri kola）→バナナ
ジョルドムグタ（joldum guta; Ficus racemosa）　160

ジョルボインナ (*jol boinna*; *Salix* sp.) 152
深水稲→稲

ダル (*dal*) 124 →マメ
ダイコン (*mula*) 102, 168
タケ iii, 33, 58, 88, 90, 104, 106, 130, 151, 153, 176-177, 186, 199, 227, 229, 263
種ありバナナ (*bicha kola*) →バナナ
タマゴノキ (*defol*) 155
タマネギ 176, 208
タロ (*kachu*) 102, 104, 106-107, 130, 132, 174-175, 193, 234, 257, 267
チーク 222
チトキ (*chhitki*; *Phyllanthus reticulatus*) 143, 149, 151, 158, 160
チョウセンモダマ (*tentul*) 106, 146, 151, 153, 158, 176, 183
チョロイ (*choroi*; *Albizia* sp.) 117
ツルムラサキ (*puishak*) 152, 176-177, 260
デキシャク (*denki shak*; *Pteris longiforia*) 148
トウガラシ (*morich*) 7, 102, 178, 209, 281
トウガン (*chal kumra*) 102, 143, 174, 183
トカドヘチマ (*jhinga*) 155
トマト 7, 102, 132

ナス 115, 132, 143, 234, 260, 281
ナタネ 70, 74-75, 168, 186, 190, 210, 214, 253, 318
ナタマメ (*deu sheem*) 155, 174, 181, 260
ニーム 20
ニンジン 176
ニンニク 176, 208

ハス 203
パタバハル (*patabahar*; *Euphorbia* spp. *Croton* spp.) 106, 273
パティベット (*pati bet*; *Clinogyne dichotoma*) 89
バナナ (*kola*) iii, 33, 96, 106-107, 109-100, 126, 130, 133, 143, 145-146, 160, 162, 167, 176, 178, 182-183, 192, 195, 211, 227, 229, 234, 257, 307
　在来バナナ 158
　シャゴール・コラ (*shagor kola*) 145, 147, 230
　ショブリ・コラ (*shobri kola*) 145, 151, 153, 158
　ビチャ・コラ (*bicha kola* 種子ありバナナ) 106, 130, 145, 147, 154, 158, 222, 224, 226-227, 257, 266
　ボロ・コラ (*boro kola* 大きいバナナ) 147, 226

パパイヤ (*pepe*) 143, 178, 229, 288, 308
パフール (*pahur*; *Ficus lacor*) 263
パラミツ (*kanthal*) 7, 100, 107, 130, 143, 146, 151-152, 154, 158, 160, 162, 176, 180, 182, 185, 192-193, 195, 205, 222, 227, 229, 234, 242, 244, 246, 261, 290-291, 296, 329
パンキチュンキ (*panki chunki*; *Polyalthia suberosa*) 160
パンヤノキ (*shimul*) 58, 106, 109
バンレイシ (*ataphal*) 152-153, 288
ビシュ・コチュ (*bish kachu*; *Steudnera visora*) 151
ビシュカタリ (*bish katali*; *Polygonum orientale*) 151
ビシュジャール (*bish jar*; *Justicia ganderusa*) 148
ヒジョール (*hijol*; *Barringtonia acutangula*) 157-158, 160
ピタトゥンガ (*pita tunga*; *Trewia polycarpa*) 154, 160-161
ピトラズ (*pitraj*; *Aphanamixis polystachya*) 104, 152, 158, 224, 257
ピペル (*pipel*; *Piper longum*) 148
ヒユナ (*danta*) 107, 183
ビンロウジュ (*shupari*) 100, 106-107, 119, 154, 183, 222, 227, 229-230
フェルフェリガチュ (*ferferi gach*; *Trema orientalis* ウラジロエノキ) 260
フジマメ (*sheem*) 115, 143, 174, 177
ブビ (*bubi*; *Bixa orellana*) 106
フルコドム (*ful kadam*; *Stephegyne diversifolia*) 160, 181
ヘチマ (*dhundul*) 143
ベンガルガキ 132, 152-153, 158, 160-161, 263, 290-291
ホテイアオイ iii
ボロ (*boro*) 稲→稲

マホガニー 205
マメ 63, 74, 174, 233, 253-254
マルメロ (*bel*) 158, 260
マンゴー (*am*) 7, 100, 117, 130, 143, 146, 148, 158, 176, 180-181, 183, 195, 204-205, 215, 227, 229, 244-247, 290-291
マンダール (*mandar*; *Erythrina* sp.) 106

ムギ　63, 253
ヤシ類　88, 96, 104, 106, 307
ヤマイモ（*goincha alu*）　143, 260
ユウガオ（*lau*）　ii, 33, 102, 143, 148, 167, 174-175, 182, 185, 222, 234-235
ユーカリ　222

ライム（*lebu*）　104, 100, 195, 204, 286, 288
レイシ（*lichi*）　104, 192, 204-205

ワサビノキ（*shajna*）　143, 148-149, 174-175, 178, 193, 286
ワセオバナ（*kaisha*）　130

◎動物
家畜
アヒル　90, 92, 107, 112, 127, 151, 216, 250, 314
ウシ　63, 70, 74, 92, 96, 107-108, 110-111, 113-114, 117, 127, 151, 167, 174, 182, 186, 197, 210, 216, 222, 233, 240, 253-254, 277, 294, 297
ニワトリ　iv, 63, 70, 89-90, 92, 95-96, 107, 111-114, 117, 127, 151, 177, 193, 199, 216, 239, 247-250, 314
ハト　92, 107, 113-114, 117, 216, 247

ヒツジ　127, 151, 216
ヒヨコ　111-112
ヤギ　90, 92, 107, 111, 114, 127, 151, 199, 210, 216, 248-249

魚
イリシュ（*Tenualosa ilisha*）　238
エビ　236-237
カトール（*katol*; *Catla catla*）　92, 236
シルバーカープ（*Hypophalmichthys molitrix*）　92
ショルプティ（*shorputi*）　236-237
ティラピア　237
パンガス　223, 237
ムリゲル（*murigel*; *Cirrhina Mrigala*）　92
ルイ（*ruoi*; *Labeo ruhita*）　92, 236

その他野生動物
イタチ　111-112, 114, 216
シロアリ　152
ネズミ　197, 212, 216
ヒル　99, 250
ヘビ　24, 196-197, 212-216
　　コブラ　212, 214
マングース　212-214

■事項索引

◎組織名
FSRDP（Farming System Research and Development Programme）　38, 60, 222
JSARD（Joint Study on Agricultural and Rural Development）　39, 73, 123
JSRDE（Joint Study on Rural Development Experiment）　38-39, 69, 73, 123, 137, 165, 196, 292, 334
UBINIG（Unnayan Bikalper Nitinirdharoni Gobeshona　オルタナティブな開発のための政策研究所）　29, 269, 333-334, 336
グラミン銀行　48, 51, 52, 193, 247, 324, 332
国際アグロフォレストリーセンター / World Agroforestry Center, 5, 20
国際協力機構／国際協力事業団（JICA）　38
京都大学東南アジア研究所　38-39
農業普及局（Department of Agricultural Extension）　165, 199-200, 334
バングラデシュ農業大学　38-39, 58, 60, 222, 234

◎地名・河川名
イラワジ・デルタ　24
インド　13, 15, 24, 44, 81, 197, 208, 311, 322
インドネシア　5, 10-13, 24, 156
カジシムラ村（K村）　32, 40, 53, 56, 58, 87
ガンジス川　8, 20-21, 23, 27　ポッダ川　8, 20-21, 27
旧ブラマプトラ川　10, 22, 32, 53-54, 57, 87
　　旧ブラマプトラ氾濫原　54
紅河　313
　　紅河デルタ　23, 313
ジャムナ川　8, 20, 22
　　ジャムナ川氾濫原低地（low Jamna flood plain）　54　→氾濫原
　　ジャムナ橋　72
シュンドルボン　23
シレット県　27, 311
ダカ　23, 44-46, 48-49, 54, 56-57, 65-66, 213, 253, 276, 278, 324, 329
ダレスワリ川　54
タンガイル　26, 28, 40, 53, 66, 69, 72, 247, 256,

索引 | 399

276, 278, 326
チャオプラヤ川　11, 314
　　チャオプラヤ・デルタ　22, 24, 26
ドッキンチャムリア村（D村）　32, 40, 53, 123
トンレサップ湖　24
パキスタン　43-44, 60, 299
　　東パキスタン　44, 193
　　西パキスタン　44
ネパール　6, 7, 12, 14
熱帯アジア　8
ヒマラヤ　8, 21
ブラマプトラ＝ジャムナ川　8, 10, 20-22, 26, 32, 53-54, 66, 72, 123
　　ブラマプトラ＝ジャムナ氾濫原（young Brahmaputra and Jamna floodplain）54 →氾濫原
ベンガル　13, 21, 29, 326
　　東ベンガル　23, 27
　　ベンガル地方　44, 208, 326
　　ベンガル・デルタ　20, 22-23, 26, 31, 66, 81, 305, 314
　　ベンガル湾　27
南アジア　20, 44, 299, 311, 324
マイメンシン　32, 40, 47, 53-54, 56-57, 60, 65, 69, 79, 246-248
ミャンマー　24, 306
メグナ川　8, 20
メコン・デルタ　24, 26, 313, 329
モドプール台地　54, 193

◎事項
AEZ（Agroecological Zones）　54
Best Practices　20, 328
BOP（Base of pyramid）ビジネス　48
elusive village / 捉えどころがない村　332, 335
GDP　16
indigenous knowledge　18, 20 →在地の知
Low Lift pump（低揚水ポンプ）　52
missing women　43
NEXT11　48
NGO / 政府系　28-29, 30, 53, 172, 222, 234, 274, 278, 298
Revenue Survey map　60
SSC / Secondary School Certificate（中等教育修了資格試験）247-248

アーユルベーダ（Ayurvedaインドの伝統的医学）　148-149
　　アクション・リサーチ・プロジェクト　39, 300
　　アクションプログラム　39-40, 69, 123, 137, 165, 196
悪魔（ショイタン shoitan）　13, 132, 152, 216, 263 →精霊
アグロフォレストリー　5, 10, 20, 27, 29, 33, 196, 222, 328
足踏み脱穀機（デキ denkhi）　90, 95-97, 169, 152-153, 169, 172, 240, 250
アルポナ（Alpona 庭に描く文様）　13
居久根　6, 9
池（pukur）　59, 87, 117, 124, 130, 229, 237-239, 248, 306
　　池周り　104, 109, 117, 178, 224, 244, 307, 315
　　共同所有の池　59, 92
生け垣　5, 154, 260
イスラーム　13, 28, 36, 43, 96, 110, 154, 148, 192, 247, 299, 323
　　イスラム教徒　13, 28, 43-44, 60, 69, 165
糸繰り　44, 71-72, 146, 169
稲　52, 75, 96-97, 115, 158-159, 168, 231, 240, 250, 286 →品種に関しては生物名索引も参照
　　稲作　50, 52, 58, 63, 69, 80, 318 →アマン
　　稲刈り　93
　　稲の調製作業　94-95
祈り／信仰　13, 206
入会　19 →コモンズ
雨季　i, 8, 22-23, 25, 27, 32, 34, 37, 43, 50, 52, 66, 68-70, 74-75, 104, 129-130, 134, 137-138, 140, 158, 165-166, 174, 178, 208, 212, 233, 306, 335
浮き家　24
ウタン（uthan）→中庭
運河　22-23, 26
衛生トイレ　265 →トイレ
営農体系　14, 38, 253, 263, 265, 267-269, 305, 317-318, 321, 327, 334
栄養　11, 29, 44, 110, 114, 230, 329
　　栄養価　149, 182
　　栄養改善　200-201
　　栄養源　117, 197, 201, 322
　　栄養繁殖　130, 148, 154, 193, 204, 206, 286
　　栄養プログラム　176, 314
英領インド　44, 60, 75, 79, 132
エコフェミニズム　15
援助機関　318
園地（バラン palan）　5, 107, 124, 128-129, 134,

174, 176, 197, 216, 314, 320
黄金のベンガル　44 →ベンガル
オープンアクセス　190, 192-193, 201, 237-238, 254, 288, 292, 318
おかず（トルカリ *torkari*）　115, 146, 173-175, 186, 200, 209, 232-234, 280, 298
おすそ分け / 分配　11-12, 230, 290, 337
畏れ（畏敬）　99, 263, 265, 268, 329
落ち葉　iii, 11, 90, 97, 99, 111, 136, 180, 186-187, 265-266, 268, 292, 294, 296, 318
　　落ち葉かき　263, 265, 296, 318
お守り（タビス *tabij*）　213-214
織物関連産業 / アパレル産業　44, 46
オルタナティブ　10, 19, 29

カースト制　299
開拓　23, 27
開発　15, 29, 30-31, 38, 207, 300, 305, 332
　　開発援助　30-31, 172
　　開発プログラム　137, 200
　　農村開発 / 地域開発　18-19, 38-40, 81, 137, 165, 206, 305, 331-332, 334
外来樹種　282, 298, 320
外来の技術　328
改良かまど　90 →かまど
改良品種　52, 159, 254
化学肥料　19, 52, 74, 176, 292, 327
柿渋　152-153, 290-291
囲い込み　332
可視の経済　16-17 →不可視の経済
家事　240-241
家事労働　17, 166, 276, 321
家畜　iii, 8, 13, 27-28, 32, 63, 70, 74, 96, 107, 114, 117, 127, 129-130, 151, 160, 168, 176, 193, 239, 248, 273, 277, 314, 321 →生物名索引
学校制度 / 教育　48, 58
活動空間 / 活動領域　140, 317, 322
家庭菜園普及プログラム　165, 199-200, 334
かまど（*chula*）　iii, 60, 90, 151, 160, 168, 209-211, 322
　　改良かまど　90
貨幣　326
　　外部貨幣　326
　　内部貨幣　326
河道変遷　22
管井戸　52
　　浅管井戸（Shallow Tubewell）　52, 159
　　深管井戸（deep tubewell）　52, 63, 51-52,

63, 69, 74-75, 159, 328, 334
乾季　i-ii, iv, 22, 24-25, 34, 43, 50, 52, 63, 68, 70, 72, 74-75, 90, 102, 115, 129, 135, 137, 159, 165-166, 174-177, 182, 226, 253, 306, 314
換金　132, 221, 267, 320, 336
　　換金作物　13, 273
　　換金性　148, 176, 206, 282, 291, 298, 317
　　非換金的価値　336
管理　10, 11, 19, 28, 34, 36, 40, 165, 196, 202, 206, 298, 310, 313
犠牲祭（*Eid*）　110-111, 167-168, 210
牛乳　28, 108, 110, 115, 146, 168, 170, 233, 239, 277, 326
牛糞　ii-iii, 100-111, 126, 135-136, 154, 166, 174-175, 186-187, 190, 197, 210, 254, 260, 263, 277, 292, 294, 318
給与所得者　60, 195
丘陵地域（*pahar*）　24-25, 43, 193
境界　13, 29, 106, 123, 130, 135, 154, 260, 263, 267, 273-274, 282
　　境界木　13, 193, 260, 263, 267, 282
行商人（*ferwala*, *ferwali*）　168, 170, 212, 239, 250, 321
共生　159, 322-323
共的，共同，共有，共用　19, 97, 13, 172, 305, 336
　　共的な資源　292 →資源
　　共同所有　59, 92, 237
　　共同性　36-37
　　共同利用，共用，共的な利用　12, 169, 273, 298, 315
　　共有資産　323
　　共有地，共的な空間　268, 288, 332, 334 →コモンズ
居住塊（バリ *bari*）　8, 58, 65, 118, 134, 136-138, 186, 204, 274, 276
居住空間　8, 14, 22-23, 31, 58, 92, 335, 337
漁網作り　72, 74, 274, 278, 321
近郊農村　60, 65, 245, 317
　　近郊農村化　320
近代化　16, 329
近代科学　17, 19
近代家族　245
近代（的農業）技術　159, 327-328, 332
近代農業（農学 / 農法）　15, 19, 74, 206, 269, 321, 334
均分相続　64, 282 →相続
空間利用　23, 315
　　垂直的な空間利用　180, 315

索引　401

グローバリゼーション／グローバル経済　15, 48, 221, 305, 327
経済階層　12
価値
　　交換価値（商品価値，換金価値，経済価値，市場価値）　13, 30, 106, 117, 190, 205, 224, 230, 260, 325
　　使用価値　325
冠水　8, 23, 68–69, 159, 206
経済作物（植物）／商品作物　10, 14, 143, 156, 176, 200, 267, 268
経済性　143, 159, 176, 257, 267
経済成長　46, 267, 337
　　経済成長率／成長率　46
経済の論理　338
ケイパビリティ　321–323
現金　317
　　現金獲得源／収入源／農外収入源　117, 182, 197, 239, 245, 284, 296, 298, 329
　　現金収入　107, 114, 130, 267, 278, 297, 299, 317, 320, 322, 324, 337
権利　28, 64, 254, 323, 334
小商い　16, 44, 47, 72, 195, 246–247, 253, 326–327
工学的手法　23, 313, 314
好日性　178, 263
交渉力　323
洪水　8, 22, 26, 54, 66, 132, 178, 192, 253, 257, 260–261, 267, 306, 315, 335
　　ボルシャ（通常の洪水）　8
　　ボルシャ季（雨季 Barsha kal）　8, 43, 110 →雨季
　　ボンナ（被害をもたらす大洪水）　8
耕地利用率　70, 80
購入苗　286
高木層　180
合理性　11, 30
　　非合理性　14–15, 30, 329, 331
コナの格言　29
ごみ
　　アボルジョナ（aborjona ウシにやった残りの飼い葉などの湿った有機物）　174, 197
　　生活ごみ（jhadu）　134, 175, 197
　　調理ごみ　134
コモンズ　19, 332
固有性　5, 18, 26, 31, 37, 117, 328–329
婚資　250, 299, 324

栽植空間　265, 296
採種／自家採取／種採り　ii, 175, 189–190, 202, 335
採集　17, 201, 237–238, 327
再生産活動　17
　　社会的再生産　17
在地の技術　29, 31, 335
在地の知　5, 10, 18–20, 29–31, 40, 143, 305, 310, 315, 322, 328–331, 335, 337–338
財の蓄積／蓄財　244, 261
栽培環境／生育環境　176, 182, 201, 315
栽培管理　ii →管理
再分配　326
在村産業　44, 326-327
在来
　　在来技術　18–19, 30
　　在来産業　72
　　在来種／品種　iii, 52, 93, 173, 175, 254, 257, 283, 333
　　在来知識　11, 18–19
　　在来植物　104, 298
作業空間　35, 96, 117, 140, 178, 245
作付体系　63, 75, 158, 201, 310
挿木　202, 204, 207
雑草　200–201 →野草
サバルタン（下層民）　15
サブシステンス　16–17, 19, 321, 332, 334 →自給
　　subsistence farmer　16 →自給，零細農民
　　マイナー・サブシステンス　17
シェルター　27, 140, 316
ジェンダー　28, 268
自家資源　12, 186, 190, 193, 279, 286 →資源
自家消費／自家利用　107, 158, 176, 197, 229, 230, 290, 292, 298, 317
自家調達　12, 190, 192, 204, 206, 227, 284–285, 287–288
識字率　48
自給／自給的活動　6, 16, 19, 30, 115–116, 136, 173, 176, 186, 200, 206, 221, 229, 234, 235, 237–240, 244, 286, 288, 298, 299, 305, 317, 320, 324, 326, 337 →サブシステンス
　　自給的領域　317
資源　336
　　資源管理　19
　　資源循環　202, 204
　　地域資源　19, 40, 207
資産／財産　32, 107, 111
　　資産価値　151

市場　237-238, 267, 334
　　市場化　287
　　市場経済／商品経済　10, 14-15, 17, 30, 221, 253, 273, 278-279, 298, 305, 317, 320, 325
　　市場性　106, 260
　　非市場の世界　325
自然堤防　10, 22, 23, 26, 32, 40, 53-54, 57, 81, 87, 117, 123, 306
持続　5, 10, 11, 18, 40, 182, 207
　　持続可能性　11, 15, 17, 19, 30, 221, 269, 302, 327, 331, 336
嫉視　182, 185
地続き／陸続き　137-138, 140, 166, 279
資本主義　15-17, 302, 325, 329, 337
ジャール（*jhar* 植栽の単位）　33-34, 174, 176-177
社会関係　12, 31, 123, 172, 207, 279
　　グシュティ（*gushti* 父系の系譜）　75, 97, 124, 136, 167, 172
　　血縁　136, 310
　　親戚　12, 124, 190, 204, 246, 278, 315
　　地縁／近隣　134, 136-137, 140, 168, 172, 193, 204, 205, 207, 279, 310, 315, 322, 329
　　　　ショマージ（*shomaj* 近隣の社会集団）　136
　　　　隣近所（プロティベシ *protibesi*）　ii, 12, 136, 146, 166, 190, 192-193, 204, 206, 279, 286, 292, 298, 315
　　ネットワーク／社会的ネットワーク　ii, 10, 12, 190, 192-193, 207, 273, 279, 298, 315, 317, 322
　　　　近隣ネットワーク　317
　　　　婚姻ネットワーク　315
　　　　親戚ネットワーク　206, 227
　　　　女性の親戚ネットワーク　190, 192, 284, 286-287, 297
　　　　男性の親戚ネットワーク　192
社会資本　332
社会組織　136
社会の起業／ソーシャルビジネス　52-53, 337
社会的空間　12
社会林業　29, 151, 283, 317
社交　245, 321
シャドウワーク　17, 269, 324
斜面（*kachar*）　124, 174, 178, 201, 261, 263, 267, 274, 307-308, 315
就学率　48, 240

ジュート芯　iii, 88, 90, 154, 160, 186, 318
就業機会　127-128, 240
就業構造　64
住居の手入れ／レプ（*lep*）　88, 91, 97, 126, 168, 321, 322
集約的　297, 320
集落（パラ *para*）　23, 26, 58-59, 69, 74-75, 123, 136, 215, 276-278, 329
樹冠　33, 178, 315
種子バンク　333
主婦　240, 245
　　主婦化　17, 317
樹齢構成　226, 261
小規模金融（マイクロ・クレジット）　46, 52, 53 →ローン
小商人→小商い
沼沢（ビール *beel*）　22, 52, 57, 63, 68, 203, 237-238, 314
小農　12, 14-16, 28, 30, 326, 329, 336 →零細農民
消費者　242, 328
消費社会　310, 337
消費生活　242, 245
食材　ii-iii, 29, 34, 37-38, 115-116, 148, 166, 168, 183, 193, 201, 203, 209-210, 233, 236, 238-239, 244, 260, 267, 317, 320-321 →料理法
食事調査　34, 36-37, 38, 65, 115, 186, 231, 237
食事の招待（ダワッド *dawad*）　209
植樹　292, 310, 334
植生　27, 30, 33, 40, 65, 98, 117, 192, 196, 221, 224, 253, 265, 267, 298, 305, 310, 314, 320-321
植物残渣　253, 318
植民地　26, 44, 326
植林　29, 283, 298
女児／娘／女の子　95, 139, 172, 203, 240, 300
女性　i-iii, 16, 28-29, 35-36, 43-44, 53, 71-73, 96-97, 127-128, 140, 152, 165, 206, 209-210, 213, 227, 238-240, 245, 257, 274, 298-299, 302, 305, 317-318, 320-324, 331-334, 337
　　女性起業　338
　　女性の貢献／役割　13, 30, 165, 297, 299, 324
　　女性の領域　298
ジョンゴル→叢林
シルパタ　168, 171, 208-209, 211
シンデレラツリー　19, 143, 328
新社会運動　15

索引　403

森林　i, 5, 12, 14, 27, 29, 40, 59, 79, 132, 287-288, 306, 334-335
水上型住居　24
水文環境　6, 8, 10, 22, 31-32, 40, 53, 68, 81, 155, 305-307, 310, 313-314, 322, 328
スコール　i, 134
ストック　268
ストックビジネス　250
スパイス
　　粉スパイス　208, 241, 276, 310
　　生スパイス　208-209, 241
　　　　生スパイスのペースト作り（モスラ・バテ mosla bate）　208-209, 276-277
　　　　スパイスペースト　208-209
生育特性　206, 310, 315
生育の場　117, 130, 178, 263
生家　192-193, 278, 297
生活環境　316
生活空間（生活の場）　8, 10, 12, 14, 36, 123, 130, 140, 165, 245, 305, 317, 327, 338
生活時間　35, 274
　　生活時間調査　36, 273-274, 277
生活知　5, 10, 40 →在地の知
生活文化／生活様式／暮らしの体系　12, 31, 316
生活の存立／暮らしの存立　31, 206
生活の論理　154, 158, 182, 335, 338
生産活動　321
生産管理　206 →管理
生産空間　12, 104, 222
生産現場　8, 19, 92, 140, 165, 224, 305
生産システム／生産体系／生産様式　5, 10-11, 305
政府　137, 176, 234, 298, 314, 318
セイフガード　332
精米所　90, 95, 97, 99, 160, 240
精霊（ジン jin）　13, 99, 123, 132, 213, 216, 263 →悪魔
世帯（khana）　60, 127, 138
前栽畑　6
先住民族　24, 43
舟上生活者　212 →舟
先進国　336, 337
相互供与／相互扶助　12, 287-288
造成（屋敷地の）　117-119, 132, 134, 306
相続　64, 127-128, 249, 254
　　均分相続　64, 282
　　相続権（オアリッシュ oarish）　249

贈与　37-38, 204, 229, 298
叢林（jongol）　58, 60, 87, 90, 98-100, 104, 106-107, 117, 123-124, 127, 132, 178, 180, 213, 222, 245, 249-250, 261, 274, 306-308, 315, 317-318, 320
外庭　87, 94, 96-97, 104, 117, 124 →庭
村民（グラムバシ grambashee）　192-193, 204
村落　79, 123
　　徴税村（モウザ mouza）　78-79
ターゲット・アプローチ　332
耐性　104, 180, 315
　　耐陰性　104, 178, 308, 315
　　耐水性　157
大道芸　212
多雨地域　21
ダウリー→婚資
高床式（杭上）住居　24-26, 306
竹橋　69, 71-72
タバコ工場　74, 326
タバコの紙巻き（ビディキリ bidhikhiri）　72-73, 169, 173, 274, 321
多目的樹種　5, 143, 159, 298
多様性　10-11, 13-14, 19, 154, 206, 268, 310, 313-314, 327, 329, 334
　　多様性指数　310
多用途　156, 158
湛水　8-10, 23, 34, 52, 54, 66, 68-69, 104, 117, 123, 130, 132, 137, 140, 154, 159, 174, 178, 180-182, 206, 216, 261, 306-307, 313, 315-316, 335
　　半湛水　178
男性　72, 96-97, 136, 165-166, 193, 210-211, 227, 267-268, 274, 298-299, 310, 317, 320, 324, 331, 337
地域固有性　11, 40, 201, 336-337
地域資源　19, 40, 207 →資源
地域等身大の生活空間　327 →生活空間
地下水　19, 52
地産地消　338
地上型住居　24, 26
地表水　52
チャイナ・プラス・ワン　48
チャクラ（chakla 屋敷地塊）　37, 69, 74-75, 134, 137-138, 140, 168, 172, 193, 267, 273, 276, 277, 288
茶店　58, 276, 278
地床住居　24, 26, 210, 306, 313, 326
調製作業　iii, 28, 90, 96-97, 136, 166, 176, 190,

240, 318, 321
調理小屋　90, 92
調理灰 / 灰　90　93, 99, 127, 175, 197
土留め　130, 133, 154, 182, 306-307, 315, 320
土盛り　i, 8-9, 24, 26, 40, 54, 68-69, 72, 79, 123-124, 128, 130, 132-135, 140, 154, 174, 178, 181, 229, 261, 263, 267, 292, 297, 306, 315-316, 322, 326
ツル性　33, 102, 106, 174-175, 177-178, 180-181, 234, 263, 280-282, 296, 317
　ツル性の伝統野菜　152, 200
定期市 / 市（ハット *hat*）　44, 47, 60, 69, 72, 136, 165, 167, 193-195, 197, 248, 277, 326-327
堤防　8, 212, 253, 313
低木層　180
手押しポンプ　169, 172, 274
出稼ぎ　46, 193, 250, 253, 302
　海外出稼ぎ　46, 64, 66, 75, 253, 278
デサコタ　326
デルタ　i, 6, 8-10, 22-24, 26-27, 31, 40, 50, 81, 155, 313-314, 322, 326, 335
テレビ　168, 176, 222, 234, 276, 278, 314
天水　69
伝統的産婆（ダイ）　333
伝統的知識　24, 28-29
伝統的治療師（コビラジ *kobiraj* / ベティ）　151, 196-197, 213-215, 248
伝統的な米粉菓子（ピタ *pitha*）　146, 187, 226, 291
伝統的な野菜　ii-iii, 175, 280
伝統的農業 / 在来農業　8.15, 18, 29, 269, 335
伝統的リーダー（マタボール *matabbor*）　136-137
トイレ　89, 127, 265
冬季　168, 231
土方（マティカタ）/ 土方請負 / 土方集団　70, 72, 128, 135, 274, 278, 326
独立 / 独立戦争 / ショングラム　44, 60, 246, 299
都市　48, 327, 337
　都市化　46, 221-222
　都市居住者　221
土床　i, 88, 90, 97, 134-135
土壌浸食　154, 156
土地なし（農民 / 世帯）　11, 14, 32, 62, 64-65, 73, 77-78, 80, 127, 195, 237, 326
共棲み　216
　共棲みの作法　337

トラクター　110, 113
取り木　202, 204, 207, 334
ドルモ・アッティヨ（*dharma atmyo* 宗教的親戚）　192-193, 204

内水面　237-238
苗木園 / 種苗産業　190, 192, 260, 267-268, 283, 298, 317
仲買人（パイカリ *paikari*）　168, 170
中庭（ウタン *uthan*）　iv, 13, 35, 87, 89, 95-97, 104, 111, 114, 117, 123-124, 134-135, 167-168, 176, 178, 261, 274, 308 →庭
成木責め　182
ニーズ
　埋め込まれたニーズ　31, 205, 326, 330
　暮らしのニーズ　305, 314-315
　言葉に表れるニーズ　205
入植　23
ニューリッチ　48
庭（ウタン *uthan*）　87, 92, 96-97, 104, 106, 117, 240, 307-308, 315 →外庭，中庭
熱帯雨林　5, 11, 313
燃料　iii, 29, 90, 97, 100, 135-136, 139, 152, 154, 160, 166, 186-187, 190, 208, 239, 250, 257, 265-268, 274, 276-277, 292, 294, 296, 298, 317, 321-322, 334
　燃料集め　276
　燃料効率　90
　燃料源　186, 190, 253-254, 263, 265-266, 318, 320-321

農家経営　242
農業経営　64
農業収入　60
農業離れ / 非農化 / 脱農化 / 農村離れ　64, 245, 253, 317-318
農業副産物 / 農業残渣　iii, 154, 186, 190, 253, 263, 265, 267, 269, 317-318, 334
農村開発　18-19, 38-40, 81, 137, 165, 206, 305, 331-332, 334 →開発
農民的取引　326
農薬　74, 327
農外就業　50, 65, 73, 80, 240, 267, 316, 326

パーボイル　iv, 95-97, 240
パイオニア植物　260
バイオマス　11, 152, 186, 315
排泄　99, 265
バガン（集約的園地 *bagan*）　106, 174, 176, 297

索引　405

バザール (*bazar*) 60, 139, 213-214, 216, 276, 278, 326 →市
機織り 44, 70-73, 169, 253, 274, 278, 326-327
伐採 222, 242-245, 265, 268, 292, 298, 316
発展途上国／第三世界 14-15, 19, 305, 337
バリ (*bari*) →居住塊
　　自分のバリ 136
　　住所としてのバリ 136
バリル・ビティ (*barir-bithi*) 8 →屋敷地
パルダ (*purdah*) 28, 36, 154, 247, 267, 274
半湛水 178 →湛水
販売用の作物 107, 115-117, 176, 193, 195, 224, 229-230, 239, 277, 280-281, 290-291, 297
反復調査 34, 37, 65, 221
氾濫 i, 8, 23, 26, 54, 66, 132
　　氾濫原 i, 8, 10, 22, 24, 26, 32, 40, 53-54, 66, 68, 79, 81, 117, 123, 130, 137-138, 140, 155, 157, 159, 307, 314, 320, 323
　　氾濫水 i, 130, 132, 156, 306
　　氾濫湖 23, 25, 52
日陰 104, 106, 178, 180, 182, 296, 307
ヒジュラ暦 (イスラム暦) 43, 167
砒素 19, 52, 328
微地形 22, 140, 310, 314-315, 328
ビティ (*bithi* 高く土盛りした場所) 8
表土 i, 134
肥沃 132
　　肥沃度 132, 134, 201
肥料 127
　　有機質肥料／堆肥 99, 111, 190, 260
貧困 5, 32, 44, 48, 53, 200, 250
　　貧困世帯 136, 166, 193, 201, 298, 318, 331-332, 336
　　貧困層 11-13, 44, 46, 148, 318, 328
ヒンドゥー (教徒) 13, 24, 28, 43, 60, 69, 155, 182, 299
風選 94, 96
フォキール (*fokir* イスラムの修行者) 182
フォローアップ調査 10, 38, 40, 305
不可視の経済 17, 321 →可視の経済
プカランガン (pekarangan インドネシアの屋敷林) 10 →屋敷地林
プジャ (*puja* ヒンドゥーの祭り) 168
布団 (*kanta*) 89, 91, 97, 166, 210
舟 47, 69, 137, 139, 152, 158, 166, 212
プラントブック 165, 196-197, 207, 331, 334
ブルカ (*burka* 全身を覆うイスラムの女性用コート) 28
分益小作 (ボルガ *barga*) 66

分益飼養 (ボルガ *barga*) 63, 108, 111
ベースライン調査 38-39, 63-64, 75
ヘビ使い (*shap*) 213, 215
ヘビ取り (*shaper uja*) 213
ポイント・バー 123
崩壊 (屋敷地の) i, 130, 134, 140, 306
縫製工場 49, 240
本草学 148, 159

マイクロファイナンス →小規模金融
マイナー・サブシステンス 17 →サブシステンス
呪い (まじない) 148, 151, 182, 213, 257, 329
マティカタ →土方
マメ (ダル *dal*) のスープ 115, 146, 232-233
マングローブ林 27
実生 (自然実生) 202, 204, 245
水たまり (ドバ *doba*, パガール *pagar*) 68, 124, 129, 134-135, 139, 174, 209, 261, 306
見世物 168, 212, 216
蜜 (ローシュ *rosh*) 146-147, 257
緑の革命 15, 19, 31, 52, 327-328, 334
みやげ物／贈答品 230, 291
ムガル帝国 44, 78
無償 286, 310
「目をつける」(*chok lagae* 監視する) 182, 185
木材 11, 27, 98, 104, 106, 132, 152, 156-157, 168, 180, 197, 202, 222, 224, 227, 244-245, 257, 260, 263, 268, 292, 298, 317-318
　　木材用樹種 257, 261, 267, 286
モスク 69, 165, 168, 334
物置 (*ugar*) 89, 91, 111
モノカルチャー 14-15, 206, 318
　　単一作物 106, 176, 207
　　単作化 206
物乞い 128, 136, 139
盛り土 24, 26, 68, 128, 132, 316
モンスーン 87, 129
　　熱帯モンスーン気候 43

屋敷地 (*barir-bhiti*) 138
　　屋敷地塊 →チャクラ
　　屋敷地の形成 54, 81
　　屋敷地の構成要素 87
　　屋敷地の造成 →造成 (屋敷地の)
屋敷地林 i, 5-6, 10
　　プカランガン (pekarangan インドネシアの屋敷林) 10
野生 (種) 29, 32-34, 87, 106, 132, 148, 154-155,

157, 178, 186, 192, 206, 222, 224, 257, 260, 263, 265-268, 284, 291, 293-294, 306-307, 310, 315, 317, 320-321, 329
野草　148, 160, 166, 186, 201, 203 →雑草
薬効　148-149, 156, 159, 182
有機農業　333, 336
ユナニ（Yunani イスラームの伝統医学）　148-149
養鶏場　64, 221
養殖（業）　63-64, 74, 92, 130, 221, 224, 237, 246, 248, 329
　養殖池　64, 223, 224, 237, 239, 244, 316, 320
　養殖魚種　236

ライフステージ　294, 297
離死別（離別・死別）　64, 127, 172, 294, 302, 323
料理法（レシピ）　156, 183, 186, 201, 232-233, 238, 260, 314 →食材
林床　180, 263
ルジナ（*rujina*）　168, 233 →牛乳
零細農民　11-12, 14, 28, 32, 73, 80, 233, 313, 320, 326 →小農
レンガ工場　104, 160, 162, 292
労働強度 / 労働負荷　269, 278, 334
労働時間　276-277
ローン　327, 332, 334 →小規模金融

ワラ　iii, 90, 92, 97, 110, 114, 174, 177, 182, 204, 253, 292, 318
　稲ワラ　96, 100, 136, 154, 166, 186, 321
　ナラ（*nara* 刈り残された稲わらと稲株）　190, 254, 263
　麦ワラ　190, 253

著者紹介

吉野 馨子（よしの けいこ）

1965 年　千葉県生まれ。1990 年，京都大学大学院農学研究科（熱帯農学専攻）修了。神奈川県庁，国際協力事業団ジュニア専門員，農村生活総合研究センター研究員などを経て，2010 年より法政大学サステイナビリティ研究教育機構プロジェクトマネージャ（准教授）。博士（農学）。主なフィールドはバングラデシュ農村及び日本の農山漁村研究。専門は生活農（林漁）業論。

主な著作，論文に『「3.11」からの再生 ── 三陸の港町・漁村の価値と可能性』（共編著，お茶の水書房，2013 – 近刊），「消費社会における『食の安全』の限界」（お茶の水書房『持続可能性の危機』，2012），「グローバリゼーション下における生存基盤としての農村 ── ローカルな生活者・資源・コミュニティ・制度からサステイナビリティを考える」（『サステイナビリティ研究』第 2 号，2011 年），The Role and possibilities for subsistence production: Reflecting the experience in Japan, In: *From Community to Consumption: New and Classical Themes in Rural Sociological Research* (Emerald Publishing, 2010),「氾濫原の恵みを生かした村の暮らしと環境の変容 ── バングラデシュ農村における伝統的な資源利用と近代化」（古今書院『村落開発と環境保全』，2008）。「住民による農産物の入手と利用からみた地域内自給の実態把握 ── 長野県飯田市の事例調査から」『農林業問題研究』44 巻 3 号（共著，2008）など。

屋敷地林と在地の知 ── バングラデシュ農村の暮らしと女性
（地域研究叢書 26）
© Keiko YOSHINO 2013

平成 25（2013）年 2 月 28 日　初版第一刷発行

著　者	吉野　馨子
発行人	檜山爲次郎
発行所	京都大学学術出版会

京都市左京区吉田近衛町 69 番地
京都大学吉田南構内（〒606-8315）
電　話（075）761-6182
ＦＡＸ（075）761-6190
Home page http://www.kyoto-up.or.jp
振　替 01000-8-64677

ISBN 978-4-87698-269-1
Printed in Japan

印刷・製本　㈱クイックス
定価はカバーに表示してあります

本書のコピー，スキャン，デジタル化等の無断複製は著作権法上での例外を除き禁じられています。本書を代行業者等の第三者に依頼してスキャンやデジタル化することは，たとえ個人や家庭内での利用でも著作権法違反です。